정보인류 1
homo informaticus

정보인류, 뇌 정보, 몸 정보

1판 1쇄 발행	2019년 8월 1일
지은이	이성훈
발행처	도서출판 성인덕
발행인	이의영
디자인	이의영
편집	김용덕
주소	(062-41) 서울시 강남구 테헤란로4길 46, 100동 118호(역삼동, 쌍용플래티넘밸류)
전화	02-564-0602
팩스	02-564-0602
출판등록	2019년 3월 25일 제2019-000115호
ISBN	9791196678319 94400

성인덕性仁德은 생명을 돌보고 사랑하는 집이라는 뜻으로
'도서출판 성인덕'은 이러한 문화를 창출하고 공유하기 위한 출판사입니다.
'성인덕' 휘호는 故신영복 선생께서 친히 써주신 것입니다.

책값은 뒤표지에 있습니다.
이 책의 일부 또는 전부를 재사용하시려면 반드시 도서출판 성인덕의 동의를 얻어야 합니다.
잘못 만들어진 책은 구입하신 서점에서 교환해 드립니다.

정보인류 1
homo informaticus

정보인류
뇌 정보, 몸 정보

성인덕

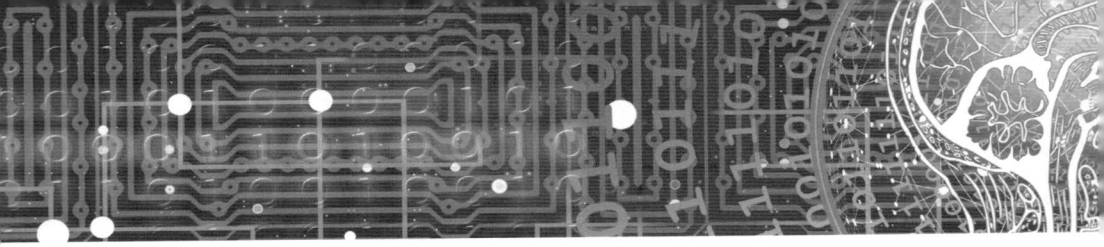

목차

들어가는 말과 추천의 글 · 6

I. 정보 시대의 행복

1. 정보 시대 · 16
   에너지 인류/ 정보 인류
2. 행복과 감정 · 29
   다양한 행복의 길/ 감정이란?
3. 몸의 발생 · 42
   몸과 행복/ 세포/ 몸의 발생/ 외배엽과 현실적응/ 중배엽과 정보의 망
4. 뇌의 출현 · 56
   우주 진화의 법/ 생명체와 뇌의 출현/ 뇌정보의 문제

II. 정보의 차원과 몸의 정보

5. 정보의 차원 · 70
   정보 차원의 원리/ 고차정보/ 저차정보/ 다차원의 정보 세계/ 정신과 물질/ 정보의 일생/ 과학정보의 문제와 한계
6. 관통적 의식 · 101
   몸과 감성의 회복/ 감정의 고차성/ 마음과 몸의 법/ 손상정보와 삼각 동맹/ 고차정보로 들어가기/ 정보의 순환/ 관통적 의식과 신경망/ 양자 뇌/ 의식과 양자
7. 몸의 고차정보 · 135
   몸의 높은 지능/ 복잡성 지능/ 의학의 한계
8. 양자 생물학 · 148
   양자 세계의 특성/ 생물계 속의 양자/ 유전과 양자/ 에너지 생산과 양자/ 효소와 양자
9. 양자 유전과 진화 · 162
   모순된 유전과 진화/ 진화에 대한 두 가지 질문/ 복잡성 진화/후성 유전학/ 후성 유전자의 유전/ 양자 유전학과 양자 진화론

    10. 몸의 초고속 정보망 • 179
        하나로 움직이는 몸/ 몸의 소리/ 고속 통신망의 구조/ 몸 정보의 고차성
    11. 열린 몸의 정보망 • 190
        소화기는 소화기만을 위해 존재하는가?/ 소화기의 인지 기능/ 장의 에너지 흡수/
        장의 자기와 대상 인식/ 장에서 시작되는 면역계 질환/ 장에서 발생되는 정서와 지능/
        장의 양자정보/ 열린 장의 정보

Ⅲ. 뇌와 몸의 조화

    12. 뇌의 정보처리 • 216
        뇌의 예측모델/ 2차 정보의 보존과 지배/ 뇌와 세상의 정보적 연합/ 몸을 지배하는 뇌
    13. 몸의 언어 • 235
        격하된 몸의 정보/ 몸의 고차성 회복/ 몸의 해체적 정보/ 복잡성 정보의 소리/
        양자정보의 소리/ 몸속의 진선미/ 몸의 생명과 사랑
    14. 뇌와 몸의 조화 • 252
        뇌의 리듬/ 국소와 전체 신경망의 결합도/ 뇌와 몸의 조화를 추구하는 수면/ 렘수면/
        의식의 뇌과학/ 정보통합 이론과 파이 이론/ 의식의 해체성

Ⅳ. 정보인류의 진화

    15. 의식의 진화 • 286
        호모 사피엔스와 정보/ 호모 데우스와 정보종교/인류의 행복은 가능한가?/
        마지막 희망인 의식/ 몸 의식으로의 관통/ 극한의 경험과 의식
    16. 정보인류의 미래 • 306
        행복의 과학적 의미/ 뇌의 행복인가, 몸의 행복인가?/ 가장 실제적인 행복의 길/
        반생명의 소리/ 정보인류의 선택
    17. 정보인류로서 한민족 • 323
        정보이론으로 본 한민족/ 깊이로 하나 되는 길/ 건강한 정보인류로서 한민족

각주와 참고 문헌 • 340

나가는 말과 감사의 글 • 360

들어가는 말

나는 정보 시대에 비교적 뒤처진 세대이다. 인터넷도 스마트폰도 아직 불편하다. 겨우 기본만 할 뿐이다. 이를 생각하고 글을 쓰는 곳도 정보가 바쁘게 움직이는 도시가 아니다. 핸드폰도 잘 터지지 않는 강원도 산골이다. 그렇다고 나는 정보를 전문적으로 연구하는 전문가도 아니다. 한때는 대학에서 뇌 연구를 하였지만, 곧 대학을 떠나 임상을 위주로 하는 평범한 정신과 의사로 살아가고 있다. 제도권에서 학술활동을 하는 교수나 전문 학자도 아니다. 소위 말하는 비제도권에서 지식의 노마드를 즐기며 사는 보통의 한 사람일 뿐이다. 그런데 어떻게 이런 첨단의 세계인 정보에 관심을 가지고 글까지 쓰게 되었을까? 그리고 정보의 시대에 간신히 적응하고 뒤따라가는 사람이 정보의 현실과 미래에 대해 글을 감히 쓸 수 있을까? 나 자신부터 의아하다. 그러나 나는 결과적으로 내용이야 어떠하든 이렇게 글을 쓰게 되었고, 이제 책으로 출간하게 되었다.

그래서 어떻게 정보에 관심을 갖게 되고 이렇게 글까지 쓰게 되었는지를 간단하게 소개하고 싶다. 이는 순전히 개인적인 관심에서 시작되었다. 거슬러 올라가면 약 45년 전 대학 시절부터이다. 그 당시 정보에 대한 이야기를 하는 사람은 거의 없었다. 신문에 오르내리는 국가 정보원이나 영화에 나오는 첩보원 이야기가 전부인 시절이었다. 프로이드의 에너지 이론[1]에 관심을 가지고 정신세계에 대해 공부하던 중, 정보가 열역학적으로 중요하다는 것을 알게 되고,[2] 이 정보가 모든 정신 현상의 중심에 있을 것이라는 생각을[3,4] 하게 되면서부터 이에 대해 관심을 갖게 되었다. 그리고 지금까지 정보에 대한 생각과 관심을 멈추지 못하고 달려온 것 같다.

꼭 알아야 하거나 공부해야 할 이유도 없었다. 누가 하라는 한 것도 아니고 학위를 받는 것과도 관계가 없다. 발표하고 논문을 써야 하는 목표가 있는 것도 아니었다. 잠깐 있다가 사라져 가는 그런 놀이나 취미도 아니었다. 더욱이 누가 가르쳐주거나 지도해주는 것도 아니었다. 지금은 이런 것이라고 나름의 지도가 그려지지만, 그때는 내가 무엇을 하고 싶어 하는지, 어디로 가고 있는지도 몰랐다. 망망대해였고 광야였다. 그런데 이상하게도 이 생각을 멈추지 못하고 무언가를 향해 달려갔다. 그 당시는 인터넷이 없었기에 궁금한 것이 있으면 이를 찾고 알아본다는 것이 무척 힘든 일이었다. 요즘같이 이러한 분야에 자료나 서적을 쉽게 접근할 수 없을 때였다. 그럼에도 희미한 빛을 쫓아 맹목적으로 달려가야만 했다. 이런 나의 삶은 무척 고달프고 외로운 길이었다. 지나고 보면 내가 한 것이라기보다는 정보가 정보를 그렇게 추적하게 한 것이 아닌가 하는 생각도 든다.

이런 길을 그래도 갈 수 있는 가장 적합한 분야가 정신의학이라 생각되어 이를 전공하고 수련을 받았다. 수련 기간에도 환자를 보면서 항상 마음속에는 뇌와 정보에 대한 생각을 멈출 수 없었고, 그때마다 글들로 정리해서 발표하기도 했다.[5,6,7] 수련 후 이를 더 공부하고 싶어 유학의 길을 떠났고, 뇌를 공부할 수 있는 좋은 기회가 되었다. 당시로는 첨단 과학이라고 할 수 있는 수면 의학, 전기 생리학과 전산화 영상학, 신경심리학과 기능적 뇌영상학 등을 공부할 수 있었다. 그 후 대학으로 돌아와서 이를 기초로 연구와 논문발표에 전념하였지만, 뭔가 모르는 한계를 느끼게 되었다. 그래서 학교를 그만두고 수면과 뇌기능을 연구하는 개인 연구소와 임상을 같이 할 수 있는 개업을 하였다.

실험이란 꼭 제한된 공간과 도구가 있어야만 하는 것은 아니다. 삶의 모든 공간이 실험실이다. 삶 속에서 더 많은 세계를 자유롭게 경험하며 몸으로 부딪히며 내가 경험하지 못하고 알지 못하는 뭔가를 찾으려는 모험을 계속하고 싶었다. 때로는 무식하고 무모한 도전이기도 했다. 무엇을 하든 마음속에는 항상 그 답을 찾으려는 욕구와 탐구가 쉬지 않았다. 그리고 나름대로 정리와 이해가 되면 이를 확인하고 더 다듬기 위해 무슨 책이든 공부든 가리지 않고 덤벼들었다. 실험의 현장과 책은 늘 서로를 깨우쳐 주고 보완해주는 두 바퀴의 역할이었다. 이렇게 달려온 시간이, 이제 거의 은퇴

할 나이에 이르렀다. 그래서 이제 한번 숨 고르기를 하고 싶었다. 마침 안식년도 주어지고 해서 그동안 경험하고 생각해 본 것들을 한번 정리하고 나가고 싶었다.

　이 글들은 단순한 이론이나 개념이 아니고 나의 그동안의 삶의 여정에 대한 이야기이기도 하다. 행복, 정서, 뇌와 몸 그리고 정보에 대한 이야기는 나의 삶에서 경험되고 얻어진 이야기들이다. 그리고 사람에게서 나온 이야기이다. 그러나 사람에 대한 인문학적인 내용이 아니고 사람에 대한 과학 이야기이다. 과학의 눈으로 사람을 보고 설명하고 싶은 것이다. 그러나 이 글은 과학적인 논문으로 쓴 글은 아니다. 과학에 익숙하지 않은 일반인들에게 정보가 무엇이며 인간과 정보가 어떻게 만나 영향을 주는지를 과학적인 과정으로 설명하려고 한 글이다. 되도록 쉽게 설명하려고 했지만, 제한된 지면이기에 어쩔 수 없이 자세한 과학적인 과정과 지식을 생략할 수밖에 없었다. 그래서 결코 눈만으로 쉽게 넘기면서 볼 수 있는 책은 아니라고 생각된다. 그래도 조금 위안이 되는 것은 요즈음 과학에 대한 좋고 쉬운 대중 서적이 많아 웬만한 과학 지식에 대해서는 익숙한 독자들이 많다는 것과 또 인터넷을 잘 활용하면 이러한 과학적인 용어와 개념을 쉽게 알 수 있는 길이 열려있다는 점이다. 그리고 좀 더 기초적이고 자세한 설명을 포함하는 내용에 대해서는 저자의 다른 책인 '정보과학과 인문학'에 설명하였으니, 이를 참고하면 도움이 될 것으로 생각한다.

　다른 설명은 뒤로 미루더라도 먼저 이 책의 제목을 왜 '정보 인류'로 하였는지에, 대해서는 잠깐 설명할 필요가 있을 것 같다. 이 책의 제목을 '정보 인류'라고 한데는 두 가지 의미가 있다. 지금이 정보 시대라는 것은 모두가 쉽게 인정하고 또 미래의 4차 산업과 그 이후에도 정보가 중심이 될 것이라는 데는 누구도 부인하지 못할 것이다. 그런데 왜 정보 인간이 아니고 정보 인류인가? 인류라는 개념은 인간을 더 크게 역사와 진화라는 관점에서 보게 한다. 원시시대에서부터 현대와 미래의 역사까지 시대에 따라 변화하고 진화하는 인간의 전체적인 모습을 인류라고 말할 수 있을 것이다. 정보 시대의 인간을 단순히 한 시대적인 현상으로만 보기보다는 역사적인 과정에서 이해함으로 현대와 미래 인류의 모습을 더 바로 이해하고 전망할 수 있을 것으로 기대하기 때문이다. 그래서 이러한 역사적인 관점을 부각해보기 위해 정보 인류라는 개념을 도입하게 된 것이다.

그리고 또 다른 이유는 최근 사람들에게 많이 읽히고 있는 유발 하라리의 두 책 '호모 사피엔스'와 '호모 데우스'와 어떠한 연관성을 찾아보기 위함이다. 정보 인류라는 개념과 정보가 다소 생소하기에 최근 가장 익숙하게 소개되고 있는 책과 연결고리를 찾음으로 이 책을 소개하고 이해하는 데 조금이라도 도움이 되지 않을까 하는 기대감 때문이다. 하라리는 역사학자로서 인류의 역사와 미래를 현상적으로 탁월하게 잘 분석한 것은 사실이나, 그 심층적인 배경이 되는 것에 대한 분석과 이해가 아쉽다는 생각이 들었다. 그래서 그 심층적인 내용이 정보라는 생각이 들어 그의 책에서 다루지 못한 부분을 정보라는 개념으로 보충해보려고 하였다. 그렇다고 이 책이 단지 그의 저서를 보충하기 위해 쓴 것은 아니다. 오히려 이 책에 나오는 여러 새로운 개념과 이론들을 그의 책과 연결함으로 더 익숙하고 이해 가능한 내용으로 소개해보기 위함이 더 적절한 이유가 될 것이다.

이러한 설명에도 축약된 정보와 언어들이 많기에 처음 접하는 독자에게는 그 생소함으로 이해하기가 어려울까 봐 걱정이 앞선다. 그래서 가능한 한, 주 해설을 충분히 달고 참고문헌을 통해 보충하려고 하였다. 그리고 새롭게 시작하는 각 장에서 먼저 복잡한 내용을 쉽게 이해하고 정리할 수 있도록 간단한 질문을 제시하고, 각 장의 뒤에 질문에 대한 답을 요약하여 실어 보았다.

그러나 이러한 설명과 노력에도 불구하고 생소함은 여전히 남을 수 있을 것이다. 이러한 부분은 독자들의 인내와 이해가 필요하다고 생각한다. 처음에는 다소 생소하더라고 인내하며 계속 읽어 가면 그렇게 어려운 이야기는 아니라는 것을 말씀드리고 싶다. 사실 이 책에 나온 개념들은 학문적인 가상의 언어만은 아니다. 삶에서 나온 이야기들을 정리한 것이 많기에 그 언어만 조금 넘어서면 상식적인 삶의 얘기로 만날 수 있다. 어렵지 않은 우리들의 이야기라고 말하고 싶다. 그래서 행복 이야기로 시작해서 행복으로 끝내보려고 하였다. 어렵더라도 새로운 개념과 언어들을 뚫고 우리들의 삶과 행복의 진정한 이야기를 만날 수 있길 기대해 본다.

추천의 글

1. 김병수 교수
(전 연세대학교 총장, 한국과학 한림원 종신회원)

500년 전 남송에서 시작한 성리학性理學을 실제로 적용하는 노력을 평생 하신 퇴계 선생이 계셨다. 이분이 새로운 성리학을 발전시켜 창립한 퇴계 성리학은 동양 3개국은 물론 실사구시의 새 이론으로서 세계에 여러 곳에 연구소가 설치될 만큼 세계적 철학과 학문이 되었다. 퇴계가 발표한 제일태극도第一太極圖를 보면 그 시대의 인간 정신 상태를 설파하고 지행합일知行合一을 강조하고, 인격 속에 3가지 면의 정신세계가 있다고 글과 도표로 남겼다.

그 후 400년 전에 철학자 라이프니츠Leibniz는 단자monad라는 물질의 최소 존재를 제시하므로 현재 증명된 양자의 존재를 예견하였다. 약 100여 년 전에는 플랑크Plank는 양자를 발견하여 현재 양자역학의 시대가 가능하게 되었다. 동시대에 태어난 프로이드Freud는 정신분석학을 1910년 발표하여 20세기 정신의학의 모든 기초를 세웠다. 그 뒤를 이어받은 융과 페렌치와 같은 후계 학자들이 정신분석을 발전시켜 나갔으나, 과학적 증거가 없는 메타 심리학 체계에 머물 수밖에 없었다. 이러한 흐름 속에서 이성훈 교수는 그의 저서에서 여러 학문의 이론을 과학적으로 설파하고 정보를 통해 각 분야를 아우르는 통합이론을 제시하였다. 이로써 여러 학문을 하나의 세계로 연결하고 또 우주와도 연결하는 새로운 학문을 개척하였다.

저자는 양자를 정보의 최소단위로 정립했으며, 이러한 가설이 5년 내에 실현될 양자 컴퓨터로 증명될 것으로 기대해 본다. 그가 제시한 중요한 학문의 방향은 앞으로 전개될 불투명한 정보 사회의 인류에게 희망을 갖게 한다. 인간의 마지막 진화final evolution라고 볼 수 있는 강한 인공지능이야 말로 인류의 종말이 되지 않을까 많은 미래 학자들이 우려하고 있다. 그러나 이 교수는 저서에서 인류가 양자와 초양자를 통해 무한의 우주와 연결함으로 지속적인 진화를 계속해 나갈 수 있을 것으로 제시하고 있다. 우주의 무한 정보를 인류와 연결함으로 인류의 나갈 방향을 제시한 대단한 통찰로 여겨진다. 그래서 각 분야 전문가 특히 뇌과학 연구에 관여하는 학자, 정신의학자, 물리학자, 인공지능 연구학자에게 일독을 권하고 싶다.

2. 이민화 교수
(창조경제 연구회 및 유라시안 네트워크 이사장)

뇌의 가상세계가 갖는 한계와 몸이 갖는 의미를 다시 인식하게 된다. 세상은 깨어진 균형이라는 관점에서 원심력이 조금 더 강한 상태라는 것이 바로 태극의 모습이라 생각한다. 전체적으로 이 책이 던지는 주제가 만만치 않아 보인다. 대단한 내용으로 진화되고 있는 책으로 생각된다. 일반인들이 어떻게 받아들이든, 이 세상에 이 한 권의 책을 통해 문제를 던질 충분한 사유가 있어 보인다. 이 책의 내용이 널리, 여러 방법으로 전파되기 희망하며 여러분들에게 이 책을 강력히 추천하고 싶다.

3. 허균 교수
(아주대학교 의과대학 신경과, 의료인문학 교실)

나는 '정보 인류'를 읽으면서 다양한 분야의 실재 세계와 초월세계를 연결할 수 있는 새로운 가능성의 여명을 감지하는 작은 흥분과 기대감을 갖게 되었다. 미시세계와 거시 세계의 분절된 장벽을 깨치며, 현실계와 초월계 사이의 거대한 간격을 자유롭게 넘나들고 연결할 수 있는 개념이 바로 '정보'가 아닐까 생각해 본다. 그런데 이 '정보'라는 용어는 한편으로 현대인에게 이미 친숙해져서 도리어 우리의 삶을 지배하고 매몰시키는 우상화된

단어로 고착되어 버렸다. '정보 인류'는 바로 '정보'의 개념과 의미를 엄청나게 확대, 확장, 심화하고자 하는 특이한 시도라고 평가할 수 있겠다. 그러나 이 책은 결코 쉽사리 읽힐 수 있는 책은 아니다. 너무도 익숙한 일상용어를 이상한 렌즈로 다시 볼 때의 착시감, 굴곡감과 황당하기까지 한 낯설음이 불쑥불쑥 눈과 머리를 때리기 때문이다. 이 책의 핵심이 되는 정보의 차원, 정보의 순환과 소멸 같은 개념이 바로 그런 것이다. 이들은 검증될 수 있는 과학적 개념들이 결코 아니며, 도리어 반과학적 초과학적 서술이며 형이상학의 존재론에 더 가깝다.

이러한 당혹감을 조금만 참고 읽어나가면, 이러한 명제들이 놀랍게도 아주 잘 작동하기 시작하는 것을 느끼게 된다. 이 책은 인간의 지적세계가 커버할 수 있는 거의 모든 것, 양자, 세포, 몸, 뇌, 행복, 우주를 하나의 역동적인 프레임으로 바라볼 수 있게 해준다. 아무것도 없는듯한 캄캄한 밤하늘의 한 점을 허블 망원경으로 바라볼 때, 그 작은 점 속에 우주의 모든 역사가 들어있음을 알게 되는 느낌과도 유사하다.

'정보인류'에 한번 도전해보고, 불만을 경험하고, 당혹한 체험을 해보기를 권한다. 책을 일상체험 밖에서 무엇인가 건져 올리는 언어의 그물이라고 한다면, 이 책은 엄청나게 크지만, 그물눈이 매우 넓고 엉성한 그물이라 하겠다. 이 그물에서 우리의 일상적인 소소한 물건들은 다 빠져나가 손에 잡히는 것은 별로 없는 것 같다. 그러나 이 그물을 높이 다 들어 올리면 비로소 드러나는 거대한 그 어떤 것을 보게 될 것이다. 아울러 앞으로 이 그물을 좀 더 촘촘하게, 매끄럽게 개선해 나가기를 저자에게도 부탁한다.

4. 김린 교수
(전 고려대학교 의무부총장, 현 정신건강 의학과 교수)

나는 전공의를 비롯한 후학들에게 다마지오가 지은 "데카르트 오류"를 중심으로 몸의 상태인 감정이 고차원적이라고 알려진 인지, 특히 즉각적인 합리적 결정에 감정의 힘이 매우 중요하며, 따라서 우리가 저차원이라고 생각했던 몸의 기여가 없으면 합리적 결정을 할 수 없다는 신체-표지 가설을 강의해왔다. 그런 나에게도 우리가 당연히 고차적인 기능을 한다고 생각하는 뇌가 오히려 저차정보를 처리하는 기능을 한다는 것과 몸이 3차 이상 심지어 4차, 5차 이상의 정보 보고라는 것이 언뜻 이해되지 않았다. 그러나 찬찬히 읽어 가며 이 책이 정보 측면에서 인간을 바라본다는 면에서 신선하였고, 저자 나름대로 이러한 측면에서 자신의 생각을 얘기하고자 함이고, 그래서 내가 아는 상식에서 언뜻 이해되지 않는 것이 당연하다고 느꼈다.

모든 정보는 에너지 상태가 최소화되는 안정 상태를 원하고 그것을 지향한다는 것은 엔트로피 제로 상태가 죽음이라는 프로이드의 죽음의 본능을 연상시킨다. 결국, 조직, 범주화는 해체의 과정이 동반되어야 하고 이를 통해 정보가 보존되고 영역을 확장할 수 있으며, 이러한 해체의 과정은 몸의 정보를 이용해야 가능하다는 것이다. 그래야 우리 인간의 본래의 본질과 실체에 접근할 수 있다고 주장한다. 저자는 이러한 독자들의 당혹감을 성의껏 해소하고자 인간의 몸과 정보 차원에 대한 기본적인 지식과 많은 예를 제시하는 성의를 보인다. 저자는 양자생물학, 진화와 유전, 몸의 정보망, 의식과 수면, 꿈, 생물학적 리듬, 몸의 대사 및 면역에 대한 많은 설명을 통해 우리의 이해를 도우려 노력하고 있다.

저자는 결국 정보 인류에서 정보 시대에 걸맞은 인간성 회복을 주장하는 것으로 보인다. 저자는 2차정보에 지배를 받고 통제되는 세상에서 우리가 행복해질 수 있는가를 묻는다. 저자는 우리가 의식에 의지할 수밖에 없으며 의식의 해체를 통해 의식의 장을 열어주어야 한다고 주장한다. 이 책의 내용이 이제까지 우리가 상식적으로 생각해왔던 인간의 본질에 대해 많은 부분에서 다른 관점으로 생각할 여지를 준다고 생각한다. 생각할 수 있는 여백이 많다는 것과 다른 주장을 듣는 것은 언제나 즐거운 일이다.

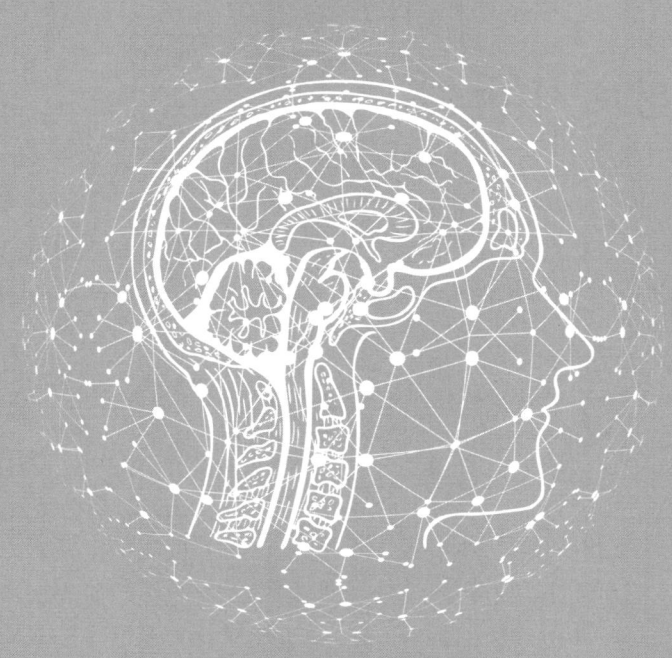

I. 정보 시대의 행복

1. 정보 시대
2. 행복과 감정
3. 몸의 발생
4. 뇌의 출현

1. 정보 시대

질문.
1. 정보는 단순한 무생물인가 아니면 복잡한 생물 같은 존재인가?
2. 잉여 에너지는 인류에게 어떠한 혜택과 문제를 안겨다 주었는가?
3. 에너지와 정보는 어떠한 관계인가?
4. 잉여 정보는 인류에게 어떠한 혜택과 문제를 안겨주고 있는가?
5. 정보 시대에 정보인류의 미래는 어떠할 것으로 생각하는가?

누구나 이구동성으로 정보의 시대라 한다. 그러나 정보란 말이 등장한 것은 그리 오래되지 않았다. 가장 흔하게 들었던 것이 국가 정보원이나 첩보원들의 정보 이야기이다. 그러다가 전산과 인터넷이 출현하면서 정보라는 언어와 개념이 더욱 널리 보편화되었다. 스마트폰이 항상 손에 쥐어지면서 이제 정보는 우리 몸의 연장이 되었다. 대중교통을 이용하는 사람들이나 길에 다니는 사람들까지도 스마트폰에서 눈과 귀를 떼지 못하는 것을 쉽게 본다. 젊은이만이 아니다. 이제 모든 연령층에서 이런 현상을 볼 수 있다. 어떤 때는 내가 정보를 찾는 것인지 정보가 정보를 찾게 하는 것인지 모를 정도로 정보와 인간은 하나가 되어 움직여가고 있다.

이와 함께 정보는 더욱 고도하게 진화한다. 정보는 인공지능에다 집단지능의 고차적인 정보로 진화하며 인간을 추월하기 시작한다. 그리고 이를 활용한 4차산업의 등장은 이제 누구도 부인할 수 없는 정보의 시대라는 것을 실감 나게 한다. 그리고 4차산업 이후 정보가 어떻게 발전할지를 다루는 미래과학 이야기가 쏟아져 나온다. 소위 포스트 휴먼과 사이보그 그리고 트랜스 휴머니즘 등 상상할 수 없는 신인류에 대한 이야기는 이제 더 이상 막연한 미래의 이야기는 아니다. 너무도 급속히 우리에게 다가오기에 기대보다는 우려와 걱정이 앞서기도 한다. 그 속에서 인간은 어떻게 될 것인가?

당장 먹고사는 나의 직업은 어떤 영향을 받을 것인가? 이러한 이야기들은 우리 주위에 너무도 많이 들려온다.

정보를 활용해서 발전하자는 이야기는 모두가 하지만, 정보가 무엇이고 이 정보를 통해 인류가 어떻게 될 것이란 것을 알아보자는 이야기는 쉽게 듣기 어렵다. 그래도 당장 발전해야 하고 먹고 살아야 하니 너도나도 그 신기술의 시대로 달려가지 않을 수 없다. 그것이 무언지도 모르고 무조건 달려가야만 하니 답답한 마음을 숨기기 어렵다. 그러나 이를 걱정할 틈도 없다. 걱정하고 멈추어 선 순간, 순식간 변화하는 이 정보 시대를 따라 잡을 수 없기에 무조건 달려가야만 한다. 그 누구도 정보의 미래란 이런 것이니 다른 길로 가자고 말할 수도 없고 이를 잠시도 붙들어 둘 수도 없다. 무엇이 이를 움직이는 힘의 주체인지도 모른다. 모두가 망으로 연결되어 있고 그 무엇이 우리를 이끄는지도 모른다. 이것이 우리, 즉 인류의 현실이고 미래이다. 과연 정보 시대를 사는 인류는 어디를 향해 달려가고 있는가? 이러한 정보 인류의 운명은 어떻게 될 것인가? 이를 알아보고 생각해 본다는 것은 쉬운 일은 아니다. 이 역시 한 개인이 아니라 많은 사람이 관심을 가지고 참여하는 망을 통해 가능할 것이다. 나도 그 망의 작은 하나로 이 글을 쓰고 있다. 그러나 이러한 정보 인류에 대해 생각해 보기 전에 그 전 단계인 에너지 인류를 먼저 생각해 보려고 한다. 이 바탕에서 정보 인류를 생각하는 것이 정보 인류의 본질을 더 잘 이해할 수 있기 때문이다.

에너지 인류

현대 물리학은 물질이 3가지로 구성되어 있다고 한다. 고전물리학에서는 물질을 질량과 에너지로 보고 연구해 왔다. 그러나 최근에는 정보를 물질의 중요한 요소로 포함하기 시작했다. 그래서 물질을 질량, 에너지와 정보로 보는 것이다. 인류도 보이는 세계를 살아가면서 자연스럽게 물질의 이러한 내용을 다루며 발전해 왔다. 인류는 먼저 물질의 질량(여기서는 이를 그냥 보이는 물질이라고 하자)을 다루면서 살아왔다. 인류가 다른 동물과 구별되어 진화하는데, 가장 결정적인 것이 바로 도구의 사용이다. 석기, 청동기, 철기도 도구의 사용을 의미하며 이를 통해 수렵, 목축과 농경시대를 열어 갈 수 있었다. 이러한 인류의 발전과 진화는 바로 이 물질을 이용해 도구를 만들고 활용함으로 가능하였다, 이 시대를 물질 인류라고 말할 수 있을 것이다. 그러나 인류는 과학의 발달을 통해 물질 안에 있는 에너지를 찾게 되고 이 에너지를 이용하여 과거와는 상상할 수 없을 정도의 발전을 이루게 되었다.

인류는 생명체이기에 에너지가 없으면 생존할 수 없다. 자체적으로 생산하지 못하니 외부 에너지를 공급받아 비축하며 살아야 한다. 그런데 이 에너지는 무한하지 않다. 그래서 더 많은 에너지를 차지하려고 경쟁하며 싸운다. 그리고 에너지를 공짜로 얻는 것이 아니라 에너지를 투자해야 얻을 수 있기에, 어떻게 하면 적은 에너지로 많은 에너지를 취할 수 있을 것인지 그 경제성과 효율성도 아주 중요한 문제가 된다. 어떻게 보면 인간의 삶은 바로 이 에너지를 더 많이, 그것도 가장 경제적인 방법으로 얻으려고 서로 경쟁하고 싸우는 그러한 역사라고 볼 수도 있을 것이다. 이처럼 인류 역사의 가장 핵심부에 이 에너지가 자리하고 있음을 부인할 수 없다.

인류의 역사가 물질을 사용함으로 시작되었다고 했지만, 사실 도구의 사용도 에너지의 관점에서 보면 에너지의 효율성이다. 작은 에너지로 큰 에너지를 얻는 것이다. 채집과 사냥이 바로 에너지의 채집이고 사냥이다. 그런데 더 효율적인 에너지 획득의 방법을 찾은 것이 돌아다니지 않고 좀 더 가까이서 에너지를 얻을 수 있는 목축이었다. 그러다가 더 효율적인 에너지 생산 방법이 고안되었는데, 그것이 바로 농업이었다. '호모 사피엔스'의 저자 유발 하라리Yuval Harari가 분석한 대로 이 농업은 인류의 위대한 혁명이었다.[1] 그때부터 인류의 삶은 전혀 다른 형태로 발전해 갔다. 그 전환을 이루게 한 것이 바로 잉여 에너지이었다. 인류는 그동안 필요한 만큼

만 얻었지만, 이제는 필요 이상을 얻게 되었고 그 잉여가 다른 형태의 힘으로 발전하게 되었다. 잉여는 화폐, 자본 그리고 권력을 낳게 되었고, 이 힘은 스스로 증식되고 보존하는 새로운 힘이 되었다. 더 이상 사람이 하지 않아도 그 잉여의 힘은 하나의 생명체처럼 스스로 증식하고 확장되어가는 놀라운 힘이 되었다.

이는 자연이 아닌 인간이 만든 인공과 가상의 힘이다. 처음에는 그 힘이 인간의 통제 안에 있었지만, 어느새 그 통제를 벗어나 스스로 힘을 행사한다. 이제 그 힘이 자라나고 축적되어 오히려 인간을 지배하고 구속하게 된다. 그 힘은 너무도 막강해 인간은 자신이 만든 것 앞에서 오히려 소외되는 무력함을 경험하게 된다. 이 힘을 지닌 자는 마치 사이보그와 같은 힘과 권력을 과시하며 영웅과 군주가 되어 더욱 강력한 집단을 형성한다. 이렇게 발전해 가는 인류 집단은 이제 누구도 겨룰 수 없는 지구의 최고의 지배자가 된다.

이와 함께 인류는 또 다른 에너지의 놀라운 경제성을 발견하게 된다. 그것이 언어였다. 하라리는 이를 인지 혁명이라 부르고 있다. 물론 인지 혁명은 역사적으로 보면 농업혁명보다 앞선다.[2] 그러나 인지 혁명이 진정으로 빛을 본 것은 농업혁명 이후 인류의 통합과정에서이다. 언어로 인해 발생된 모든 인지적 변화가 새로운 혁명을 초래하게 되었다. 언어는 곧 정보이다. 물론 도구의 사용과 농업혁명도 정보에서 시작된 것이다. 그러나 언어는 직접적인 정보이다. 언어란 인간의 수많은 정보를 압축하여 하나의 가상 정보로 표현하는 방식이다. 인류는 이 가상 정보로 인해 편리하게 소통하고 하나의 가상적인 이상과 질서로 통합하게 된다. 동일한 신념, 규범, 가치관을 소유한 집단과 문화가 만들어지고 여기에다가 이를 하나로 강력하게 모을 수 있는 종교까지 등장하게 된다. 이 통합은 흩어진 인류의 힘을 모아 어마어마한 에너지로 발전하게 하였다. 정보 자체란 에너지의 효율성을 위해 존재한다. 정보는 최소 엔트로피를 찾아 자유 에너지를 최대화할 수 있게 해준다. 이를 통해 최소 에너지로 최대 에너지를 얻을 수 있다. 언어는 이러한 정보를 더욱 축약시켜 더 효율적인 정보처리의 길을 열 수 있게 하였다. 이로 인해 인지 혁명이 가능하게 되었고, 이 혁명이 그동안 비축된 에너지를 폭발시키는 점화 역할을 하게 된다.

정보의 진화는 여기에 머물지 않고 과학이란 거대한 정보 세계까지 탄생시켰다. 과학은 에너지에 대한 학문이다. 그 과학기술은 에너지를 이용한 기계와 전기산업을 가능하게 하였고 이 기계와 동력은 인류를 상상할 수 없는 속도와 힘으로 달려가게 하였다. 특히 대량생산과 교통을 통한 신속한 유통이 가능해지면서 농업이 가져다준 잉여분과는 비교할 수 없을 정도의 폭발적인 잉여가 발생하였다. 이를 통해 인류는 엄청난 자본과 힘을 비축할 수 있게 되었다.

인류가 에너지를 통제하기 시작하면서 잉여의 힘과 함께 적지 않은 문제들이 발생하게 되었다. 다양한 잡식에서 밀 중심의 농경 사회로 발전하면서 오히려 영양의 불균형과 폭발적인 인구 증가, 병충해와 가뭄 등으로 오히려 굶어 죽는 사람들이 늘어나기 시작했다. 잉여 생산은 심한 부와 힘의 불균형을 낳게 되고 착취와 약탈의 악순환도 나타났다. 그리고 효과적인 방어와 공격을 위한 인공적인 건축물과 위협적인 무기도 개발되었다. 이로 인해 인간은 자연과 공생하는 평화로운 삶에서 탐욕과 폭력의 역사로 접어들게 되었다. 하라리는 이것이 농업의 속임수였고 인류의 가장 큰 착각과 실수라고 꼬집고 있다.[3] 이러한 농업혁명과 잉여 에너지는 인류에게 또 다른 질병을 가져다주었다. 대사 장애이다. 과잉 에너지로 인한 질병이다. 비만, 당뇨, 고지혈증 등의 장애로 인해 과잉 에너지가 신체 내 에너지의 순환을 오히려 가로막는 역설을 낳게 되었다.

이러한 잉여분의 비축으로 인해 삶의 심각한 불균형과 역기능이 초래되었지만, 그 잉여를 향한 인류의 욕구를 그 무엇으로도 막을 수 없었다. 전염병과 제국주의의 침탈과 세계대전과 같은 재난 속에서도 잉여의 풍요로움은 계속되었다. 이러한 풍요로움은 문화, 학문, 종교, 민주주의와 자본주의 그리고 과학기술 등을 더욱 발전시키게 되었고, 이와 함께 통신과 대량

인쇄 등을 매개로 인간의 지식과 정보는 폭발적으로 증가하기에 이르렀다. 여기에다 컴퓨터와 인터넷 그리고 모바일 폰이 가세하면서 정보의 증가와 확산 속도는 그 누구도 예상할 수 없을 정도로 폭발적이었다. 그래서 과거에는 특별한 집단이나 사람들에게만 제한되었던 정보가 이제는 그 누구에게도 접근 가능한 정보의 풍요와 잉여를 누리게 되었다. 수면 아래에서 세상과 에너지를 통제하고 조절하던 정보는 이제 더 숨어있지 못하고, 세상과 사람의 전면에 나서는 정보의 시대가 도래하였다. 그래서 이제는 에너지 시대가 끝나고 정보의 시대가 되었다.

정보인류

컴퓨터가 나오기 전의 정보의 총량을 12 exabytes(1 exa:10^{18} bytes 혹은 DVD 5만 년분)라고 한다면, 2006년에서 2010년까지의 정보량의 증가는 161 exa에서 988 exa로 6배 이상 폭증했다. 이제는 1000 exa인 Zettabyte시대가 시작되었고 매년 5 Zettabyte씩 정보량이 증가하고 있다.[4] 폭발적으로 증가된 정보는 대형 쓰나미가 되어 인류를 그 속으로 몰아넣는다. 이러한 정보의 지구적 환경을 인포스피어inforsphere(global environment of information)라 하며, 그 속의 인간을 사이보그cyborg와 같은 인포그 inforg(informational organism) 혹은 정보인류, 호모 인포마티쿠스homo informaticus 등으로 표현하고 있다.

인류가 자신의 편리를 위해 사용하기 시작한 이 정보는 그 양과 질에서 급속도로 성장하면서 인류는 대부분 정보와 판단을 정보 시스템에 의뢰하게 되고 이로 인해 자신의 권한도 점점 더 양도하게 된다. 그러다가 이제는 정보가 자신을 지배하고 통제하는 시스템으로 발전하게 된다. 그 속에서 인간은 스스로 통제력을 상실하고 정보가 이끄는 대로 휩쓸려 갈 수밖에 없는 상황이 되었다. 이미 에너지와 자본의 세계에 종속되어 살던 인류는 이제 더욱 막강하고 교활한 지배자인 정보를 그의 지배자로 만나게 되었다. 하라리는 이러한 정보를 종교적인 차원에서 데이터 교로 부르고 있다.[5] 이제 인류는 어쩔 수 없이 정보라는 막강한 지배자의 통제와 구속을 받지 않고서는 살 수 없게 되었다.

정보도 에너지이기에 결국 에너지와 유사한 문제를 일으킨다. 정보는 에너지처럼 실제가 아니다. 에너지를 경제적으로 사용하기 위한 가상의 것이다. 화폐와 정보는 유사함을 보인다. 화폐는 에너지 자체는 아니다. 그저 종이에 불과하다. 그러나 그 가상의 약속을 통해 종이돈이 엄청난 에너지를 갖게 된다. 이처럼 정보 역시 가상의 약속이나 화폐처럼 엄청난 에너지를 소유한다. 화폐의 등장으로 많은 에너지를 절약할 수 있었지만, 그 가상성으로 인해 엄청난 금융위기를 몰고 오기도 한다. 이처럼 정보도 그 가상성으로 인해 엄청난 문제를 야기한다. 돈이 스스로의 생명력을 가지고 스스로 움직이는 만큼, 돈이 있는 곳에는 돈이 몰리고 그 돈이 돈을 번다. 그 돈은 스스로 모여 거대한 자본을 형성한다. 그 자본 앞에서는 어떤 정치 권력도 무릎을 꿇을 수밖에 없다. 그래서 자본이 지배자가 된다. 작은 가상 에너지가 거대한 자본이란 잉여 에너지가 된다. 그 앞에서 인간은 한참 무력하다. 그래서 실제의 노동을 하는 인간은 그 가상의 힘 앞에 소외되고 무력함의 고통을 겪을 수밖에 없다. 그래서 인류는 혁명이라는 이념 투쟁의 혹독한 대가를 치렀다. 우리나라는 아직도 그 홍역 가운데 있다.

사실 정보는 돈보다 더 가상성이 강하기에 더 많은 문제를 일으킨다. 돈이 돈을 벌듯이 정보가 정보를 먹는다. 정보는 강한 자기성自己性과 이기성을 가지고 자기를 보존하고 확장시켜 나가는 본성이 있다. 그래서 정보는 가만히 있지 않고 생물처럼 성장하고 확장하며 최고가 되려고 한다. 정보는 다른 정보를 먹어 자기를 더 강하게 키워나간다. 정보는 마치 재벌이나 다국적 기업이 다른 기업을 문어발처럼 합병시키듯, 다른 정보구조를 병합하여 자기를 스스로 구성하고 확장시켜간다. 그래서 공룡 정보가 된다.

우리는 밥은 안 먹어도 스마트폰 앞에서는 눈을 떼지 못한다. 내가 정보를 본다고 생각하지만, 이미 정보가 정보를 보게끔 나를 마비시키고 조종한다. 술이 술을 마시는 것과 같다. 그러다가 술이 사람을 마시는 것처럼 정보가 사람을 먹는다. 정보와 자본이 결탁하여 인류의 역사상 가장 막강한 힘을 휘두른다. 그 세력 앞에서 인류는 너무 무력하다. 그러나 인류는 이를 잘 모른다. 오히려 그 속에서 환상을 가지며 꿈을 키운다. 그 지배자는 인류를 과거 인류가 경험하지 못한 완벽한 신의 나라 곧 유토피아로 우리를 안내할 것이라고 약속한다. 인류를 새로운 사이보그와 트랜스 휴먼으로 변신시켜 인류를 영원한 행복으로 인도할 것을 장담하고 있다.(그림1-1) 지금 인류가 여기에 서 있다.

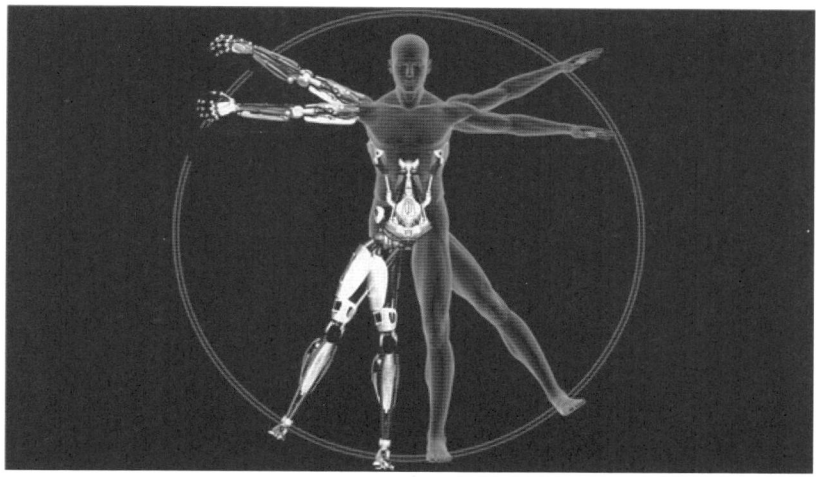

(그림1-1) 미래의 인류는 기계와 정보가 융합된 트랜스 휴먼 혹은 사이보그로 진화될 것으로 예상하고 있다. www.theguardian.com/technology/2018/may/06/no-death-and-an-enhanced-life-is-the-future-transhuman

    인류의 역사는 어떻게 보면 잉여의 역사이기도 하다. 농업으로 시작된 잉여의 역사가 에너지, 권력, 자본과 정보에 이르기까지 잉여의 엄청난 진화와 발전을 보였다. 그래서 인류의 역사는 바로 이 잉여의 역사인 것이다. 잉여는 자연이 아니다. 자연에는 잉여가 없다. 자연은 균형이다. 약간의 잉여나 결핍으로 순환되는 것이 자연이다. 축적되는 것은 없다. 축적되면 썩는다. 순환하는 것이 자연이다. 그러나 잉여는 인간이 만든 인공이고 가상이다. 그런데 인간은 이 가상을 실제처럼 착각하며 산다. 이 가상에는 자연의 균형이 없다. 가상은 한쪽으로 치우친다. 더 큰 잉여가 생긴다. 이 잉여로 인해 자연이 병든다. 인간도 자연이다. 인간은 자연 속에 있는 그 균형의 힘으로 살아간다. 그러나 인간이 만든 잉여의 치우침과 그 힘에 의해 인간도 병들고 점점 더 소외되어간다.

그러나 인간이 사이버 세계 속에 있으면 자신이 정보의 가상성과 동화되어 자신의 소외를 인지하지 못할 수 있다. 사이버에 빠지면 현실과 가상을 구분하지 못하는 것처럼 자신의 모든 사고와 판단과 정서가 사이버의 정보와 동일시될 수 있다. 망상과 현실을 구분하지 못하는 병이 있듯이 그 가상의 정보와 자신을 하나로 볼 수 있다는 것이다. 이렇게 되면 인간은 그 속에서 행복해질 수 있다고 착각한다. 인간이 그 가상 속의 신인류로 거듭난다. 이렇게 인간은 지구의 호모 사피엔스와 그 가상의 세계에서 스스로 신이 되는 호모 데우스와 호모 인포마티쿠스인 정보인류로 진화해 나간다.

그러나 우주에는 인류만 사는 것이 아니다. 더 거대한 우주가 지구와 인류를 품고 있다. 우주와 자연은 그냥 물질이 아니다. 그 속에도 150억 년을 살아온 정보가 있고 우주의 균형을 유지하기 위한 정보처리가 끊임없이 계속된다.[6] 그렇다면 이 가상의 인류와 실제의 우주가 만나게 되면 어떻게 될까? 이 만남이 사실 가장 큰 문제가 될 것이다. 자연과 우주가 그들의 균형점 안에서 이를 얼마나 수용하고 병행할 수 있을 것인가? 지구의 생태가 인간의 발전을 거부하듯 우주도 이를 거부할 것인가? 아니면 자연과 우주의 넓고 절묘한 그 균형력으로 이를 자연 속에 새롭게 편입시켜 새로운 조화를 이룰 것인가? 그래서 그 우주 속에서 명실상부한 새로운 신인류로 정보 인간이 자리 잡게 될 것인가? 이런 문제들이 앞으로 풀어야 할 난제들이 될 것이다.[7]

(그림1-2) 인류는 물질을 조작하고 활용할 줄 아는 물질 인류에서 에너지를 개발하고 사용하는 에너지 인류로 그리고 마침내 정보를 사용하는 정보 인류로 진화하게 되었다. https://twitter.com/dell_italia/status/322260563763810304

    이것이 간단히 살펴본 인류의 에너지와 정보의 역사이다. 이제 인류는 에너지 인류에서 정보인류로 변천해가는 과정에 있다.(그림1-2) 에너지는 거대한 자본을 형성하여 정보의 진화를 더욱 가속화하고 있다. 그 속에선 잉여와 가상이 실제적인 힘이다. 인류는 이미 정보에 의해 진화를 해오고 있다. 인류가 진화하는가? 아니면 정보가 진화하는가? 마치 도킨스 Dawkins가 일으킨 유전자와 인간의 주인 논쟁처럼[8] 정보와 인간도 그 무엇이 진화의 주체인지 진지하게 질문해 보아야 한다. 인류는 이제 정보의 시대에 살고 있다. 엄청난 정보의 폭발과 쓰나미 속에서, 이제는 그 누구도 그 정보를 거부하지 못한다.

　그런데 그 정보의 한가운데 빠져 살면서도 우리는 정보에 대해 너무도 모르고 산다. 정보는 그저 무생물이고 단순한 도구라고 생각한다. 그러나 정보는 알코올과 습관성 약물 이상의 중독성이 있다. 정보는 거대하고 강한 생물이다. 바이러스가 정보 덩어리이지만, 엄청난 세력을 과시하듯 정보 역시 인간 속에서 얼마나 강하게 인간을 지배하고 조종하고 있는지 모른다. 바이러스 감염 좀비가 있듯이 정보에 감염된 좀비가 신인류가 될 수 있을지 모른다. 아무 생각이나 의식 없이 오직 정보를 주는 화면에만 매달려 사는 사람들이 지금도 적지 않다. 이제는 인간이 정보를 떠나서 살 수 없다. 아니 인간 자체가 정보 덩어리이다. 정보로 구성되어 있고 정보 없이는 살 수 없는 존재이다. 그래서 인간은 정보인류이다.

　이 정보인류가 과연 어떻게 미래를 향해 나갈 것이고 이러한 문제를 어떻게 접근하고 풀어나갈 것인지를 진지하게 연구하고 고민해 보아야 한다. 에너지 대사성 장애와 순환기 질환을 의학에서 연구하듯이, 정보가 사람 속에 들어와 어떻게 대사되고 순환되는지를 연구해야 한다. 그리고 정보의 대사성과 순환 질환이 어떻게 나타나고 그 처방이 무엇인지도 생각해 보아야 한다. 한 인간에게서만 아니라 이 정보가 집단적인 인류에게 어떠한 영향을 주고 그 현상이 어떻게 나타나는지도 알아보아야 한다. 그리고 그 해결책이 무엇인지에 대해서도 머리를 맞대고 고민해 보아야 한다. 그러나 이러한 논의는 아직 극히 초보적인 상태이다. 정보의 시대가 너무도 갑자기 출현하고 급속한 속도로 발전해 가기에 이에 대해 정리하고 이해할 시간이 충분하지 않았다고 볼 수 있다. 이 책은 바로 이러한 정보 시대와 정보인류를 좀 더 잘 이해하고 그 미래의 문제를 해결하는데, 작은 도움이라도 되기 위해 그동안 고민하고 생각해온 작은 경험과 정보들을 관심 있는 분들에게 전하고 싶은 마음에서 쓰인 것이다.(그림1-3)

(그림1-3) 미래는 정보가 지배하는 시대가 될 것이다. 정보는 인류를 새로운 미지의 세계로 안내한다. 정보는 인류를 신의 경지에까지 발전시켜주고 행복을 가져줄 것으로 예상하지만, 한편으로는 정보가 주인이 되고 인간은 정보에 종속되면서 인류가 정보 좀비로 전락할지도 모른다. 과연 정보인류는 어떠한 길로 갈 것인가? 그것이 이 책에서 전하고 싶은 가장 중요한 요지이기도 하다.
https://www.onlineschoolscenter.com/best-online-schools-doctor-computer-science-programs

답과 설명

1. 정보는 단순한 무생물인가 아니면 복잡한 생물 같은 존재인가?

우리는 물질의 3대 요소 중, 물질과 에너지는 단순한 무생물로 생각하고 다룬다. 정보도 과연 물질과 에너지처럼 무생물로 다루어도 될까? 사실 물질과 에너지로 되어있는 음식도 우리 몸에 들어오면 단순한 무생물이 아니다. 우리의 생명에 적지 않은 영향을 준다. 그래서 주의하고 조심한다. 정보는 음식 정도일까? 아니면 더 생물적일까? 정보는 마치 바이러스가 우리 몸속에 들어오는 것처럼, 우리에게 적지 않은 영향을 미친다. 주의하고 있지 않으면, 그 정보가 인간을 지배할 수도 있고 인간은 자신을 상실할 수도 있다. 그러나 이를 인지하지 못한 채 넘어갈 수 있는 것이 더 큰 문제이다.

2. 잉여 에너지는 인류에게 어떠한 혜택과 문제를 안겨다 주었는가?

  에너지는 인간에게 엄청난 능력과 부유함을 안겨 주었다. 그러나 잉여 에너지로 인해 인간의 지배와 종속의 갈등, 인간성의 상실과 소외, 빈부격차, 생태계의 파괴 등을 안겨다 주었다.

3. 에너지와 정보는 어떤 관계인가?

  정보는 에너지와 등가적인 관계에 있다. 그래서 정보는 에너지의 경제성과 효율성을 증가시켜, 인류에게 더욱 풍성한 삶을 안겨주고 있다.

4. 잉여 정보는 인류에게 어떠한 혜택과 문제를 안겨주고 있는가?

  잉여 정보의 혜택과 문제는 에너지의 경우와 유사하다. 그러나 에너지의 효율성을 증가시킴으로 에너지보다 더 풍요로운 삶과 함께 심각한 문제를 야기할 수 있다. 가장 심각하게 고민해야 할 문제는 정보는 뇌로 들어와 인간의 주인이 될 수 있기에, 에너지로 인한 인간성의 상실과 소외의 문제보다 더 심각한 문제를 초래할 수 있다. 정보가 인류를 엄청나게 편리하고 발전하게 하지만, 인간은 자기도 모르게 정보라는 종교와 제왕에게 종살이할 수도 있다는 것이다.

5. 정보 시대에 정보 인류의 미래는 어떠할 것으로 생각하는가?

  이러한 정보 시대에 정보 인류는 과연 어떻게 대처하고 살아가야 하는가? 정보 시대는 인류의 행복을 약속하지만, 진정 그 속에서 행복을 누릴 수 있을 것인가? 진지하게 고민하고 따져보아야 할 것이다.

2. 행복과 감정

질문.
1. 정보와 행복의 관계는 무엇이고 왜 정보를 알기 위해 행복을 먼저 알아야 하는가?
2. 대부분의 행복은 노력한 것에 비하면 그 효과는 길지 않다. 그 이유는 무엇일까?
3. 진정한 행복은 어디에서 찾아야 할까?
4. 감정은 무엇이며 좋은 감정은 어떻게 얻을 수 있을까?

다양한 행복의 길

이미 정보에 대한 적지 않은 전문서적과 대중서적이 있다.[1] 정보는 물질과 에너지처럼 만물의 기초가 될 만큼 중요하지만, 그동안 그 의미를 잊고 살아왔다. 그러나 이제는 정보가 지배하는 시대가 열리는 만큼 이를 학문적으로 연구하고 관심을 가져야 한다는 데는 대부분 공감하고 있다. 전통적으로 정보이론이 있지만, 수학과 물리학에 대한 내용이 대부분이다. 즉 정량적인 성격에 대한 부분이 주主를 이룬다.[2] 그러나 정보는 정량定量보다 그 내용인 정성定性이 더 중요하다.[3] 정보를 홍수로 표현할 만큼 폭발적으로 증가하고 있지만, 그 속의 정보 가치와 내용은 다 다르다. 정보에도 물건처럼 가격이 붙는다. 쓰레기 같은 싸구려 정보에서 거짓 정보, 병원균처럼 해악을 주는 정보도 있고 정말 유익함을 주는 가치 있는 명품 정보도 있다. 이를 구분하여 유익한 정보를 스스로 검색할 수 있도록 하는 것이 정보에 대한 가장 시급한 연구가 될 것이다. 그러나 아직 이러한 정보의 정성적인 부분에 대한 연구는 그렇게 많지 않다. 그래서 이 글은 정보의 정성적인 관점에 초점을 두어 정보의 문제를 접근하려고 한다.

그렇다고 전통적인 정량적 분석을 배제하자는 것은 아니다. 하나의 정보 안에서 정성과 정량은 쉽게 구분되지 않는다. 정성이 곧 정량이 되기에 상호적이다. 정성과 정량 모두 사실은 과학의 대상이다. 정량은 에너지로 정성은 엔트로피로 다룰 수 있다. 그러나 정성을 엔트로피라는 과학의 개념만으로 다 표현할 수는 없다. 정보의 내용은 인간과 관계를 맺을 때 일어나기에 대부분 과학이 아닌 인문학적인 개념으로 표현된다. 그렇다 보니 정보를 연구하는데, 정량적인 것은 과학이 되고 정성적인 부분은 인문학이 된다. 이러한 이분법이나 평행선으로는 정보에 대한 과학적이고 통합적인 이해를 진행할 수가 없다. 그래서 인간 속에 있는 정보를 인문학적인 개념이 아닌 과학적인 개념으로 이해하고 과학적인 정보이론과 연결을 시도해 보자는 것이다. 이를 위해서는 우선 인간과 생물에 대한 과학적인 이해가 필요하다.

정보의 질은 결국 정보가 인간 속에 들어와 인간에게 얼마나 유익을 주느냐에 달려 있기 때문에 먼저 인간을 이해해야 한다. 마치 음식이 몸에 들어와 얼마나 인간에게 유익을 주는지를 알아보듯이 정보가 사람들 속에 들어와 어떠한 과정을 거쳐 인간에게 영향을 주는지를 알아보아야 하는 것이다. 정보는 기본적으로는 과학적 대상이다. 물질과 에너지와 같이 움직인다. 그래서 정보가 인간 속으로 들어와 물질과 에너지처럼 어떠한 영향을 미치는지를 알려면, 인간의 뇌와 몸에 대해서 먼저 의학적이고 생물학적으로 이해해야 한다. 물론 정보가 들어와 처리되는 뇌와 몸의 과학적 과정을 나중에 설명하겠지만, 처음부터 이러한 과학 이야기를 하면 정보가 우리와 너무 멀리 느껴질 수 있다. 정보를 우리와 더욱 친근하고 가깝게 느낄 수 있도록 먼저 인문학적 언어와 개념으로 시작해 보려고 한다.

그래서 인간 모두의 관심사인 행복에 대한 이야기로 이글을 시작하고자 한다. 인간이 가장 원하는 것이 행복이다. 그리고 이 행복을 이루기 위해서 인간은 어떤 식으로든 유익한 정보를 얻으려고 한다. 그래서 정보는 행복과 연관될 수밖에 없다. 그래서 정보를 이해하기 이전에 행복에 대해 먼저 알아보자는 것이다. 그러나 행복을 인문학적 이해에 가두지 않고 과학과 연결하면서 자연스럽게 정보의 과학과도 연결되도록 할 것이다.

행복에 대한 이야기는 무수히 많지만, 행복을 추구하는 인간의 마음은 하나이다. 모두가 의도하든 의도하지 않든, 자동으로 행복을 추구한다. 그 행복이 정보나 과학적으로 무엇인지를 말하기 전에 먼저 행복에 대한 일반적인 이야기를 해보려고 한다. 과거에 행복은 종교나 철학의 대상이었다. 인생의 높은 경지에 있는 스승이나 도인 같은 분들이 한마디 하면 보통 사람들은 이를 교훈 삼아 열심히 살아갔다. 그래서 행복은 높은 경지의 목표로 생각되었고, 한평생 달려가야만 하는 그런 고상한 이상이었다. 그만큼 먹고사는 생존에 허덕이는 보통 사람들에게는 요원한 먼 얘기이기도 했다. 그러나 산업화와 민주화에 힘입어 보통 사람들도 먹고살만하니 각자 숨은 욕구들이 솟구치기 시작했는데, 이를 한마디로 행복추구라고 말할 수 있을 것이다.

이제는 특별한 도인들만이 아니라 일반인들이 쉽게 추구하고 이룰 수 있는 행복이 무엇일까에 대한 기대를 하게 되고 이를 학문적으로 연구하기 시작했다. 과거에는 철학이나 종교에서 막연하게 가르치던 것을 과학 안에서 구체적으로 찾아보기 시작한 것이다. 행복은 마음과 사회의 삶 속에서 가능하기에 사회심리학이 이를 연구하기에 가장 적합한 분야로 떠오르기 시작했다. 그 안에서 행복심리학이란 학문이 생기게 되고 이를 많은 학자들이 연구하여 대중들에게 알려지게 되었다. 최근에 대중들에게 알려진 행복에 대한 대부분의 책들이 이러한 연구에 기초하여 저술된 것이다.[4]

가장 많은 사람들이 추구하는 행복의 행태는 삶의 외적 조건이다. 한마디로 물질적인 조건이다. 돈과 집과 좋은 학교, 직장, 옷과 자동차 그리고 외모와 건강 등이다. 아무리 내적 행복이 중요하다고 하지만, 삶의 외적 조건이 갖추어지지 않으면 이를 지속하기란 보통 사람들에게는 어려운 것이다. 물론 특별한 도인들은 외적 조건과 관계없이 자신의 행복을 유지할 수 있겠지만, 일반인들에게는 너무도 고역스럽다. 그래서 열심히 일을 해서 어느 정도 외적 조건을 갖추게 되면 분명 행복해진다. 그러나 그 행복은 오래가지 않는다. 짧게는 포장을 뜯는 순간 그 행복은 사라지든지 다른 욕구불만으로 바뀌게 된다. 조건에 따라 그 유효기간이 다를 뿐, 그 약효는 무척 짧다. 소위 말해서 가성비가 그렇게 높지 않다. 고생과 비용은 많이 들었지만, 거기에 비하면 그 효과와 만족도는 오래가지 못한다.

그래서 좀 더 다른 행복을 추구해본다. 만남이다. 대부분의 감성은 관계를 통해서 발생된다. 좋은 사람을 만나면 좋고 싫은 사람을 만나면 힘이 든다. 그래서 좋은 사람들을 많이 만나 보는 것이다. 돌아가면서 좋은 사람들과 맛있는 것을 먹으면서 수다를 떨어보는 것이 적지 않은 즐거움이고 행복이 될 수 있다. 외적 조건보다 가성비가 높은 것 같다. 그렇게 비용과 노력을 많이 들이지 않고 쉽게 행복해질 수 있다. 외적 조건보다 가성비가 조금 더 높고 그 유효기간도 조금 더 오래가는 것은 사실이지만, 만남도 행복을 지속적으로 보장해 주지는 못한다.

가장 좋아하는 사람과 연애를 하고 그 만남을 잃고 싶지 않아, 결혼한다. 그래서 그 만남을 매일 같이 살면서 이룬다. 너무 행복하고 좋다. 그러나 생각보다 비용이 만만찮다는 것을 곧 알게 된다. 잘해주기만 하던 사람이 서서히 요구하기 시작한다. 이는 자기도 몰랐던 무의식적 과정이다. 의식의 가성비는 꽤 높은 것 같았으나, 무의식의 비용이 있다는 것을 간과한 것이다. 사실 물건보다 사람의 비용이 더 높을 수밖에 없다. 서로의 욕구에 맞추어 주려고 하니 그 비용이 만만찮다. 이 비용이란 경제적 비용만을 말하는 것은 아니다. 내가 해주어야 하는 모든 노력의 비용이다. 결국 서로는 서로가 투자하고 쓴 비용을 계산하게 되고 서로 손해보는 장사를 한다는 피해의식을 갖게 되면서부터 그 만남은 행복보다 불행으로 기울기 시작한다.

대표적인 만남인 결혼에 대한 얘기이지만, 다른 만남도 비슷하다. 처음은 좋지만, 자꾸 만나갈수록 서로의 기대와 요구가 생기게 되고 이에 대한 비용과 지출이 늘어나면서 피곤해지기 시작하는 것이다. 그것들을 서로 채워주지 않으면 좋은 감정은 쉽게 나쁜 감정으로 바뀌게 된다. 그래서 권하는 것은 가볍게 만나라는 것이다. 어느 정도 거리를 두고 쿨하게 만나라는 것이다. 그러나 이런 만남의 조절이 보통 사람들에게는 쉬운 일이 아니다.

또 자꾸 새로운 사람들을 만날 수만도 없다.

만나 보니 다 비슷하고 피곤하기에 더 가성비가 높은 만남을 다시 찾게 된다. 많은 경우 애완용 동물이나 자연이 그 대상이 된다. 투자에 비해 안정적으로 원하는 것을 얻을 수 있기에 사람보다 가성비가 높아 보인다. 그러나 애완용 동물이 원하는 것은 아니지만, 스스로 집착하게 되면 복잡해진다. 사람에게 드는 비용 이상으로 든다. 그리고 모든 것을 쏟아 사랑한 그 동물과 사별하는 아픔을 맛보고는 과거처럼 애완동물에게 깊은 정을 준다는 것도 쉽지 않다. 그리고 자연도 사람 없이 혼자 즐긴다는 것이 보통 사람들로는 쉬운 일만은 아니다.

그래서 깊은 만남보다 그냥 매순간을 즐기는 그런 만남과 기쁨을 찾아보기도 한다. 사람을 만나는 것이 아니라 그냥 그 상황을 즐기는 그러한 행태이다. 남을 해치지 않는 범위에서 자기가 하고 싶은 대로 해보는 그런 자유로운 삶이다. 소유보다 경험을 즐기는 삶이다. 거창한 것보다 작은 것이라도 새로운 경험을 추구해봄으로 기쁨과 자유의 행복감을 느끼는 것이다. 요즘같이 인터넷이 발달된 세상에서는 같은 생각을 가진 사람들을 쉽게 만날 수 있다. 동우회에 가입하면 복잡해지고 부담이 되니 그때마다 같은 뜻으로 만나 즐기고 헤어진다. 몇 번의 애프터 정도면 충분하다. 좋을 때 헤어지는 것이 낫다. 계속 만나면 힘들어지기에 이렇게 경험과 사건을 중심으로 사람을 만나는 것이다.

그러나 이러한 경험 중심의 행복도 비용이 만만치 않다. 경제적인 안정과 환경이 뒷받침되어야 한다. 또 건강과 심리적 안정이 어느 정도 유지되어야 한다. 경험 자체는 가성비가 높을지 모르지만, 이를 가능하기 위해 배경적으로 지불해야 하는 비용이 만만치가 않다. 그래서 전체적으로 보면 이러한 행복도 계속 유지하려면 그 비용이 적지 않게 든다. 또한, 경험 자체도 반복해 보면 쉽지 않다. 새로운 경험에도 면역이 생기기 시작하고 더 새로운 것을 찾고 즐긴다는 것도 쉽지 않다. 때로는 기대하지 않은 된 고생을 할 때도 있다. 실수나 예상하지 못한 문제나 사고가 발생할 수도 있다. 감정과 환경이 심하게 요동칠 때는 이런 삶을 지속하기가 쉽지 않다. 무엇보다도 인간은 더 깊은 것을 추구하는 본능이 있기에 얼마나 오랫동안 이러한 것을 즐길 수 있을지는 미지수이다. 물론 그 안에서 깊은 것들을 찾아 들어갈 수는 있지만, 보통 사람들에게는 이것 역시 쉽지 않다.

자신의 감정에 충실해서 사는 것도 좋지만, 더 깊은 만족과 행복을 얻기 위해서는 더 높은 이상을 추구해야 된다고 권하기도 한다. 세속적이고 본능적이고 감정적인 만족보다는 이를 희생하더라도 더 높은 이상을 추구하는 것이 큰 기쁨과 만족을 줄 수 있을 것이라 말한다. 그래서 남들이 쉽게 할 수 없는 봉사나 이상을 추구하며 사는 사람들도 적지 않게 있다. 고생되더라도 더 큰 행복과 기쁨을 찾아 살아나가는 것이다. 그러나 이것 역시 보통 사람들이 추구하기에는 적지 않은 비용이 든다. 누구나 쉽게 할 수 있는 행복의 영역이 아닌 것은 틀림없다. 심리학자들은 자기를 찾고 이를 실현하는 것이 진정 의미 있고 보람을 느낄 수 있는 행복이라고 권하기도 한다. 그러나 스스로 자기를 찾고 이를 실현한다는 것도 일반인들에게는 쉽지 않다. 누군가의 전문적인 지도와 안내를 받아야 하기에 쉽게 접근할 수 있는 행복만은 아닌 듯하다. 이처럼 행복은 무척 다양한 모습으로 우리에 다가온다. 사람마다 자신의 취향과 환경에 따라 각기 다른 모양의 행복을 추구할 수밖에 없다. 내가 행복하다고 다른 사람에게 일방적으로 권할 수만 있는 것은 아니다. 자신에게 맞는 옷을 고르듯 이런저런 시도를 해보고 자신에게 가장 좋은 행복의 길을 찾아 가보아야 한다. 이것이 바로 인생의 여정이 아닌가 생각해 본다.

그런데 진짜 행복은 있는 것일까? 행복은 그냥 상상하고 가상적일 것일 뿐, 붙잡을 수 없는 그런 것이 아닐까? 우리를 더 나은 삶으로 나아가게 하는 당근과 채찍과 같은 것이 아닐까? 인생에 활력을 주기는 하지만 결코 영원히 소유할 수 없는 그런 것이 아닐까? 잠깐 맛만을 보여줄 뿐 실체가 없는 그런 허상은 아닐까? 우리의 삶을 돌이켜 보면 이런 질문과 의심은 충분히 가능하다. 그 누구도 자신이 항상 행복하다고 자신 있게 말할 수 있는 사람이 많지 않기 때문이다. 그리고 노력한다고 반드시 오는 것도 아니고 노력하지 않는다고 오지 않는 것도 아닌 것 같아 내가 붙잡으려고 애쓴다는 것이 무슨 의미가 있을까? 그저 행운처럼 그냥 무작위로 찾아오는 것이 아닐까? 물론 당장 이런 질문에 시원하게 답할 수 있는 것은 아니다. 이제 행복에 대해서 조금 다른 차원에서 생각해 보자.

지금까지의 행복론은 대체로 행복을 이루는 길이나 내용에 대해 말해 왔다. 이런 것을 하니 행복하더라 그러니 그런 것들을 해보자는 것이다. 그런데 행복에 이르게 하는 것도 중요하지만, 행복 자체가 무엇인지 먼저 생각해 보는 것이 사실 더 중요하다. 행복을 주는 길이 무엇이든 최종적으로 행복을 느껴야만 행복이 가능하다. 그 행복의 느낌은 무엇일까? 그냥 감정일까? 부정적인 감정이 적고 긍정적인 감정이 많은 것이 행복의 느낌일까? 행복은 감정보다 더 큰 어떠한 느낌일까? 행복은 감정보다 삶에 대한 만족도와 같은 인지적 상태일까? 아니면 이것을 총망라하는 어떤 총체적인 상태일까?

행복을 느끼는 주체는 무엇일까? 뇌인가? 몸인가? 아니면 화학 물질이 만드는 감정인가? 뇌의 어떤 부위를 자극하고 몸을 어떻게 자극하거나 어떤 물질을 주입하면 인간은 행복해질 수 있을까? 꼭 어렵게 내용을 채우지 않아도 직접 그 회로로 들어가 행복해질 수는 없을 것인가? 사람이 섹스하고 술을 먹고 즐겁게 놀면 행복해진다. 마약을 하면 행복한 느낌을 단번에 얻을 수도 있다. 뇌의 어떤 부위를 어떤 주파수로 자극을 하면 언제나 행복해질 수 있을지 모른다. 어떤 가상현실이나 증강 현실로 행복 자체를 직접 즐길 수도 있을 것이다. 만일 이런 방법이 가능하다면 이것들이 가장 효율적이고 가성비가 높은 행복의 길이 되지 않을까? 아마 지금 과학자들이 이런 것들을 연구하고 있을 것이다. 그러나 아직 안전하고 효과적으로 행복 자체를 얻을 수 있는 길은 발견하지 못했다. 만일 이 길이 있다면 가장 가성비가 높은 행복론이 될 것이다.

행복 자체는 감정의 영역이지만 단순한 감정만은 아닌 것 같다. 행복은 분명 뇌에서 인식되는 것이지만(뇌가 없으면 행복도 없기 때문에) 뇌에 국한되는 것은 아닌 것 같다. 몸이 같이 참여하고 느끼는 무엇이 분명히 있다. 행복할 때 몸이 같이 반응하는 것을 분명 본다. 뇌가 행복을 느끼지만, 몸이 같이 여운과 배경으로 참여해야 한다. 그래서 행복을 단순히 감정으로만 이해할 수 없는 것이 되는 것이다. 행복은 감정을 포함하나 감정보다 더 큰 울림을 갖는다. 그리고 단순한 감정을 넘어선 평안함과 자유함, 할 수 있음의 자신감, 어떠한 긍지와 의미와 보람 그리고 만족감과 감사와 같은 느낌과 감성이 복합적으로 어우러져 있는 어떠한 전체적인 상태라고 볼 수 있을 것 같다.

이제 이런 행복감 자체를 어떻게 찾을 수 있는지를 한번 알아보자. 우선 행복이 감정의 범주에 있기에 감정에 대해 먼저 생각해 보았으면 한다.[5] 감정은 어디에서 발생하는 것일까?

감정이란?

인간의 감정은 인간만의 것이 아니라 동물에서부터 시작한다. 다윈 Charles Darwin은 '인간과 동물의 정서 표현'이란 책[6]에서 인간의 정서는 하등동물에서부터 진화된 것이라 말하고 있다. 동물은 현실에 적응하고 반응하는 신호로서 감정을 발생시킨다. 정서에 대한 심리학적 이론을 최초로 내어놓은 학자는 미국 심리학의 아버지라고 불리는 윌리엄 제임스William James이다. 그런데 같은 시기에 덴마크의 심리학자인 칼 랑에Carl Lange도 거의 같은 이론을 내어놓아 두 사람의 이름을 합쳐 제임스-랑에James-Lange이론이라 한다. 이 이론에 따르면 정서란 특정 상황에 처한 신체 변화에 대한 느낌을 말한다고 한다.[7] 상식적으로 보면 사건에 대한 인지적 평가로서 정서가 발생하여 어떤 신체적인 행동을 유발할 것 같은데, 반대로 사건이 먼저 행동을 발생시키고 이 신체적인 적응에 대한 느낌이 곧 정서라는 것이다. 그래서 정서는 뇌보다 근육 혹은 내부 기관으로부터 오는 감각이 필수적이라고 했다.[8] 물론 행동 이전에 사건을 평가하는 인지 기능이 먼저 있어야 하는데, 이 이론에서는 이것이 간과되었다. 그 뒤를 이은 생리학자 월터 캐넌Walter Cannon과 필립 발즈Philip Bards는 자율 신경에 의한 신체 반응만으로 다양한 정서가 유발되지만, 신체 반응이 세분화되어 있지 않기 때문에 인지적 평가, 행동과 정서가 각자 독립적으로 일어난다고 주장했다.[9,10]

그러나 최근 자율신경에 대한 연구들을 통해 정서를 다양하게 유발할 만큼 자율신경이 충분히 세분화되어 있는 것이 밝혀지고 있기에 제임스의 정서 이론이 더 인정을 받아가고 있다. 일반적으로 감정은 두 가지 목적을 갖는다. 우선 자신이 현재 상황에 대해 신속하게 인식하고 반응하기 위해서이다. 그리고 이를 상대에게 표현하는 기능을 한다. 동물에게서 일반적으로 보이는 정서는 행복, 놀람, 슬픔, 공포, 혐오와 분노 등이다. 물론 인간은 이를 기초로 해서 더 세분화된 감정으로 발전시킨다.

동물들은 사고기능이 발달되지 않았기에 감정이 정보처리에 중요한 역할을 할 수밖에 없었다. 그러나 인간은 동물에는 없는 고차적인 정보처리를 할 수 있는 사고와 인지기능이 있음에도 왜 저차적인 정보인 감정이 계속 필요할까? 감정은 사고로 정확하게 표현하기 어려운 복잡한 내용을 어떠한 느낌으로 간단하고 신속하게 전달할 수 있다. 그리고 감정에는 강도가 결합됨으로 반응의 강도를 조절할 수 있게 해준다. 급하고 중요한 것은 강한 감정을 통해 더욱 신속하고 강하게 반응하도록 한다. 그래서 감정은 고차적인 사고만으로는 부족한 부분을 보충해주고 있기에 인간에게 있어서 여전히 중요하다.

감정은 편도체amygdala라는 뇌 구조가 결정적으로 중요한 역할을 한다.[11] 그러나 이 구조만으로 감정이 발생되는 것은 아니다. 뇌와 함께 자율신경인 미주 신경이 같이 작용한다. 그리고 여러 내분비와 화학물질이 뇌와 온몸에서 같이 작동한다. 감정은 단지 뇌의 현상만으로 끝날 수 없다.

Ⅰ. 정보 시대의 행복 • 37

온몸이 같이 느끼고 반응해야만 하는 것이다. 생명체의 긴급한 생존과 적응이 달려있는 상황이기에 온몸이 같이 반응하고 참여해야 하는 것이다.

(그림2-1) 감정의 뇌과학을 연구해온 다마지오Antoni Damasio는 정서는 뇌가 아니라 몸에서 발생한다고 하였다. 일차적인 정서를 신체 반응을 통해 뇌섬엽insular에 신체지도를 그리게 함으로써 뇌에서 몸의 상태를 표상한다. 그래서 정서는 몸의 언어라고 볼 수 있다. https://dornsife.usc.edu/news/stories/793/antonio-damasio-wins-honda-prize

특히 감정에 대한 뇌과학을 연구해온 안토니오 다마지오Antonio Damasio[12,13]는 이러한 신체와 감정의 관계를 더욱 구체적으로 설명해 주고 있다.(그림2-1) 어떠한 의미 있는 자극이 오게 되면 뇌는 어떠한 정서emotion를 유발한다. 물론 이때 가장 중요한 역할을 하는 것은 뇌의 편도체이다. 그러나 뇌의 정서는 단독으로 작동하지 않는다. 일차적으로 신체의 배경정보를 참고로 하여 일차적인 정서를 유발한다. 이 정서는 뇌에서만 끝나지 않고 신체 속에서 어떠한 정서적 상태를 일으킨다. 이때 자율 신경과 여러 내분비 물질, 세포 속의 미세한 정보망이 가동된다. 이러한 신체 정보는 다시 뇌에 신체지도를 작성하게 하여 느낌feeling이라는 더욱 강하고 전반적인 감정 상태를 일으킨다. 이 느낌은 신체 전반적인 생명의 상태를 반영하여 뇌의 사고에 영향을 미치게 된다.

뇌에서 이 느낌은 대뇌 피질의 안쪽에 있는 뇌섬엽insular이란 구조물에서 담당한다. 그래서 느낌은 일차적인 정서보다 더 광범위하고 강력한 힘으로 작용한다.[14] 우리는 이때 강하게 작용하는 감정 혹은 느낌과 동반된 생각들에만 의식을 집중하는 바람에 그 과정에 있는 미세한 몸의 소리를 간과한다. 그러나 이러한 정서와 느낌의 주체는 사실 몸이다.(그림2-2) 그래서 다마지오는 느낌과 같은 마음은 몸을 위해 존재하며 우리의 마음은 몸 전체의 하인이라고까지 단정적으로 말하고 있다. 한마디로 말하면 감정은 몸속에 있는 생명의 상태를 대변하는 수단이라는 것이다.

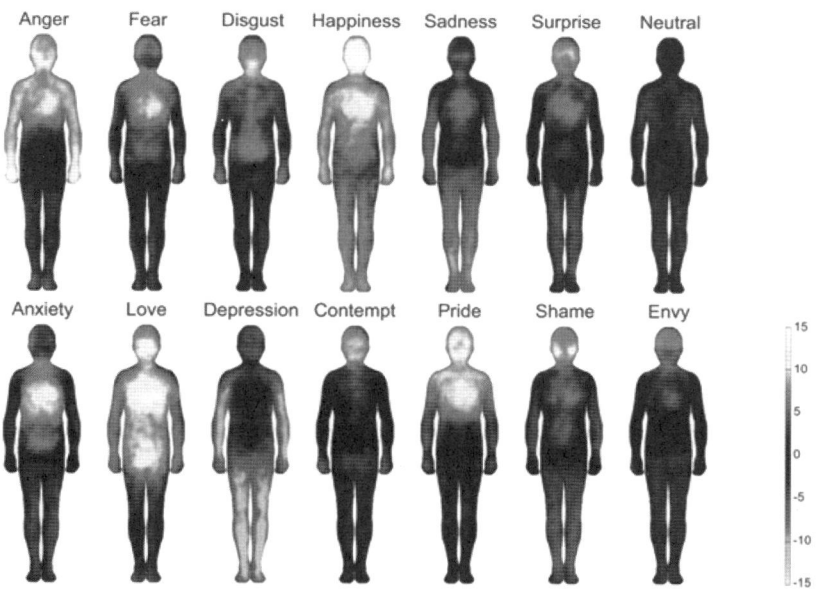

(그림 2-2) 감정의 신체 지표 (Bodily maps of emotions). 701명의 참여자들에게 각각의 감정을 유발한 다음 부위에 따른 신체 반응을 보고(topographical self report)하게 하여, 이를 신체로 지표화하였다. 감정에 따라 각기 다른 신체 부위가 반응하는 것을 볼 수 있다. 미국 국립과학원 회보(Proc Natl Acad Sci USA ,PNAS) 2014, Jan 14, 111(2): 646-651.

이러한 다마지오 이해는 철학자 스피노자Spinoza의 사상으로부터 출발하고 있다.[15] 스피노자 역시 정서를 몸의 생명이 자기를 보존해가는 변용 과정에서 생기는 것으로 보고 있다. 긍정적인 정서는 생명에 도움이 되는 좋은 상태라는 것을 표시하며 반대로 부정적인 정서는 생명이 방해받고 어려움에 있다는 것을 말하는 신호로 이해하고 있다. 또한, 행복도 내적인 생명이 자신감 있게 이를 잘 보존해 나갈 수 있을 때 나타나는 정서의 상태

로 설명하고 있다.[16]

그렇다면 행복이라는 느낌도 몸과 연관된 어떠한 상태가 아닐까 유추해 볼 수 있다. 행복이 감정의 느낌을 통해서 가능하다면, 행복도 몸을 통해서 느껴지는 것이 아닐까 생각해 볼 수 있다는 것이다. 여태까지 사람들은 행복을 밖에서 많이 찾아 왔다. 그런 행복이 힘드니 인간 속에서 느껴지는 행복 자체에 대해 관심을 갖게 되었다. 행복 자체가 가장 가능한 회로는 뇌라고 생각하였기에 뇌의 반응에 대해 많이 생각해 왔지만, 사실은 행복의 기초는 몸에서 시작될 수 있다는 것이다. 그리고 단순한 몸이 아니라 몸속에 있는 보이지 않는 생명의 상태나 반응과 아주 밀접하게 연관될 수 있는 것이다. 이러한 과정을 인정한다면, 행복의 주체를 머리에서 찾아서는 안 되고 몸에서 찾아야 한다. 행복을 바로 이해하고 경험하려면 몸을 잘 이해하는 것이 급선무가 될 것이다. 그래서 행복을 위해 이제 몸에 대해 생각해 보려고 한다. 행복과 감성은 정보이기에 특히 몸의 정보에 대해서 알아야 한다. 몸은 영양물질이 들어와 에너지를 얻는 곳이다. 정보는 물질 및 에너지와 같이 다니며 물질과 에너지가 처리될 때 정보도 함께 처리된다. 그래서 정보가 사람들 속에서 어떻게 처리되는지 알아보기 위해서는 먼저 몸에 대해서 과학적으로 이해할 필요가 있다. 이를 통해서 몸에서 정보가 어떻게 처리되는지에 대해서도 알 수 있다. 그래서 행복만이 아니라 정보처리를 이해하기 위해서라도 몸에 대해 먼저 알아보려는 것이다.

답과 설명
1. 정보와 행복의 관계는 무엇이고 왜 정보를 알기 위해 행복을 먼저 알아야 하는가?
  정보의 과학은 정보의 정량적인 면에 관심을 갖지만, 사람들은 정보가 얼마나 인간을 행복하게 해줄 수 있을지 그 내용과 질에 관심을 갖는다.

그래서 정보의 질을 알기 위해서는 행복이 무엇인지를 먼저 과학적으로 이해할 필요가 있는 것이다.

2. 대부분의 행복은 노력한 것에 비하면 그 효과가 길지 않다. 그 이유는 무엇일까?

행복은 행복을 느끼는 주체와 그 대상의 조건에 의해 발생된다. 그러나 우리는 그 주체에 대해서는 별 관심이 없고 그 조건만 만족하면 행복이 올 것으로 생각하고 노력한다. 그러나 그러한 행복은 잠깐 왔다가 사라지고 또 다른 더 큰 행복의 조건을 찾아야 한다. 가성비가 높은 행복을 찾지만, 그 노력에 비하면 결과는 그리 만족스럽지 못하다. 그래서 우리는 조건보다 행복의 주체에 대해 관심을 가지고 그 주체가 어떻게 행복을 발생시키는지에 관심을 갖고 스스로의 행복을 찾아보아야 한다. 그 주체는 물론 자신이다. 그 자신을 알고 접근하는 길이 곧 정서이다. 조건으로 정서를 만들려고 하기보다는 자신의 정서가 어떻게 하면 좋은 정서로 형성되는지에 대해 아는 것이 더 직접적인 행복의 길이 될 수 있다.

3. 진정한 행복은 어디에서 찾아야 할까?

진정한 행복은 자신에게 있고 그 자신은 바로 자기의 정서이다. 자기의 정서를 잘 알고 직접 돌보는 것이 행복의 길이다. 자신의 정서를 직접 돌보지 않고 외적 조건으로만 정서를 조절하려는 것은 아이의 마음을 살피지 못하고 선물만 사다 주는 부모와 다를 바 없다.

4. 감정은 무엇이며 좋은 감정은 어떻게 얻을 수 있을까?

조건으로만 감정을 만드는 데 익숙하기에 진정 자신의 정서를 돌보는 데 익숙하지 못하다. 이를 위해서는 감정은 무엇이며 어디에서 오는 것인지를 과학적으로 잘 알아야 한다. 감정은 물론 뇌에서 인식되지만, 그 대부분 출처는 몸이다. 몸의 생명의 상태에 대한 언어가 곧 느낌과 정서로 표현되는 것이다. 그래서 감정 자체를 돌보기보다는 자신의 몸과 그 생명의 전체적인 상태를 인격적으로 이해하고 돌보는 것이 중요하다. 몸의 생명이 살아나면 자연히 감정은 회복되는 것이다. 몸의 생명을 알기 위해서 몸과 그 속의 정보에 대해 과학적으로 먼저 이해하고 공부할 필요가 있다.

3. 몸의 발생

> **질문.**
> 1. 생명의 기초인 세포를 구성하는 세 가지 요소는 무엇인가?
> 2. 세포의 세 가지 요소는 다세포 생물에서 어떻게 발달하게 되는가?
> 3. 내배엽은 무엇인가?
> 4. 중배엽은 무엇인가?
> 5. 외배엽은 무엇인가?

몸과 행복

몸 하면 가장 먼저 떠오르는 것이 건강이다. 몸이 건강해야 행복하다. 모두가 건강하게 장수하길 원하고 그런 사람을 행복한 사람이라고 한다. 아무리 많은 것을 갖추고 행복해 보여도 몸이 아프면 이런 것들이 아무 의미가 없다. 병들면 불행하다. 행복을 누릴 수 없다. 그런 의미에서 몸의 건강은 행복에서 가장 우선되는 순위일 것이다. 그러나 아프면 불행하지만, 건강하다고 모두가 행복한 것은 아니다. 이런 의미에서 몸의 건강은 행복을 가능하게 하는 다른 외적 조건과 비슷하다. 돈도 없으면 불행하지만, 많다고 꼭 행복하지는 않은 것과 비슷하다. 이런 의미에서 몸이 더 특별한 것 같지는 않다.

스피노자가 말한 행복이란 몸의 건강이 조건이 되는 이차적 행복을 의미하는 것은 아니다. 행복 자체의 감정이 몸 자체에서 발생된다는 뜻이다. 행복의 감정 자체가 몸속에 내재되어 있기에 그 행복을 일으키기 위해서는 몸을 잘 알고 그 생명이 행복을 발생시킬 수 있을 정도로 좋은 상태로 만들어야 한다는 뜻이다. 그렇다고 몸속에 있는 어떠한 본능적인 감각을 깨우거나 자극하자는 것은 아니다. 몸에서 일어나는 행복감 중에 가장 흔한 것은 식욕이나 성욕이다. 몸을 만지는 스킨십이나 마사지 등이 행복을 주는 느낌들이다. 게다가 즐거운 일을 할 때 느끼는 짜릿함 등이 있다. 이런 느낌을 자주 만들어 보자는 뜻은 결코 아니다. 식욕과 성욕이 좋지만, 한계가 있다. 절제가 필요한 본능이다. 그리고 어떤 짜릿함이나 스킨십과 마사지도 항상 즐길 수 있는 것은 아니다. 이런 자극은 앞서 말한 외적인 조건에 불과하다. 이런 감각적인 자극을 통해 얻는 행복감은 극히 일시적인 것이고 지속적인 행복감을 주는 것은 아니다. 몸속에 내재 된 행복감 자체가 어떻게 하면 지속적이고 항구적으로 발현될 수 있을지에 대한 이해가 먼저 필요하다는 것이다. 이를 위해서는 몸에 대한 더 깊은 이해가 필요하다. 그리고 정보가 몸에서 어떻게 처리되는지를 알기 위해서도 몸에 대한 과학적인 이해가 필요하다.

세포

몸을 바로 이해하기 위해서는 그 기초가 되는 세포를 먼저 알아야 한다. 물론 세포를 다시 이해하려면 그 이전 단계인 물질, 에너지와 정보에 대한 이해가 우선되어야 하지만, 이렇게 되면 너무 복잡하고 산만해질 수 있기에 여기에서는 세포로부터 시작하려고 한다. 세포는 생명의 가장 기초가 되는 단위이다. 세포가 모여 다세포 생물이 되고 다세포가 확장되어 결국 몸을 이루기 때문에 그 기본이 되는 세포를 잘 이해할 필요가 있다. 지금까지는 세포를 화학적인 물질과 에너지 대사의 측면에서 주로 연구해 왔다. 그러나 이 글에서는 앞서 밝힌 대로 정보적 측면도 항상 고려하며 다룰 것이다. 정보적 측면은 이제 연구하기 시작한 분야이기 때문에 아직 과학적으로 확고하게 자리 잡은 이론은 아니다. 그러나 정보적 측면이 보충되어야지만, 생명체로서 더욱 과학적이고 종합적인 이해가 가능할 수 있다.

세포는 작지만, 생명이 살아가는데 필요한 모든 요소가 다 들어있다. 그래서 가장 원시적인 생명체인 원핵세포(세균)는 38억 년 동안 진화하지 않은 채로 가장 강력한 생명체로 생존해 오고 있다. 생명은 우주의 기본인 물질, 에너지와 정보를 더욱 효율적으로 관리하고 진화시키기 위해 존재한다. 세포는 우선 물질로 되어있다. 이 물질은 우주에서 나온 것이다. 우주는 빅뱅 이후 수많은 과정과 오랜 시간을 통해 쿼크인 소립자와 원자들을 생산해 왔다. 다시 원자들이 오랜 시간을 통해 안정적인 분자를 만들었다. 이런 원자와 기본 분자를 가지고 세포는 생명체에 필요한 더 복잡한 분자들을 생산한다. 그 중심이 단백질이다. 세포는 단백질의 구조를 기억하여 유전자에 담고 DNA와 RNA를 통해 생명체에 가장 중요한 단백질을 재생산한다. 그리고 이러한 물질을 유통하는 구조들이 있는데 소포체와 골지체가 이를 담당한다. 단백질들은 주로 세포의 골격을 형성하는 데 사용된다. 그리고 리보좀ribosome이란 구조물이 있는데, 이는 RNA와 함께 설계된 단백질을 최종적으로 생산하는 공장이 되기도 하지만, 그 물질을 분해하고 배설하는 역할도 한다. 이러한 물질을 생산하고 유통하고 배설하는 것이 곧 세포이다.

그다음으로 중요한 것은 에너지이다. 세포는 이 에너지를 아주 효율적으로 생산하고 관리한다. 우주의 에너지는 막강하나 다소 비효율적이다. 태양의 에너지가 그러하다. 엄청난 에너지가 열에너지로 낭비되고 있다. 물론 그 덕분에 지구의 생명체가 살아가는 것은 사실이지만, 이렇게 엔트로피가 계속 증가하다 보면 언젠가 우주의 자유 에너지가 고갈될 수 있을 것이다. 그런데 생명체는 이러한 에너지를 아주 효율적으로 생산하고 관리한다. 매 초 태양이 생산하는 에너지보다 단위 질량을 볼 때 1만 배 내지는 5천 만 배가 넘는 에너지를 생산한다.[1] 일반 물질이나 기계보다 아주 효율적이다. 이러한 에너지 관리의 중심에 엽록체와 미토콘드리아가 있다.

그리고 마지막으로 중요한 것이 정보이다. 세포는 이 정보 역시 효율적으로 처리한다. 이 정보처리는 세포의 형태와 골격을 담당하는 구조에서 주로 담당한다. 건물의 골격에 전기와 통신선을 매립하는 원리와 같다. 세포막, 미세소관과 미세섬유 등이 이에 해당한다. 세포막은 단순한 세포의 경계만을 위해서 있는 것은 아니다. 세포로 들어오는 모든 물질과 정보를 판단하고 선택한다. 정보 인식과 처리의 시작이 이 막에서부터 시작된다. 자신에게 필요한지 유해한지 대부분 스스로 판단하고 결정한다. 그래서 원시적인 인식과 학습, 기억 등의 인지적 지능이 그 속에 있다. 막은 액정 반도체와 비슷하다. 막 속에 있는 수용기receptor 단백질은 키보드, 효과기 effector 단백질은 CPU와 유사하다. 그래서 세포막은 물질과 정보의 통로가 되는 칩의 역할을 한다.[2] 그리고 어느 정도의 프로그래밍과 지적인 역할도 가능하다. 세포막 단백질을 파괴하면 세포는 거의 혼수상태에 빠진다.[3] 이는 동물에서 뇌사 상태와 유사하다. 세포막을 통한 외부 정보는 미세소관과 미세섬유를 통해 핵의 DNA에 전달되고 이에 대한 적절한 반응으로 단백질을 생산한다. 세포의 더 자세한 기능에 대해서는 앞으로 차차 설명할 것이기 때문에 여기서는 세포를 전체적으로 소개하는 정도로 끝맺으려고 한다. 이러한 세포의 기초적인 구조와 기능이 특화되어 발달한 것이 다세포의 몸이다. 다세포가 되면 이를 집단적으로 관리하는 시스템의 기관이 필요하기 때문에 몸에는 여러 특화된 기관들이 발생하게 된다.

몸의 발생

인간의 세포가 50조 개에 이른다고 해도 하나에서 시작된다. 난자와 정자가 수정한 한 세포에서 분열하고 분화되어 거대한 다세포의 몸을 이룬다. 이를 발생과정이라 한다. 하나의 세포가 거대한 몸을 이루는 과정에서도 세포의 구조와 기능이 반영된다. 세포가 분열하면서 내배엽, 중배엽과 외배엽이란 세 구조를 이루고 더 세분화된 기관들은 이 기본 구조로부터 분화된다.(그림3) 그런데 이 세 배엽은 바로 세포의 구조와 원리를 반영한다. 물론 세포가 그대로 뻥 튀김 하듯 확장되는 것은 아니다. 그 기능과 중요성에 따라 다소 변용된다. 세포의 물질인 단백질을 생산하는 유전자의 핵은 몸에서도 그대로 보존된다. 특화된 기관으로 발전하지 않고 마치 단세포의 세균들처럼 진화되지 않고 원래의 형태와 기능을 그대로 유지한다. 그다음은 에너지 생산인데, 이는 내배엽의 기관으로 발전된다. 내배엽은 주로 호흡기와 소화기관을 형성하는데, 영양분을 흡수 소화하고 산소를 호흡하여 이를 간에서 에너지로 생산한다. 이 에너지는 생명체에 있어 가장 기본적인 생명력이 된다. 이 에너지가 공급되지 못하면 생명은 즉시 죽는다. 이 생명 에너지가 생명의 가장 기초가 되는 것이다.

그다음의 정보는 세포에서처럼 골격을 담당하는 구조에서 담당한다. 다세포에서 이 골격 구조는 외배엽과 중배엽으로 나누어 발생한다. 즉 세포막은 외배엽이 되고 세포질의 골조는 중배엽이 되는 것이다. 한 세포가 살아가기 위해서는 세포막 정도의 지능이면 충분하다. 지금도 세균들은 그 지능만으로 38억 년을 훌륭하게 잘 버텨내고 있다. 오히려 인간의 고도한 지능과 더욱 발전한 집단적 지능과 인공지능을 비웃기라도 한 듯, 아직도 인간을 괴롭히고 있다. 그러나 왜 다세포 동물은 세포막의 지능만으로 충분하지 못할까? 세포들이 50조 이상이 되면 각기의 지능을 네트워크 하는 새로운 지능이 필요하게 된다. 여러 단말기나 인터넷 PC 등을 연결하는 포털 사이트의 대용량의 컴퓨터처럼 그러한 빅 데이터 지능이 필요하게 된다. 그리고 더욱 복잡해지는 외부 세계에 잘 적응하기 위해서는 내부와 외부를 효율적으로 조율하는 고등한 지능이 필요하게 된다.

외배엽과 현실적응

그것이 바로 뇌와 신경계의 출현이다. 그런데 이 뇌는 어디에서 발생하게 될까? 바로 피부와 같은 계통에서 발현된다. 즉 외배엽이다. 뇌는 피부의 특화된 기관이라고 보면 된다. 뇌는 피부처럼 외부로부터 몸을 보호한다. 그리고 외부 환경을 신속하고 정확하게 파악하여 내부 세포들이 가장 적절하고 효율적으로 반응하고 적응할 수 있도록 한다. 이를 위해 고도한 인지 기능인 지각, 사고, 학습, 기억, 선택과 결정 등을 필요로 한다. 그리고 생명을 유지하는데 필요한 공기와 영양분을 선택적으로 받아들이고 흡수, 소화, 대사하는 데 관여한다.

몸의 피부도 단지 보호 기능만 하지 않는다. 과거의 세포막처럼 기본적인 인지와 지능을 갖는다. 아주 예민한 각종 센서를 가지고 있으면서 전자 신호를 방출한다. 그리고 표피의 여러 층을 이루는 케라티노사이트kerat-inocyte는 신경세포의 on, off처럼 작용하면서, 여러 세포와 함께 전기적인 세포 망을 형성하고 또 칼슘이온에 의해 규칙적인 전자파동을 발산한다. 그리고 뇌와 협력하여 인지와 집중과정에서 피부 전위도 발생한다.[4] 그리고 중배엽인 진피 및 말초신경과 연결되어 다양한 정보처리와 전달을 한다. 물론 뇌만큼의 강력하고 고도한 정보는 아니라도 다양한 자극에 대해 섬세한 피부접촉의 정보를 전달하고 처리한다.

피부는 스스로 자아 개념을 가질 만큼 정신 기능에 있어 중요한 위치를 차지한다.[5] 피부는 세포막처럼 하나의 경계 개념이다. 생명은 이 경계 안에서 안전감을 느끼며 자기

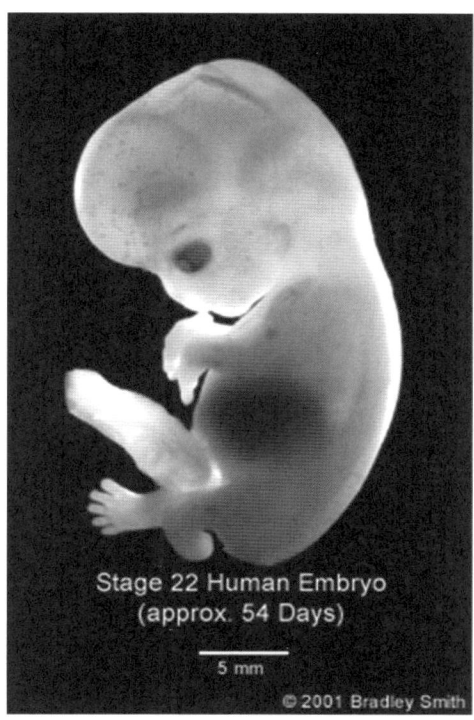

(그림 3) 태아는 발생 3주에서 8주 사이에 외배엽, 중배엽과 내배엽으로 분화된다.
https://www.pinterest.co.kr/pin/513128951263448428

I. 정보 시대의 행복 · 47

를 형성한다. 곧 아이를 부드럽게 안아주고 만져줌으로 안전하고 사랑받는 자기를 형성하며 빨기를 통해 더욱 견고한 자기로 결집할 수 있게 된다. 그러나 안정적인 피부접촉이 깨어지거나 어떠한 폭력이 피부에 접촉될 때, 그 경계는 흔들리고 심한 경우 외상의 경험이 되어 안정적 자아 형성이 어렵게 된다.

이처럼 가장 기초적인 자기와 그 경계 개념이 피부를 통해서 형성된다. 그리고 성장 후에도 피부는 자기와 외부와의 관계에 아주 섬세하고 예민한 통로의 역할을 한다. 피부는 스스로 학습하고 기억하는 지능만이 아니라 정서 기능까지 가지고 있어 뇌가 반응하기 이전에 먼저 느끼고 반응하기도 한다. 그래서 피부를 제3의 뇌라고 말하기도 하고 인격 형성에 정신분석적으로 아주 중요한 의미를 갖는다. 피부는 이처럼 뇌의 기초적인 모든 기능을 갖는다. 그래서 뇌가 피부와 같은 외배엽에서 나왔다는 것이 무척 자연스럽다. 피부와 뇌는 외부와 관계하는 자기에 중요하며 이를 겉의 자기라 부를 수 있을 것이다.

중배엽과 정보의 망

그다음 몸에서 세포질의 골조에 해당하는 것들은 중배엽을 통해 발생된다. 세포에서의 골조는 단순한 형태를 형성할 뿐만 아니라, 세포 내의 물질과 에너지의 이동수단과 통신과 정보처리의 망이 되기도 한다고 했다. 몸에서 중배엽이 바로 이 역할을 한다. 중배엽의 가장 중요한 기관은 심혈관계이다. 이는 간에서 만들어진 에너지와 물, 산소, 면역세포와 물질, 그 외 내분비 조절물질 등 생체가 살아가는데 필요한 수많은 물질을 수송하고 공급 분배하는 역할을 한다. 이러한 물질은 단순한 물질만이 아니라 그 속에 에너지와 정보도 같이 실어나른다. 그리고 신장과 비뇨기는 이러한 액체류의 배설과 재활용을 담당한다. 그리고 골근육계와 결합조직이 있는데, 이 역시 단순한 형태유지와 운동만을 담당하는 것이 아니라 정보처리와 통신에 아주 중요한 역할을 한다.

생물체에서 정보는 아주 중요하다. 특히 정보는 에너지의 효율성에 중요하다. 정보는 엔트로피가 증가함으로 에너지가 비효율적으로 되는 것을 방지해준다. 그래서 정보는 반대 엔트로피 즉 네겐트로피negentropy로 알려져 있고 생물이 이러한 방향으로 가는 데 있어 결정적인 역할을 한다. 그러므로 생명체는 정보의 덩어리라고 해도 과언이 아니다. 정보를 얼마나 잘 처리하고 활용하느냐에 따라 그 생명체의 생존 가치가 결정될 정도로 정보는 생명의 핵심을 이룬다. 그래서 생명체가 진화할수록 뇌가 발달하는 이유이다. 그러나 뇌가 이 정보처리에 중요하기는 하지만, 결코 정보의 중심센터는 아니다. 뇌는 강한 에너지를 가진 정보가 많고 또 이를 의식으로 인식하고 처리하기에 뇌의 정보만 있는 것 같지만, 사실 몸 전체가 정보처리 기관이다.

먼저 세포 하나하나가 정보처리의 단말기 같은 PC 역할을 한다. 앞서 말한 세포막의 단백질과 지방질 결정구조는 CPU와 칩으로서 정보처리와 프로그램의 역할을 한다. 그리고 세포 내의 미세소관microtubule은 튜블린tubulin에 박힌 단백질(MAPS:microtubule-associated proteins)의 다양한 분포를 통해 장기와 단기 기억을 형성할 수 있고 또 다양한 정보처리의 기능도 담당한다. 사람의 몸에는 이런 PC가 50조 개가 있다. 그리고 이들은 서로 망을 이루어 더 크고 고도한 정보처리를 한다. 흔히 뇌가 세포들의 대부분 정보를 수용하여 처리한다고 생각하는데, 뇌는 극히 일부분 중요한 자료만을 받아 처리한다.

한 나라에서 몇천만의 백성들의 모든 정보를 중앙으로 보내서 중앙부서나 청와대에서 다 처리할 수 없다. 여러 단위의 지자체가 있고 웬만한 것은 자기 스스로나 가까운 공동체를 통해 해결한다. 이처럼 몸의 세포들도 모든 정보를 뇌로 보내지 않는다. 대부분 가까운 세포들끼리 주고받으며 해결한다. 그리고 웬만한 정보는 몸 안의 네트워크를 통해 지자체 안에서 해결한다. 이런 몸의 정보망들이 여럿이 있다. 전통적으로는 정신신체의학과 정신신경면역학을 비롯하여 심신의학, 스트레스의학, 시스템의학, 후성유전학, 에너지의학과 양자의학 등 다양한 분야에서 이를 연구하고 있다.

가장 보편적이고 많이 알려진 것이 전신을 돌며 영향을 미치는 화학물질들이다. 신경전달 물질과 내분비 물질이 가장 많이 알려져 있지만, 그 외 다양한 면역물질, 펩타이드, 성장인자, 단백질 리간드와 일산화질소(NO) 같은 물질들이 전신을 돌며 정보를 교류하는 메신저 역할을 한다. 이런 물질을 정보물질이라 부른다.[6] 이 물질들은 몸에서 주로 활동을 하지만, 처음에는 몸 단독으로 작용하기보다는 뇌와 연결되어 일을 하는 것으로 알려져 있다.

이에 대해 전통적으로 가장 많이 연구된 것이 스트레스와 관련된 뇌와 신체의 상호작용이다. 대뇌 피질이 스트레스를 인식하게 되면 감정 중추들(편도amygdala, 해마hippocampus, 대상회cingulate gyrus 등)이 가동되면서 내부 신체를 조절하는 부위인 사상하부hypothalamus와 뇌하수체 pituatary gland가 물질들(CRH, ACTH)[7]을 분비한다. 이 물질은 신체의 부신을 자극하여 스트레스 호르몬인 코르티졸cortisol을 분비한다. 그리고 내부 장기를 직접 조절하는 뇌간을 움직여 노르아드레날린noradrenalin이란 물질을 분비한다. 이러한 반응은 주로 자극과 싸우기 위해 체내의 자원을 극대화하는 작용이다. 이는 교감 자율 신경을 통해 이루어진다. 그러나 한편으로는 스트레스를 피하기 위해 자신을 억제하는 소극적인 전략이 필요할 때도 있다. 이는 주로 부교감 자율 신경이 분비하는 아세틸콜린 acetylcholin을 통해 이루어진다. 이러한 화학물질들은 주로 미주 신경이라는 자율 신경을 통해 조절된다.

그러나 몸 안에는 뇌와 자율 신경과 관계없이 몸 안에서 자체적으로 생산 분비되는 물질들이 적지 않게 발견되었다. 몸의 세포들이 뇌에서 분비되는 물질의 수용체를 가지고 있을뿐더러 이러한 물질을 직접 생산하는 것까지도 확인되었다. 가장 많이 알려진 것이 성호르몬이다. 몸에서 만들어지지만, 뇌에도 작용한다. 그리고 면역세포들도 뇌에서 작용할 수 있는 수 많은 펩타이드peptide를 생산한다. 가장 많이 알려지고 연구된 것이 옥시토신oxytocin이란 펩타이드이다. 이는 자궁에서 주로 만들어지지만, 모성과 관계된 정서로서 뇌에서도 아주 중요한 작용을 한다. 그리고 장에서도 뇌에서 우울증과 가장 많이 연관된 세로토닌serotonin이 분비된다.[8] 그 외에 다양한 물질들이 몸에서도 만들어져 정보 분자로서 뇌와 상호작용을 하고 있다.[9]

화학물질들이 몸의 정보교환에 중요한 역할을 하지만, 이들만으로 충분하지 못한 문제들이 있다. 화학물질이 전신적인 반응을 하는 것은 사실이지만, 생명체가 더욱 신속하게 적응하고 반응하는데 사실 느리고 비효율적인 면이 있다. 이런 물질은 신경과 혈액순환 등에 의존해서 작용한다. 스스로 움직일 수는 없다. 화학반응과 신경전달은 시간이 어느 정도 소요되기에 응급신호나 더욱 섬세한 자율적인 반응과 많은 용량의 정보를 동시에 교류하는 데는 한계가 있다. 이것이 가능하다고 해도 이러한 유통과 교신에 에너지가 너무 많이 소모된다면, 정보통신 비용이 많은 비경제성과 낮은 효율성 때문에 생체 시스템에는 적당하지 않을 수 있다. 이러한 유통구조는 마치 택배나 일반 우편과 비슷하다. 이미 설치된 도로나 철도를 이용하고 또한 어떠한 물질을 통해 교신하기에 느리고 불편한 점이 있다.

요즈음 인터넷이나 스마트폰 같은 전기나 전자 통신의 필요성이 있는 것이다. 몸에도 과연 전기나 전자 통신이 있을까? 이런 특성이 가능하기 위해서는 생체 내에 반도체 같은 성격의 물질이 있어야 한다. 그렇다면 체내 물질 중 반도체처럼 전기를 전도할 수 있으면서 전기 에너지를 전달할 수 있는 것이 무엇일까? 이러한 후보로 단백질이 떠오르지만, 전도성에 문제가 있다. 그러나 체내에서 결정구조를 가진 단백질이 물과 함께 작용하면 반도체 역할이 충분히 가능하다는 것이 밝혀졌다.[10] 몸에는 규칙적인 배열을 가진 결정성 구조의 분자들이 많이 존재한다. 세포막과 그 골격인 미세소관이 그렇고 결합조직의 콜라겐 분자, 근육의 액틴과 미오신 분자 등도 이에 해당한다. 주로 몸의 형태와 골격을 유지하는 결합조직이 이러한 구조를 갖는다.

세포의 골격을 이루는 미세소관이 정보통신의 기능을 하듯 몸의 골격을 유지하는 결합조직이 정보통신 기능을 한다는 것은 발생학적으로 자연스럽다. 이는 건물의 골격을 이루는 기둥과 벽체 등에 전기와 전화선을 매립하는 것이 아주 효율적이듯 몸의 골격이 이런 역할을 하는 것이 구조와 기능적인 면에서 아주 효율적이기 때문이다. 단백질과 물이 없는 곳이 없다. 이들은 자신이 움직여서 반응하는 것이 아니라, 자신이 전선이 되어 파동을 생산함으로 에너지와 정보를 동시에 전달할 수 있다. 전자파동에 의한 통신은 몸의 교신을 신속하게 진행할뿐더러 엄청난 용량도 병렬적으로 처리할 수 있다. 그리고 파동은 홀로그램처럼 서로 간섭하고 중첩됨으로 다양하고 복잡한 정보처리를 새로운 방법으로 신속하고 정확하게 수행할 수 있다.

그리고 최근에는 이러한 단백질의 결정구조와 물이 양자적 결구조 즉 코히런스coherence를 갖는 것이 밝혀짐에 따라[11,12] 생체내의 광케이블 이상의 속도로 정보와 에너지가 교류될 수 있는 가능성이 열리게 되었다. 같은 원리가 동종요법[13]의 기전에도 적용될 수 있다. 그리고 생체 내에는 많은 수소 이온이 있는데, 수소에 있는 양성자proton가 양자적 중첩결합이 가능하다는 현상이[14] 밝혀짐에 따라 생체에는 양자터널이나 얽힘 같은 양자적 현상이 일어날 수도 있다. 만일 이런 현상이 가능하다면, 몸에서 일어나는 전기보다 빠른 전광석화 같은 반응이나 순식간에 많은 세포가 동시적으로 아름다운 조화를 보이는 예술적 몸놀림이나 스포츠의 순간 동작 같은 현상을 설명할 수 있을 것이다. 이런 현상이나 나노와 같은 정밀한 시간(이를 펨토pemto라 한다)에 따른 교류 등은 뇌나 어떤 화학적 물질의 작용으로는 도저히 따라갈 수 없다.

물론 앞으로 더 많은 연구가 필요하지만, 이처럼 몸에는 뇌와 다른 방식으로 자체적인 전자, 양자통신과 전산 그리고 이에 의한 고효율의 에너지 대사가 충분히 일어날 수 있다. 이런 에너지와 정보교류는 모두 중배엽에서 나온 기관들이 담당한다. 그 중심에 물이 있다. 심혈관계의 혈액도 물이 중심이 되고 신장과 비뇨계도 물을 재활용하고 배설하는 기관이다. 결합조직도 단백질과 물이 있어야 가능하다. 물은 몸의 구성의 70%를 차지한다. 그런데 물은 영양분처럼 특별히 에너지원도 아니고 산소처럼 에너지 생성에 결정적인 역할을 하는 것도 아니다. 그럼에도 물은 왜 생명체에 중요하고 가장 많은 부분을 차지할까? 바로 생체내의 정보와 에너지 흐름 때문이다. 물이 없으면 이 기능을 수행하지 못해 생명체는 서서히 죽어가게 된다. 모든 통신과 전산 그리고 유통구조가 차단되는 것과 같은 것으로 볼 수 있다.

이런 맥락에서 중배엽에 있는 생식기는 무슨 역할을 할까? 물론 생식기는 다음 세대를 생산하는 중요한 기관이다. 그러나 생식기의 기능은 출산을 통한 유전자 보존에만 있는 것은 아니다. 평소에는 성적 감정의 주체가 된다. 성적 감정이 생식기의 더 중요한 기능일지도 모른다. 성의 결과로서 자녀를 생산하는 것이 중요하지만, 더 중요한 것은 평소의 성의 기능이다. 성은 사랑과 행복의 중요한 정서를 담당한다. 성은 놀랍게도 국부적인 기관만은 아니다. 생식기라는 지자체의 작은 동네가 아니라, 놀랍게도 가장 큰 영향을 미치는 전국구 동네이다. 그래서 성은 늘 우리에게 적지 않은 영향을 미친다. 평소에는 저 밑에 있는 작은 동네이지만, 일단 자극이 되고 움직이기 시작하면 온몸을 하나로 움직이게 하는 레이저와 같은 가장 강력한 힘이 된다.

성의 진동은 피부와 온몸의 세포들을 같은 결coherence로 공명하게 한다. 마치 심장과 호흡이 늘 일정한 리듬으로 몸의 세포들을 조율하듯, 성은 때로 스트레스 등에 의해 흐트러진 생체의 리듬을 하나로 모으고 통신과 에너지 망을 튠업하는 기능을 한다. 매일 수면 중 REM수면 중에 성기가 발기되는 것처럼, 성은 흐트러지고 효율성이 떨어져 있는 전신을 하나로 모으는 기능을 하는 것이다. 그래서 성기능이 중배엽에 있을 수밖에 없다. 그래서 성을 억압한다는 것은 단순한 하나의 기능이 없어지는 것이 아니라 생물학적으로 가장 중요한 정보와 에너지 흐름에 나쁜 영향을 미치기에 그 이상으로 중요하다고 볼 수 있다. 건강에 가장 중요한 것은 몸속의 정보와 에너지의 원활한 흐름이다. 동양의학에서 기의 건강한 순환이 건강에 가장 중요하며 기의 흐름이 막히는 것이 질병의 근원이 된다고 보는 이유와 같은 개념이다. 그러기에 성과 사랑은 건강과 좋은 기의 흐름에 아주 중요하다고 볼 수 있다.

그러므로 중배엽은 생명을 조율하고 효율적으로 관리하는 데 있어 너무도 중요하다. 특히 중배엽의 정보처리와 통신은 아주 중요하다. 그렇다면 이런 중배엽의 정보는 외배엽 특히 뇌신경계의 정보와 어떤 관계를 이루는 것인가? 이렇게 탁월한 지자체의 정보와 통신 그리고 유통구조가 있고 스스로 몸 전체의 교신과 조율이 가능한데, 뇌가 있어야 할 이유는 무엇인가?

사실 대부분 몸의 기능들은 스스로 교신과 정보처리에 의해 일사불란하게 움직인다. 거의 실수가 없을 정도로 정밀하게 움직인다. 그래서 우리는 이렇게 살아 있다. 뇌가 하는 것이 아니라 몸 스스로 자기를 관리하고 있기 때문이다. 그런데 뇌의 정보는 왜 필요한가? 뇌는 왜 진화되어야만 하는가? 세균이 신경과 뇌를 진화시키지 않고도 38억 년을 가장 우수한 생명체로 군림할 수 있는데도 왜 골치 아픈 뇌가 필요할까? 필요 없는데 잘못 진화된 것인가?

답과 설명
1. 생명의 기초인 세포를 구성하는 세 가지 요소는 무엇인가?
    단세포의 미생물은 35억 년을 생존할 수 있을 만큼 그 구조와 기능은 거의 완벽하다. 세포는 중심에 유전자를 가지고 필요한 단백질을 생산한다. 그리고 에너지를 생산하고 공급 분배하는 구조를 갖는다. 엽록체와 미토콘드리아가 이를 주로 담당한다. 그리고 세포의 형태를 유지하는 골격 구조와 세포막을 갖는데, 이를 통해 정보처리와 정보망의 역할도 동시에 수행한다.

2. 세포의 세 가지 요소는 다세포 생물에서 어떻게 발달하게 되는가?

    다세포 생물에서는 물질을 생산하고 관리하는 유전자는 발달하지 않고 그대로 각 세포에 남는다. 에너지 생산 기구는 내배엽으로 발달한다. 그리고 골격과 정보망은 중배엽으로 발전하고 세포막은 피부와 뇌로 더 세분화되어 발달한다.

3. 내배엽은 무엇인가?

    내배엽은 에너지 생산을 위한 전문 기관이다. 소화기를 통해 영양분을 분해 흡수하고, 호흡기를 통해 산소를 공급받아 영양분에서 에너지를 축출하여 ATP라는 물질에 저장한다. 이 두 기관이 내배엽의 중심이다.

4. 중배엽은 무엇인가?

    중배엽은 골격유지와 수송과 통신의 기능을 한다. 수송과 통신은 에너지와 정보, 물질 모두를 포함한다. 심혈관과 비뇨계는 에너지와 물질을 수송하고 배설한다. 결합조직은 신경과 물질이 전달하지 못하는 더 신속하고 복잡한 정보를 전달하고 통신한다. 생식계도 정보의 전달에 중요한 역할을 한다.

5. 외배엽은 무엇인가?

    외배엽은 뇌와 피부를 이룬다. 외부로부터 개체를 보호하고 외부와 교신하며 개체를 생존하고 적응하도록 돕는 기능을 한다. 피부만으로 부족하기에 피부에서 더 특화된 뇌가 발달한다. 뇌는 더 특수한 정보처리를 통해 외계에 대한 신속하고 정확한 정보와 과거의 중요한 정보를 제공하여 개체가 더 잘 적응하고 생존하도록 돕는 기능을 한다.

4. 뇌의 출현

질문.
1. 우주 진화의 가장 중심이 되는 힘과 법칙은 무엇인가?
2. 뇌의 가장 중요한 작동원리는 무엇인가?
3. 뇌정보의 문제점은 무엇인가?
4. 뇌정보의 문제를 방지할 방법은 어떤 것이 있는가?

우주 진화의 법

뇌사 상태에도 몸의 생명을 유지하는 것을 봐서는 뇌가 없이도 몸 스스로 생명을 어느 정도 유지할 수 있는 것은 사실이다. 그런데 이런 사람을 식물인간이라 한다. 뇌가 죽으면 감각과 운동기능이 전혀 없다. 그리고 의식이나 인지작용도 없어 외부와 소통하고 반응할 수도 없다. 내적 기능은 어느 정도 유지하지만, 외부와 소통하고 반응하는 외적 기능은 사라지는 것이다. 스스로 기능은 효율성이 다소 떨어지더라도 어느 정도 유지 될 수 있으나, 외부의 환경 속에서 지속적으로 생존해 나갈 수 없다. 식물은 스스로 땅에 뿌리를 내려 영양분을 얻고 태양으로부터 광합성으로 생존할 수 있지만, 동물은 그렇지 않다. 누군가 먹여주고 돌봐주든지 아니면 스스로 움직여서 먹을 것을 확보해야 한다. 뇌는 외배엽 출신이기에 외부 환경에서 생존하는데 필수적인 역할을 한다는 것은 자명하고 자연스럽다. 이를 위해서는 개체가 외부의 복잡한 상황을 잘 인식하고 내부의 수많은 세포와 기관을 효율적으로 잘 조율하여 적절하게 반응할 수 있어야 한다. 이때 가장 중요한 것은 신속성과 정확성이다. 때를 놓치거나 오류가 발생하면 생존에서 낙오될 수 있기에 수많은 내외 정보를 가장 빠르고 정확하게 처리해야 한다. 이를 위해서는 정보가 너무 많거나 복잡해서는 안 된다. 단순화시키고 계산 가능한 정보로 만들어야 한다. 이를 위해서는 정보 용량과 계산 능력도 탁월해야 하지만, 계산을 가능하게 하는 좋은 알고리즘이 중요하다.

    뇌는 1,000억 개의 신경세포가 각기 1,000개 내지는 1만 개의 시냅스라는 접합을 하고 있어 그 가능한 조합은 우주의 모든 소립자 수를 능가할 정도이다. 엄청난 용량이다. 그렇다고 몸속의 50조 개의 세포와 기하학적인 수의 분자들의 망이 가진 정보 용량을 무시할 수는 없다. 몸과 뇌의 정보처리 용량 중 어느 것이 더 큰지를 단순히 비교할 수는 없다. 이는 다음에 다시 자세히 다룰 것이므로 여기서는 뇌에만 집중하려고 한다. 몸의 정보가 얼마가 되든지 몸 세포의 정보들을 통괄하고 외부의 정보와 조율하기 위해서는 막강한 정보처리 용량이 필요한 것은 사실이다. 이 정도의 용량이면 뇌가 원하는 기능을 수행하는데 충분할 수 있을 것이다.

    이제 문제는 정확성과 속도이다. 뇌의 정확성은 어디에서 나올까? 뭐가 옳고 바른지를 어떻게 알까? 물론 인간은 지성의 논리와 합리성 그리고 이성이란 수단과 창을 통해 이를 판단한다. 그리고 수학이란 막강한 논리와 외적 세계에서의 실험과 경험을 통해 이를 확인한다. 철학자들은 이러한 인간의 능력을 선천적인 것으로 보고 있다. 그렇다면 뇌는 이를 어떻게 알고 수행할까? 뇌 속에 이미 프로그래밍 되어있어 그냥 자동으로 수행하는 것인가? 그렇다면 이 프로그램과 알고리즘은 어디에서 온 것인가? 신이 부여한 것인가? 아니면 어떻게 스스로 이를 진화시켜 나갈 수 있었을까? 물론 이를 그 누구도 정확하게 설명할 수는 없다. 그러나 우주의 진화 과정을 토대로 가능한 유추는 해볼 수 있을 것이다.

    우주는 빅뱅으로 시작되었다. 이는 거대한 에너지와 정보의 폭발이다. 에너지와 정보의 근원은 아직 잘 모르지만, 그 폭발이 물질을 만들어내면서 지금까지 우주가 진화해 왔다. 어떻게 보면 우주 진화의 중심은 에너지인 것 같다. 그러나 이보다 더 중심에 정보가 있다는 것을 적지 않은 물리학자들이 동조하고 있다.[1] 정보가 에너지보다 우선하는지는 아직 단정할 수는 없지만, 정보는 우주 진화의 중심에 있는 것은 확실하다고 볼 수 있다. 그것을 진화라는 현상이 확인해 준다. 대폭발 이후 어떠한 방향으로 진화가 진행되고 있는데, 왜 그렇게 되는 것일까? 모든 것을 우연으로만 설명하기에는 진화의 과정이 확률적으로 너무 정교하다. 어떤 방향으로 갈지 몰라도 진화라는 것은 어떠한 주체와 중심이 있어야만 한다. 그 주체와 중심은 무엇일까? 진화는 변화를 의미하며 변화는 정보를 의미한다. 그래서 곧 진화의 주체는 정보가 된다. 그 정보가 중심이 되어 더 나은 정보로 변화해 나가는 것이 진화이다. 생물 진화의 중심에 유전자가 있듯이 물질의 진화에도 정보가 중심에 있다. 물질의 모든 관계와 변화가 곧 정보처리이다. 정보처리는 새로운 에너지와 물질뿐만 아니라 이를 가장 효과적으로 처리할 수 있는 법칙들까지도 만든다. 그래서 빅뱅 자체도 에너지와 물질만의 탄생을 의미하지 않고 그 속에 법칙과 알고리즘까지도 포함한다.[2]

그 법칙들에서 가장 기본적으로 중요한 것은 에너지 보존과 엔트로피의 법칙이다. 곧 에너지 제1 법칙과 제2의 법칙이다. 에너지가 보존되려고 한다는 것은 그 중심과 주체가 있다는 뜻이다. 생물체가 유전자라는 중심을 보존하려는 것처럼 에너지도 그 안에 어떠한 중심이 있어야만 그 보존이 성립된다. 그리고 단순한 총체적인 에너지 보존이 아니라, 이를 방해하는 엔트로피와 싸워 일을 할 수 있는 유용한 자유에너지를 보존하려고 한다. 에너지가 단순한 물리적인 에너지라면 어떻게 이런 보존성을 끊임없이 추구할 수 있을까? 에너지 속에 보이지 않지만 어떤 중심을 이루고 있는 정보가 있기 때문일 것이다. 에너지에 그 중심과 주체가 되는 정보가 있어 정보가 자기를 보존하려는 성향으로 인해 에너지 보존도 가능하게 된다고 볼 수 있다. 물론 이 에너지는 항상 물질과 동반된다. 그 정보는 물질과 연관된 정보일 수도 있을 것이다. 그 정보가 어떠한 상태에 있는지는 잘 알 수 없지만, 에너지와 물질의 중심에 정보가 있고 그 정보가 보존되려는 성향으로 인해 에너지와 물질의 보존적 성향도 가능할 수 있을 것이다.

에너지와 함께 우주도 보존되는 성향을 갖는다. 보존이란 두 가지 성격을 갖는다. 아무것도 하지 않음으로 안정적으로 자기를 방어하고 보존할 수 있다. 그러나 이런 경우에는 우주는 중력에 의해 수축되어 블랙홀처럼 소멸될 수밖에 없다. 그래서 진정한 의미에서 자기 보존이라고 할 수 없다. 그래서 자신을 확장시키는 적극적인 방법으로 자기를 보존해 나갈 필요가 있다. 그러나 우주가 일방적으로 팽창되어 간다면 엔트로피의 증가로 인해 결국 우주는 해체될 수밖에 없을 것이다. 이것도 진정한 자기 보존이 될 수 없다. 그래서 우주는 진정한 의미의 자기 보존을 이루기 위해서 아인슈타인이 말한 우주상수와 같은 에너지를 사용하여 팽창되어 나가면서도 그 안에서 중력 등으로 자신을 안정시켜 가려는 두 가지 힘의 균형을 가져야 한다. 그러나 완전한 평형이 아니고 팽창력이 다소 우세한 상태로 우주는 전체적으로는 조금씩 팽창해 가야 한다. 이러한 우주의 보존을 위해서는 가장 중요한 것이 유용한 자유에너지의 보존이다.

생명체와 뇌의 출현

이를 위해 생명체가 출현한다. 생명체의 특징은 우주의 방향과 같다. 생명체는 일반 우주 에너지보다 더 강한 주체를 가지면서 자기를 진화시키면서 확장해 나간다. 이것이 가능하기 위해서 가장 중요한 것이 일할 수 있는 자유에너지의 보존이다. 이것이 생명체의 가장 큰 목적이다. 물론 우주 전체적으로 보면 생명체의 에너지 사용과 보존은 미미하다. 생명체가 우주에 특별한 존재이기는 하나, 우주에 영향을 미칠 만큼 대단한 존재는 아니다. 그러나 총체 에너지로 보면 극소하지만, 어떠한 진화의 흐름과 정보처리의 의미로서 본다면 생명체 특히 인간은 우주의 전체 진화에 있어 중요할지도 모른다. 특히 인간의 의식은 우주 진화의 정보처리에 중요하다. 이에 대해서는 다시 자세히 설명할 것이다. 이런 점에서 떼이야르 드 샤르댕 Theihard de Chardin이 말한 그런 진화적 의미[3]의 가능성도 충분히 생각해 볼 수 있을 것이다. 그래서 생명체는 엔트로피를 최소화함으로 최소 에너지로 최대의 유용한 일을 할 수 있는 개체여야 한다. 특히 생명 진화의 최정점에 있는 인간의 뇌는 바로 이 목적을 위해 존재한다.[4]

    컴퓨터가 화면에서 보여주는 언어와 논리는 기계 안에서 작동되는 것과 같지 않다. 이처럼 뇌가 밖으로 보여주는 내용과 원리는 뇌 자체가 추구하는 알고리즘과 동일한 것이 아니다. 뇌가 밖으로 논리와 윤리 등을 추구한다고 해서, 뇌도 그 안에서 그렇게 작동한다고 볼 수는 없다. 전혀 다른 원리로 이를 추구할 수 있는데도 우리는 뇌 안의 작동방식을 모르기 때문에 그냥 뇌가 그렇게 한다고 생각한다. 뇌는 진리나 윤리에 관심이 있는 것이 아니다. 뇌는 우주의 방향과 함께 항상 최소 에너지를 추구한다. 그런데 그렇게 뇌가 작동하다 보니, 그 결과가 합리성이나 윤리로 나타날 수 있는 것이다. 뇌는 사실 무엇이 정확하고 맞는 것인지 모른다. 뇌는 그저 주어진 자료를 가지고 가장 최소 에너지 상태를 유지하려고 하다 보니. 바르고 정확한 것이 될 수 있다는 것이다.[5] 그리고 항상 뇌의 최소 에너지 원리와 합리성이 일치하지는 않는다. 때로는 엉뚱한 결과를 만들 때도 있다.

    그러면 뇌는 어떻게 이런 상태를 추구할 수 있는가? 이를 위해서 가장 필요한 것은 계산 능력이다. 최소 에너지 상태를 계산을 통해서 얻을 수 있어야 한다. 인공지능 알파고가 바둑에서 가장 유효한 수를 계산을 통해 얻듯 뇌도 계산한다. 뇌는 컴퓨터처럼 이진법을 사용하기에 이진법 자체가 계산이다. 그리고 대부분 자료를 계량화한다. 수학처럼 모든 자료를 점수 등으로 등급화하거나 좌표화한다. 이를 위해서는 큰 것을 작은 것으로 분해하여야 한다. 지금 보고 있는 하나의 시각적 장면을 뇌에서 연출하기 위해 디지털 사진기처럼 자료를 그대로 받아들여 이를 스크린에 그대로 비추는 방식으로 일하지 않는다. 이렇게 하면 너무 느리고 움직이는 것을 공간의 좌표 속에서 제대로 포착하여 현실에 적응하는데 효율적이지 않다.

    뇌는 정확한 그림을 모사하는 데 목적이 있는 것이 아니라 현실에 대한 정확하고 신속한 적응과 생존이 목적이다. 그래서 뇌는 하나의 그림을 30

개의 영역으로 전문화하고 세분화하여 분석한다. 그래야 빨리 필요한 부분을 정확하게 계산해낼 수 있다. 그리고 같은 것은 무시하고 변화하고 조금이라도 다른 것에 아주 예민하게 반응한다.[6] 그 속에 생존 정보가 있기 때문이다. 같은 것과 변화하지 않는 것은 생존에 큰 의미가 없다. 대상이 움직이든지 배경과 다른 무엇을 알아야 내가 거기에 대해 준비할 수 있기 때문이다. 같은 것은 안전하고 정보로서 별 가치가 없다. 조금이라도 다른 것은 과장해서라도 강하게 부각시킨다. 이러한 모든 분석은 정량화된다. 시간에 따라 시시각각 변하는 이러한 숫자 정보는 전기적 파동의 형태로 전달된다. 이 파동을 받아 분석하는 것이 뇌파이다. 그동안 분석을 통해 통계적으로 가장 안정적인 상태가 기준이 되어 거기에서 얼마나 벗어나 있는지를 정량적으로 표시하여 전달하는데, 이것이 파동의 원리이다. 각각의 작은 파동은 다시 서로의 간섭과 중첩으로 더 큰 파동을 만들어 간다. 이것이 홀로그램의 원리이기도 하다. 그래서 뇌는 홀로그램의 원리로 작동하는 것으로 알려져 있다.[7]

뇌가 일반 컴퓨터처럼 외부 자료를 항상 그대로 다 입력하여 매번 새롭게 프로그램을 돌려 지각한다면 너무 느리고 비효율적으로 된다. 그동안 입력된 빅 데이터들을 잘 활용하여 미리 가장 확률적으로 가능하고 안정적이고 유용한 정보의 틀(구조)을 구성해 놓는다. 이를 지각 프레임 혹은 예상 프로그램이라고 할 수 있다. 이는 면역계에서 항원에 반응하여 항체를 신속하게 만들 때에도 같은 원리를 사용한다. 전산 프로그램을 만들 때도 많이 사용하는 기본 프로그램을 미리 만들어 놓고 이를 블록화하여 사용할 수 있다. 이를 서브루틴이라고 한다. 요즈음 양복을 신속하게 제작하기 위해서도 미리 한국인의 체형을 분석하여 몇 개의 대표적인 수치로 미리 제작해놓고 조금씩 변용시켜 완성한다. 이런 원리들과 비슷하게 뇌가 작동한다.

뇌 정보의 문제

　이러한 계산방법은 뇌가 안정적인 에너지 준위를 유지하는데, 중요한 역할을 하지만 문제가 전혀 없는 것은 아니다. 우주의 중력처럼 뇌가 안정을 추구하는 성향이 너무 강해져서 문제가 생길 수 있다. 정보는 자기를 형성하며 보존하려는 강한 성격이 있다고 했다. 그래서 안정적인 에너지 준위를 최우선적인 과제로 삼는다. 안정적인 정보들은 더욱 안정적이고 견고한 자기를 보존하기 위해 서로 유사한 정보들끼리 연합하여 더 크고 강한 자기와 구조를 형성하려고 한다. 이렇게 되면 새로운 큰 구조적 정보는 그 보존성에 있어서도 더욱 강력해질 것이다. 이것이 거시적으로 모이게 되면 하나의 거대한 인식적 구조를 형성한다. 이들은 정보적인 밈meme이나,[8] 자물쇠로 잠그듯 록인lock in되는 문화나 관습 현상이나,[9] 전통과 보수와 같은 이념 등으로 나타나기도 한다. 이처럼 겉으로 보면 문화와 이념 등으로 나타나지만, 그 속에서는 정보가 최소 에너지를 지향하려는 성향에서 어쩔 수 없이 발생하는 것으로 볼 수 있다.

　이러한 보존성은 작은 개체 정보에서부터 큰 정보의 연합에 이르기까지 모든 계통의 과정에서 발생하지만, 상위로 올라갈수록 그 보존성은 더욱 커진다. 정보를 물질로 본다면 정보가 많을수록 질량이 증가하고 질량이 증가할수록 중력은 곱으로 증가한다. 그리고 거리의 제곱에 반비례한다. 정보의 구조화는 정보의 질량이 급격히 늘어나고 그 거리가 아주 가까워진다. 그래서 그 보존성은 중력처럼 기하급수적으로 늘어날 수 있다.

　이러한 정보의 보존성과 이기성은 인지적 왜곡을 일으킬 수 있다. 갈등하는 다른 정보는 엔트로피의 상승과 안정적인 최소 에너지를 방해하기 때문에 기존 정보는 새로운 정보에 대해 영향력을 행사한다. 새롭고 다른 정보를 필터 하든지 무시할 수 있다. 웬만한 정보는 기본 정보의 구조에 따라 변용시켜버리기도 한다. 조금씩 다른 정보는 수용하든지 변용하든지 해서 받아들이지만, 급격히 다른 정보는 인지하지 않든지 거부할 수 있다. 그리고 조금씩 같은 정보들이 서로 연합하여 더 큰 재벌 기업이나 연방정부처럼 거대한 정보구조를 형성하고 모든 정보를 기존 정보와 닮은 정보로 규제하고 통제할 수 있다. 그래서 동일성만 허용되고 차이를 거부하는 완고한 정보 시스템으로 가게 한다.

그러나 이러한 정보의 강력한 보존과 통제는 원래 정보와 생명체의 목적에 어긋나는 것이다. 인지적 왜곡이 축적되면 현실을 바로 보지 못함으로 바른 적응을 하지 못해 오히려 도태될 수 있다. 강한 중력으로 모인 블랙홀처럼 이러한 거대정보 구조는 결과적으로 생명체를 붕괴시킬 수 있다. 만일 이에 대해 뇌가 아무런 제동 장치를 가하지 않는다면, 뇌의 원래 목적에 어긋나게 된다. 외부 환경을 바로 분석하고 생명체가 가장 적절하고 효율적으로 적응하도록 돕는 것이 뇌의 목적인데, 뇌의 지나친 보존성은 생명체를 오히려 위험에 빠트릴 수 있다.

생물학적으로 보아도 가장 거대한 동물이었던 공룡은 새로운 환경에 잘 적응하지 못하고 멸종되고 말았지만, 가장 작은 생물인 미생물은 진화의 과정에서 가장 오랜 시간 동안 생존해 왔다. 역사적으로 보아도 국가가 확장되고 거대해지면 더욱더 강력한 지배력에도 불구하고 오히려 쇠퇴하는 것을 보게 된다. 강력한 권력과 통제력을 행사하는 완고한 독재 정권이 오래 가지 못하고 스스로 허물어지는 것도 유사한 현상이라 볼 수 있다. 현대철학에서 이성과 형이상학을 비판하는 이유도 이성과 형이상학이 뇌의 정보의 영향으로 동일한 정보의 구조를 요구하는 성향이 있기 때문일 것이다. 그래서 현대철학은 이러한 뇌의 정보적 보존성을 극복하기 위해 동일한 정보를 거부하고 작은 차이를 아주 소중하게 여긴다.[10]

뇌가 신속하고 정확한 정보처리를 위해 모든 자료를 정량화하는 과정에서도 또 다른 문제가 발생할 수 있다. 뇌는 현실을 그대로 보는 것이 아니라 세부적으로 나누어 정량화하고 좌표화한다고 했다. 그래야 효율적이고 정확한 결과를 얻을 수 있기 때문이다. 세상에 있는 것들이 가격이 매겨지고 등급화되듯이 뇌도 어떠한 가치체계와 범주에 따라 모든 것을 등급화한다. 그래야, 계산이 가능하기 때문이다. 대상을 항상 등급과 가격과 좌표로 인식하는 습관을 가지게 되고 이를 통해 계급과 신분이 탄생하게 된다. 그리고 이러한 등급과 좌표에 따라 정서적인 반응을 하게 된다. 즉 높은 등급은 이상화하고 부러워하면서 낮은 등급을 무시하고 멸시하기까지 한다. 소위 차별과 편견이 생기게 되고 이로 인해 사회적 갈등이 유발된다. 모두가 평등하다고 하는 민주사회에서도 여전히 일어나는 현상이다. 이는 뇌가 늘 그렇게 판단하고 나누기 때문에 사회적인 체제와 관계없이 항상 등급과 차별의 문제가 나타나는 것이다.

이처럼 사회와 뇌가 합동하여 인간을 정량화함으로 편리성은 얻었을지 모르지만, 고차적인 인간에게 아주 심각한 문제를 안겨준다. 고차적인 대상을 대상 그대로 인식하기보다는 표면적인 점수와 등급 등의 저차정보로 판단하고 구속하기에 인간 소외가 발생하는 것이다. 사람을 점수와 등급으로 인식한다. 생명체가 숫자로 인식됨으로 인간을 존엄한 존재로 보기보다는 기계적인 구조의 부속품으로 본다. 사람은 그저 숫자가 된다. 계산과 적응의 효율성은 증가할지 모르지만, 그 편리성에 반비례하여 인간 소외는 더 깊어진다.

계산이 정확하고 신속한 것은 사실이나 중요한 것은 계산이 아니라 그 속에서 처리되는 데이터와 정보의 질이다. 아날로그와 디지털의 차이처럼 작은 것들은 무시할 수 있을지 모르지만, 그 작은 차이에 인간의 아주 중요하고 소중한 것들이 같이 잘려나갈 수 있다. 동일성 속에서 죽어가는 작은 차이를 살려보기 위해 현대 해체철학은 엄청난 노력을 퍼붓고 있다. 물론 작은 것이기에 무시할 수 있을지 모르지만, 복잡성의 계산에서는 이 작은 변화가 나비효과처럼 거대한 폭풍을 일으킬 수도 있다.[11] 작은 차이로 엄청난 결과적 오류가 발생할 수도 있다. 그리고 제한된 자료와 정보를 가지고 계산의 효율성과 과학성을 맹신한 나머지 너무도 많은 것들과 그 이상을 판단하고 통제하려고 한다. 점진적으로 인간은 자신들의 고차적인 문제를 효율성이라는 편리성 때문에 저차적인 기계의 계산과 알고리즘에 맡기게 되고, 이로써 인간은 자신도 모르게 자신의 주권을 양도하게 된다. 작은 저차의 편리성을 얻는 대가로 너무도 큰 고차의 인격성을 팔아넘길 수 있다. 그리고 인간 스스로 저차정보에 종속되고 영혼이 없는 기계처럼 살아가게 된다. 이러한 것들이 뇌의 계산과 알고리즘 정보의 문제와 한계이다.

그리고 현실적으로 정보의 보존성으로 야기되는 가장 심각한 문제는 정보의 이분화 성향이다. 정보는 하나의 정보로만 통일될 수 없다. 하나의 정보가 보존되기 위해서는 다른 정보를 억압하고 지배해야 한다. 그러나 억압받는 정보들은 결코 그대로 죽지 않는다. 그 정보들도 생존하고 보존되기 위해서 자기와 유사한 정보들의 도움을 청하고 그래서 서로 강하게 뭉치게 된다. 그래서 정보들이 계속해서 이런 과정을 밟게 되다 보면 결국 양대 세력으로 재편될 수밖에 없다. 마치 정치에서 보수와 진보라는 이념으로 군소 정당들이 뭉쳐 양당화하는 것처럼 뇌의 정보도 이분화 세력으로 재편된다.

정치를 양당화하는 것이 가장 효율적이라고 하는 것처럼, 뇌도 이분법 정보가 효율적일 수 있다. 그런데 정보의 이분화만의 문제로 끝나지 않고 지나친 공격과 방어의 게임 속으로 들어가는 것이 문제가 된다. 그리고 여기에는 정보적 처리와 계산만 있는 것이 아니라 심한 감정이 개입된다. 마치 정치가 반대를 위한 반대를 하거나 심한 감정적인 대립으로 흙탕물 싸움을 하는 것처럼 뇌에서도 이러한 현상이 일어난다. 정치와 뇌가 서로 유사한 점을 보이는 것은 뇌가 그렇게 하고 있기 때문이기도 하다. 물론 서로 다른 것이 문제가 되는 것은 아니다. 그래서 정치나 이분법적 갈등 자체가 나쁜 것은 아니다. 변증법적 발전을 이루어 나갈 수 있다. 바른 생존을 위해 서로 다른 의견이 필요하고 존중되어야 한다. 그러나 서로가 다르다는 이유로 무조건 싸우고 미워하며 때로는 원수가 되어 끝장을 볼 때까지 싸우는 것은 또 다른 문제이다. 전체의 생존을 보존하기 위해서 싸워야 하는데, 전체적 생존을 위태롭게 하면서까지 적대적으로 끝까지 싸우는 것이다. 이분법적 편향으로 인해 발발한 분열과 전쟁이 한두 번이 아니다. 특히 우리나라 역사에서 이러한 이분법적 갈등과 적대 감정을 너무도 익숙하게 본다.

이에 대해서는 다음에 더 자세히 다룰 것이다. 이러한 이분법 역시 생명체의 생존을 위태롭게 하기에 뇌의 심각한 문제가 아닐 수 없다.

뇌는 생명체에게 정말 필요하고 유익한 존재이지만, 아무런 제동 장치가 없이 뇌가 주도하도록 버려둔다면 오히려 생존을 위협할 수도 있다. 뇌는 진실의 내용에 크게 관심이 없다. 빨리 정확하게 파악하여 최소 에너지 상태로 적응하게 하는 것이 뇌이다. 뇌는 이를 위해 등급화와 좌표화를 시도하고 이를 기초로 끊임없이 계산한다. 그러다 보면 전혀 다른 방향으로 갈 때가 있다. 오히려 생존이 아니라 파멸의 길로 치달려 갈 수도 있다. 그래서 뇌의 정보는 국소적으로 보면 아주 과학적이고 경제적인 것 같지만, 전체적인 내용으로 보면 그렇게 고급정보가 아닐 수도 있다. 우리는 이를 잘 알아야 한다. 뇌의 우수성도 알아야 하지만, 뇌의 문제와 한계도 잘 알아야 한다. 그래서 이러한 문제를 예방하기 위해서 뇌의 원래 족보를 잘 기억할 필요가 있다. 뇌는 외배엽이다. 뇌를 너무 과신한 나머지 뇌를 인간 생명의 중심에 세워서는 안 된다는 것이다. 뇌가 주인일 수 없다는 것이다. 뇌는 환경에 적응하는데, 중요한 역할을 하는 참모나 회계사이지 그 이상은 아니다. 뇌가 워낙 똑똑하고 그 거대한 정보 보존력 때문에 자기도 모르게 주인 역할을 하게 되었지만, 이렇게 되면 생명체가 위험해질 수 있다는 것을 기억해야 한다. 뇌는 항상 자기의 위치를 지켜야 한다. 그렇다면 뇌의 이러한 폭주를 막을 수 있는 길은 없을까?

우선 뇌 안에 이런 제동 장치가 있는지부터 살펴보자. 자기를 되돌아보고 반성할 수 있는 이성의 정신 작용, 또 자기를 대상화하여 조절할 수 있는 의식과 자유의지, 더 깊은 자기를 찾을 수 있는 자기탐구, 영성과 초월세계를 관통할 수 있는 의식, 감성과 예술성 그리고 복잡성과 양자정보 과학 등이 그러한 대안으로 떠오를 수 있다.

답과 설명

1. 우주 진화의 가장 중심이 되는 힘과 법칙은 무엇인가?

   우주가 오랜 시간 동안 어떠한 하나의 방향으로 움직이고 진화되는 것은 스스로 보존되려는 중심과 그 보존력이다. 그 보존의 중심에 정보가 있다. 그러나 안정적인 동일성으로 보존되려고 하면 블랙홀처럼 소멸될 수밖에 없다. 그래서 에너지는 보존되나 엔트로피의 증가를 통해 팽창하는 그러한 보존을 추구하는 것이다. 그래서 우주는 팽창과 수축의 두 힘의 균형에서 약간의 팽창의 힘으로 자기를 보존해나가며 진화하고 있다.

2. 뇌의 가장 중요한 작동원리는 무엇인가?

   뇌의 작동원리는 우주 진화의 원리와 동일하다. 그러나 이를 정보처리를 통해 더 효율적으로 기능하도록 한다. 엔트로피는 어쩔 수 없이 증가하지만, 이를 최소화하면서 최소 에너지를 유지하는 그러한 경제적인 방법으로 뇌가 작동한다. 뇌는 진선미에 관심이 있는 것이 아니라 가장 경제적이고 효율적인 정보를 계산하다 보니 때로는 진선미와 일치하기도 하고 때로는 벗어나기도 한다.

3. 뇌정보의 문제점은 무엇인가?

   뇌는 정보처리를 통해 최소한의 에너지를 유지하려고 하기 때문에 기존 정보를 보존하려는 강한 성향을 보인다. 그리고 계산을 효율적으로 하기 위해 대상을 등급화하고 좌표화한다. 그래서 세상을 등급으로 평가하고 판단한다. 그리고 이러한 정보들이 서로를 보존하려는 강한 성향 때문에 결국은 이분법적 정보로 발전하게 된다. 이러한 정보보존은 현실 정보를 그대로 받아들이지 못하고 기존 정보에 편입시키고 변용하는 왜곡과 편견을 일으킨다. 그래서 인간의 사고와 이념으로 인한 갈등이 조장되고 때로는 강한 보존적인 감정과 본능이 개입되면서, 심한 갈등과 분열에 빠지는 경우가 있다. 인간의 갈등의 원인은 사실 따지고 보면 인간이나 그 갈등의 내용보다는 정보가 인간을 그렇게 만들고 조종하고 있다고 보아야 한다.

4. 뇌정보의 문제를 방지할 방법은 어떤 것이 있는가?

   물론 뇌 안에는 이를 방지할 수 있는 여러 장치가 있다. 그리고 우리 몸 전체에도 이러한 기능과 정보가 있다. 이를 잘 풀어나가기 위해서는 다음 장의 '정보의 차원'에 대한 이해가 절실히 필요하다.

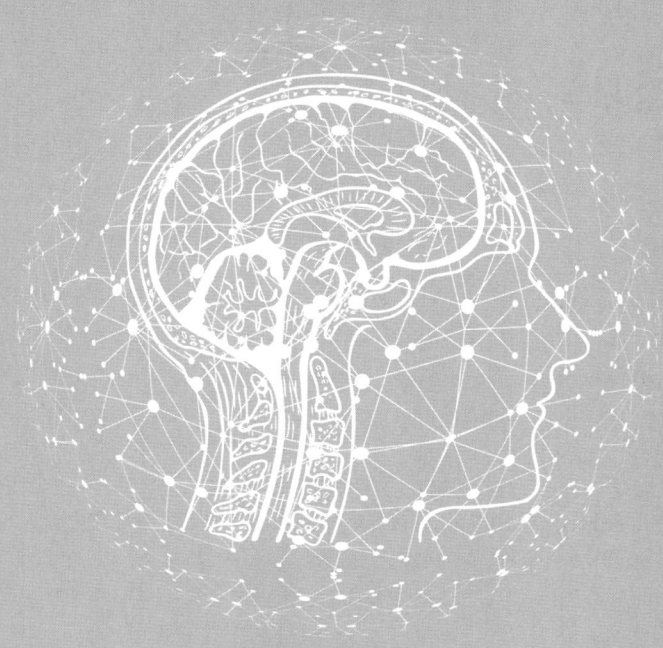

II. 정보의 차원과 몸의 정보

- 5. 정보의 차원
- 6. 관통적 의식
- 7. 몸의 고차정보
- 8. 양자 생물학
- 9. 양자 유전과 진화
- 10. 몸의 초고속 정보망
- 11. 열린 몸의 정보망

5. 정보의 차원

질문.
1. 왜 정보의 차원을 나누어야 하는가?
2. 정보는 어떻게 저장되며 처리되는가?
3. 정보의 차원은 어떠한 원리로 나누는 것인가?
4. 정보의 차원은 몇 가지로 어떻게 나누는가?
5. 고차정보와 저차정보로 나누는 기준은 무엇인가?
6. 물질과 정신은 어떻게 연결될 수 있는가?
7. 정보의 일생과 소멸을 거부하는 정보의 문제는 무엇인가?
8. 과학정보의 문제와 한계는 무엇인가?

정보 차원의 원리

뇌는 탁월하고 효율적인 정보처리를 하고 있지만, 만능은 아니다. 무엇이 우수하고 무엇이 그 문제인지를 잘 알고 대처하고 보완할 수 있어야 한다. 뇌 안에 이를 대처할 수 있는 여러 기능이 이미 있다. 이를 잘 이해하기 위해서는 뇌 안에서 일어나는 정보처리에 대해 좀 더 자세히 알 필요가 있다. 뇌는 정보를 전문적으로 처리하는 기관이지만, 단순한 하나의 방식으로만 정보를 처리하지 않는다. 정보처리의 다양한 방식과 차원이 있는 것이다. 정보처리의 차원을 알기 위해서는 먼저 정보의 본질이 무엇이며 정보가 어떻게 저장되고 처리되는지를 알 필요가 있다.

빅뱅 이전의 원초적인 정보의 본질에 대해서는 알 수 없지만, 적어도 우주가 시작되면서부터 정보는 단독으로 존재하지 않고 늘 물질과 에너지와 함께 교류하며 존재해 왔다. 이처럼 정보는 물질과 에너지와 함께 만물의 기본 요소가 된다. 동시에 정보는 생물과 정신의 원시적 시원이 되기도 한다. 보이지 않는 에너지가 다양한 물질의 상태로 저장되고 전달되듯이, 정보 역시 보이지 않기에 보이는 물질로 저장되고 다양한 매체로 전달된다. 그래야 안정적인 상태를 유지할 수 있다. 정보는 에너지와 같이 물질의 기본 구성이 되는 입자들의 구조와 움직임을 통해 저장되고 전달된다. 그래서 정보는 에너지이고 에너지는 곧 물질이 된다.[1] 물질은 미시 상태로 갈수록 엄청난 에너지를 갖는다. 프랑크 크기의 양자나 원자핵이 갖는 강력이 바로 그러한 에너지이다. 그러나 양자 상태가 붕괴되고 전자와 분자 상태로 변화되어갈수록 그 힘은 약화된다. 그리고 에너지는 갈수록 엔트로피의 증가에 의해 유용한 에너지를 상실해 간다. 그리고 열로 팽창하고 사라지고 만다. 정보도 물질과 에너지의 일생처럼 변화를 겪는다.

정보라고 다 같은 정보는 아니다. 정보과학이 정량적이고 수학적인 면만 연구하고 강조해왔지만, 정보는 양보다 질이 더욱 중요하다. 많은 정보가 아니라 유익한 하나의 정보가 중요하다. 물질도 양보다 질이 더 중요한 것처럼 정보도 그러하다. 작은 양의 우라늄이 갖는 에너지의 가치를 이미 우리는 잘 알고 있다. 이차 세계대전 때 수많은 군사와 무기가 아니라 하나의 고급정보만으로 승리한 예들을 우리는 알고 있다.[2] 주식도 고급정보 하나로 엄청난 수익을 얻는 것을 종종 본다. 그래서 정보도 그 질이 중요하다. 정보도 고급정보가 있고 별 내용이 없는 저급정보도 있다. 그리고 거짓 정보도 있다. 게다가 전산 바이러스 같은 유해한 정보도 있다. 그래서 정보도 어떤 가치와 가격이 있다고 보아야 할 것이다.

그렇다면 정보의 질은 어떻게 판정하는가? 그것은 얼마나 유용한 에너지를 보존하고 절약할 수 있느냐에 달려있다고 보아야 한다. 그러나 최소 에너지만을 고집하다 보면 그 보존성의 덫에 걸려 정보의 일생을 단축시킬 수도 있어 에너지 보존만을 가지고 이를 판단할 수 없는 또 다른 면이 있다. 그래서 정보에는 에너지 보존과 함께 정보가 자기 보존에만 빠지지 않게 하는 제동 장치를 스스로 가진 것이 더 고급정보가 될 수 있다. 정보를 생명체로 본다면 정보가 고급내용을 가지며 어떻게 건강하게 오래 잘 살아갈 수 있느냐가 중요하다는 것이다. 생명의 건강도 한쪽으로 치우치지 않는 균형과 조화가 중요하듯 정보도 건강하게 생존하기 위해서는 균형적인 성향을 가져야 하는 것이다. 건강하게 장수하는 것이 인생의 덕목이 되듯이 정보도 균형적인 고급정보를 통해 건강하게 장수하는 것이 필요하다.

그래서 진리라는 고급정보에는 뭔가 모르는 이중성들이 있다. 보존성도 있고 그 보존력을 해체하는 이중성도 있는 것이다. 이 글에서는 고급정보를 이제부터는 고차정보로 바꾸어 부를 것이다. 정보를 단순히 고급과 저급으로 나누기보다는 여러 차원으로 설명하는 것이 더 포괄적으로 설명할 수 있어 차원이란 개념을 도입하려는 것이다. 정보는 홀로 존재하지 않고 물질과 에너지와 교류하고 동행하면서 그 일생을 보낸다. 그래서 정보의 차원성도 결국 물질과 에너지의 역동적인 교류에 의해 결정된다고 볼 수 있다. 물질과 에너지도 하나의 차원으로만 볼 수 없기 때문이다.

물질의 역동적 차원을 크게 세 가지로 나누어 볼 수 있다. 크게 보면 두 가지인데, 고전적 뉴턴의 역학이 지배하는 거시적 세계와 뉴턴의 역학이 적용되지 않는 미시의 양자 세계가 바로 그 두 세계이다. 그리고 그 경계에 있는 물질 역학이 있는데, 이를 카오스 혹은 복잡성의 물질세계라고 한다. 이 세 세계의 물질 역학은 서로 다르다. 물질이 교류되는 역학 방식이 다르다 보면 그 안에서 처리되는 정보의 차원도 다를 수밖에 없을 것이다. 그래서 우선으로 세 가지 종류의 정보처리 방식이 존재한다고 볼 수 있다. 고전역학은 뉴턴의 법칙과 같은 알고리즘에 의해 작동되고 처리되는 방식을 갖는다. 그래서 이를 알고리즘 정보처리 방식이라고도 할 수 있다. 복잡성 세계는 전체적으로는 고전역학의 지배를 받지만, 단순한 알고리즘에 의해 정보가 처리되지 않고 네트워크에 의해 통계적인 방식으로 작동된다. 그래서 알고리즘과는 다른 정보처리의 과정을 밟는 것이다. 이를 복잡성 정보처리라고 말할 수 있다. 마지막으로 양자는 뉴턴의 알고리즘이 전혀 작동되지 않는 독특한 역학 방식을 갖는다. 겉으로 보면 복잡성처럼 통계적인 방법을 따르는 것 같지만, 그 속은 전혀 다른 양자만의 방식을 따른다. 이에 대해서는 다시 자세히 다룰 것이므로 여기서는 이 정도로 언급하려고 한다. 그래서 기본적으로는 이 세 가지 정보처리의 차원이 존재한다. 물론 이 책에서는 이를 더 세분화하여 6종류의 정보차원으로 나누었지만, 그 기본은 이 세 가지이다. 그리고 이 정보의 차원에 따라 에너지의 상태 즉 엔트로피도 각기 다르게 나타난다.

고차정보

먼저 양자역학의 미세한 물질의 정보처리에 대해서 알아보자. 핵 안에 다양한 소립자와 4 종류의 힘과 에너지가 있다는 것이 표준모형을 통해 밝혀졌다.[3] 그리고 그 안에 매개 입자들이 각 소립자들 사이를 왕래하든지 혹은 소립자들의 스핀 등을 통해 정보와 에너지들이 전달되고 또 소립자의 형태들도 변하게 된다.[4] 입자와 에너지에 대한 것들은 표준모형으로 밝혀졌지만, 이것과 동행하는 정보에 대해서는 알려진 바는 없다. 단지 이러한 아원자의 상태를 통틀어 양자라고 볼 수 있기에 양자적 차원의 정보 정도로 이해하는 것이 현재로서는 최선의 설명이다. 물론 양자정보도 아직 생소하고 이해하기는 쉽지 않지만, 마침 양자 컴퓨터가 4차 산업의 핵심 과제의 하나로 떠오르기에 양자정보의 존재를 이해하기가 훨씬 용이해졌다. (그림5-1)

과학이 밝힌 최소의 물질이 양자이다. 그래서 물질은 양자에서 시작된다. 정보도 물질과 함께 움직이기에 정보도 양자에서부터 시작된다고 볼 수 있다. 그래서 먼저 양자에 대해 간단히 설명하면서 양자 정보의 특징을 이해하려고 한다.(그림5-2) 양자의 가장 큰 특징은 입자와 파동의 이중성을 갖는다는 것이다. 정보는 입자의 움직임과 스핀에도 동반되겠지만, 더 가능한 정보의 형태는 파동이다. 그래서 양자의 물질성을 입자로 보고 그 파동을 정보로 설명하기도 한다. 전자기파가 정보전달의 가장 강력한 수단이 되는 것은 이미 우리가 잘 알고 있다. 물리학자 데이비드 봄David Bohm

(그림5-1) 양자컴퓨터를 통해 양자정보가 존재하며 기존 전산 정보와는 비교할 수 없는 고용량과 속도가 가능한 것이 밝혀지고 있다. 그리고 생체 내에서도 이러한 양자정보가 생명을 유지하는데, 아주 중요한 역할을 하고 있음이 양자생물학과 양자뇌과학을 통해 밝혀지고 있다.
https://www.libertaddigital.com/ciencia-tecnologia/ciencia/2014-07-15/mas-cerca-del-ordenador-cuantico-primer-enrutador-fotonico-1276523893/

(그림5-2) 양자는 물질의 성격인 입자와 정보의 성격인 파동의 이중성을 보인다. 양자정보는 다양한 파동의 중첩을 통해 정보처리를 수행하며 확정적인 정보를 갖지 않고 통계적 확률로만 나타난다. 고전적인 물질로 붕괴될 때 개체적인 정보로 확정된다.
ttps://singularityhub.com/2017/03/30/this-is-what-makes-quantum-computers-powerful-problem-solvers/#sm.01gakuvb1b49fam109q1f1bxcz0vv

은 양자와 인간의 사고가 동시적으로 일어날 수 있는coincident 유사성을 보인다고 했다.[5] 생각도 입자처럼 위치를 알 수 있는 집중적인 사고가 있는 반면에 파동처럼 모호하고 중첩적인 명상적 생각도 가능하다.[6] 그리고 생각은 그 속의 다양한 내용물들을 하나로 구성하여 인식하게 하는 점도 양자의 결coherence과 같은 속성과 유사하다.

양자의 그다음 특성은 중첩성이다. 스핀의 중첩과 운동 경로의 중첩성이다. 양자는 거시물질처럼 국소적으로 존재하지 않는다. 여기 있으면 저기에는 있을 수 없는 것이 물질이다. 그러나 양자는 어디나 동시에 있을 수 있다. 그리고 그 존재가 개체적 성격을 띠지 않고 통계적으로만 존재한다. 어느 시점과 장소에 양자가 존재하는 것은 그 확률이지 온전한 개체로서 존재할 수 없다는 것이다. 그래서 이런 중첩의 원리 때문에 양자컴퓨터는 엄청난 양의 정보를 동시에 처리할 수 있다. 그러나 이러한 다양한 존재는 서로가 독립적이지 않다. 서로 연결되면서 하나로 움직인다. 사고 역시 확률적으로 다양한 중첩적인 내용을 가진 추상적인 정보로 있을 수도 있고, 이를 논리적으로 탐구하고 분석하여 합리적이고 개체적 정보로 풀어낼 수도 있다. 이는 마치 중첩과 확률로서만 존재하는 양자가 논리적인 고전 역학의 세계로 붕괴되는 것과 유사함을 보인다.[7]

양자정보는 양적으로도 고용량이면서도 다양한 내용을 갖는다. 그러나 양자는 파동과 스핀의 결맞음coherence을 통해 하나로 움직이면서 하나의 강력한 에너지로 결집한다. 이런 결맞음과 에너지의 결집을 레이저란 현상을 통해서 잘 관찰할 수 있다. 이 결맞음이 깨어지면decoherence 양자는 고전적인 물질로 붕괴되어 결집된 에너지도 분산된다. 물론 이런 현상 역시 사고의 정보처리를 통해서도 관찰해볼 수 있다. 개인의 사고와 집단적 사고 모두에서 이런 현상이 관찰된다. 그리고 결맞음도 다양한 차원에서도 관찰될 수 있다. 우선 동일한 논리와 가치관 등에 의해 통일된 생각을 공유할 수도 있다. 이런 경우에도 뇌에서는 파동적인 결맞음 혹은 공명 현상이 일어나지만, 양자적인 차원의 결맞음은 아니다. 저차적인 동일성의 공명이다.

    양자정보적인 결맞음은 다양한 정보들이 존재하는 가운데서도 하나로 조화를 이루며 결집되는 그러한 경우를 말한다. 오케스트라의 악기의 소리는 다양하지만, 하나의 음악으로 결맞음을 보인다든지 자연이 다양한 모습에도 하나의 아름다움으로 통일성을 보이는 그러한 경우를 말하는 것일 것이다. 개인의 사고 안에서도 이를 볼 수도 있고 집단에서도 볼 수 있다. 그리고 이러한 하나 됨은 레이저처럼 엄청난 에너지를 결집한다. 축구에서 12명이 각기 다른 역할을 하며 공이 어디로 갈지 모르는 가운데서도 한 팀으로 뭉쳐 하나의 결집된 에너지를 분출하듯이 우리의 사고에도 이러한 현상을 볼 수 있다. 물론 결 깨어짐은 이러한 팀워크가 깨어져 개인 프레이를 하는 그런 경기로 볼 수 있다. 사고에도 결 깨어짐이 일어나면 산만한 생각들로 분산되어 불안 가운데 있든지, 집단적으로는 생각이 모여지지 않는 분열의 경우로 볼 수 있을 것이다.[8] 이러한 사고의 현상들이 양자가 사고의 정보처리에 관여되고 있다는 간접적인 증거가 될 수 있을 것이다.

    양자정보의 다양한 특징 중에서도 가장 핵심적인 성격이 있다면 그것은 양자의 비개체성이다. 양자는 하나의 독립된 입자나 개체적 정보로 존재하지 않고 확률로서만 존재한다. 양자는 동시적으로 어디에서나 있을 수 있다. 독립된 개체로 존재하지 않기 때문에 자기가 없다고 볼 수 있다. 자기와 비자기의 구분도 없다. 그러니 자기 보존성도 있을 수 없다. 자기 보존성이 없으니 앞서 설명한 정보의 왜곡이나 갈등도 없다. 정보가 오히려 순수하게 보존된다. 이러한 비개체성을 정보의 해체성으로 볼 수 있을 것이다. 자기로 응집되지 않고 해체되어 있다는 것이다. 그래서 다른 보존적 정보와 만나면 이러한 해체성으로 인해 그 정보를 해체하는 힘으로 작용할 수도 있다.

    양자가 해체성을 스스로는 가지고 있지만, 다른 정보에 영향을 미칠 만큼 강력할 수 있을지는 미지수이다. 그것은 양자 자체가 아주 불안정하고 해체성이 강하기 때문에 다른 강한 정보와 물질에 영향을 미치기가 어렵다는 것이다. 오히려 양자 정보는 불안정해서 쉽게 거시적 물질로 붕괴된다. 양자정보는 다른 정보보다 보존성이 약하고 자기 방어력이 약해 작은 자극에도 자신을 잃어버리고 붕괴된다. 그래서 양자성을 쉽게 잃고 더 큰 고전적인 원자와 분자로 붕괴된다. 그리고 이 물질들은 양자역학이 아니고 뉴턴의 고전역학의 지배를 받는다. 그래서 양자정보가 존재하더라도 고전적 역학의 지배를 받는 거시세계인 뇌와 생물학적 세계에서 어떠한 영향을 미칠지를 의심하는 학자들이 많다. 양자정보의 해체성과 그 내용이 생물학적 세계에도 영향을 미치기 위해서는 이를 보존하고 증폭시키는 어떠한 고전적인 장치가 필요하다. 많은 학자들이 생물계의 복잡성이 바로 그 역할을 할 것으로 기대하고 있다. 그 역할을 설명하기 전에 먼저 복잡성과 그 정보가 무엇인지 알아보자.

거시적 물질들은 양자와 달리 하나의 개체를 갖는다. 그리고 국소적으로 존재한다. 그러나 이 물질들도 여러 차원을 통해 존재한다. 양자에서 붕괴된 물질의 다음 차원은 복잡성 물질의 상태이다. 물질은 홀로 존재할 수 없다. 다른 물질과 관계하며 에너지와 정보를 서로 주고받으며 끊임없이 변화하며 존재한다. 변화의 과정은 다양하고 복잡한 관계를 통해 복잡성의 망으로 작용한다. 복잡성이란 여러 인자들이 각자 변하면서 서로에게 영향을 주기에 어떠한 예측을 하거나 통제하기가 어렵다. 이는 불안정하게 움직이는 분자와 원자들의 세계, 더 거시적으로는 기후나 지진 같은 자연현상, 생물계의 내적인 작용 그리고 경제나 정치 같은 사회 현상에도 현저하게 나타난다.(그림5-3) 복잡성에는 각 인자가 개체성은 있지만, 망의 연결 속에서 비개체적인 속성을 갖기에 완전히 독립적인 개체성으로 보기가 어렵다.

그래서 자기가 있지만 자기성이나 그 보존성이 강하게 유지되기가 어렵다. 복잡성의 강력한 망을 이겨낼 수 없기 때문이다. 복잡성은 큰 해체성과 혼돈이 있기 때문에 자기를 그 속에서 계속 지속하기가 어렵다. 그래서 약하고 불안정한 양자정보가 복잡성의 혼돈정보와 연합을 이룰 때 더욱 강력한 해체적인 힘을 발휘할 수 있을 것이다. 그러나 복잡성의 해체성은 해

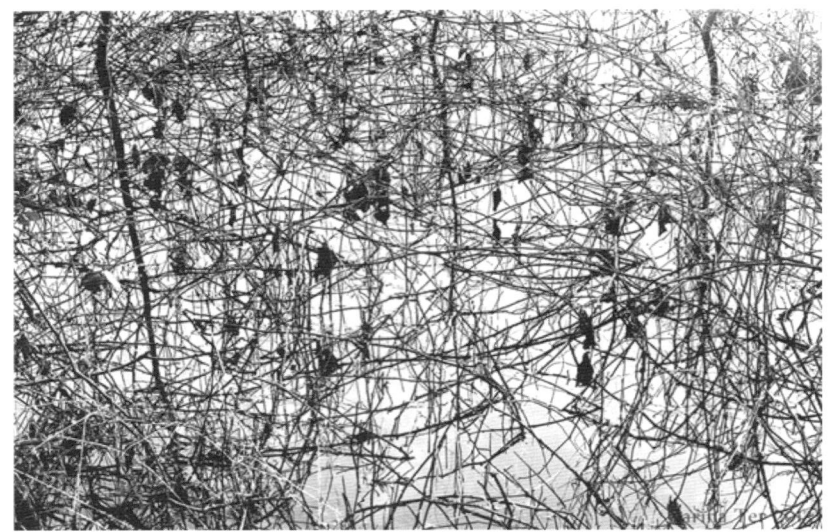

(그림5-3) 자연과 인간의 관계와 정보의 망은 대부분 복잡하고 무질서하게 엮여 있다. 이를 연구하는 학문을 복잡성과 혼돈chaos 이론이라 한다. 그러나 이러한 복잡성과 무질서는 스스로 조직화하면서, 질서를 회복해나가는 특징이 있다. 고차적인 정보로서 현상적으로는 양자 정보를 닮은 면이 있지만, 내용적으로는 고전역학과 통계 법칙의 지배를 받는다. 그래서 고차인 양자 정보와 저차인 알고리즘 정보의 경계에 있다고 볼 수 있다.
https://karinaterphotography.wordpress.com/2013/05/28/a-reflection-on-the-complexity-of-life-5

체적으로만 끝나지 않는다. 그 안에 있는 작은 자기 정보들은 해체되나 혼돈을 통해 더 큰 자기 조직성으로 보존되는 특성이 있다. 새로운 더 큰 자기를 형성하며 질서의 저차정보로 풀려가는 것이다.[9] 그리고 작은 에너지들이 상호작용을 하다가 어떠한 임계점을 넘어서게 되면 큰 에너지로 증폭되기도 한다. 복잡성은 어떠한 단순한 알고리즘에 의해 움직이지 않고 서로의 관계를 통해 정보를 교환하다가 그 속에 있는 스스로의 자기 조직성에 의해 질서를 찾는 것이다. 그래서 이 작동방식을 알고리즘이나 양자와는 다른 독특한 정보처리 방식으로 볼 수 있다.

이처럼 복잡성은 양자는 아니지만, 양자와 비슷한 모습을 많이 보이는 거시세계의 모습이다. 복잡성 정보는 양자 정보만큼은 아니지만, 혼돈이라는 해체성을 같이 가질 뿐만 아니라 양자에서 붕괴되어 나온 미세한 정보들을 복잡성에 편입시켜 거시세계에 영향을 미칠 만큼으로 증폭시켜주는 역할도 한다.[10] 그래서 미약한 양자가 불안정한 생물환경 속에서도 어떠한 영향력을 미칠 수 있는 것이 바로 양자와 복잡성의 정보적 연합 때문이다. 이러한 복잡성의 정보를 전체적으로 평가해 보면 복잡성 정보는 양자정보를 다른 고전적 세계의 정보들과 연결하는 경계성 정보로 볼 수 있다. 이에 대해서는 다시 자세히 언급할 것이다.

그런데 양자정보가 고차적인 정보가 되는 이유는 해체성에 있다고 했다. 그러나 해체성만 있다고 고차정보가 될 수 있는 것은 아니다. 양자정보가 고차가 될 수 있는 것은 결맞음을 통해 전체적인 질서와 전체에 대한 정보를 가지고 있기 때문이다. 알고리즘 정보의 정보는 고도한 질서가 있지만, 양자에 비하면 국소적이고 또 정보의 보존성을 스스로 벗어나지 못하기 때문에 고차적인 정보가 될 수 없는 것이다. 그래서 양자정보는 다른 그 어떠한 정보보다는 더 넓고 깊은 고용량의 정보를 하나라는 결과 전체성을 제공할 수 있기 때문에 고차적인 정보가 되는 것이다. 복잡성 정보 역시 혼돈에 의한 해체성과 함께 스스로의 큰 질서를 가지고 있기 때문에 양자 다음으로 고차적인 정보가 될 수 있다. 이처럼 정보가 대상으로 갖는 영역의 크기와 정보의 보존성과 해체성이 각기 다르기 때문에, 저차와 고차의 정보가 나누어질 수 있는 것이다. 이에 대한 더 자세한 설명은 저자의 다른 책인 '정보과학과 인문학'에 있는 정보의 차원과 그 안에 있는 표들을 참고하기 바란다.

저차정보

양자나 복잡성 정보가 고차원적 고급정보인 것은 맞지만, 인간이 이를 활용하는 데는 문제가 있다. 인간은 대부분 의식을 통해 정보를 활용하기 때문에 이를 위해서는 인간 의식의 차원과 같은 수준이 되어야 한다. 물론 인간의 의식의 차원은 단순하지 않다. 다양한 차원에 대한 의식이 가능하지만, 실제 생활에서의 의식은 단순한 차원이다. 인간은 의식을 통해 대상을 이해하고 조절하고 통제한다. 이러한 의식은 논리성과 합리성이라는 알고리즘의 원리로 주로 작동된다. 의식의 대상인 세상과 자연도 겉으로는 같은 원리로 움직인다. 그래서 정보가 의식에서 효율적으로 처리되기 위해서는 양자나 복잡성과 같이 복잡하고 모호해서는 안 된다. 인간의 언어와 논리성, 인과성 등이 충족되는 단순하고 명확한 정보여야 한다. 그래야 이 원리와 법칙을 동원하여 신속하고 정확하게 자연과 사회를 이해하고 적응할 수 있다.

한마디로 말하면 의식의 저차정보는 과학적 법칙과 이에 부합하는 정보들을 의미한다. 인간은 과학을 발전시켜 자연을 이해하고 통제할 수 있게 되었으며, 그 원리로 여러 기계들을 제작하고 이를 통해 삶을 편리하게 조절할 수 있게 되었다. 이러한 정보는 개체적이고 국소적이다. 복잡하지 않고 예측과 조작이 가능하고 인간이 통제할 수 있는 그런 정보이다. 이 정보들은 인간들이 상상한 이상으로 능력을 발휘하기 시작했다. 이 정보의 도움으로 인간들은 자연과 현실을 적응하고 지배할 수 있게 되었으며, 이 정보들은 과학과 컴퓨터라는 정보의 세계를 만들어 인류가 과거에 상상하지 못한 위대한 발전을 이루게 되었다. 인간은 이 정보의 위대성을 실감하게 되었으며, 이 정보로 인간은 이제 무엇이든 할 수 있다는 자신감과 희망을 갖게 되었다. 그리고 이 정보를 신봉하고 최고의 경지로 신뢰하는 경외심까지 갖게 되었다.

우리는 이러한 과학의 정보를 우주 진화의 최정점으로 보고 있다. 그러나 과연 그러할까? 우주는 과연 인간의 과학적 사고와 정보로 움직일까? 과학정보로 우주를 다 이해하고 설명할 수 있을까? 과학의 정보가 가장 진화한 고차정보일까? 인간의 뇌가 우주에서 가장 높은 지능일까? 뇌가 부여한 과학정보는 다차원적인 정보계의 한 측면이다. 인간이 뇌를 통해 발견한 한 차원의 정보이다. 그 차원에서는 과학적으로 잘 작동되고 있지만, 우주의 모든 차원에 공용되는 정보일 수는 없을 것이다. 이러한 정보는 인간의 적응을 위해 뇌가 개발하고 발견한 한 시스템의 언어와 정보이지 우주 만국 통용정보로 볼 수는 없는 것이다. 알고리즘 정보는 그 알고리즘 안에서만 최강이지 우주가 그 알고리즘만으로 움직일 수는 없다. 또 알고리즘은 정보의 용량이 적을 때만 최선이지 그 용량이 증가하면 효율성이 떨어진다. 우주처럼 고용량의 정보는 알고리즘으로 도저히 접근할 수 없다.

우주가 뉴턴 방정식으로 이해되는 것은 한 단면일 뿐이다. 알고리즘 정보는 우주의 큰 피라미드에서 작은 윗부분의 정보들이다. 빙산으로 치면 수면 위에 드러난 부분일 뿐이다. 보이는 법이 모두 알고리즘 정보이니 모든 정보가 그러할 것으로 생각하지만, 보이지 않는 대부분 정보는 알고리즘으로 접근할 수 없는 비합리적인 법과 정보들이다. 뉴턴의 법으로 우주를 모두 이해할 수 있을 것이라는 생각은 큰 오산이다. 그래서 전체적으로 보면 알고리즘 정보는 우주 전체 정보에 비하면 저차정보에 불과하다. 알고리즘 정보는 그들만의 리그에서만 제왕적이지 그 리그를 벗어나면 맥을 못 춘다는 것을 알아야 한다. 뇌는 계산하고 적응하는데 편리한 한 가상적인 정보이지, 이를 가지고 우주의 모든 것을 이해하고 계산하려는 생각은 인간의 헛된 과욕이다. 뇌의 알고리즘에 의한 과학정보가 대단한 것 같지만, 우주의 고차정보 앞에서는 저차의 한 단면에 불과하다는 것이다. 과학의 정보는 편리한 계산과 이해를 위해서 우주의 고차정보를 축약시킨 모형적인 단순 저차정보로 보는 것이 더 타당할 것이다.

뉴턴의 고전 역학이 위대하고 그 힘이 과학정보의 기초를 이루고 있지만, 양자라는 미시차원과 우주라는 거대한 차원에서는 무력하다는 것은 이미 과학적으로 밝혀진 사실이다. 물론 이를 통합하는 대통일 이론을 과학정보 안에서 이루어 보려고 지금도 많은 과학자들이 달려가고 있지만, 차원의 문제를 쉽게 넘어서지는 못하고 있다.[11] 가장 큰 문제가 미시적인 양자와 거시적인 중력의 통합이다. 이를 이론적으로 설명하기 위해 나온 것이 초끈 이론인데, 초끈 이론 자체가 다차원적인 세계를 전제로 하고 있다. 이처럼 물질과 에너지의 세계에도 서로의 작동원리가 다른 여러 차원이 존재한다고 보아야 한다. 그러므로 물질과 동행하는 정보도 당연히 다양한 차원으로 존재하는 것이 더 타당할 것이다. 그래서 과학의 정보만으로 모든 것을 다 이해하고 통제할 수 있다는 생각을 멈추고 다른 무언가를 찾아보아야 한다. 과학정보의 위대함을 인정하되 조금 더 냉정해져서 더 큰 차원의 세계를 한번 생각해 보자는 것이다. 그리고 그 속에서 과학의 정보를 다시 보자는 것이다. 데카르트적 이원론의 세계에서 비과학을 이야기하자는 것이 아니고 과학정보가 말하는 바로 그 과학으로 더 큰 정보의 세계에 대해서 이야기해보자는 것이다.

다차원의 정보 세계

이제 이러한 원리에 입각해서 정보의 차원을 더 구체적으로 기술해 보려고 한다. 구체적인 기술은 낮은 차원에서부터 설명하는 것이 더 이해하기 쉬울 것이라 생각이 들어 1차정보부터 설명하려고 한다. 여기서 말하는 차원은 우리가 흔히 말하는 공간적 차원과 같은 개념이다. 1차정보란 점으로 이루어진 선형으로서 정보의 가장 기본적인 매체가 되는 전자기파, 물질, 이진법, 문자, 데이터, 기호 등을 말한다. 그리고 2차 정보는 이를 기초로 하여 생성된 언어, 문장, 그리고 문법, 논리와 과학 등의 알고리즘의 지배를 받는 정보를 의미한다. 인간이 만든 여러 법규와 조직과 질서 등도 이에 해당한다고 볼 수 있다. 인간이 조절하고 통제하는 모든 세계의 질서와 법들을 의미한다. 뇌에서의 대표적인 2차정보는 과학적이고 논리적인 알고리즘에 의해 처리되는 정보가 될 것이다. 2차정보는 평면의 정보이다. 등급과 좌표로 설정되고 계산되는 평면의 정보인 것이다. 그러나 정보가 많아지고 더 복잡하게 얽히게 되면 이러한 인과와 논리만으로 다 설명하고 통제할 수 없는 세계가 엄연히 과학적으로 존재한다.

그것이 복잡성의 세계이다. 이 세계에서는 정보들이 단순한 인과의 원리를 넘어서 스스로 관계를 만들어 가는 복잡한 관계의 망을 맺는다. 복잡한 관계의 망은 정보를 평면을 넘어 3차원의 공간으로 확장하게 한다. 그런데 복잡성의 정보도 다시 두 차원으로 나누어 볼 수 있다. 먼저 3차정보인데, 이는 복잡성의 정보이나 시간이 배제된 정적인 정보를 말한다. 그러나 3차원의 복잡성은 시간이 배제되었기에 진정한 의미의 복잡성 정보라고 말하기는 어려울 것이다. 복잡성의 한 단면 즉 정적인 복잡성이다. 1차와 2차정보는 인간의 의식으로 쉽게 계산하고 이해할 수 있다. 그러나 정보가 3차원으로 확장하게 되면 인간의 의식만으로는 쉽게 이해하고 계산하기가 어렵다. 그러나 최근에는 대용량 컴퓨터로 충분히 계산하고 그 결과를 인간의 의식으로 이해하고 분석해 볼 수 있다. 그러나 뇌가 이를 직접적으로 의식에서 계산하고 2차적 정보로 표현할 수는 없지만, 뇌가 이를 계산하지 못하는 것은 아니다. 뇌도 이 정도의 복잡성 계산을 할 수 있다. 단지 의식에서 2차적 정보로 표현하지 못할 뿐, 무의식적 계산은 가능하다. 그렇다면 뇌는 이러한 정보를 어떻게 표현하고 있는가? 뇌는 이를 분석적인 정보가 아닌 다른 정보로 표현하고 있다. 분석적인 명확한 정보가 아닌 추상적이고 상징적인 정보 혹은 이미지와 시적 언어 등이 이러한 3차정보의 표현이라고 볼 수 있다.

그러나 진정한 의미의 복잡성은 시간이 도입되면서 시간에 따라 더욱 복잡하고 혼돈된 관계로 발전되어가는 그러한 복잡성이다. 이를 4차원 정보라고 할 수 있으며 이것이 진정한 복잡성 정보라고 볼 수 있다. 시간이 흐름에 따라 유체, 날씨, 지진과 경제와 증권 등이 어떻게 변할 지는 어떠한 슈퍼컴퓨터와 알고리듬으로도 예측하고 통제할 수 없는 그러한 복잡성의 정보인 것이다. 물론 뇌에도 이러한 4차정보가 있기 때문에 이를 인지할 수 있다. 그러나 2차 정보나 3차 정보로는 이를 인지하기 어렵다. 4차정보를 직접 인지할 수 있는 정보가 있는데, 그것이 바로 정서라고 생각한다. 정서를 정보로 보고 오히려 과학적인 정보보다 더 고차적인 정보로 보는 데에는 직관적으로 쉽게 이해되지 않은 점들이 있을 것이다. 이에 대해서는 나중에 자세히 설명할 것이므로 잠시 그 궁금증을 덮어두길 바란다.

아무리 예측할 수 없을 정도로 불확실하고 복잡하더라도 거시세계의 복잡성은 뉴턴 역학의 지배를 받는다. 그러나 거시가 아닌 미시의 양자 세계로 넘어가게 되면 고전 역학으로 설명할 수 없게 된다. 그러나 이 역시 과학의 세계이다. 이러한 차원의 정보를 양자의 세계로 볼 수 있으며 이를 5차원 정보라고 할 수 있다. 인간은 5차원이 되면 직관적으로 도저히 이해하고 상상할 수 없는 차원이 된다. 더 복잡하고 이해할 수 없는 엄청난 용량의 정보로 구성된 세계이다. 5차원이 어떻게 생겼는지 뇌로는 결코 인지할 수 없다. 그러나 수학적으로는 증명하고 설명할 수 있기에 엄연히 존재할 수 있다고 보아야 한다. 그리고 이들 정보는 혼돈과 복잡성에도 불구하고 하나로 존재하고 움직인다.(그림5-4) 양자의 세계와 그 정보도 이러한 5차원과 같은 세계라고 볼 수 있을 것이다. 현대 과학으로는 양자가 물질의 가장 근원적인 세계이기는 하지만, 더 이상의 세계가 없을 것이라고 단정적으로 말하기는 어렵다. 현대 물리학이 많은 것을 밝혀내었지만 아직 풀지 못한 난제들이 많기 때문이다.

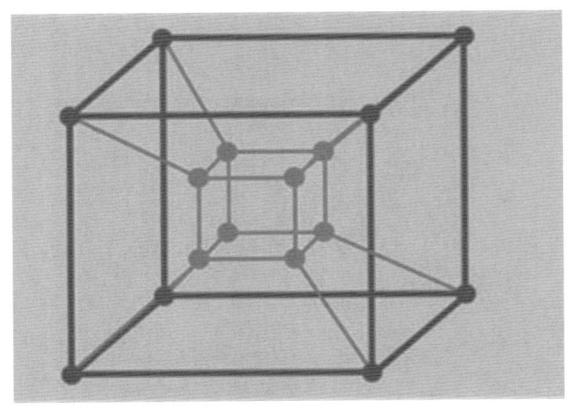

(그림5-4) 수학은 인간이 상상할 수 없는 다차원의 공간을 수식으로 표현하기 시작하면서 고차원 공간에 대한 관심이 더욱 뜨거워지고 있다. 인간의 정보도 인간의 사고를 넘어서서 다양한 차원의 정보가 가능할 수 있기 때문에 확장된 정보의 차원을 통해 인간의 여러 가지 갈등하는 문제들을 통합적으로 이해하고 기술할 수 있을 것이다.
https://www.pbs.org/wgbh/nova/physics/multi-dimensional-math.html

그중에서 가장 필요하고 어려운 부분이 양자와 중력의 통합적 이해인데, 하나가 될 수 없는 모순들을 풀기 위해서는 양자를 넘어선 또 다른 물질세계에 대한 이해가 필요할지도 모른다. 그 대안으로 떠오른 것인 초끈 이론인데, 그 이론에 의하면 물질의 더 근원적인 세계로 끈 이론을 도입한다.[12] 물론 아직 그 존재가 실험적으로는 밝혀지지는 않았지만, 더 근원적인 초끈 세계와 숨겨진 여분의 공간과 막이 가능할 수 있다.[13] 초끈 이론과 함께 대안으로 떠오르는 이론으로서 고리 loop 양자중력 이론이 있다. 고리들이 복잡한 관계를 맺고 있는 고리들의 양자장에서는 절대적인 시공간과 물질 자체가 허물어진다.[14] 시공을 초월한 이러한 세계를 통해 양자정보의 비국소적 얽힘을 설명할 수 있을지도 모른다. 이러한 차원의 세계 속에 정보들은 분명 일반 양자정보와는 다른 면을 보일 것이다. 정보와 물질이 분화되지 않은 순수하고 시원적인 정보일 수도 있다. 이를 일단 초양자정보라고 이름하고 이들을 6차정보라고 불러보려고 한다. 양자정보와는 다른 면을 보인다고 해도 양자의 연장 속에 있는 정보이기에 초양자라고 말할 수 있을 것이다. 물리학자 봄이 말하는 양자 속에 있는 아양자subquantum의 양자 포텐셜과 숨겨진implicit 세계[15,16]가 가능하다면 바로 이러한 차원의 정보를 의미한다고 볼 수 있다. 그러나 이는 아직까지는 어디까지나 가능성의 세계에서만 존재하는 정보이다. 그러나 과학을 뛰어넘는 초월의 세계로 보기보다는 과학의 연장 속에서 유추해 본 세계이다. 이러한 고차정보를 뇌가 의식을 통해서 인지할 수는 있다면, 이는 아주 미세하고 막연한 느낌과 구름같이 희미한 배경정보나 전체적으로 느끼는 정보가 될 것이다. 곧 인격, 자기, 생명 같은 정체성이나 전체적인 정보, 그리고 영성 혹은 깊은 예술의 경지에서 느끼는 배경정보 등이 이와 연관될 것으로 생각해 볼 수 있다. 엄청나게 크고 다양하게 얽힌 정보를 하나로 통합된 뭔가로 느끼게 하는 그러한 정보들이다. 이는 양자의 존재처럼 불안정하고 잡힐 듯하나 곧장 사라지는 그러한 정보이다. 이제 이러한 정보의 차원에 따른 정신적인 경험에 대해서 더 자세히 생각해 보자.

정신과 물질

우리의 가장 뜨거운 관심 중에 하나는 심리철학에서 다루는 정신과 초월 세계가 물질과 어떠한 상호관계를 갖느냐에 관한 것이다. 정신과 초월적인 세계도 결국 정보라고 본다면, 이러한 정보를 물질과 별도로 존재하거나 종속된 것으로 설명하기보다는 물질의 다양한 차원과 관계된 정보로 보는 것이 더 타당한 설명이 될 수 있을 것이다. 이를 위해서 지금까지 설명한 물질과 정보적 차원을 정신 현상의 언어와 개념으로 다시 설명해보려고 한다.

앞서 설명한 대로 일차적 정보는 기호나 문자이다. 그리고 이차적 정보는 대부분 언어나 사고를 통한 정보가 된다. 이들은 논리나 어떤 형식을 통한 정신 현상이기 때문이다. 의식 속에 떠오르는 대부분 사고는 대부분 이러한 이차적 정보가 차지한다. 이런 사고는 논리성과 개체성을 갖는다. 개체성이란 이것인 동시에 저것일 수 없이 어떤 대상만을 지칭하고 국소적인 영역을 갖는다. 명제와 정의의 영역이 된다. 사과는 사과를 말하지 배나 다른 과일일 수는 없다는 것이다. 동시적이거나 중첩적일 수는 없는 것이다. 그래서 이러한 사고는 자기 보존성을 강하게 갖는다. 그러나 인간의 의식에는 이것이면서 저것일 수 있는 언어와 사고는 무수하다. 하나만 지칭하는 국소적인 언어를 구상적인 언어라고 한다면, 추상적인 언어는 그 영역이 모호하고 넓다. 그리고 추상 언어에서는 중복되는 영역도 분명 있다. 은유, 상징 등으로 가면 언어의 개체성은 더욱 모호해진다. 시적 언어에서는 아주 그 개체성이 파괴되기도 한다. 언어와 논리의 해체성 때문에 더 넓고 깊은 영역의 정보를 담을 수 있다.

이미지 정보는 더 넓다. 폭넓은 상상과 주관적인 감정까지도 수용한다. 그리고 사고를 넘어선 감정과 감성의 세계가 있다. 감성은 어떠한 정보인가? 사고의 틀에 담기 어려운 정보이다. 구름 같고 바람같이 잡히지 않고 시시각각 흐르면서 어떻게 변할지 예측하기 어렵다. 그러나 그 속에 분명 뭔가의 중요한 정보를 내포한다. 그리고 예술과 영성과 같은 깊은 정신세계의 정보도 있다. 이는 대부분 추상적인 언어와 논리로도 설명하기 어렵다. 비개체적이고 비국소적이면서 중첩적인 의미와 정보가 많기 때문이다. 이것이면서도 저것일 수 있는 그러한 정보이다. 없음이면서도 있음이다. 하나이면서도 여럿인 그런 정보이다. 자기이면서도 대상이기도 한 그런 중첩적이고 비개체적인 정보로 가득 차 있다. 이런 정보의 특성 때문에 이를 과학적으로 분석하고 물질적인 뇌의 회로만으로 이해하기 쉽지 않다. 그렇다고 뇌와 과학의 세계가 아닌 별도의 정신과 영성을 가정하는 것도 적절하지 않다. 이는 결국 데카르트 이분법의 길을 가기 때문이다. 그런데 이를 하나로 설명하는 길이 전혀 없는 것인가?

나는 정보의 차원적 이해가 이를 가능하게 하는 길이라고 제안하고 싶다. 정보는 정신적인 현상이지만 단독으로 존재하지 않고 어떤 물질의 상태를 매개로 존재한다. 물론 아직 정보의 본질 자체는 모른다. 그러나 적어도 정보는 단독으로 존재하지 않고 과학의 세계인 물질과 에너지와 공유되고 교류하면서 존재한다. 과학의 너머의 것은 분명 아니다. 그러면서 정보의 정체성을 갖는다. 물질로 설명하기 어려운 정신적인 성질을 갖는 것이다. 그래서 나는 이 정보를 라이프니츠가 말한 대로 물질과 정신을 공유하는 모나드와 같은 존재라고 생각한다.[17] 모나드와 양자정보와의 관계에 대한 더 자세한 설명은 저자의 다른 책인 '정보과학과 인문학'을 참고하길 바란다. 그리고 정보는 물질의 다양한 상태나 특성과 연관되어 다양한 차원으로 존재하고 작동한다.

그래서 앞서 말한 물질의 차원과 정신의 차원을 정보라는 개념 안에서 연결해볼 수 있을 것이다. 과학정보의 핵심이 되는 구상적 언어와 논리적 사고는 2차정보에 해당하며 추상적 언어와 상징, 이미지의 세계는 복잡성의 3차정보로 볼 수 있을 것이다. 그렇다면 복잡과 시간성이 도입된 4차원의 정보는 무엇일까? 나는 이를 감성정보라 했다. 지금까지 감성이라고 한다면 지성이나 사고보다 낮은 차원으로 생각했다. 동물적인 정보로서 인간의 고차적인 사고의 감시와 통제를 받아야 한다고 생각했다. 미성숙하고 이기적이고 비도덕적이기에 성숙하고 이타적이고 윤리적인 사고와 이성의 감독과 통제가 반드시 있어야 한다고 생각했다. 그런데 여기서는 감성을 이성이나 사고보다 더 높은 차원의 정보로 본다는 것이 쉽게 이해될 수 없는 점이기도 하다. 물론, 여기에 대해서도 나중에 다시 더 자세히 언급할 것이다. 여기서는 문제가 있더라도 정서정보를 4차원의 높은 정보로 일단 간주해보자.

그리고 마지막으로 인격성, 정체성과 생명과 같은 전체적인 정보와 인간의 명상과 영성과 같은 깊은 사고와 통찰의 세계의 정보는 5차정보로 보려고 한다. 이 영역의 정보는 본질적으로 비개체적이고, 비국소적이고 중첩적이다. 예를 들어 인간의 인격이나 성격은 다양한 면을 갖는다. 하나로 설명하기 어렵다. 내성적인 것과 외성적인 것의 중첩이 있다. 정체성에도 다양한 면들이 중첩되어 있다. 그러나 이런 다양한 모습에도 불구하고 하나의 결로서 전체적으로 받아들이고 이해한다. 물론 이 정보와 양자와의 관계를 과학적으로 증명할 길은 아직 없지만, 성격적인 면의 유사성을 통해 이 둘을 연결시켜 보는 것이다. 이로 많은 것을 설명할 수 있다면 다소 무리가 있더라도 잠정적으로 받아들여 보자는 것이다. 그리고 물질인 인간의 뇌의 느낌과 통찰과 인지로는 접근할 수 없는 초월적 정보의 세계를 가정한다면, 그것은 곧 6차정보가 될 것이다. 현재 물질의 세계의 가장 기초인 양자로도 도저히 접근할 수 없는 영역이기에 초양자의 정보가 될 수밖에 없을 것이다. 그렇다면 우리가 최고의 정보로 숭상하는 과학정보가 전체의 차원에서 어느 지점에 속하는지 일단 파악할 수 있을 것이다. 그러나 이것만으로는 이를 쉽게 수긍하기는 아직 어려울 것이다. 이제 정보에 대한 또 다른 이야기를 진행해 보려고 한다.

정보의 일생

앞서 물질과 에너지는 어떤 일생을 갖는다고 했다. 우주의 일생이 있듯 물질과 에너지도 생성되면 그 수명과 일을 다 하고 최후를 맞는다. 그리고 그 역은 성립하지 않는다. 엔트로피가 증가하는 시간의 화살을 되돌이키는 길은 불가능하다. 물론 순환이 가능할 수 있지만, 일단 최후를 다해야만 가능하다. 블랙홀의 대파국은 아니지만, 작은 소멸과 작은 순환은 우주 안에서 무수하게 일어난다. 그러나 결국에는 블랙홀로 완전 소멸을 맞는다. 여기서 소멸된 물질과 에너지가 어떻게 재활용되고 순환되는지 아직 알 수 없다. 정보는 블랙홀에서도 보존된다고 하는데[18] 이를 통해 어떠한 순환이 가능할 수 있는지도 모른다.

그러나 물질과 에너지의 비가역적 흐름처럼 정보도 일생의 흐름이 있다고 보아야 한다.[19] 빅뱅의 고차물질과 에너지처럼 정보도 고차정보로 시작된다. 태초에 어떠한 초양자적 정보가 있었는지 모른다. 그러나 일단은 양자장을 통해 고차정보가 생성되고 정보는 물질과 에너지가 진화해 나감에 따라 점차 저차정보로 붕괴된다. 앞서 말한 대로 복잡성의 3-4차 정보로 붕괴되고 이 복잡성은 스스로 조직화를 통해 더 낮은 질서의 정보로 붕괴된다. 이 질서의 정보가 곧 2차정보가 될 것이다. 그리고 2차정보도 그 유용성을 다하게 되면 의미 없는 1차정보가 되어 그 수명을 다하게 된다. 이처럼 정보는 물질과 에너지와 함께 시간에 따른 일생을 갖는다.(그림 5-5)

(그림 5-5) 중첩적이고 복잡한 고차정보는 개체적이고 단순한 알고리즘적 질서의 저차정보로 변화되어가는 정보의 일생을 갖는다. https://dawidnaude.com/understanding-complexity-just-requires-a-simple-process-63ccd9d1f470

생물체가 시간에 따라 노화하듯 정보의 수준과 질도 노화를 겪는다고 보아야 한다. 노화는 곧 정보의 차원과 질의 저하를 의미한다. 여기서 정보의 질이란 곧 유용한 에너지의 보존 정도로 볼 수 있다. 이를 물리학적으로 자유에너지라고도 말할 수 있을 것이다. 에너지를 보존하는 능력이 점점 떨어지게 되면 결국은 생명체와 우주에 별 도움이 안 되는 낮은 차원의 정보로 전락하게 된다. 저차정보가 되면 그저 아무 의미 없는 기호나 문자가 되는데, 이것이 곧 일차 정보이다. 이런 정보는 중력처럼 자기 보존력만 있고 해체력이 없어 블랙홀처럼 소멸할 수밖에 없다.

그런데 이러한 정보의 흐름에 심각한 문제와 장애가 발생할 수 있다. 자연의 물질과 에너지처럼 순수하게 사라지지 않는 것이 문제가 된다. 정보는 물질과 에너지보다 자기 보존성이 강해서 끝까지 자기를 유지하고 다른 것을 지배하고 방해하려고 하는 성향을 강하게 갖는다. 자연의 흐름에 따라 저차정보로 사라지지 않고 오히려 고차정보를 억압하고 방해하면서 그 존재를 확장하고 견고하게 하려는 강한 성향을 갖는 것이다. 이러한 문제가 생물학적인 시스템에서도 심각한 문제를 야기한다.

생명체의 세포도 그 일생이 있다. 세포들이 자연적인 자기 수명을 다하며 사라지기 때문에 큰 생명이 유지된다. 그런데 암세포는 자기의 죽음을 거부하고 강한 자기 보존력으로 자기를 확장시켜 나가려고 한다. 암세포의 가장 큰 특징은 보통 세포에게 있는 자살 기능이 없다는 것이다. 모든 세포에는 자살정보가 미토콘드리아에 있는데, 이를 아포토시스apoptosis라고 한다.[20] 자살정보라고 하니 자살 특공대처럼 조금 잔인해 보이지만, 이것이 생명의 엄연한 법이다. 생명은 스스로 앞선 세포들이 죽어줌으로 유지되는 것이다. 이를 이타적인 세포라고 말한다. 그런데 암세포는 이기적으로 이 자살정보를 거부하고 끝까지 살아남으려고 한다. 그래서 생명의 법을 어기고 다른 세포들까지 손상을 입혀 결국은 그 개체는 사망하고 만다. 이처럼 정보도 그 일생이 자연스럽게 흘러가지 않고 강한 자기 보존으로 증식하려고 할 때 문제가 생기는 것이다.

이러한 저차정보의 보존성은 사회와 인간 속에 있는 여러 현상들 속에서도 관찰된다. 자연적인 정보의 일생이 정체됨으로 생물학적인 문제만이 아니라 인간과 사회의 문제로까지 번질 수 있는 것이다. 정보는 각 계층이 차원에 따라 균형적으로 자리 잡고 있어야 정보의 바른 흐름과 역할이 가능하다. 그런데 어쩔 수 없이 그 차원의 균형이 깨어질 수밖에 없는 현실이 있다. 인간에게는 여러 차원이 있지만, 가장 우선으로 중요하고 강조되어야 하는 것은 세상에서 현실적으로 생존하고 적응해 나가는 차원이다. 세상에서 먹고 살아야 다른 차원도 가능하기에 가장 강조될 수밖에 없다. 그래서 에너지도 가장 그 차원에 많이 배정되고 사용된다. 그 생존의 중심에 인간의 의식이 있고 의식의 대부분은 2차원적 정보가 차지한다. 그리고 그 의식에 가장 높은 에너지 수준을 유지해야 한다. 그리고 세상도 이 의식으로 통제하고 지배한다. 그래서 의식의 사고인 2차정보가 가장 강력한 에너지를 가지고 현실의 삶을 지배한다. 의식이 없다면 인간 사회도 지금처럼 유지되지 않을 것이다. 인간과 그 사회는 전체적으로 보면 다층적이고 역동적이지만 겉으로는 논리와 합리성 그리고 윤리와 조직의 규범 등으로 유지된다. 그리고 2차정보는 과학의 세계를 형성하여 막강한 힘을 발휘한다.

　그리고 2차정보는 같은 생각을 하는 사람들끼리 모여 집단화하여 더 강력한 정보로 보존된다. 이런 정보가 인간의 지배적인 힘이 된다. 그리고 이러한 정보는 개체성과 자기성이 강하여 한번 형성되면 자기를 강하게 보존한다. 이념이 되기도 하고 사상과 종교가 되기도 한다. 그리고 집단화한다. 서로 경쟁하며 더 강하고 큰 정보와 구조로 살아남으려고 한다. 방어하고 공격하고 때로는 변용하고 병합하며 생명체처럼 진화하고 도태되기도 한다. 결국은 가장 강한 것들만 살아남게 되고 나머지는 그 속으로 병합되어 간다. 그래서 사회는 북한의 체제처럼 거대한 한 이념과 권력으로 통제될 수 있다. 그러나 모든 정보가 다 그 속으로 병합되고 편입되지는 못한다. 억압되고 공격받던 정보들끼리 저항 세력을 규합하고 서서히 그 세력을 결집해 나갈 수 있다. 그리고 때로는 거대한 저항 세력으로 살아남아 가장 강한 두 세력으로 양분화 될 수도 있다.

우리나라의 정치 구조에서 이를 잘 볼 수 있다. 유신세력 아래에서 거의 일당독재가 가능할 것으로 생각했지만, 그 저항 세력들이 힘을 모으기 시작하면서 이제는 진보와 보수라는 거대한 양분 세력으로 발전하게 되었다. 이러한 사회와 정치 세력의 발달과 대립은 사회적인 현상으로만 보아서는 안 된다. 겉으로 보면 진보와 보수라는 이념과 정치적인 문제로 보이지만, 사실 뇌 안에서 시작된 2차정보의 구조화 과정의 집단적 현상으로 보는 것이 더 원인적인 이해가 될 것이다. 2차정보의 보존성이 너무 강하여 그 의식과 현실에 에너지가 집중되어 각 차원의 균형이 깨어지고 2차정보만이 지배하게 되다 보니, 이러한 상황이 발생하게 되는 것이다. 그 거대 정보의 보존성이 하나로 통일되는 것이 아니고 양분되면서 이분법적 행태가 발생하는 것이다.

이 이분법은 인간의 정신과 사회의 가장 흔히 발생하는 현상이다. 이분법 속에서 일어나는 왜곡과 편견은 단순한 사상과 신념의 문제가 아니라, 바로 뇌의 정보가 만드는 문제라는 것을 잘 인식해야 한다. 이분법의 갈등과 싸움으로 인한 폐단을 너무도 많이 본다. 모두가 이를 극복해 보자고 애를 쓰지만 쉽지 않은 것은 바로 자기도 모르는 뇌와 정보의 문제이기 때문이다. 더 큰 문제는 사상적인 이분법이 아니라 감정적인 이분법으로까지 발달하여 서로를 적대시하고 이를 위해 모든 것을 바쳐서라도 상대방을 무찌르려고 하는 전쟁으로까지 발전한다. 그래서 이 이분법의 마지막 종결은 참혹한 전쟁이다. 인류의 수많은 전쟁에서 이러한 이분법의 폐단을 우리는 너무도 많이 본다. 이러한 참혹한 전쟁이 뇌 속의 정보에서 시작되었다면 이를 과연 얼마나 인정할 수 있을까? 인간이 전쟁을 하는 것이 아니고 뇌의 정보가 전쟁을 시작한 것에 인간이 게임을 하듯 빠져들어 결국 모든 것을 파괴하고 만다고 한다면, 과연 이러한 정보의 존재를 우리가 얼마나 인정할 수 있을까?

루시퍼 효과라는 심리 실험이 있다.[21] 1971년 스탠포드 대학 심리학과

에서 모의 교도소 실험이 있었다. 모두 건강하고 평범한 대학생들이 단순히 생활비를 벌기 위해 하루 일당 15불에 2주간의 실험에 별생각 없이 참여하였다. 교도관과 죄수 노릇만 매뉴얼대로 하면 되는 쉬운 일이다. 2주간만 버티면 210불이라는 돈이 생기기에 그저 시키는 대로만 하면 되는 쉬운 일이다. 그런데 놀라운 일이 생겼다. 일주일도 안 되어 교도관들은 수감자에게 잔인한 가혹 행위를 하게 되고 수감자들이 폭동을 일으키게 된 것이다. 그래서 그 실험을 중단하고 말았다. 정말 평범하고 도덕적으로 우수한 학생들이었는데, 단 일주일의 모의실험에서 가학적인 인격과 폭력적인 사람들로 바뀌게 된 것이다. 이를 통해 '루시퍼 이펙트'라는 심리학 용어가 생겼다. 누구나 어떠한 정보의 게임에 참여하게 되면 그 상황에 따라 얼마든지 악해질 수 있다는 것이다. 그리고 이 정보가 과학과 자본과 결탁하게 되면 누구도 대항할 수 없는 초월적인 힘이 되기도 한다. 이것이 정보의 속성이다. 이는 우리가 역사 속에서 사회와 정치 경제 속에서 또한 철학과 사상사 속에서 무수히 보고 경험하는 사실이다. 겉으로는 인간이 한다고 하지만, 인간이 하는 것이 아니라 정보와 또 다른 가상적인 잉여의 힘인 자본과 권력이 결탁하여 인간을 오히려 지배하고 조종하는 예들을 우리 주위에서 너무도 많이 볼 수 있다.

이러한 예들이 바로 2차정보가 자연의 수명에 따라 자연사하지 않고 암세포처럼 남아 인간과 사회를 지배하는 현상인 것이다. 우리는 이러한 문제를 사회정치적인 문제나 심리학적 문제로만 접근하고 해결하려고만 해서는 안 된다. 가장 근원적인 원인이 되는 정보를 바로 이해하고 정보이론적인 접근과 해결방법을 강구해야 한다. 정보적인 해결방법이 바로 정보 차원의 균형적인 흐름을 회복하는 것이다. 즉 다차원적인 정보의 일생과 순환을 원래의 순리대로 회복하자는 것이다. 암세포를 도려내고 원래의 생명의 조화와 균형을 회복하자는 것이다.

정보는 생명체처럼 살아 움직인다. 순환하고 생장하고 소멸한다. 움직이지 않고 멈추어 있으면 수명을 다해가는 고목과 같다. 겉은 커 보이나 쓸

모없는 죽은 나무가 된다. 계속 생명처럼 새로운 정보가 공급되고 흘러가야 한다. 정체되면 고이는 물이 썩듯이 정보도 그러하다. 그런데 인간에게 자리 잡은 이 2차정보는 스스로 물러설 줄 모른다. 2차적 과학정보는 자신의 수명과 그 속의 자살정보를 거부하여 스스로 해체되지 못하고, 더욱 강한 힘으로 자기를 보존하고 그 지배력을 확대하고 있다. 2차정보가 가장 강력하고 인류를 구원하여 유토피아로 인도하는 왕의 길이라고 큰소리치고 있지만, 우주의 큰 흐름 속에 보면 저급하고 이제 마지막 수명을 다해가는 정보라는 것을 알아야 한다. 작은 영역과 단기간으로 보면 합리적이고 실용적인 유익성은 많지만, 이를 그대로 버려두면 전체적으로는 정보의 흐름을 방해해 정보가 병들고 만다. 병든 정보는 인간과 사회를 병들게 한다. 철학자 하이데거가 그토록 심하게 거부한 과학과 기술이 바로 이러한 정보인 것이다.[22]

병든 정보란 암세포처럼 다른 정보를 잡아먹고 전체를 보지 않는다. 병이란 조화가 아니고 한쪽으로 치우치는 것을 말한다. 교감과 부교감 신경이 조화를 이루지 못하고 한쪽만 계속 사용하게 되면 몸은 건강을 잃고 병이 나는 것처럼, 정보도 그 조화가 깨어지면 인간과 사회에 병을 일으킨다. 기가 순환되지 못하여 혈이 막히게 되는 것이 한방에서 말하는 병이다. 정보의 이러한 흐름과 이를 통한 에너지의 순환이 원활해야 건강이 유지되는데, 이것이 막혀 흐르지 못하는 것이 정보와 에너지의 병인 것이다. 생명과 정보의 순환에 저항하여 강한 양극화의 형태로 자기를 보존하고 방어하려고 하면, 결국은 전체의 적응과 존재에 큰 위기가 오게 되는 것이다.

과학정보의 문제와 한계

철학에서 말하는 이성과 형이상학으로 인한 인간의 소외문제도 정보적 차원에서 살펴보면 고차적인 인간이 저차정보에 종속되고 지배됨으로 생기는 문제이다. 생태학적 문제와 과학기술과 산업의 발달로 생긴 인간의 여러 문제도 바로 정보차원의 막힘에서 발생한다. 과학기술의 한 예로서 의학에서 이러한 문제를 찾아보자. 의학적 지식과 도구들은 대체로 2차정보의 수준이다. 검사하고 약을 주고 수술하는 것들은 아무리 과학적인 발달에 의존한다고 해도 2차정보이다. 그러나 인체는 복잡성이다. 거의 4차정보이다. 그리고 양자정보인 5차정보도 상당히 많이 존재한다. 2차정보는 막강해 보이지만, 최종적인 몇 가지를 조절하는 것에 불과하다. 그런데 인체의 문제가 사실 이런 몇 가지를 조절한다고 본질적으로 해결될 수 있는가가 문제이다. 이는 마지막 출구인 수도꼭지를 고치면 누수 현상을 해결할 수 있다고 믿는 것과 다를 바 없다. 수도꼭지를 고치면 다른 곳에서 물이 샌다.

의학적인 치료 중에 사실 원인적인 치료를 할 수 있는 것은 극히 드물다. 항생제 치료마저도 사실 원인적이지 않다. 이를 통해 미생물이 저항하고 새로운 변종을 만들기 때문이다. 인체가 많은 정보망에 의해 움직이는 한에서, 최종 혹은 중간의 어느 한두 가지를 교정함으로 그 전체의 문제를 결코 원인적으로 해결할 수 없다. 잠시 결과는 개선할지는 모르지만, 그 결과도 눈 가리고 아웅 하는 식이다. 그 원인이 그대로 있다면 다른 곳에서 압박받은 힘까지 가세해서 더 크게 터질 것이 자명하다. 성인들의 대부분의 질환인 당뇨, 고지혈, 고혈압, 심장병, 치매, 관절염과 자가면역 질환과 같은 대부분의 성인병과 노환성 질환은 그렇게 발달했다고 하는 의학도 그저 조금 완화 내지는 유지하게 하는 정도이지 원인적으로 고치지는 못한다. 암 치료에 그토록 많은 연구와 돈을 투자하고도 아직 그 사망률을 저하시키지 못한다. 의학이 병을 고칠 수 있다는 헛된 희망만을 심어주고, 더 중요한 치료를 할 기회를 놓치게 한다.

최근 의학은 정보의 차원을 한 단계 올려 암을 정복할 수 있을 것이라 큰소리치고 있다.[23] 2차정보가 아닌 3차정보를 활용해 병을 진단하고 고쳐보자는 것이다. 과거의 의학처럼 몇 개의 단백질이나 유전자를 조절하는 2차정보의 차원이 아니라 3만 개의 유전자, 100만 개 이상의 단백질과 수조 개의 세포들의 연결망의 정보를 찾아서 이를 시스템적으로 진단하고 치료하는 시스템 생물의학으로 질병을 접근하는 것이다.[24] 이러한 분석은 인간의 이차적 의식 수준으로는 불가능하다. 고용량의 컴퓨터 계산을 통해서나 겨우 가능한 것이다. 이러한 복잡성 분석을 오믹스omics라 한다. 이는 전체라는 뜻이다. 그래서 개별적 유전자학이 아니라 유전체학genomics이라고 한다. RNA 전체 연구를 전사체학transcriptomics, 단백질의 전체 연구를 단백질체학proteomics이라 한다. 2차의학보다 급격히 발전한 것은 사실이고 이로써 과거와 다른 차원의 새로운 분석과 치료가 가능해진 것은 사실이나, 그래도 3차정보에 불과하다. 시간에 따라 변하는 진정한 복잡성인 4차정보는 거의 접근 불가능하다. 트랜스 휴머니즘에서 인간의 질병을 정복할 수 있을 것이라고 기대하지만, 결국은 2차적인 혹은 부분적인 3차정보에 불과하다. 과학의 정보가 아무리 발달한다 해도, 그 태생적인 한계는 여기까지인 것이다.

최근의 뇌과학은 2차정보를 넘어서 3-4차정보로 진입하려고 한다. 뇌의 복잡성 정보를 그대로 활용한 기술을 개발한 것이다. 그 하나가 커넥톰connectom이다.[25] 커넥톰은 신경의 거대한 망의 총체를 말한다.(그림 5-6) 놀라운 슈퍼컴퓨터의 발달로 인해 뇌의 다양한 커넥톰 자체를 찾아내어 이를 질병의 치료에 활용할 수 있다. 그리고 커넥톰은 인간의 한계를 극복하고 그 능력을 증진시켜 나갈 수 있는 놀라운 길을 열어줄 것으로 기대하고 있다. 이 커넥톰을 다운로딩하고 업로딩하면서 고차정보 자체에 접근할 수 있다는 것이다. 그야말로 새로운 트랜스 휴먼의 탄생도 가능하다. 또 다른 하나의 가능성은 인공지능이다. 우리는 비교적 복잡성의 게임인 바둑을 통해 인공지능의 힘이 얼마나 왔는지를 볼 수 있었다. 이는 인공지능이 인간의 복잡성 정보처리를 닮은 딥러닝deep learning할 수 있게 되면서이다.[26] 인공지능도 더 진화하여 스스로 복잡성의 정보를 처리하여 인간의 복잡성 정보처리를 넘어서려고 하고 있다.

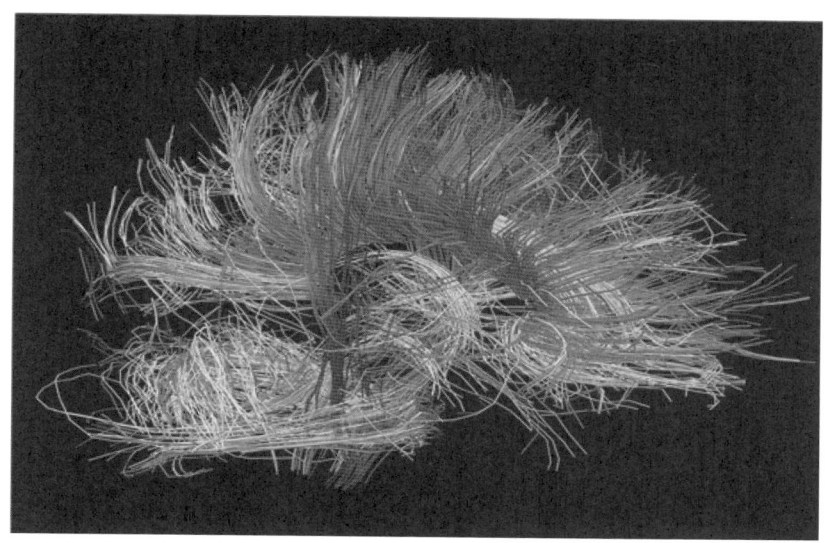

(그림5-6) 뇌 속의 신경 세포들이 연결되고 있는 망을 지도로 그린 것을 커넥톰connectome이라고 한다. 이를 통해 인간의 인지기능, 의식, 정신과 신경장애 등을 더 깊이 연구할 수 있을 것으로 기대하고 있다. 커넥톰은 게놈 프로젝트 이후 최대의 과학 혁명으로 불린다. http://www.humanconnectomeproject.org/gallery

    그러나 인간과 기계의 정보처리 한계가 있다. 앞서 말한 대로 복잡성이라도 3차정보까지라 생각한다. 4차 이상의 정보는 과학이 아무리 발달해도 태생적으로 접근하기 어려운 정보의 차원이다. 물론 이론적으로 4차정보까지 과학이 접근할 수 있다. 인공지능과 커넥톰이 시간에 따른 복잡성의 정보를 처리할 수 있을 것이다. 알파고가 그 한 예이다. 알파고는 바둑의 4차정보를 충분히 소화해 내었다. 그러나 그 4차정보는 아주 단순한 형태이다. 바둑은 시간의 흐름에 따라 다양한 경우의 수를 계산하지만, 과거의 정보는 정지된 상태이다. 오직 미래의 수만으로 계산하고 판단한다. 그리고 바둑의 알고리즘이 어느 정도 형성되어 있다. 그러나 진정한 4차 정보의 복잡성은 과거와 미래의 어떤 정보도 정지되어 있지 않다. 그리고 이를 통제하는 알고리즘도 오직 열역학 법칙밖에 없다. 그 외의 어떠한 법칙도 없는 것이다. 그리고 수시로 양자정보의 붕괴로 인해 새로운 정보들이

유입된다. 이런 모든 것들을 계산하고 예측한다는 것은 거의 불가능하다고 생각하는 것이다. 양자장은 우연이고 그 어떠한 과학으로도 설명하고 접근할 수 없기 때문이다.[27] 물론 그럼에도 과학자들은 포기하지 않고 더 높은 차원의 정보에 계속 도전할 것이다.

만일 인간이 과학으로 정보의 모든 차원에 접근하고 통제할 수 있다면 정말 신이 될 수 있을 것이다. 복잡성이 주는 그런 신성 말고[28] 모든 차원의 정보를 넘나들 수 있는 그런 시대가 가능할지도 모른다. 그러나 과학과 물질로 접근할 수 없는 양자의 세계가 분명 존재하고 그 이상의 초양자의 세계가 있다면, 인간이 만든 신성은 4차정보 정도에 최대한으로 머물 수밖에 없을 것이다. 물론 인간의 거시세계에서는 양자와 초양자의 세계는 거의 무시할 정도로 미미한 것이라고 볼 수 있다. 그러나 미세한 에너지와 정보가 나비효과와 같이 어떠한 거대한 힘이 되어 나타날지 모르기 때문에 결코 적다고 무시할 수만은 없다.

인공지능과 커넥톰에서 정서와 의식 그리고 몸이라는 신비한 정보 차원을 어떻게 접근하고 해결할지가 실제적인 과제가 될 것이다. 이 속에 바로 인간의 고차정보가 있기 때문이다. 이제 그중에 하나인 의식에 대해서 생각해 보려고 한다. 그리고 그다음으로 몸과 정서에 대해서도 생각해 볼 것이다.

> **답과 설명**
> 1. 왜 정보의 차원을 나누어야 하는가?
>   정보는 양과 질이 있다. 양은 과학적으로 계산될 수 있지만, 질은 과학보다는 인문학적인 대상이 되어왔다. 그러나 정보의 질도 과학적인 대상으로 이해하고 연구하기 위해서는 정보를 같은 차원으로만 보아서는 안 된다. 그래서 정보에 과학적인 차원성을 도입할 필요가 있는 것이다.
> 2. 정보는 어떻게 저장되며 처리되는가?
>   정보는 우주가 시작되면서 물질과 에너지와 함께 나타났다. 그래서 정보는 단독으로 존

재하지 않고 물질과 에너지와 함께 교류되며 존재하고 변화되어간다. 정보는 물질과 에너지의 변화 속에서 저장되고 처리되는 것이다. 만물 속에 정보가 있고 정보에 의해 만물이 변화되어간다고 볼 수 있다.

3. 정보의 차원은 어떠한 원리로 나누는 것인가?

　　정보의 차원은 곧 물질과 에너지의 차원이 된다. 정보의 차원은 곧 물질과 에너지가 교류되는 방식과 역학에 따라 달라진다.

4. 정보의 차원은 몇 가지로 어떻게 나누는가?

　　물질역학의 차원은 크게 세 가지로 나누어진다. 뉴턴의 역학이 지배하는 고전적 거시세계이고 하나는 양자역학이 지배하는 양자의 미시세계이다. 그리고 그 경계가 되는 복잡성의 역학 세계가 있다. 그래서 정보의 차원도 이에 따라 세 가지 차원으로 나누어지는 것이다. 이를 좀 더 세분화하면 6차원의 정보처리로 나누어 볼 수는 있지만, 기본적인 차원은 세 가지가 된다.

5. 고차정보와 저차정보로 나누는 기준은 무엇인가?

　　정보의 질은 엔트로피로 설명된다. 그러나 생물학적 정보의 특징은 엔트로피를 감소하려는 네겐트로피가 그 본질이 된다. 네겐트로피의 가장 큰 특징이 정보보존이다. 그러나 정보보존만 강하면 그 보존력에 의해 더 큰 세계의 정보를 왜곡하게 되고, 이로 인해 정확한 생존정보를 얻지 못한다. 그래서 전체 생명이 보존되지 못하는 것이다. 그래서 한편으로 요구되는 것이 해체력이다. 고차정보란 정보의 보존력과 해체력이 균형을 이루는 정보를 말한다. 그러나 고전세계의 알고리즘 정보는 정보의 보존력만 강하고 해체력이 약하기 때문에 저차정보가 된다. 그러나 복잡성과 양자정보는 두 힘의 균형을 어느 정도 유지하고 있기 때문에 상대적으로 고차정보가 되는 것이다. 그리고 고차정보는 저차보다 처리하는 용량이 많고 더 넓은 전체를 다룰 수 있다. 그래서 국소적 정확성보다 전체 속에서의 균형을 보는 것이 고차정보의 특성인 것이다.

6. 물질과 정신은 어떻게 연결될 수 있는가?

　　물질과 정신은 본질적으로 통합될 수 없는 이분법적인 내용을 갖는다. 그러나 그 내용은 다르더라도 물질과 정신은 정보를 매개로 하기에 정보와 그 차원을 도입하면 상호 통합될 수 있는 가능성이 열린다. 정보는 한편으로는 물질이고 한편으로는 정신의 양면성을 가지고 있다. 그리고 정보는 결코 나누어지지 않는 하나의 존재가 되기에 정보에 의해 두 세계가 만날 수 있는 것이다. 그리고 정보의 차원에 따라 정신의 다양한 내용을 다 수용할 수 있기 때문에 물질과 정신이 하나로 연결되어질 수 있는 것이다.

7. 정보의 일생과 소멸을 거부하는 정보의 문제는 무엇인가?

　　정보는 생명처럼 시작과 끝이 있는 일생이 있다. 그런데 정보의 보존성으로 인해 저차정보에서 수명을 연장하려고 하는 강한 성향을 보인다. 이는 암과 같은 문제와 피해를 일으킨다. 이러한 정보의 보존성으로 인해 인간의 오해, 편견, 이분법적 갈등과 전쟁 같은 피해를 입히게 된다. 표면으로 보면 인간과 이념의 문제로 보이지만, 사실 그 속을 드려다 보면 정보의 보존성과 지배가 자리 잡고 있다. 정보에 종속된 인간의 문제인 동시에 정보라는 바이러스에 감염된 인간의 문제로 볼 수 있다.

8. 과학정보의 문제와 한계는 무엇인가?

과학은 그 효율성과 정확성으로 인해 인류에게 엄청난 발전을 이루었다. 그래서 과학은 우주와 인간 진화의 최정점으로 여기게 되고 과학의 정보를 최고의 차원으로 이상화하게 되었다. 그리고 과학으로 인류의 어떤 문제든지 설명할 수 있고 해결할 수 있다고 믿어왔다. 그러나 과학정보는 태생적으로 저차정보라는 것을 기억해야 한다. 그래서 자신의 세계와 그 차원에서는 만능이지만, 그 너머의 차원에서 발생하는 문제를 설명하고 해결하는 데 한계가 있다. 그 한 예가 의학이라고 했다. 의학이 최첨단의 과학으로 발전해도 고차적인 정보로 되어있는 인간의 몸을 원인적으로 이해하고 치료하지 못한다. 그리고 과학인 트랜스 휴머니즘으로 인간의 행복을 아무리 약속해도 과학의 차원을 넘어설 수 없는 한계가 있다. 물론 과학은 고차정보를 향해 계속 도전하고 있지만, 고차정보의 본 괘도에는 진입할 수 없는 태생적인 한계가 있다는 것을 인정해야 한다.

6. 관통적 의식

질문.
1. 몸과 감성을 회복해야 하는 이유는 무엇인가?
2. 감성에 대해 일반적으로 어떻게 이해하고 있는가?
3. 긍정적인 감정의 고차성은 어떤 것이 있는가?
4. 정보의 차원을 관통할 수 있는 중심은 무엇인가?
5. 부정적인 감정은 어떻게 생성되었는가? 삼각 회로란 무엇인가?
6. 고차정보로 들어가기 어려운 이유와 이를 해결하고 들어갈 수 있는 길은 무엇인가?
7. 관통적 의식이란 무엇인가? 뇌에서 양자정보는 어디에서 형성되며 의식과의 관계는 어떠한가?

몸과 감성의 회복

의식은 다차원적인 정보를 담을 수 있지만, 2차정보가 워낙 강력한 에너지로 지배하고 있어 다른 차원의 정보가 활동할 영역이 무척 좁다. 의식의 2차정보로는 3차 이상의 고차정보를 이해하거나 접근하기가 어렵다. 가능하다면 슈퍼컴퓨터나 인공지능의 능력을 도입해야 한다고 했다. 그러나 의식의 에너지 수준을 조금만 낮춘다면, 다른 고차정보에 접근이 불가능한 것은 아니다. 물론 2차정보로는 고차정보에 접근할 수는 없지만, 고차정보 자체를 의식에 떠올릴 수 있다는 것이다. 그 길이 바로 감성 정보와 몸의 정보이다. 감성과 몸은 하나로 연결되어 있다. 앞에서 행복론을 시작하면서 행복은 외부를 통해 주어지기보다는 내부의 감성과 관계가 있다고 했다. 그런데 그 감성은 뇌에서 나중에 느끼지만, 시작과 주요 배경은 뇌가 아니고 몸이라고 했다. 감성은 몸속의 전반적인 생명의 상태를 말하는 신호이다. 그리고 행복은 바로 몸속의 생명이 좋은 상태에 있다는 것을 말한다. 그래서 행복을 밖의 어떤 상태를 통해서 구하는 것은 가성비가 너무 낮기에 직접 몸으로 들어가 생명과 감성을 좋은 상태로 회복하는 것이 더 현명하고 효과적인 길이 되는 것이다.

이를 정보의 차원으로 얘기하면 뇌의 저차정보의 지배에서 벗어나 몸의 고차정보로 들어가서 몸 정보의 계층의 질서를 바르게 회복하는 것이다. 즉 고차정보가 우세한 몸의 정보를 찾아 저차정보의 뇌의 지배로부터 벗어나 진정하게 몸이 주인이 되어 바른 정보의 질서를 회복하는 길인 것이다. 감성이 4차정보라는 이야기는 앞서 잠깐 언급했지만, 몸이 고차정보라는 이야기는 아직 생소하다. 이에 대해서는 다음에 몸의 정보망과 관련해서 자세히 설명하겠지만, 여기서 우선으로 감성과 몸이 어떻게 고차정보를 보유하고 있는지에 대해서 잠깐 설명하고자 한다.

감성과 몸이 고차정보라는 것을 이론적으로 설명할 수 있을지는 모르지만, 이를 경험과 직관으로는 쉽게 받아들이기 어렵다. 지금까지 정서와 몸은 고차가 아니라 저차정보로 생각해왔기 때문이다. 진화론적으로 보면 동물의 차원에 가깝고 지능적인 면에서도 뒤처지기에, 뇌의 정보에 비하면 한참 뒤처지는 것으로 생각해왔다. 그리고 무엇보다 인간의 이상인 이성과 도덕적인 수준에서 보더라도 감정과 몸은 뇌에 비해 감독과 통제를 받아야 하는 미성숙한 수준이다. 이 문제를 우선 해결하지 않으면, 감정과 몸을 고차정보로 보는 것은 이론적인 오류라는 오해를 피할 수 없다. 그래서 이에 대해 먼저 설명을 해보려고 한다.

먼저 감정에 대한 부분을 얘기하려고 한다. 감정은 긍정적인 부분과 부정적인 부분으로 나누어 생각해 볼 수 있는데, 이 중에서 특히 문제가 되는 부분은 부정적인 감정이다. 일반적으로 부정적인 감정이 올라오게 되면 수치스럽고 무질서해진다. 그래서 이를 조절하고 통제하는 억압과 감독이 필요하다. 이러한 부정적인 감정으로 인해 우리는 감정에 대한 오해와 편견이 생길 수밖에 없다. 부정적인 감정에 대한 오해가 있는 한, 감정을 고차적인 정보로 받아들이는 것은 거의 불가능하다. 그래서 이에 대한 오해를 먼저 풀어야 한다. 이를 위해서는 부정적인 감정에 대한 설명 이전에 오히려 긍정적인 감정에 대해 먼저 이해할 필요가 있다. 그런 다음 부정적인 감정에 대해 설명하며 그 오해와 편견을 풀어보려고 한다.

감정의 고차성

감정은 원래 우리가 생각하는 것처럼 충동적이고 미성숙하고 지능이 없는 것처럼 행동하는 그런 것이 결코 아니다. 결론적으로 말하면 감정은 무척 소중하고 유용하고 지혜롭고 선하다. 도덕성이나 지혜에 있어 결코 뇌에 뒤지지 않는다. 아니 오히려 뇌보다 월등히 앞선다. 그런데 이상하게 오해를 받고 사는 것이 감정의 입장에서 보면 정말 억울하다. 그래서 이제 감정에 대한 이런 오해와 편견을 풀기 위해 감정이 하는 이야기를 그대로 한번 들어보자.

감정은 진화론적으로 보면 생명의 보존과 적응을 위해 발생된 것이다. 그래서 감정은 사고에 비해 급하고 강할 수밖에 없다. 생명의 위협에 직면해서 생명을 보존하기 위해서는 급하고 강력하게 반응하고 행동해야 한다. 가장 중요하고 하나밖에 없는 생명이기 때문이다. 그래서 감정은 즉각적이고 강하다. 이것이 좋은 면이기도 하지만, 때로는 문제가 되기도 한다. 감정을 영어로 e-motion라고 하는데 e는 '밖으로'란 뜻으로 안으로부터 밖으로 향하는 동력이란 뜻이다. 동력이란 곧 에너지이다. 그래서 감성은 동력 즉 에너지원이다. 감성은 파도와 같다. 파도를 잘 타면 너무 쉽고 재미있다. 그러나 파도를 거슬리면 무척 힘들다. 파도와 싸우는 것이 얼마나 힘든 것인 줄 우리는 잘 안다. 스트레스란 바로 이 파도와 싸우고 있다는 뜻이다. 속의 감정은 하기 싫고 미운 데에도 하는 척해야 하고 또 웃어야 하는 것이 스트레스이다. 스트레스를 푼다는 것은 반대로 우리 속의 감정의 흐름대로 자신을 맡긴다는 뜻, 즉 감정의 파도타기를 한다는 뜻이다. 그래서 지혜로운 삶이란 감성의 파도를 잘 인지하며 잘 활용하는 것이다.

무엇이든지 해야 한다should는 것은 힘들다. 하기 싫은 자기의 감정을 통제하며 반드시 해야 한다는 긴장감으로 하게 하는 것은 힘들고 피곤할 수밖에 없다. 그리고 결과도 그렇게 좋지 않다. 이는 그 감정을 누르고 조절하는데 많은 에너지를 낭비하고 있기에 해야 할 일에 온전히 집중하기 어렵다. 이렇게 공부를 하든지 운동을 하면 좋은 결과가 나올 수가 없다. 그러나 감정이 수반되어 즐기면서enjoy 하게 되면 재미있고 피곤하지 않고 결과도 무척 좋다. 그래서 should 모드를 enjoy 모드로 바꾸어 살라고 권한다. 해야 하는 일이 아니고 놀이터에서 즐겁게 놀면서 작업을 한다고 생각하며 살아보자는 것이다. 어려서 하던 소꿉놀이처럼 집안일을 하고 놀이터나 슈퍼맨 놀이를 하듯 일해 보자는 것이다. 이처럼 감정은 생명의 적응과 에너지 효율성에 너무나 중요하고 필요한 것이기에 이를 귀찮게 생각하기보다는 잘 알고 사귀어 오히려 우리의 동력과 무기로 삼아보면 적지 않은 도움이 될 수 있다는 것이다.[1]

또한, 감정은 강도가 각기 다르다. 강도는 몸의 생명이 스스로 부여하는 힘이다. 강한 것은 그만큼 중요하고 급하다는 것이다. 길거리의 앰뷸런스의 사이렌 소리처럼 감정은 우리에게 강력한 신호를 보낸다. 물론 그것이 윤리나 합리성으로 보면 문제가 있더라도 감정의 소리는 중요하다. 앰뷸런스는 일반 교통 법규를 지키지 않는다. 비윤리적이고 비합리적이다. 그러나 우리는 기꺼이 길을 비켜준다. 이처럼 감정이 모순되더라도 우리는 그 응급성과 중요성 때문에 이성과 윤리는 그 길을 비켜준다. 이처럼 감정은 이성적인 것 이전에 생명의 보존에 아주 중요한 신호와 정보를 제공한다. 그래서 감정은 이성과 지성의 정보보다 더 소중하고 중요할 수 있다.

인간은 개인의 능력도 중요하지만, 개인적인 능력만으로 살아갈 수는 없다. 이것보다 더 중요한 것은 사람과의 관계이다. 처음의 관계나 사업적인 만남에서는 합리적인 대화만으로 충분하지만, 더 깊은 만남과 관계를 유지하기 위해서는 감성적 표현과 교감이 필요하다. 표면적인 대화만 아니라 그 배후에 있는 배경까지 설명하지 않아도 이해하고 공감할 수 있을 때 우리는 대화가 되는 사람이라고 한다. 물론 의식적 대화는 2차원적 정보만으로 충분하다. 그러나 2차 정보만으로 자신이 말하고 싶은 모든 것을 전달하기는 쉽지 않다. 물론 사업이나 과학적인 자료는 이것으로도 충분할 수 있지만, 일상적인 대화나 더 깊은 내면의 대화는 언어 배후의 상징과 은유 그리고 이미지와 그 속에 있는 감성들이 전달되고 공감할 수 있어야 한다. 그리고 인간관계에 있어서 가장 중요한 서로의 신뢰는 2차정보가 아닌 고차정보의 교감과 공감이 뒷받침되어야만 가능하다. 2차정보만으로는 계약적인 관계밖에 맺을 수 없다.

깊은 관계나 절친한 친구가 되기 위해서는 3차와 4차정보가 필연적이다. 4차정보가 바로 정서이기 때문이다. 그리고 그 이상의 중첩적인 정보들도 공감될 수 있다면, 우리는 거의 소울 메이트 정도의 관계로 발전될 수 있다. 그래서 정서는 이처럼 깊은 관계를 맺어가는데 아주 중요하다. 결국, 대인관계에 문제가 있다는 것은 고차정보가 원활히 교류되고 있지 않다는 것을 말한다고 볼 수 있을 것이다.

감정은 이처럼 현실의 적응에 있어 생명의 상태와 반응을 전달하고 사람과의 관계를 더 깊게 하는 중요한 역할을 한다. 그래서 감성은 세상과 사람에게 적응하는데 이성과 지성을 넘어서 더 다양한 사회생물학적 적응까지도 가능하게 해준다. 그러나 감성의 역할이 4차정보에만 국한되는 것은 아니다. 이를 넘어서 더 보편적이고 초월적인 기능까지도 가능하게 한다. 감정이 4차정보지만 그 이상의 5, 6차의 고차정보를 전달하는 매개로서까지 역할을 감당할 수 있다. 즉 감성은 고차정보인 예술과 영성의 중요한 매개가 되기도 한다.

감성이 예술 자체는 아니지만, 감성을 통해 예술의 아름다움과 창조의 세계로 들어갈 수 있다. 예술은 2차정보와 언어로 표현하기 쉽지 않다. 그저 느끼고 공감하는 세계이다. 그래서 예술에 대한 지적인 평론이 쉽지 않다. 3, 4차정보 이상의 세계를 2차정보의 언어로 표현한다는 자체가 어렵기 때문이다. 그리고 2차정보의 지식을 넘어선 지혜와 깨달음 등은 직관과 느낌이라는 감성의 범주에서 시작된다. 논리를 넘어선 창의적 생각과 과학사의 새로운 패러다임의 발견 등도 갑작스러운 직관이나 느낌에서 시작되는 경우가 적지 않다. 어떤 임계점을 뛰어넘는 생각들은 논리적인 사고의 연장만으로는 결코 도달하기 어렵다. 정서가 매개된 고차적인 정보가 전달되어야만 가능하기 때문이다.

또한, 감정을 이기적이고 비도덕적이고 미성숙하다고 하지만 사실 가장 도덕적이고 이타적인 마음도 감성에서 나온다. 맹자는 사람에게는 도덕의 법이 없어도 이미 선한 본성이 있다고 했다. 누구에게나 배우지 않아도 다음 네 가지 마음이 있는 것을 잘 알 수 있다고 했다. 측은지심惻隱之心, 수오지심羞惡之心, 사양지심辭讓之心, 시비지심是非之心이 바로 그 마음인데, 맹자는 이를 사단四端이라고 했다. 단이란 실마리이다. 왜 이 마음을 실마리라고 했을까? 실마리란 크고 강하게 보이는 것은 아니다. 보일 듯 말 듯 한 작은 것이지만, 이를 잘 붙들어 풀면 큰 실, 아니 큰 밧줄이 될 수도 있다는 것이다. 맹자는 이 실마리를 처음 타오르는 불과 처음 솟아나는 샘으로 표현하기도 했다.[2] 이는 명확한 분석적 사고나 법에 의한 것이 아니라 마음의 감성과 연관되어 올라오는 것이라는 뜻이다. 이 감성을 실마리처럼 소중히 여기고 잘 풀어나가면 법 없이도 선한 본성을 이루어 나갈 수 있다는 것이다. 또한, 칸트도 그의 실천 이성 비판에서 도덕심을 분석적이고 계산적인 생각으로는 접근할 수 없는 보편적 도덕법칙의 영역으로 보았다. 이는 곧 분석적인 사고보다 수동적인 정서로 열리는 것이다. 그래서 이성과 감성이 하나로 조화되는 신성한 의지를 도덕이 지향해야 할 궁극 목표로 간주한다.[3]

마지막으로 감성은 초월적 세계로 우리를 인도한다. 영성은 분석적인 정보와 언어로는 접근하기 어렵다. 그 세계에서 오는 것을 수용하고 느끼는 것이다. 어떠한 상징과 언어로도 나타날 수 있지만 대부분 감성의 영역에서 느낀다. 멀리서 바람이 불어오듯, 파도가 쳐오듯 또는 빛이 비치어오듯이 희미하지만, 감성의 영역에서 느끼고 인지할 수 있는 세계이다. 감성은 사고와 다르다. 사고는 대부분 개체적이다. 사고는 대상을 지향하며 그 대상은 대부분 이것이든지 저것이어야 한다. 이것이면 저것일 수 없다는 뜻으로 개체적인 성격을 갖는다. 그러나 감성은 그 개체성이 불분명하다. 그 지향하는 대상도 불분명하다. 구름이나 안개와 같다. 그 경계가 희미하다. 있다가 사라지기도 한다. 바람처럼 물처럼 멈추지 않고 흐른다. 혼돈과 복잡성이다. 그래서 시간이 포함된 복잡성의 4차정보에 해당된다는 것이다.

감성은 분산적이고 병렬적이다. 복잡성 정보의 성격을 그대로 갖는 것이다. 의식의 2차정보는 닫힌 만큼 그 에너지 준위는 아주 높다고 했다. 그래서 의식은 에너지 준위가 낮은 무의식의 복잡성 정보처리를 다 의식할 수 없는 것이다. 그러나 꿈에서는 이를 느낄 수 있는 것은 그 에너지 준위가 내려가기 때문이다. 그래서 꿈은 다의적이고 중첩적이고 모호하다. 상징이 많다. 고차정보의 성격을 그대로 보여주는 것이다.

감성이 강하게 올라오는 경우 의식으로도 선명하게 인식되고 또 행동으로까지 표출되지 않으면 안 된다. 그러나 심하고 급한 감정이 아닌 보통의 경우 감성은 의식에 강하게 드러나지 않는다. 그렇다고 아주 의식 밖에 있는 것도 아니다. 대체로 배경정보로 약하게 깔려있는 수준으로 느끼게 된다. 그래서 의식이 높은 수준의 정보에 집중하는 한, 그 배경정보인 감성은 놓치기 쉽다. 그러나 눈을 감는다든지 조용한 시간을 갖는다든지 스스로 의식의 에너지 수준을 낮추면 감성정보를 알아차릴 수 있다. 그리고 이 감성정보는 더 낮은 에너지 수준의 고차정보를 연결하는 다리의 역할을 할 수 있다. 그래서 감성은 낮은 에너지 준위에 있는 고차정보와 연결되는데, 아주 중요한 역할을 하는 것이다.

감성을 배제하면 인간은 과학적이고 강력한 정보를 가지고 사는 것처럼 보일지 모르나, 사실 전체적으로나 질적으로 볼 때 수명을 다해가는 저차정보에만 매달려 사는 것과 같다. 고차정보는 봄의 새싹이라고 보면 저차정보는 가을의 낙엽과 같은 것이다. 우리는 겉으로는 노련하고 세련되어

보일지 모르지만, 그것은 자기들만의 착각이고 잔치라는 것을 잊어서는 안 된다. 전체적으로 보면 소멸되는 정보의 차원이라는 것을 바로 알아야 한다. 그래서 다시 미성숙해 보이더라도 젊은 감성의 정보를 소중히 여기고 이를 통해서 생명력과 에너지가 풍성한 고차정보로 들어갈 수 있어야 한다.

그런데 여기에 문제가 없는 것은 아니다. 우리가 의식의 에너지 수준을 낮추고 감성을 보려고 해도 결코, 쉽지 않은 것을 안다. 마음에 스위치 같은 것이 있어서 이를 누르면 그냥 접속되어 다운로드 되듯이 감성정보가 흘러 들어오는 것은 아니다. 마음을 열고 의식의 수준을 낮추고 감성의 소리를 들으며 더 고차적인 정보로 들어간다는 것이 생각만큼 쉬운 일은 아니다. 마음은 기계가 아니다. 단순한 정보 시스템이 아니다. 인격이고 생명체이기에 이를 이해하고 배려하는 마음과 몸의 법을 알고 익혀야 한다.

마음과 몸의 법

이제 그 마음과 몸의 법에 대해 이야기하려 한다. 마음은 사고와 의지적인 정신세계와 달리 정서나 영성까지를 포함하는 넓은 영역의 정신세계를 뜻한다. 마음을 연다는 것은 정서와 몸을 여는 것을 의미한다. 그래서 마음은 몸과 분리될 수 없다. 그래서 여기에서 마음이라고 하지만 자연히 몸과 연결된 마음을 의미한다. 마음은 다차원적인 정보들이 활동하는 장이다. 그러나 그 장에서 정보들은 무생물처럼 그냥 존재하는 것이 아니다. 정보들은 하나의 세포처럼 생존력을 갖는다. 그 정보들은 자기라는 중심을 가지고 스스로 보존되려고 하는 생명체처럼 존재한다. 단세포들이 모여 다세포 생물을 이루듯 정보들도 더 강력한 자기를 형성하기 위해 정보들끼리 모여 더 큰 구조적 정보를 이룬다. 이러한 정보는 별도로 존재하는 것이 아니라 항상 물질을 매개로 존재한다. 생명체들이 다세포로 형성되도록 하는 그 핵심 동력이 바로 정보에서 나온다고 보아야 한다.

우주의 진화는 물질과 에너지가 중심이 되는 것 같지만, 사실은 그 안에 핵심적인 동력과 주인은 정보이다. 물질과 함께 정보적 자기도 진화한다. 일반적으로 생각하면 진화는 저차에서 고차로 가야 한다고 생각하지만, 실제 진화의 방향은 반대이다. 고차에서 저차로 간다. 초기 혼돈 상태에 훨씬 더 많은 고차정보가 있다고 보아야 한다. 초기의 양자장에는 정보가 거의 없는 진공상태라고 생각하지만, 그것은 2차정보에서 바라보기 때문에 그런 것이다. 양자장 안에 무슨 정보가 있는지 우리는 전혀 모른다. 그저 우연밖에 없다. 그리고 양자 안에 무슨 정보가 있는지도 우리는 모른다. 단지 그 안에 고차정보가 있을 것으로 생각하는 것이다. 양자의 정보도 확률적으로 우연히 붕괴되어 나온다고 생각한다. 그러나 복잡성이 스스로의 질서로 조직화되듯이 우연 속에서도 이러한 질서와 조직화가 작동되고 있다. 과학은 이를 설명하지 못한다. 설명할 수 없다고 아무것도 없다고 말할 수는 없다. 우연만으로 양자장과 양자 이후의 세계를 설명할 수 없기에 우리는 그 속에 어떠한 방식으로든 고차정보가 존재할 것으로 기대하는 것이다.

그리고 초기 우주의 에너지도 더 높고 강하게 응집되어 있다. 진화는 자유에너지를 잃어가면서 엔트로피가 증가하는 방향으로 전개된다. 그러나 생명체는 이를 극복하기 위해 엔트로피를 감소시키는 네겐트로피의 방향으로 진화하려고 한다. 물론 그래도 결국은 우주의 방향을 거스르지는 못한다. 단지 그렇게 애를 쓸 따름이다. 그래서 물질과 정보는 더욱 조직화되고 효율적인 상태를 추구하게 되고 생물은 단세포에서 다세포로 그리고 뇌까지 발생하는 진화를 밟게 되는 것이다. 이 방향은 곧 고차정보에서 저차정보로 진화해가는 방향이다. 저차정보로 갈수록 더욱 질서와 조직화가 강하게 나타나고 네겐트로피가 강하게 나타나는 것이다.

그래서 진화는 고차에서 저차로 진행된다. 우리는 지금까지 반대로 생각했다. 진화의 정점인 뇌가 가장 고차적인 정보일 것이고 미생물이 가장 저차적인 정보일 것으로 생각했다. 그러나 2차정보가 아닌 전체적인 차원의 정보로 본다면, 미생물의 집단 지능이 인간보다 훨씬 더 고차적인 정보

상태라고 생각할 수 있다. 그리고 우주도 초기로 갈수록 더 고차적인 정보 상태로 볼 수 있을 것이다. 진화는 우연만이 아니라 그 속에 숨어있는 고차 정보의 발현도 분명 같이 일어난다고 보아야 하기 때문이다. 진화는 곧 우연과 고차정보의 만남으로 진행된다고 보아야 한다. 복잡성의 질서도 혼돈을 통해 드러나듯 고차정보는 혼돈보다 더 해체적인 우연을 통해서만 순수하게 드러날 수 있다. 고차정보이기 때문에 더욱 해체적인 환경이 중요하다고 볼 수 있다. 그렇다고 고차정보를 어떤 지적 설계도로 보자는 것은 아니다. 설계도는 저차적인 정보이다. 고차정보는 결코 설계도일 수 없다. 양자를 고전역학으로 설명할 수 없듯이 저차정보로는 설명하고 접근하기 어려운 어떠한 고차 상태로 존재한다고 보아야 한다. 그래서 저차정보에서 보면 고차정보를 우연이라고 말할 수밖에 없다.

이 정보들은 다른 저차정보와 자기가 접근할 수 없도록 방어막처럼 닫혀 있다. 그래서 양자 밖에서는 안을 전혀 들어갈 수도 없고 볼 수도 없다. 그래서 고차정보는 창이 없는 라이프니츠의 모나드 같다고 했다. 통계와 우연을 통해서만 드러난다. 어떤 계시처럼 스스로 붕괴되어야만 알 수 있다. 그러나 그 계시는 2차적인 내용을 가지고 있지 않다. 모세가 받은 십계명 같은 내용은 아니다. 우연의 계시이나 그래도 그 속에 무언가의 질서는 있다. 초양자 정보가 있다면 그 안은 더 접근하기 불가능할 것이다. 하부의 정보가 전혀 접근하고 이해할 수 없는 영역이 될 것이다. 이처럼 고차정보들은 너무도 중요하기에 핵과 심장처럼 깊은 방어막으로 보호받고 있다. 그러나 완전히 봉쇄된 방어막은 아니다.

겉으로 보면 우연의 연속일지 모르나 속으로 보면 어떤 관통되는 것이 있다. 정보의 내용은 몰라도 그 속에 정보적 중심이 있어서 전혀 우연으로만 단절되어있는 것은 아니라고 생각된다. 우연 속에서 고차정보를 찾는 것은 마치 암호화된 정보를 푸는 것과 유사하다. 암호는 우연이고 무작위로서 겉으로 보면 무슨 소리인지 모른다. 우연의 암호가 그 속의 정보를 보호하듯 우연 역시 그 속의 고차정보를 보호하는 수단이 된다, 그러나 우연

안에 법이 있다. 그 법을 따르면 그 속에 놀라운 고차정보를 만날 수 있다. 그 암호는 결코 저차정보로는 풀 수 없다. 복잡성 정보의 자기 조직화처럼 스스로 풀려나와야 하는 것이다. 물론 관통적 공명은 있을 수 있다. 어떠한 비밀코드가 있을 수 있다. 그러나 그 코드는 저차정보는 아니다. 고차적인 코드이다.

　고차정보를 열 수 있는 관통성의 중심에는 정보의 중심인 자기가 있어 이 자기를 통해 어떤 관통성이 가능할 수 있다. 그렇다고 이 자기가 저차적인 정보의 자기와 동일하다고 볼 수 없다. 자기는 차원에 따라 그 속성이 전혀 다르다. 저차정보는 강한 자기성을 갖지만, 고차정보는 오히려 자기가 없다고 했다. 없지만 없는 것 그 자체가 하나의 자기라고 했다. 그것이 양자의 성격이라고 했다. 양자는 비개체적으로 자기가 없다고 했다. 여기에도 있고 동시에 저기에도 있다. 그러나 양자는 하나의 양자로 움직이고 또 하나의 결로 움직인다. 자기가 없지만, 또 다른 더 큰 자기가 있는 것이다. 그래서 고차적인 정보요 자기라고 했다. 이처럼 차원에 따라 다르지만 하나의 자기로 관통될 수 있는 것이다. 그 관통은 의식을 통해서만 가능하다.

　그러나 관통되는 자기에도 어떤 계층이 형성된다. 마치 나무에서 뿌리와 줄기, 가지, 잎 등이 있듯이 그러한 식물적인 계층이 있다. 고차정보가 모든 차원의 정보에서 근원적 핵심정보가 되듯 고차정보 속에 있는 그 자기도 자기의 계통에 가장 중심이 되고 뿌리가 된다. 양자정보 이상의 고차정보가 이에 해당할 것이다. 이 자기는 해체적이고 비개체적인 고차자기를 형성하며 관통적 자기의 뿌리를 이룬다. 그렇다면 실제적으로 우연과 방어벽에 의해 단절된 것 같은 각 차원의 자기들이 어떻게 하나로 연결되는 관통이 가능할까?

　아무리 단절되고 방어된 것 같은 견고한 성도 드나들 수 있는 문이 있다. 어떤 코드만 입력하면 그 문을 통과할 수 있다. 이처럼 고차정보는 저차정보로는 접근할 수 없지만, 고차정보의 암호 같은 코드만 있으면 접근할 수 있는 연결고리가 있다는 것이다. 그 연결의 코드가 무엇일까?

나는 이를 인격과 관계된 것이라고 말하고 싶다. 갑자기 과학적인 정보 이야기를 하다가 인격이란 인문학적 개념으로 비약하는 것 같지만, 결코 그런 것은 아니다. 인격은 고차정보 특히 양자정보의 성격이라고 앞서 말한 바 있다. 그리고 인격적으로 대한다는 것도 정보이론적인 표현이다. 이에 대해서는 다시 설명할 것이다. 인격이란 코드를 내세우면 고차 방어벽은 열리고 소통이 가능해진다. 그 정보 집단들은 자기를 갖기에 자기는 어떠한 인격을 형성한다. 그래서 차원에 따라 자기의 모습은 다양하더라도 인격이라는 하나의 코드로 연결되어 있다는 것이다. 아무리 다르고 다양한 인간들끼리라도 교류하고 소통하려면 인격이란 문이 필요하듯 정보 역시 자기가 있는 인격으로만 접근할 수 있다. 인간만이 아니라 만물이 그러하다. 동물도 식물도 어떠한 인격으로 대할 때, 문이 열리고 소통이 가능해진다. 무생물도 그러할 수 있다. 아니 기계도 그러한 인격에 반응할 수 있다. 내가 아끼고 소중히 여기는 기계는 아무렇게나 대하는 기계와 다르다. 만물 속에 있는 정보가 자기를 형성하고 그 자기가 인격적인 반응을 하기 때문일 것이다.

그렇다면 인격이란 무엇일까? 인격적으로 대한다는 것은 무엇을 말하는 것일까? 인격 역시 자기처럼 차원에 따라 동일하지 않다. 그러나 차원을 넘어서 관통되는 하나의 흐름은 분명 있을 수 있다. 인격으로 대한다는 것은 그 인격이 어떠한 모습을 보이든 어떤 판단, 선택과 행동의 주체성과 자율적 의지를 존중하고 그 가치와 고유성과 존엄성을 인정하는 것이라고 말할 수 있을 것이다. 그래서 그 드러난 모습이 어떠하든 생명의 전체성과 주체성을 인격이라고 말할 수 있다. 이처럼 고차정보를 단지 무생물적이고 물리적인 정보로만 대하지 않고 그 속에 주체적인 자기와 전체성이 있는 존재로 소중히 대한다는 자세와 마음을 말하는 것이다. 그렇다면 아무리 우리가 쉽게 접근할 수 없는 고차정보라도 소통이 가능할 수 있다고 본다. 그리고 인격을 정보이론으로 보면, 개체가 가진 부분적이고 국소적인 정보보다는 이런 정보들이 모여 하나의 전체성과 결맞음을 갖는 그러한 정보 상태를 의미한다. 이런 광역의 대량정보가 인격이라는 하나의 정보로 인식될 수 있는 것은, 양자정보의 결맞음이나 복잡성 정보의 자기 조직성 등에서 나올 수 있는 현상과 연관되기에, 고차정보가 인격으로 공명을 이룬다는 것이 인문학적 표현이지만 내용으로는 과학적이라고 볼 수 있다.

만일, 정보 집단에 대해 인격적으로 접근하지 않으면 어떻게 될까? 그 정보 집단은 어떻게 반응할까? 2차정보의 대화에서도 우리는 인격적이어야 한다. 그 정보가 잘못되어 있다고 무조건 공격하거나 무시하면 상대 정보는 자기를 방어하며 다시 상대를 공격한다. 어느 정도 상대를 인정하며 자기 생각을 말하는 정도로 해야 원활한 대화가 된다. 무조건 비판하거나 무시하면 정보의 교류는 불가능하다. 정보는 이처럼 집단적으로 자기를 보호하고 방어하려고 한다.

2차정보가 이 정도라면, 고차정보에서는 인격적인 문제가 더 심각하게 받아들여질 것이다. 자기가 형성되면 누구든지 자기의 존재를 인정받고 싶다. 더 나아가 자기가 하는 것을 지지하고 격려해주길 원한다. 그리고 혹시 잘못하더라도 믿어주고 기다려주길 기대한다. 그리고 실수하면 이해하고 관대하게 수용해주길 원하는 것이 자기를 가진 인격의 바람이다. 이러한 인격적인 대우라는 것도 심리학적인 개념이지만 과학적이다. 이해, 관대함, 수용, 용서, 기다림, 신뢰 그리고 사랑 등의 인격적인 대우는 정보이론으로 보면 국소적인 저차정보를 통한 분석과 판단보다는 전체를 하나의 결로 이해하고 받아들이는 고차정보의 현상으로 볼 수 있기 때문이다.

고차정보의 공명에 의해 생명과 인격이라는 고차정보가 더 견고한 결맞음으로 활성화되는 것이다. 이를 인격적인 대우라고 표현할 수 있다. 이것이 바로 고차정보인 생명이 고차정보의 공명으로서 인격적인 대우를 받는 것에 대한 정보이론적 이해이다. 이런 인격적인 대우를 총체적으로 표현하면 사랑이라고 할 수 있다, 자녀를 양육하고 키울 때, 가장 기초가 되는 원리이다. 갑자기 사랑이라는 개념이 나와서 또 다른 인문학적인 비약으로 저항감이 생길 수 있겠지만, 사랑 역시 고차정보의 전체적인 결 공명으로 볼 수 있다. 지금까지 사랑은 가장 대표적인 인문학적 개념으로 사용되어왔지만, 이 역시 정보이론을 통해 과학적인 설명이 가능하다. 사랑은 국소적 분석이 아닌 다양한 모습을 하나로 이해하고 수용하는 결 공명을 가장 총체적으로 표현하는 정보적 상태라고 말할 수 있다.

정보가 집단화되면 바로 이런 인격적인 대접을 받고 싶어 한다. 그런데 우리는 그동안 저차 정보 즉 2차정보가 너무 팽대해져서 우리 몸속의 고차정보를 누르고 무시하며 살아왔다. 2차 정보의 핵심적인 가치는 경제성이다. 이를 위해 대상을 등급화하고 좌표화한다. 그리고 계산하고 판단한다. 그리고 그 기준에 따라 이상화하든지 무시한다. 그 기준에 따라 지금까지 몸과 정서를 낮은 수준으로 무시하고 격하해 왔다. 세상과 교류하는 합리적이고 도덕적인 정보만 우선했지 내 속에 더 높은 수준의 정보가 있는지도 몰랐다. 그 정보 집단을 존중하고 소중히 여기기는커녕 귀찮아하고 멸시했다. 조금만 잘못하면 무섭게 야단치고 때로는 학대까지 했다. 뇌의 2차정보가 최고인 줄 잘못 알아 정서와 몸의 정보를 함부로 대하며 무시했다. 그들의 소리를 잘 들으려고 하지도 않았다. 물론 나의 몸이기에 겉으로는 보호하고 잘해주는 것 같았지만, 몸의 소리와 정보를 인격적으로 대해주지 못했다.

손상정보와 삼각 동맹

고차정보는 고차정보로 공명해주어야 한다. 그래야 고차정보의 결이 유지된다. 저차정보로 고차정보로 대하게 되면 고차정보는 저차정보로 붕괴하게 된다. 결이 깨어지는 것이다. 양자의 결 깨어짐의 원리와 동일하다. 그래서 인격과 생명이라는 전체적인 결에 손상을 입게 되는 것이다. 이런 정보적인 반응을 우리는 인격적인 상처라고 한다. 고차정보는 자기의 결에 손상을 받기에 그대로 있지 않는다. 인격적인 반응을 한다. 누가 날 인정해주지 않고 계속 무시하고 학대하면 가만히 있을 인격이 얼마나 있겠는가? 그 인격은 반응한다. 생명체의 결 깨어짐의 반응이다. 화를 낸다. 버림받고 외로워한다. 인정받지 못하기에 굶주림의 욕구를 심하게 내보인다. 그리고 무력하고 두려워한다. 몸속의 세포이든지 분자이든지 아니 양자까지라도 그 정보들 속에는 이러한 자기와 인격이 있어서 자기를 존중하고 인격적으로 대하지 않으면 무생물처럼 참고만 있지 못한다. 이처럼 손상받은 정보들은 좌절된 정보로서 부정적인 감정과 느낌을 발산하는 것이다. 이러한 손상정보들은 급하고 중요한 신호이기에 원래 있던 고차정보를 뒤로 밀치고 앞으로 급하게 나선다. 무엇이든 아프면, 앰뷸런스 신호처럼 가장 빨리 해결해 주어야 하는 강력한 정보가 되는 것이다.

그리고 아픔의 정보는 아주 강한 자기 보존력을 갖는다. 원래 2차정보만 강한 보존력을 갖고 3,4차 정보는 보존성이 강하지 않다고 했는데, 좌절되고 손상된 정보가 생기면 고차정보도 아주 급해진다. 여유를 갖지 못하고 빨리 그 손상된 부분을 방어하고 보상하려고 한다. 아프면 우선 병원에 가서 진통제라도 맞아야 하는 것처럼, 자기만을 생각하는 이기적이고 보존적인 정보가 된다. 2차정보도 문제가 있지만 손상된 고차정보는 이보다 더 많은 문제를 노출한다. 그래도 2차정보는 논리와 합리성의 질서라도 가지고 있는데, 손상된 3,4차정보는 감정적이고 충동적이다. 그리고 자기만 챙기는 이기성이 강하다. 그리고 생명의 반응이기에 한 번 발동하게 되면 통제하기가 쉽지 않다. 속에서 강하게 올라오는 아픔이나 충동의 감정이 바로 이러한 손상정보의 표현이다. 해결이 안 되고 더 심하게 만성화되면 정신병리와 질환으로 고착화될 수 있다.

손상정보의 두드러진 특징은 그 손상을 방어하려는 것이다. 좌절되고 자기로서 인정받지 못한 것은 자기와 생명체로서 좌절의 아픔이다. 이를 노출하면 불안정해져서 엔트로피가 올라가고 효율적인 시스템이 되지 못하기에 이를 임시로 막기 위해 방어 시스템이 가동된다. 이것이 정신분석에서 말하는 방어기제이다. 손상정보는 생명체이고 자기이기에 이를 빨리 방어하고 회복하려고 한다. 심리적인 방어 외에 가장 신속하게 방어하는 방법은 세상에 있는 것들이다. 자신의 좌절과 무력감, 욕구, 외로움, 두려움들을 방어하기 위해 세상에서 이를 보상하고 방어할 수 있는 것을 재빠르게 찾는다. 의지할 수 있는 사람, 돈, 일과 세상의 값지고 좋아 보이는 것들이 그러한 대상이 된다. 그래서 이러한 손상정보는 의식의 2차정보와 함께 세상의 대상에 강하게 집착하고 매달린다.

2차정보는 원래부터 세상과 같은 수준의 정보로 구성되고 운영된다. 물론 의식과 세상도 다차원의 정보가 있지만, 가장 표면 위에 강하게 작동하고 있는 원리가 2차정보이다. 그래서 의식과 세상은 2차정보의 특징인 등급과 좌표로 구성되며 합리성과 경제성의 판단과 도덕성으로 운영된다. 2차정보의 가장 큰 특징이 자기 보존성이라고 했다. 서로 유사한 것끼리 모여 보존되고 방어하려는 속성 때문에 의식과 세상은 강력한 동맹을 맺는다. 그런데 이를 결속시키는 더욱 강력한 힘이 필요하다. 2차정보끼리의 결합력은 다소 약해 보인다. 그래서 더욱 강한 3차정보 이상의 힘이 필요하다. 즉 강한 감정과 생명에서 나오는 강력한 힘이 필요한 것이다.

고차정보는 국소적으로 보면 저차정보보다 약해 보이지만, 그 정보의 결합방식과 용량이 훨씬 더 많기 때문에 전체적으로는 저차정보보다 강하다. 감정이 일시적으로는 사고나 의지에 조절되는 것 같지만, 결과적으로는 감정이 더 강한 힘을 발휘하는 이유이다. 결국, 2차정보는 사고이고 3,4차정보는 감정이니 2차정보는 감정의 힘을 자기들의 편으로 끌어들이려고 할 것이다. 그런데 감정 중에도 아픈 감정 즉 손상정보는 더욱더 강하다. 그래서 의식과 세상의 2차정보는 손상정보를 자기들의 편으로 끌어들여서 삼각 동맹과 같은 결합을 한다. 의식의 2차정보와 3,4차의 손상정보 그리고 외부의 대상이 강력한 삼각 회로를 형성하게 되는 것이다.

사람을 만나고 일을 할 때 그 속에 어떠한 좌절된 경험 즉 버림받음이나 열등감 등이 있으면 이를 보상하고 방어하기 위해 더 열심히 하고 집착하게 되는데, 그 결합력이 바로 이 삼각 회로에서 나오는 것이다. 이것이 만성화되고 악순환되면 중독적 관계로 발전하게 된다. 그러나 손상정보는 방어적인 관계만으로는 원인적인 해결을 할 수 없다. 되는듯하다 또 반복적인 좌절을 경험한다. 그래서 그 손상과 상처가 더 깊어진다. 그 손상은 더 크고 강한 방어를 추구하게 되므로 결국 중독 회로로 들어가는 것이다. 이 삼각 회로는 거의 삶의 주인이 되어 자동적이고 맹목적인 삶의 동력을 제공한다. 과거의 상처에 매여 사는 사람들의 모습이기도 하다.

뇌의 저차정보 보존에서 벗어나 몸의 고차정보로 들어가려고 하는데, 가장 강하게 저항하는 것이 바로 이 삼각 회로이다. 고차정보는 에너지 준위가 낮은 정보이다. 그래서 고차정보로 들어가려면 의식의 수준을 낮추어야 한다. 그러나 가장 높은 에너지 수준의 정보들, 그것도 3개의 정보 집단이 강하게 결속하여 동맹을 맺고 있는 그 벽을 뚫고 낮은 에너지 의식으로 들어간다는 것이 결코 쉬운 작업은 아니다.

이를 극복하고 고차정보로 가기 위해서는 그래도 의식의 도움이 필요하다. 이 동맹을 맺고 있는 것도 의식이지만, 이를 풀 수 있는 것도 의식이다. 의식은 단순히 컴퓨터의 화면처럼 정보를 높은 에너지 수준으로 디스프레이하는 역할만 하는 것은 아니다. 정보의 편향적 지배를 인식하고 이를 가로막고 해체하는 능동적인 역할도 있다. 스스로 의식의 에너지 준위를 낮추어 그 삼각 동맹 회로를 약화시키는 길도 분명 의식 속에 있다.

고차정보로 들어가기

고차정보로 들어가는 길은 소위 말하는 이완 작업이다. 이완 요법에는 여러 길이 있다. 명상에서 말하는 여러 이완 요법이 여기에 해당한다. 이완 과정을 통해 높은 주파수의 뇌파를 알파나 세타 수준의 낮은 주파수의 뇌파로 변화시킨다.[4] 호흡이나 미세한 감각과 같은 낮은 에너지의 자극이나 정보에 집중함으로 에너지 수준을 떨어트릴 수 있다. 이를 반복적으로 훈련하면 삼각 동맹회로는 어느 정도 완화된다. 이를 통해 손상정보의 방어가 다소 허물어지게 된다. 이렇게 되면 그 속에 숨어있던 손상정보 즉 아픈 마음과 감정이 자연히 노출된다. 손상정보, 즉 상처받은 부정적인 감정은 미성숙하고 부끄러운 것이기에 저차정보의 감시와 통제를 받는다. 먼저 이를 풀어주어야 한다. 물론 이러한 이완은 정신분석이나 현실에서도 가능하다. 자신의 방어가 허물어지면 결국 이완되는 것이다. 그래서 그 속의 손상된 고차정보 즉 아픔의 정서가 드러나는 것이 이완의 결과이다. 우리는 이 아픔을 다시 방어하기 위해 다른 방어기제와 대상을 찾는다. 이를 위해서 다시 긴장이 필요하다. 방어는 곧 긴장이기 때문이다. 그렇게 되면 이완이 중단되고 높은 에너지 장벽이 다시 쳐지는 것이다. 그래서 어떠한 경우이든 이완을 통해 손상정보가 드러나는 것을 어느 정도 직면할 수 있어야 고차정보로 들어갈 수 있다.

그러나 이 과정이 무조건 힘든 것만은 아니다. 손상정보에 대한 태도를 바꾸면 된다. 과거에는 이를 무시하고 부끄러워하고 학대까지 했다. 이는 알고리즘적 저차정보의 반응이다. 이를 통해 결 깨어짐이 계속적으로 발생하게 되어 손상정보의 악순환에 들어가게 된다. 이를 막기 위해서는 저차정보의 판단이 아닌 인격적인 수용과 용납으로 가야 한다. 그동안 못 받았던 인격적인 대접을 손상정보에게 해주어야 하는 것이다. 이 수용과 용납도 정보이론으로 보면 전체 결을 보존하게 하는 고차정보적인 공명이다. 부분적인 알고리즘으로 책망하고 판단하는 것이 아니라 전체의 인격과 생명체로 수용하고 용납하는 것이다. 양자정보적 결맞음 정보인 것이다. 어떠한 내용이든 전체의 결로서 받아주고 보아주는 것이다. 부분적인 잣대로 비판하고 억압하고 판단하는 것이 아니다. 국소적으로는 연약하고 미성숙하고 비윤리적이더라도 광역적이고 전체적인 생명과 인격으로서 존중하고 수용하는 것이다. 고차정보를 고차정보로 공명하며 존중하지 못해서 생긴 반응들이다. 그러니 이해하고 위로하고 받아주어야 한다. 오히려 미안하다고 말하고 그래도 잘 견디어 주어 고맙다고 해야 한다. 이처럼 손상정보에게 고차정보적인 대화와 만남이 필요한 것이다.

　이해와 공감만으로도 그 정보들은 많이 풀리고 안정을 찾는다. 자신을 방어하려는 높은 에너지 수준은 이제 낮아지게 되고 이를 통해서 정서적인 안정을 찾을 수 있게 된다. 이를 정보이론으로 이해해 본 정신분석과 치료의 과정이라 볼 수 있다.[5] 이렇게 고차정보로 들어가게 되면 그 속에 있던 혼돈과 복잡성의 정보가 불안정하게 나타날 수 있다. 이를 다시 저차정보로 통제하려고 하지 말고 그대로 두면 스스로 그 속에서 새로운 질서를 회복한다. 새로운 자기 조직화가 일어나는 것이다. 이것이 고차정보의 회복이고 고차정보가 저차정보를 다스리게 되는 과정이다. 그동안은 너무 저차정보의 판단과 통제에 익숙하게 살아왔다. 그래서 잠시라도 흐트러져 있거나 불안정한 것을 그냥 봐주지 못한다. 강박적으로 정리하고 청소하는 것처럼 자신을 늘 감시하고 통제하려고 하는 강한 습관이 남아 있다. 물론 세상에서 살아남기 위해서는 이런 습관이 어느 정도 유용하고 효과적이다. 그러나 내면의 세계에까지 그런 습관으로 대하다 보면 몸의 고차정보는 억압되어 제대로 활용하지 못하고 살 수밖에 없다. 그래서 겉과 속의 법을 분리해서 속은 여유를 가지고 봐주는 그런 새로운 습관과 연습이 필요하다.

정보의 순환

　어렵게 고차정보를 경험하고 통합할 수 있게 된다고 해도 문제가 없는 것은 아니다. 새로운 문제에 부딪힌다. 바로 고차정보의 수명과 변화에서 생기는 문제이다. 고차정보는 늘 고차로 있는 것은 아니라고 했다. 시간이 지나면서 자연의 수명처럼 고차는 어쩔 수 없이 저차로 변화된다. 양자정보도 불안정하여 늘 쉽게 붕괴되고 복잡성 정보는 자기 조직화를 통해 저차정보로 변한다. 그 출신이 고차라고 해서 항상 고차로 있는 것은 아니다. 저차로 되면 똑같은 문제가 생긴다. 이를 잘 알고 있어야 한다. 저차는 처음부터 저차가 아니다. 다 고차에서 발생되어서 이제 그 수명을 다하여 저차에 머물고 있는 것이다. 저차정보가 되면 똑같은 정보 보존의 문제가 발생하기에 이를 너무 붙들고 있어서는 안 된다는 것이다. 이를 내보내고 다시 고차정보로 돌아가는 순환 정신이 필요하다. 정보의 바른 순환과 흐름을 위해 정보의 차원이 결코 정체되어서는 안 된다는 것이다.

이를 잘 볼 수 있는 것이 철학과 종교사이다. 철학은 형이상학을 형이하학적인 언어와 논리로 탐구하고 표현하는 학문이다. 형이상학이란 고차적 정보의 세계이다. 적어도 3,4차적 차원이상을 갖는다. 그런데 철학이란 알고리즘적 논리와 언어를 주로 사용한다. 이성과 지성도 크게 보면 알고리즘적 저차정보가 주를 이룬다. 그러나 형이상학이란 세계는 공간적이다. 이를 철학으로 이해하고 언어로 표현한다는 것은 형이상학이란 공간을 여러 장의 평면도로 압축하는 것과 같다. 그리고 그 평면도를 읽을 때 공간으로 다시 확장시켜 이해한다. 그런데 아무리 여러 장의 평면도로 그 공간을 표현한다고 해도 다 표현하지 못하는 여분의 공간이 있게 마련이다. 특히 그 여분이 시간에 따라 변하는 4차원 공간이라면, 평면도 설계는 더욱 더 많은 한계를 보이게 될 것이다. 그리고 그 철학자는 자신의 평면 설계도를 남기고 사라진다.

이제 그 평면도로 다른 후배 철학자들이 다시 그 공간을 상상하며 살펴본다. 그런데 여기서 많은 오류나 편향적인 정보가 발생하게 된다. 그 여분의 공간을 자신의 다른 해석으로 채울 수 있기 때문이다. 원설계자와 다른 해석을 할 수 있다. 그리고 그 언어는 원래의 언어가 되지 않는다. 그래서 다른 공간을 그려낸다. 그리고 그 부족 공간을 다시 다른 평면 설계도로 대신한다. 이런 이유에서 그 설계도는 원래 설계자의 공간을 그려내지 못한다. 원설계자의 언어와 다른 언어로 수명을 다해 가기 때문이다. 그리고 그 언어는 원래의 뜻과 다르게 자기 보존의 성향 때문에 확장되거나 왜곡된다. 그래서 원 평면도의 언어를 버리고 새로운 공간의 언어를 찾는다. 그리고 새로운 언어로 다시 표현한다. 이러한 공간과 평면의 수축과 팽창이 바로 철학사의 모습인 것이다. 접힘과 펼침의 주름 운동과도 비슷하다.

종교에서는 이런 경향이 더 심각하게 나타난다. 종교와 영성의 세계는 철학보다 더 고차적인 정보의 세계이다. 인간의 2차적 언어로 다 담기 어려운 세계이다. 그러나 종교가 성립하기 위해서는 어쩔 수 없이 고차적인 정보를 저차적인 정보로 표현해야 한다. 교리나 율법이나 조직이 바로 이런 저차정보이다. 그리고 원래의 고차공간이 아닌 저차적인 종교가 된다. 이를 종교의 타락이라고 한다. 그래서 이런 위험 때문에 위인들은 글을 남기지 않았다. 소크라테스도 석가도 예수도 글을 직접 남기지 않았다. 다 제자들이 들은 것을 적은 것이다. 그래서 도道로 표현된 것은 이미 도가 아니다 道可道 非常道라고 한다. 그리고 강을 건넌 다음에는 사용한 뗏목을 버리라고 한다. 이는 고차적 진리를 표현하는데 저차 언어가 필요하지만, 이에 매이지 말라는 뜻이다. 저차 정보는 강을 건너는 데만 필요하지 그다음은 그 고차성을 유지하기 위해서는 아무리 좋은 저차정보라도 과감하게 버리라는 것이다. 정보는 시간과 함께 흘러간다. 그 정보가 스스로 보존되려고 몸부림치더라도 거기에 같이 속지 말고 과감히 그 정보를 흘려보내라는 것이다. 저차언어를 버리고 새로운 고차공간에 진입해서 새로운 정보를 공급받아야 한다는 것이다. 같은 언어라도 더 공간적인 울림이 있는 새로운 언어를 사용하라는 것이다.

이는 에너지의 순환과 같다. 새로운 에너지를 받으면 지난 에너지를 배설하는 것이 생명체의 원리이다. 에너지가 열로 변하면 그 속의 자유에너지는 감소하게 된다. 열은 뜨거워 보이나 생산적이고 창의적인 일을 할 수 있는 에너지는 아니다. 금방 식고 사라진다. 이러한 정보의 차원과 흐름을 잘 보아야 한다. 정보 역시 고차에서 저차로 흘러가면 배설하고 버려야 한다. 물론 재활용 과정도 있다. 오래된 모든 것을 배설하고 버리라는 뜻은 아니다. 신장이나 대장의 기능을 통해 배설하는 것 속에 재활용할 것들을 재흡수하고 활용하는 것도 중요하다. 그러나 너무 사라져가는 저차정보를 집착하고 붙들면 변비나, 대장암 혹은 방광암, 요독증 같은 질환으로 갈 수 있다. 순환되지 않고 정체된 저차 정보가 우리의 정보체계에 미치는 독성과 질병에 대해 잘 알아야 한다는 뜻이다.

관통적 의식과 신경망

의식은 이러한 정보의 흐름을 잘 파악하고 정보가 어디서 막히거나 문제가 생기면 이를 풀어나가는 능동적인 역할을 할 수 있다. 그리고 의식은 에너지 수준이 높은 2차정보만 담는 수동적인 화면에서 고차정보로 내려가 그들의 정보를 실어 날라 정보의 건강하고 바른 계층을 이룰 수 있도록 해야 한다. 이것이 의식의 가장 중요한 기능이다. 나는 이러한 의식의 기능을 관통성이라고 말한다. 정보의 계층을 넘나들면서 여러 계층의 정보들을 하나로 관통해서 흐르게 하는 것이다. 이것이 가장 건강한 의식의 모습이다. 이를 위해서는 가장 고차정보인 양자 정보에 열릴 수 있어야 한다. 이는 의식이 몸과 하나가 되어야만 진정으로 가능한 관통이다. 의식은 가장 강력한 기능인 2차정보를 항상 사용해야 하기에 2차정보 즉 언어와 같은 인간의 정보로는 양자정보에 접근하기 쉽지 않다. 물론 뇌에도 양자정보가 있기 때문에 뇌 안에서도 가능한 것은 사실이지만, 언어에 묶이기 때문에 비언어적인 몸의 언어로 내려가야 한다. 왜 몸의 양자로 내려가야 하는지를 이해하기 위해서는 먼저 몸과 뇌의 양자 현상을 알 필요가 있다.

먼저 뇌의 양자 현상에 대해 알아보자. 이를 위해서는 뇌의 신경망 구조와 기능을 이해해야 한다. 뇌는 시냅스에 의해 뉴런들이 서로 연결되어 무수한 망을 이룬다. 대뇌피질은 어떤 특정한 단위기능을 하는 6층을 한 기둥 column으로 삼아 작동한다.[6] 유사한 기능을 하는 여러 피질 기둥끼리 모여서 더 복잡한 기능을 한다. 그 한 단위를 절점node이라 한다. 시각의 경우 물체의 구성요소인 위치, 방향, 파장 등을 지각하는 세포(V_1, V_2)에서 시작하여 형태, 색채, 운동을 지각하는 세포들로 군집화(V_3복합체, V_4복합체,

V_5복합체)되어 있다.[7] 이러한 군집을 전체 뇌로 보면 작은 절점으로 볼 수 있을 것이다. 절점도 기본적인 절점($V_{1,2}$)과 이를 연결하는 절점connector node(V_{3-5}복합체)으로 나누어진다.

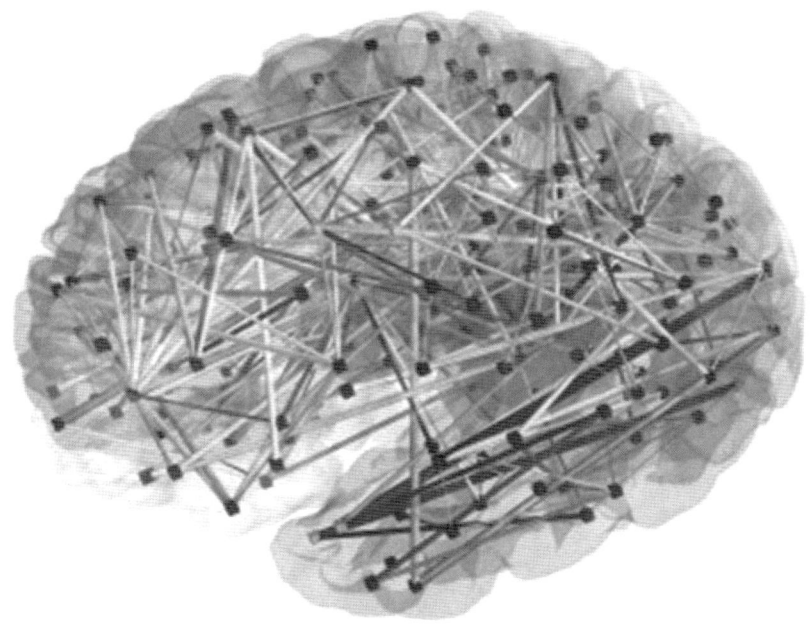

(그림6-1) 뇌는 시냅스를 통해 뉴런들을 서로 연결하여 무수한 망을 이룬다. 이를 신경망이라고 한다. 절점 node이 기본단위가 되어 연결절점 connector node을 통해 허브hub라는 신경군집을 이룬다. 이러한 허브들이 다시 모여 서브모듈submodule을 이루고 이들은 다시 더 큰 모듈을 이룬다. 대뇌피질은 보통 5개의 모듈로 나누어 인지 기능을 수행한다. http://www.connectomics.org/viewer

그리고 이러한 절점들은 다시 서로 더 큰 인지적 기능을 위해 결합된다. 여러 절점들을 하나의 군집이 되도록 매개하는 신경군집을 허브hub라 한다.[8] 허브도 자기 지방 안에서 연결하는 것provincial hub과 대외적인 연결 허브connector hub로 나눌 수 있다. 이러한 허브들이 여럿 모이면 서브모듈submodule이 되고 이것들이 다시 모여 모듈이 된다. 그래서 시각을 맡는 후두엽 전체에 하나의 모듈이 생성된다.(그림6-1) 이러한 모듈은 대뇌에 5개 정도 형성된다.[9] 이런 신경망 구조로 정보 차원을 그대로 설명하기는 어렵다. 대뇌 영역도 부위에 따라 각각 기능이 다르기 때문이다. 후두엽은 주로 시각 고유의 기능이 중심이고 그 연결성이 약하고, 전두엽과 두정엽, 또 전두엽과 측두엽 등은 연합기능이 중심이면서 그 연결성이 강하기 때문에 단순히 신경망 구조와 정보 차원을 그대로 연결하기는 어렵다. 그러나 대체로 1차정보는 절점 중심의 정보이고 2차정보는 허브와 서브모듈 중심의 정보 그리고 3차정보는 모듈 중심의 정보로 보고, 4차정보는 모듈들이 연결된 뇌 전체의 신경망으로 보면 대체로 무난할 것으로 생각한다. 그리고 신경망은 모두 뉴런의 연결과 세포막을 통해 정보가 처리된다.

양자 뇌

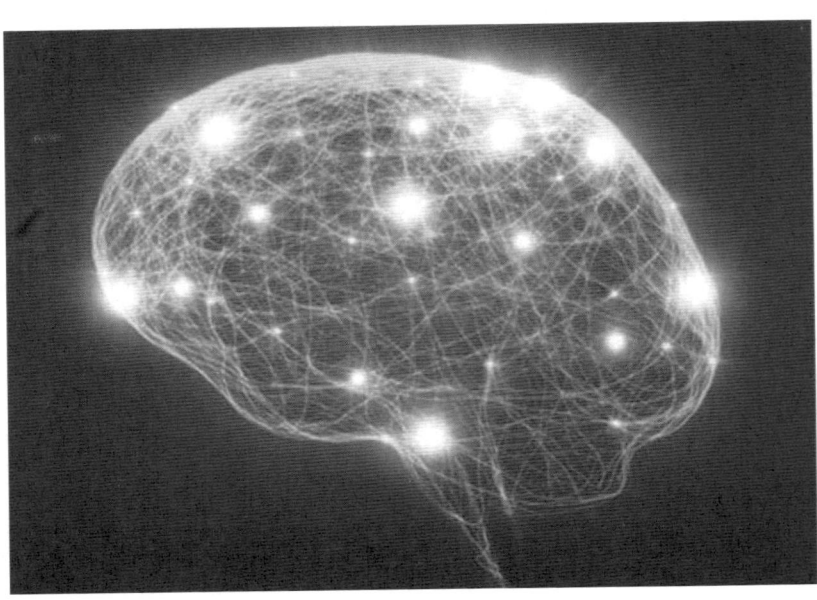

(그림6-2) 뇌는 양자에서 나타나는 중첩성, 도약, 터널, 얽힘과 결맞음 등이 일어나고 있으며 이를 의식과 여러 고차정보 현상의 동시적인 배경으로 볼 수 있다. https://www.verywellhealth.com/nmda-receptors-and-how-they-re-involved-in-disease-4151196

그렇다면 5차정보인 양자정보는 뇌에서는 어떻게 가능할 것인가?(그림 6-2) 뇌는 물질로 되어있다. 물질은 분자, 원자로 되어있기에 그 속에 양자가 분명 포함되어 있다. 인체를 들여다보는 첨단 장비인 MRI는 핵자기공명이라는 원리를 이용하여 찍는 영상이다. 인체의 물속에 있는 수소 원자에 강한 자기장을 걸어 핵의 양자 스핀에 변화를 주어 공명을 일으킨다. 그리고 이를 방출할 때 나온 신호를 분석 편집하여 영상을 얻는다. 뇌 안에 양자가 작용하고 있다는 부인할 수 없는 증거이다. 그래서 뇌 속에도 양자가 있고 양자가 어떤 역할을 할 수 있다는 가능성은 항상 열려있다. 특히 시신경은 양자인 광자를 받아들여 정보처리를 하기에 신경작용에 양자가 어떤 역할을 한다는 것을 충분히 유추해 볼 수 있다. 시냅스에서 전기적 발화에도 전자와 함께 양자 수준의 변이가 영향을 주는 것으로 알려져 있다.[10](그림6-3) 그런데 양자와 가장 깊은 관련이 있을 것으로 알려진 것은 의식이

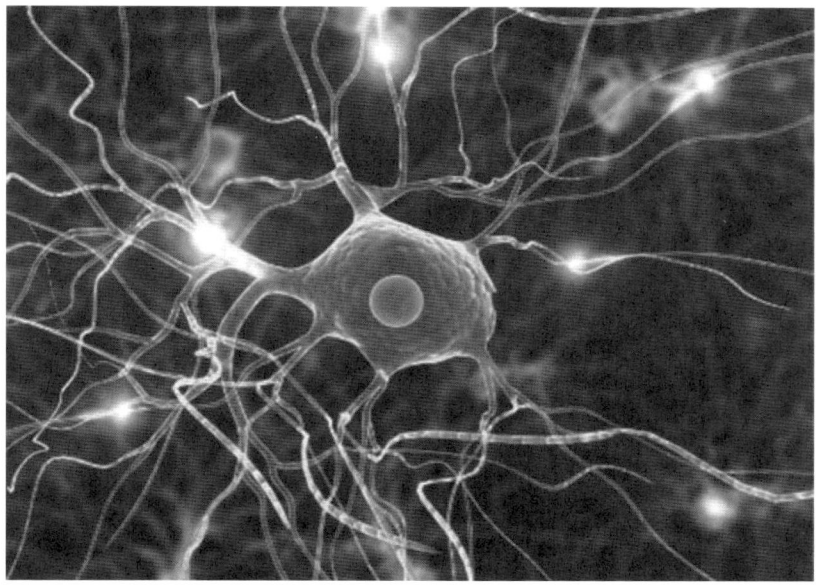

(그림 6-3) 신경세포들은 수많은 망을 이루며 알고리즘과 복잡성 정보와 양자정보에 이르기까지 다양한 차원의 정보처리를 수행하고 있다. http://unperiodico.unal.edu.co/pages/detail/gene-linked-to-parkin-sons-disease-regulates-communication-between-neurons

다. 의식이 다른 뇌기능과 다른 특별한 특징들[11] 때문에 이를 양자 현상으로 설명하려는 적지 않은 시도들이 있다.

양자의 존재와 활동에 대해서는 누구도 부인할 수 없지만, 과연 뇌의 실제 기능에 어떤 역할을 하는지에 대해서는 아직 정확하게 밝혀진 바는 없다. 그것은 양자가 미시세계에서만 작동하지 뇌 같은 생물학적 거시세계에서는 영향을 미칠 만큼 어떤 기능을 할 것으로 기대하기 어렵기 때문이다. 그래서 양자는 늘 거시적인 생물학과 뇌과학에서 제외되었다. 그러나 60개 이상의 탄소 원자를 가진 풀러렌fullerene이란 대형분자에서도 집단적인 양자 현상이 일어나는 것이 실험적으로 확인[12](그림6-4)되면서 이런 분자들이 주로 활동하고 있는 생물체에서도 양자 현상이 일어날 수 있는 가능성이 열리게 되었다. 그렇지만 양자 현상이 있더라도 불안정한 생물적 환경에서 그 작용시간이 극도로 짧게 나타났다가 사라지기에 지속적인 생물 현상에는 어떠한 영향을 미치기는 어렵다고 생각하였다.

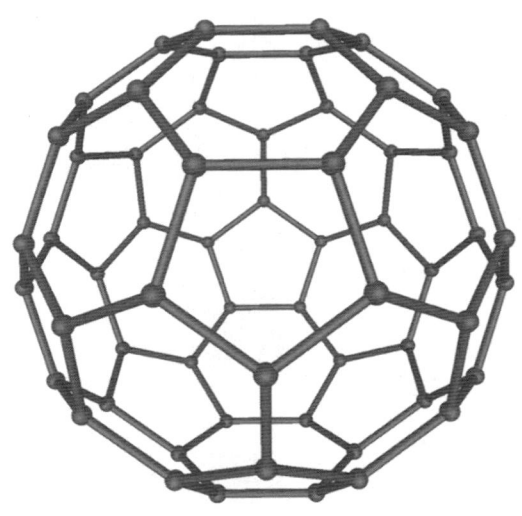

(그림6-4) 풀러렌은 탄소 원자가 구, 타원체, 원기둥 모양으로 배치된 분자를 통칭하는 말이다. 탄소 원자 60개가 축구공 모양으로 결합한 모양을 갖는 대형분자임에도 집단적인 양자 현상이 발견되었다. 이를 계기로 대형분자들로 이루어진 생물체에서도 양자 현상이 일어나는 가능성이 열리게 되어 양자 생물학이 발전될 수 있었다.
https://en.wikipedia.org/wiki/Fullerene

그러나 농축된 상태 condensed phase에서는 양자들이 같은 스핀의 결을 이루며 지속적인 상태가 가능한 것이 알려졌기에 이러한 상태가 생체에서 가능한지에 관심이 모아졌다. 그러나 이러한 상태는 절대영도와 같은 안정 상태에서만 가능하기에(이를 Bose-Einstein응축condensate 상태라고 한다.) 따뜻하고 불안정한 생물환경에서 이를 찾는 것은 결코 쉽지 않다. 그러나 프뢰리히 Fröhlich라는 생물리학자가 끝내 체온의 생물조직에서도 단백질과 물이 결합하여 하나의 결로서 에너지를 퍼올리는pump 양자 코히런스coher-ence 현상을 찾아냈다.[13,14] 그리고 세포에서 결 맞은 광자가 방출되는 것도 확인되었다.[15] 연이어 여러 양자 현상들이 생물체에서 발견되었다. 이는 몸의 양자 현상에서 다시 다룰 것이므로 여기서는 뇌에 국한된 양자에 집중하려고 한다.

    이러한 결을 이룬 양자가 가능하다면 과연 어디에서 어떻게 가능할 것인가에 대한 연구에 관심을 갖게 되었다. 여러 가능성이 있지만, 모든 세포에게 공통으로 있는 골격 구조인 미세소관microtubule이 가장 적당한 구조로 떠올랐다. 미세소관은 신경이 없는 단세포인 짚신벌레가 안테나와 운동을 관장하는 섬모에서 정보처리를 하는 기관으로 알려져 있다. 세포 분열시 이를 지휘하는 정보의 중심이 미세소관이다. 대표적인 치매의 원인인 알츠하이머 질환의 병변이 바로 미세소관에서 일어난다.[16] 그래서 뇌신경은 시냅스만 정보처리를 하는 것이 아니라 신경세포 내에 무수하게 깔려있는 이 미세소관이 정보처리에도 중요한 역할을 하는 것으로 알려져 있다.

    미세소관은 세포의 골격을 이루는 동시에 통신망을 이룬다. 긴 미세소관은 육각형의 격자인 튜뷸린 이합체tubulin dimer들로 구성된다. 그런데 이 튜뷸린은 전기적으로 쌍극자를 이루며 반도체 같은 역할을 통해 정보처리를 한다. 이들은 대용량의 병렬처리를 통해 세포자동자cellular automata의 신경망을 형성하여 복잡성 정보들을 자기 조직화해간다.[17,18] 이는 시냅스에 의한 정보처리와 비교할 수 없을 정도의 빠른 속도와 고용량의 정보처리를 담당한다.[19] 여기까지는 대체로 많은 뇌과학자들도 수긍하고 인정하는 추세이다. 그런데 미세소관이 결맞음의 양자 현상의 장소가 된다는 데는 이견이 적지 않다. 이를 끈질기게 주장하는 학자는 영국의 유명한 물리학자 펜로즈Roser Penrose와 마취 전문의사인 해머로프Stuart

Hameroff이다.[20] 잠깐 그들의 주장을 소개하고자 한다.

미세소관에서 양자의 결맞음이 붕괴되지 않고 어떻게 생물학적 기능을 할 정도로 유지될 수 있느냐가 가장 중요한 관점이다. 그리고 양자 현상이 구체적으로 미세소관 어디에서 가능하냐이다. 미세소관에도 단백질과 맞춤액ordered water이 있어 레이저같이 양자 결맞음을 일으키는 프뢰리히의 공명의 펌프 기능을 할 수 있다. 그리고 관내에 친수적 극성물질과 격리될 수 있는 소수hydrophobic물질 주머니pocket의 가능성이 실험적으로 밝혀져 이를 통해 양자가 외부자극으로부터 고립될 수 있다. 양자는 불안정한 화학적 반응으로부터 격리될 수 있어야 결맞음이 유지될 수 있기에 이러한 고립적인 구조와 기능은 생물학적 양자 현상을 위해서는 필수적으로 요구된다. 그 외에도 C-terminal Debye 층, 액틴 겔actin gel, 미토콘드리아의 강한 전기장 등이 양자 결맞음을 보호해 줄 수 있다고 한다.[20] 그리고 체온 정도의 고온에서 결맞음을 유지한 초전도체가 가능할 수 있다는 보고도 있어 미세소관의 양자전도를 지지해주고 있다.[21]

미세소관에서 양자 결맞음이 가능하다고 해도 그 유지 시간이 문제이다. 너무 짧으면 생리학적 기능을 하기는 어렵기 때문이다. 처음 계산에서는 10^{-13}초 정도로 나와 생리학적인 기능을 하기에는 너무 짧은 시간으로 생각되었으나 다시 계산한 결과 $10^{-4.5}$초로 생물학적 정보처리를 하기에, 충분한 시간이 유지된다는 것이 밝혀졌다.[22] 최근 나노 기술을 도입하여 실제 합성 조립한 미세소관을 통한 연구가 있었는데, 이 연구에서 8개의 공명 주파수대가 있었고 프뢰리히 공명과 함께 결맞음이 0.1ms까지 유지되며 전도되는 것이 확인되었다. 그리고 각 공명은 상호 연관되면서 기억기능까지 하는 것까지 나타났다.

그렇다면 실제로 양자 현상이 가능한 원자 구조는 무엇일까? 미세소관을 구성하고 있는 육각형의 격자인 튜뷸린 이합체tubulin dimer가 전기적으로 쌍극자를 이루며 반도체 같은 역할을 하지만, 이 격자가 관 내부의 소수hydrophobic 주머니 안에서 전자구름 쌍극을 이루며 양자 결의 진동을 할 수 있다는 것이다.[23] 이러한 양자 결이 실제 실험에서 확인된 바 있다.[24] 런던 힘London forces에 의해 매개되는 이러한 쌍극양자 진동 가능성이 다른 두 벤젠 링benzene ring의 진동에 의해 다시 확인되기도 했다.[25] 그리고 이러한 양자 진동이 얼마를 지속하든지 간에 튜뷸린 이합체가 세포자동자의 역할도 하기에 양자의 정보가 이 복잡성 정보처리 과정을 통해 계속 유지되고 확장될 수 있다.[26](그림6-5) 이처럼 고차정보인 양자와 복잡성 정보가 이 미세소관 모두에 있기에 고차정보 처리가 서로 연결되어 지속적으로 일어날 수 있는 가능성이 충분히 있는 것이다.

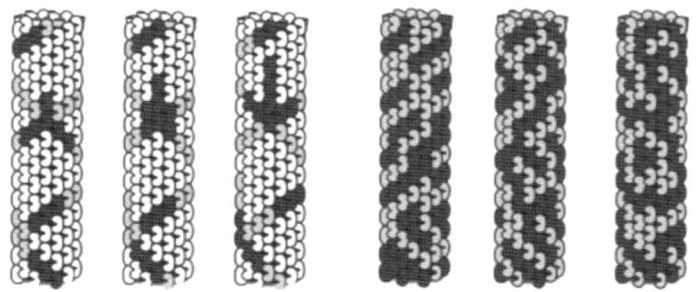

(그림6-5) 세포의 양자와 복잡성 정보처리에 가장 핵심적인 역할을 하는 것이 미세소관microtuble이다. 미세소관은 육각형의 격자인 튜뷸린 이합체tublin dimer들로 구성된다. 이 튜블린이 쌍극자를 이루며 세포자동자cellular automato의 병렬적 신경망을 이루며 복잡성의 정보를 처리한다. 그리고 미세소관은 단백질과 맞춤액을 통해 양자 결맞음을 유지하는데 그 속에서 쌍극자가 전자구름을 형성하며 양자정보도 처리하고 있다.
https://www.sciencedirect.com/science/article/pii/S1571064513001188#fg0030

의식과 양자

이처럼 뇌 안에서 양자 현상이 가능하다면, 이제 더 중요한 이슈는 이 양자가 과연 뇌의 가장 신비로운 영역인 의식에 얼마나 기여할 수 있느냐이다. 가능하다면 어떠한 기전으로 가능할 수 있을 것인가에 대한 질문이다. 뇌의 다른 인지 기능은 계산적인 뇌의 기능으로 어느 정도 설명할 수 있는 쉬운 문제이지만, 의식은 뇌의 계산으로 설명하기 어려운 문제들을 포함한다. 그래서 의식은 고전적인 뇌의 기능만으로 설명하기 어렵다고 생각하기에 이를 넘어선 다른 어떤 설명이 필요하다. 그렇다고 자유의지나 자아를 가진 의식을 물질을 초월한 영역으로 이분화할 수는 없다. 분명 뇌와 의식이 연관된 것은 사실이지만, 인공지능의 연장으로 설명할 수 없는 어려움이 있는 것이다. 그러나 양자 현상이 뇌에서 가능할 수 있다는 실험적 근거들이 떠오르면서 이 의식의 문제를 해결하는 대안이 될 수 있을지에 대한 기대와 검토를 하기 시작하였다. 아직 직접적인 실험적 근거는 부족하다. 그러나 양자가 의식을 설명할 수 있는 대안이 될 수 있는 그럴듯한 자격들은 제시되고 있다.

의식의 가장 큰 특징은, 의식의 내용은 다양하더라도 의식이 하나로 유지되는 전체성을 갖는다는 것이다. 이는 양자와 속성이 유사하다. 양자 안에서 모든 가능성이 확률적으로 가능하지만, 양자라는 하나 속에 전체적으로 존재한다는 것이다.[27] 그리고 의식 안에는 고차정보 즉 비개체적으로 중첩적인 정보가 가능하고 막연하고 흐릿한 명상의 의식도 가능한데, 이러한 의식은 양자의 중첩이나 파동적인 성격과 유사하다.[28] 의식과 관계되어 발생하는 공시적 고주파인 감마뇌파gamma synchrony EEG(30-90 Hz)는 뇌신경 발화에서 발생하지 않는다.[29] 그리고 종종 자극을 의식한 후에 뇌에서 자극파가 기록되는 점[30] 등이 이를 뒷받침 해주고 있다. 의식은 어차피 일반 신경 기능으로 설명하기 어렵다. 그러나 양자의 이러한 특성들은 의식의 현상과 유사한 면을 보이기에 의식을 양자와 연관해서 생각하고 연구하는 것이 더 높은 타당성이 있을 것으로 기대하는 것이다.[29]

그렇다면 의식이 구체적으로 양자와 어떻게 연관되어 발생하게 될까? 물론 아직 이에 대해서 과학적으로 확립된 이론은 없다. 그러나 양자와의 관련 가능성 때문에 양자와 연관해서 설명해보려는 시도들은 적지 않다.(그림6-6) 양자는 측정을 통해서 보이는 거시세계로 붕괴된다. 그러나 측정이 무엇을 의미하는지, 그 붕괴과정은 어떻게 일어나는지에 대한 이론은 무수하게 많다. 그중 하나가 의식과 관계된 부분이다. 측정 과정에서 인간의 의식이 양자붕괴에 영향을 준다는 것이다. 그래서 의식이 양자와 교류를 할 수 있기에 분명 의식도 양자적 현상으로 볼 수 있다는 것이다. 그렇다면 양자와 의식이 어떻게 접촉하고 교류할 수 있을까? 의식은 물론 다른 형태이지만 원의식protoconsciousness적으로 인간의 뇌 의식 이전에 있는 것일까? 그래서 양자의 붕괴를 통해 인간의 뇌의식으로 발현되는 것인가? 아니면 양자가 뇌에서 붕괴되면서 어느 정도의 수준의 에너지에 도달하게 되면 자동으로 발현되는 것인가? 아니면 의식은 붕괴 이전의 양자적 결맞음이 뇌에서 어느 수준 이상으로 형성되면서 생기는 것인가? 아니면 양자의 결맞음과 결 깨어짐이 공존하는 것이 의식인가? 아직은 정설은 없다. 그러나 모든 것을 가능한 정도로 열어두는 것이 좋을 것 같다. 이 글의 주요 주제가 의식 자체가 아니기에 이 정도만의 토론으로 끝내려고 한다. 단지 의식이 양자와 관련되어 있다는 것과 양자적 상태와 어떤 연관성이 있다는 정도의 얘기로 마무리하려는 것이다. 이에 대한 더 자세한 설명은 14장에 기술되어 있으니 참고하기 바란다.

뇌는 저차부터 고차에 이르는 정보처리를 다 감당한다. 특히 의식은 양자적 고차정보와 연관된 것으로 알려져 있기 때문에 의식은 모든 정보처리를 하나로 볼 수 있는 창이 될 수 있고 이를 연결하고 교류할 수 있는 장이 되기도 한다. 의식이 정보의 차원을 넘나들 수 있는 이 기능을 의식의 관통성이라고 했다. 그리고 의식은 뇌만의 정보만을 인식하고 관장하는 것이 아니라 외부의 정보와 몸의 정보까지도 아우르고 모든 차원을 관통한다. 뇌가 저차정보의 보존에만 머물지 않고 고차정보로 가기 위해서는 의식의 관통적 기능이 아주 중요하다고 했다.

이를 위해 뇌 속의 양자정보를 잘 활용해야 하지만, 워낙 저차정보의 세력이 막강해서 뇌 속의 고차정보는 크게 힘을 쓰지 못한다. 뇌의 주요 기능은 인공지능 같은 계산과 합리성에 기반을 두기에 그 힘이 분명하고 막강하다. 특히 현실 세계에서 사용될 수 있는 유일한 언어요 정보이다. 그러니 저차정보일 망정 그 힘을 무시할 수 없다. 그리고 뇌의 정보는 거대한 구조

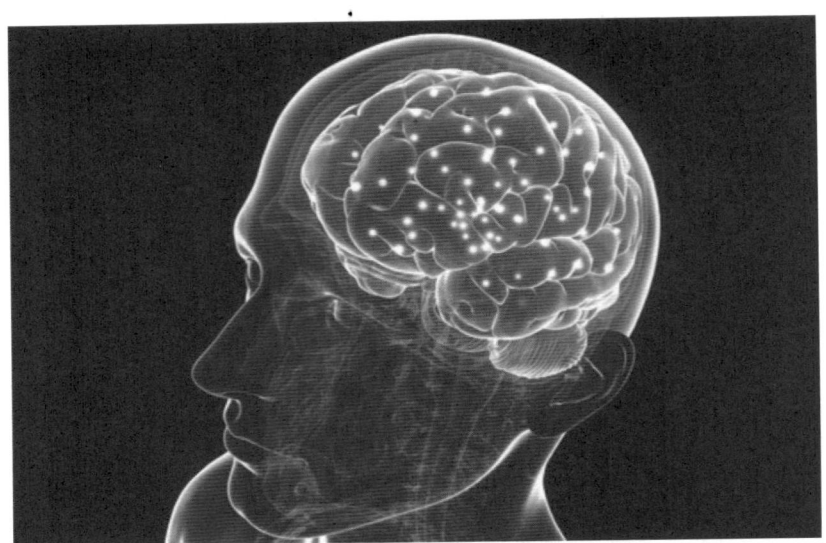

(그림 6-6) 뇌세포는 미세소관을 통해 양자가 보존되고 붕괴되면서 의식을 유지하고 고차적인 정보처리를 하는 것으로 알려져 있다. https://www.thoughtco.com/anatomy-of-the-brain-373479

적 정보로 존재한다. 그 구조는 이미 빈틈없는 조직과 철저한 체계를 구축하고 있어 뇌 안에 복잡성이나 양자적 고차정보가 있다고 한들 낮은 에너지의 미세한 고차정보만으로는 강력한 저차정보의 방어벽을 뚫고 영향력을 미치기가 어렵다. 그래서 더 강력한 고차정보의 힘이 필요하다. 뇌보다 더 강력한 고차정보가 있는 곳은 어디일까? 바로 몸이 고차정보의 보고이다. 이제 이에 대해서 다음 장에 자세히 설명하려고 한다.

답과 설명

1. 몸과 감성을 회복해야 하는 이유는 무엇인가?

   저차정보는 강한 보존성 때문에 오히려 현실 정보를 전체적으로 보지 못하고 작은 정보로 전체 정보를 왜곡하는 문제점을 유발할 수 있다. 그래서 이를 방지하기 위해서는 고차정보의 해체성과 전체적인 정보를 필요하게 된다. 고차정보가 많은 곳이 몸이고 몸의 고차정보로 가는 길이 감성이기에 이를 회복해야 한다.

2. 감성에 대해 일반적으로 어떻게 이해하고 있는가?

   감성은 일반적으로 미성숙하고 저차원적인 정보로 생각한다. 그리고 이기적이고 충동적이기 때문에 현실 생활에서 많은 문제를 일으킬 수 있다. 그래서 이성과 도덕이 있는 뇌에 의해 감시와 통제를 받아야 하는 것으로 생각한다.

3. 긍정적인 감정의 고차성은 어떤 것이 있는가?

   감정은 우리가 생각하는 것처럼 그런 문제아는 아니다. 특히 긍정적인 감정은 뇌의 사고보다 더 고차적인 면을 갖는다. 긍정적인 감정은 에너지원이 된다. 이를 잘 살리면 원하는 것을 쉽게 즐기면서 할 수 있다. 감정을 거슬러서 하게 되면 어렵고 스트레스가 된다. 그리고 감정은 자신과 생명이 진정으로 무엇을 원하고 중요하게 여기는지를 가르쳐주고 말해주는 중요한 신호가 된다. 그리고 감정은 사람들과 깊고 폭넓은 관계를 맺게 해주는 힘이 된다. 그리고 진리와 초월적인 형이상학의 세계와 진정한 도덕심과 아름다운 예술의 세계에 뇌의 사고보다 더욱 쉽게 접근할 수 있게 해주기도 한다.

4. 정보의 차원을 관통할 수 있는 중심은 무엇인가?

   정보는 여러 차원으로 나누어져 있고 서로 접근하기 어려운 분리와 방어벽이 있다. 그렇다고 서로 연결되고 통합될 수 있는 길이 없는 것은 아니다. 겉으로는 분리되어 있어도 그 중심에는 관통되는 길이 있다. 정보는 각기 다르지만, 그 중심에 자기성이 있고 이 자기를 통해 하나로 관통될 수 있다. 자기는 하나의 인격성과 통합성을 갖기에 결국 자기의 통합적 인격을 통해 하나로 연결되는 것이다. 정보를 인격으로 접근하면 다른 차원이라도 하나로 연결될 수 있는 길이 열린다.

5. 부정적인 감정은 어떻게 생성되었는가? 삼각 회로란 무엇인가?

   고차적인 정보 역시 인격적인 대접을 해주어야 하는데, 뇌의 저차정보가 지배하다 보니 몸의 고차정보를 인격적으로 대하지 못하고 등급과 계산정보로 대하게 된다. 몸은 등급상 저차로 무시당하게 되고 그래서 몸의 고차정보는 손상과 상처를 입게 된다. 고차정보의 자기가 손상을 받게 됨으로 자기를 보호하고 회복하기 위해 부정적인 감정을 발생하게 된다. 그래서 손상정보는 이기적이고 자기 보존성이 강하고 충동적으로 된다. 이를 빨리 방어하기 위해서 세상의 저차정보와 방어적인 연합을 하게 되는데, 이것이 뇌, 세상 그리고 손상정보의 삼각 동맹이 되는 것이다. 이 삼각 회로는 아주 강력한 보존성을 갖기에 거의 중독적인 회로를 형성하고, 이것이 보통의 경우 사람에게서 가장 중요한 정보의 회로와 보존성이 된다.

6. 고차정보로 들어가기 어려운 이유와 이를 해결하고 들어갈 수 있는 길은 무엇인가?

고차정보로 들어가려고 할 때 가장 먼저 부딪히는 방어벽은 바로 삼각 회로이다. 이를 허물고 고차정보로 들어가기 위해서는 의식의 이완과 손상정보에 대한 인격적 이해와 공감이 필요하다. 이를 반복적으로 시행해나가면 점차 몸의 고차정보로 들어갈 수 있게 된다.

7. 관통적 의식이란 무엇인가? 뇌에서 양자정보는 어디에서 형성되며 의식과의 관계는 어떠한가?

의식은 정보의 다차원 세계를 관통할 수 있게 해주는 특수한 기능이 있다. 주로 저차정보에 의해 지배당하고 있지만, 의식의 에너지 수준을 내리면 뇌의 신경망 정보와 접할 수 있는 길이 열린다. 그리고 미세한 에너지 수준이지만 양자정보와도 접할 수 있다. 의식은 뇌의 여러 구조물이 연결되어 작동하는 신경망만으로 형성되는 것은 아니다. 신경망을 넘어서 뉴런 세포 내의 미세소관을 통해 양자정보가 형성되는데, 의식은 이러한 양자정보와 관계되어 형성되는 것으로 알려져 있다. 물론 의식은 양자만으로 되어있는 것은 아니다. 의식은 저차에서 양자에까지 다양한 차원의 정보로 구성되기에 다차원의 정보를 관통할 수 있다.

7. 몸의 고차정보

> **질문.**
> 1. 몸을 우리는 일반적으로 어떻게 이해하고 있으며 그런 이해의 배경은 무엇인가?
> 2. 몸이 높은 지능을 가진 근거는 무엇인가?
> 3. 의학을 비롯해 인간의 여러 문제에 대한 인간의 처방이 갖는 한계는 무엇인가?

몸의 높은 지능

고차정보는 복잡성과 양자정보로 이루어져 있다. 뇌도 신경망의 복잡성과 신경 세포의 양자 현상이 있지만, 저급한 계산정보가 워낙 활개를 치기에 그 영향력이 미미하다고 했다. 그렇다면 몸은 어떠한가? 한마디로 몸에는 뇌와 같은 2차정보는 거의 없다. 반면에 3-5차 정보로 가득 차 있다고 보아야 한다. 뇌는 주로 2차정보로 움직이기에 동류의 정보가 없는 몸을 무시한다. 합리적인 계산정보와 언어와 사고로 되어있는 저차정보가 없기 때문에 오히려 자기보다 더 저차원으로 오해한다. 2차정보가 단기적으로 또 국소적으로 높은 효율성을 보이기 때문에 자기가 가장 진화된 고도의 기능으로 착각한다. 그래서 자기가 주인인 것처럼 몸의 고차기능을 무시하며 몸을 통제하고 주도하려 한다. 몸에서 올라오는 것은 사고기능이 아니고 모호한 느낌이나 정서이기 때문에 뇌는 몸을 그렇게 마구 대한다. 그리고 뇌는 그저 몸을 지능이 없는 고깃덩어리나 정밀한 화학기계 정도로 생각한다. 그리고 고장 나면 카센터에 가서 고치든지 부속을 바꾸어 끼는 정도로 생각한다. 몸을 저차원의 무지하고 무식한 몸 덩어리 정도로 생각한다. 내가 살아야 하니 어쩔 수 없이 입히고 먹이고 잘 간수하는 정도의 몸으로 생각한다. 그렇다면 몸이 실제로 그렇게 저급한 고깃덩어리일까? 결코, 그렇지 않다. 뇌가 만든 망상적 왜곡이다. 일본 강점기에 일본이 한국인과 그 역사를 식민지 사관으로 무시하고 왜곡한 것과 다를 바 없다. 이제 몸이 그렇지 않음을 밝혀 보려고 한다.

몸속에 고차적 지능이 있다는 것이 우선 상식적으로 이해가 안 된다. 그래서 상식 수준에서 몸의 지능에 대해 설명해보려고 한다. 뇌의 지능이 대단하다고 하지만, 그 지능 중 우수한 집단인 교수나 박사들이 아무리 모여 연구해 보아도 아직 몸을 다 이해하지 못한다. 뇌가 의학적으로 할 수 있는 진단과 치료는 거의 2차원적 정보에 머물고 있다. 최근 고용량 컴퓨터에 힘입어 약간의 3차원 정보에 접근하고 있는 정도라 했다. 뇌의 지능이 몸보다 높다면 우리는 몸을 자동차나 컴퓨터처럼 쉽게 진단하고 고칠 수 있어야 한다. 의학의 발전이 대단한 것 같지만, 몸의 질환 중에 인간이 제대로 고칠 수 있는 것은 아주 단순한 것들밖에 없다. 감염성 질환들은 항생제로 정복할 수 있을 것으로 생각했지만, 미생물들의 저항과 항생제로 인한 몸의 정상적인 환경 파괴가 심각한 수준이다. 그 외 대부분 질환은 아직 원인적으로 충분히 이해하지도 못하고 고치지도 못한다. 약간 유지하고 시간을 연장하는데 도움을 줄 뿐이다. 때로는 의학과 뇌의 지능이 몸을 제대로 몰라 엉뚱하게 진단하고 치료함으로 오히려 병을 악화시키기도 한다.

몸속에 있는 천문학적인 수의 분자와 세포들은 쉴 새 없이 일하며 하나의 몸과 생명을 유지한다. 결코, 단순하지 않다. 문제가 생기면 스스로 이를 점검하고 서로 협력하여 해결한다. 그래서 우리가 살아가고 있다. 이를 뇌가 통제하고 지시하는 것이 아니다. 뇌는 거의 0.3-0.5초 안에서 반응한다. 그러나 몸은 나노와 같은 개념인 펨토 시간(pemto초; 천조분의 1초)으로 서로 조절하고 대화하며 일을 한다. 스스로 소통하고 조절하며 하나의 개체로 통합된다. 우연이 아니다. 엄청난 정밀한 정보의 교류가 있어야 한다. 인간의 뇌는 이를 구체적으로 어떻게 하는지 모른다. 그러므로 몸은 뇌의 차원으로 표현하지 못할 뿐, 엄청난 지능으로 스스로를 조절하고 문제를 풀어나간다. 뇌의 지능과 비교할 수 없을 만큼 고도한 지능이 아니면 불가능하다. 몸은 인간의 생각과 언어로 말을 하지 않고 인간처럼 논문을 쓰고 발표하지 않을 뿐이지 우리가 상상할 수 없는 지능으로 몸 자신을 파악하고 유지하고 있다. 그래서 내가 살아 있다. 이제 의학이 몸의 높은 지능에 대해 겨우 눈을 뜨고 있을 뿐이다.

최근 인터넷의 발전으로 집단 지능이란 개념이 등장하고 있다. 개인의 지능만이 아니라 인류의 지능이 인터넷으로 상호 연결됨으로 집단 지능으로 발전한다는 것이다. 한 연구자의 지능만이 아니라 수많은 연구자의 지능이 함께 정보를 교류하고 그 결과를 쌓아감으로 과학이 경이롭게 발전해 가고 있다. 사실 과학이 이만큼 발전한 것은 과학자들의 집단 지능 덕분이라고 볼 수 있다. 수십억의 인류가 같이 참여하는 것은 아니지만, 적어도 수십만 명의 과학자들이 참여하는 집단 지능으로 과학이 발전하고 있다. 뇌 지능도 신경세포와 시냅스의 망을 통해 집단으로 발생하고 개인의 뇌가 모여 더 큰 집단 지능을 형성한다. 몸의 지능도 수십조의 세포와 분자, 원자, 양자들이 모여 집단으로 발생하는 복잡성 집단 지능이다. 이러한 복잡성에 의한 몸의 지능은 상상할 수 없을 정도로 높다. 이제 그 복잡한 망들에 의한 지능에 대해 살펴보자.

복잡성 지능

아마 인간을 기계로 생각하고 이를 설계하고 제작한다면 보통의 지능으로는 불가능할 것이다. 인간의 집단 지능이 오랜 시간 동안 할 수 있었던 것은 몸의 평면적인 일부분을 밝혀내는 것에 불과했다. 인체의 삼차원적 복잡성 망과 서로 얽혀있는 기능에 대해서는 추적하기가 쉽지 않다. 그렇다면 과연 하나의 세포에서 이렇게 복잡한 망의 구조와 기능을 가진 다세포의 생명체는 어떻게 진화해 나왔을까? 단순히 우연이라는 돌연변이와 적자생존의 원리만으로 이를 다 설명할 수 있을까? 이를 어떤 고도한 지능이 있어 설계하고 제작하였다면 그 지능은 인간을 초월한 어떤 신적인 지능일 수밖에 없다. 그래서 끊임없이 창조론과 지적 설계론이 제기되고 있다. 그러나 이들의 주장은 과학적이지 않다는 이유로 기각되고 있다. 그렇다면 과학적이라고 하는 진화론은 이를 충분히 설명할 수 있는가? 결코, 그렇지 못하다. 그 복잡한 구조와 기능을 단지 우연적인 돌연변이만으로 설명하는 것이 그렇게 과학적이지 않다. 그러려면 우연이 이렇게 높은 지능을 소유할 수 있다는 것을 증명해야 한다.

예측할 수 없는 수많은 반응 속에 생명체가 어떻게 스스로 거의 완벽하고 정교해 보이는 복잡한 구조와 기능들을 진화시켜 나왔는지를 우연의 과학으로만 설명하기에는 너무도 많은 신비스러운 면들이 많다. 모든 것이 창조나 설계에 의해 발현된 것은 아닐지라도 적어도 어떤 정보들이 미리 제공될 수 있는 가능성까지 배제할 수는 없다. 양자장이 모든 물질, 에너지와 정보의 원천을 이루는 바다[1]가 될 수 있는 것처럼 양자장의 양자요동을 통해 어떤 고차정보가 제공될 수 있는 가능성이 전혀 없지 않다는 것이다. 그러나 과학적으로 양자장은 진공이나 우연의 장이다. 결코, 설계와 같은 지적인 부분이 개입될 수 있는 장이 아니다. 설계도는 저차정보이다. 저차가 아닌 고차로서 정보는 과학으로 알 수 없다. 저차의 과학으로는 양자의 고차적인 세계를 도저히 이해하지 못하는 것과 같다. 그래서 저차로 보면 우연이지만, 그 속에 고차적인 설계가 중첩적으로 나올 수도 있다. 그러나 우리는 이를 우연이라고 설명할 수밖에 없다. 우연은 고차정보를 보호하는 암호일 뿐이라고 설명하였다.

그 속의 과정은 모른다고 할지라도, 결과적으로 생명이 탄생하기 위해서는 이를 구성하는 분자들의 풀pool이 있어야 한다. 세포의 모든 물질은 유전자가 있어야 생산이 가능하다. 유전자는 유전만 하는 것이 아니라, 자신의 모든 물질에 대한 정보가 있고 유전자가 아니면 자신의 물질을 생산할 수 없기 때문이다. 그렇다면 첫 유전자는 어떻게 만들어졌을까? 유전자 자신도 물질이기에 물질을 만드는 유전자가 없는 상태에서 어떻게 유전자가 만들어졌는지가 중요한 질문이 된다. 우리는 물질의 기본이 되는 원자는 어떻게 형성되었는지 잘 알고 있다. 오랜 우주의 진화에서 별들로 인해 각종 원자들이 만들어졌다. 그리고 생명이 만들어지려면 이 원자들이 무기물 분자로 그리고 유기물의 복잡한 분자들로 구성되어야 한다. 생명체를 위해서는 적어도 단백질의 구성성분인 20여 종의 아미노산과 유전자의 구성성분인 뉴클레오티드가 있어야 한다.

아미노산은 외계에서 운석 등으로 지구에 운반되었을 가능성도 있고 무기물들에 의해 자체적으로 만들어졌을 수도 있다.[2] 아미노산이 어디에서 왔든지 간에 아미노산들이 모여 큰 펩타이드로 합성되는 것과 같은 수많은 합성과정이 필요하다. 그리고 유전자가 형성되면 유전자에 의해 단백질 등이 만들어질 수 있을 것이다. 물질만 있다고 생명체가 되는 것은 아니다. 마치 공장처럼 이들은 재생산하는 조직화된 일을 할 수 있어야 한다. 그러한 연쇄 반응의 순환 회로가 형성되어야 한다. 특히 에너지 생산과 배설의 순환은 가장 중요하다. 그리고 세포가 생명의 주체답게 자기를 보존하고 재생산하는 의미 있는 일의 주체로 형성되어야 한다. 그래야 생명이 환경으로부터 효율적으로 보존되고 확장될 수 있다. 이 모든 과정을 우연이란 돌발변수로 설명하기는 어렵다.

이런 틈새를 공략하는 것이 복잡성의 과학자들이다. 우연에 의한 선형적인 진화도 아니고 전체적인 설계도 아닌 그 중간 지점을 택한다. 어느 정도의 분자들의 집단이 형성되면 그 안에 복잡성의 반응이 일어나고 이 복잡성의 반응이 스스로 어떠한 생명체의 질서를 만들어 갈 수 있다는 것이다. 이미 존재하는 재료들을 통해 혼돈과 복잡한 반응들이 계속되는데, 이를 통해 가장 낮은 에너지 상태가 열역학적 끌개가 되어 스스로 질서를 만들어 가게 된다. 그러나 질서는 다시 저차정보로 굳어질 수 있기에 고차정보의 유입에 의해 해체와 혼돈으로 다시 돌아간다. 그리고 같은 과정을 반복한다. 그래서 생명체를 혼돈과 질서의 경계의 임계상태를 유지하는 존재로 볼 수 있을 것이다.[3] 이처럼 복잡성은 고도한 질서만을 만드는 것이 아니라 스스로 해체적 혼돈을 다시 만들어 질서와 혼돈의 임계상태까지 형성하는 고도한 지능이 있는 것이다. 이래야 생명체가 유지될 수 있기에 이러한 지능이 복잡성 속에 내재하고 있다. 복잡성 과학자인 카우프만Stuart Kauffman은 이러한 높은 지능의 복잡성을 새롭게 발견된 신성이라고까지 말하고 있다.[4] 우리 몸에 신성에 가까운 지능을 가진 복잡성이 늘 작동하고 있다는 것이다.

이를 더 구체적으로 설명해보자. 생명체가 시작되기 위해서 가장 중요한 것이 유전자이다. 복제 능력과 자기 물질을 생산할 수 있는 지도가 있어야 세포로서 존재할 수 있기 때문이다. 그런데 앞서 말한 대로, 유전자가 없는 상태에서 그 유전자를 이루는 물질은 어떻게 형성되었을까? 이를 설명하는 것이 RNA세계 가설이다. 초기 생명은 DNA나 단백질이 없이 RNA분자들만 있었다는 가설이다. RNA가 DNA 대신 유전정보를 재생산하고 단백질의 효소 역할을 동시에 했다는 것이다. 그러나 RNA 주형 복제를 통해 분자 재생산을 재현하려는 시도는 현재까지 실패했다.[5]

그 대신 아미노산들이 복잡화 과정을 통해 펩타이드를 형성하고 펩타이드들이 집단적 자체 촉매를 형성하여 상전이 과정을 통해 더 복잡한 단백질과 RNA와 DNA 같은 뉴클레오티드 등을 생산하는 것이 실험적으로 더 가능성이 높다.[6] 그리고 생명체로서 중요한 것은 이러한 분자들이 하나의 목적을 향해서 에너지를 생산하고 소비하며 생존에 필요한 다양한 일들을 생산해 내어야 한다. 그러나 이를 누가 계획하고 지시하지 않는다. 생명체가 스스로 다양한 일 속에서 자기에게 필요하며 열역학적으로 가장 효율적인 일을 찾아내는 자기조직화가 이러한 일들을 찾아 나간다.

왓슨James Watson과 크릭Francis Crick이 DNA 구조를 밝힌 다음, 생물과학과 의학은 유전자 연구에 매달리게 되었다. 인간의 유전자가 다 밝혀지면 인간의 모든 것이 밝혀질 것처럼 기대하였지만, 인간 게놈 프로젝트[7]를 통해 얻은 유전자정보는 실망스러운 것이었다.[8] 인간과 미생물의 유전자가 크게 다르지 않고 곡물은 인간 유전자보다 더 많으며 인간과 유인원의 유전자가 98.7% 일치한다는 사실들이 알려졌다. 인간의 유전자 중 단백질을 만들지 못하는 쓸모없는 것이 93%나 된다고 했다. 그리고 이를 쓰레기 유전자라고 부른다. 지금까지는 중앙 도그마central dogma 이론이라 해서 DNA가 중심이 되어 거기서 지시하면 RNA와 단백질 순으로 자동으로 단백질이 만들어지는 것으로 알려져 있었다. 그러나 이러한 이론만으로 인간이 다른 동물과 다르게 진화된 것을 자세히 설명하기 어렵다.

그래서 후성유전학이 뜨기 시작했다. 유전자가 가만히 앉아서 일방적으로 지시하는 방식이 아니라, 환경의 여러 신호와 유전자들이 어떠한 네트워크를 이루어 그 과정을 통해 유전자가 발현되는 것으로 설명하는 것이다. 그리고 유전자를 조절하는 많은 물질[9]이 발견되고 그 다양한 역할들이 밝혀지면서 후성유전학은 더욱 각광받게 되었다. 생물의 형태가 발생하는 과정도 일방적인 유전자의 지시가 아니라 환경과 유전자 조절망이 교류하며 형성되어 가는 것으로 밝혀지고 있다.[10] 이러한 모든 과정이 복잡화와 자기조직화 과정을 통해서 이루어지는 것이다.

유전자만 이러한 복잡성으로 작용하는 것은 아니다. 생명체가 생존하는 데 있어 가장 중요한 기능 중에 하나가 면역이다. 면역은 신체적인 자기를 형성하여 외부의 물질이 들어오는 것을 방어하고 공격하는 등 생존에서 가장 핵심적인 기능을 한다. 어떻게 면역계가 자기의 정보를 형성하고 다른 물질의 정보를 어떻게 인식하고 반응하는지 신비로운 기능이 아닐 수 없다. 이 역시 유전자 속에 이미 있는 것이 발현되는 것인가? 물론 주요 조직적합 복합체major histocompatability complex, MHC가 제6 염색체에 6개의 유전자 분자의 조합으로 형성되어 있지만, 이것만으로 면역적 자기가 만들어지는 것은 아니다. 그 외 T세포 수용체 단백질 4종류와 CDcluster of differentiation분자들의 다양한 조합, 항체 VDJC 유전자의 천만 가지 이상의 조합, 결정되지 않은 다기능적 인터루킨 등과 항원의 출현, 기억, 그리고 뇌와 정서적인 반응들이 상호 네트워크를 이루는 비선형적 복잡성의

과정을 통해 유연하게 적응하고 있다.[11]

신체적인 자기가 유전자에 의해 고정되어 있지 않고 날씨처럼 변화무쌍하게 그때그때 변하면서 복잡성의 자기조직화를 통해 형성되는 것이다. (그림7) 이처럼 신체의 모든 기능이 선형적으로 결정된 것은 아니다. 너무도 많은 요인이 복잡성의 망을 통해 상호 연결되며 그때마다 다른 정보들을 교신하며 가장 적합하고 효율적인 상태를 변화시켜 나가는 것이다. 이러한 질서와 혼돈의 임계적 경계에서 생명체가 존재해나가는 것이다.

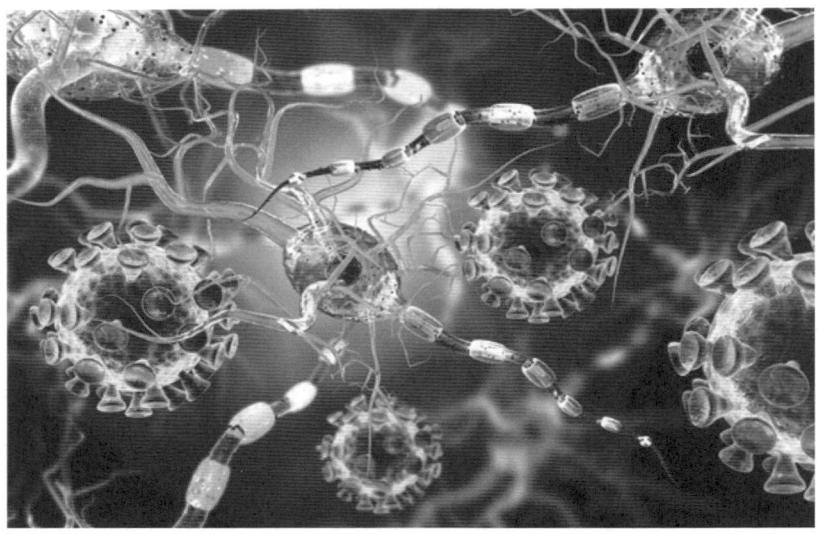

(그림 7) 면역학적 자기self는 확정되어 있기보다는 상황에 따라 다양한 면역세포들이 서로 교류하고 소통하며 복잡성을 통해 신체적 자기를 형성해 나가고 있다. http://www.kanopy.com/product/dynamic-world-infectious-disease

몸의 대부분 기능은 이러한 복잡성으로 구성되고 운용된다. 이 복잡성은 매 순간 변화를 인지하고 과거의 기억 등을 참조하여 가장 효과적이고 적절한 반응을 스스로 찾아내어 각자가 자율적으로 행동하게 한다. 이러한 고도한 반응과 적응을 가능하게 하는 수많은 정보를 처리하는 복잡성의 인지적 지능을 가지지 않으면 생명체는 결코 유지될 수 없을 것이다. 이러한 고도한 지능의 과정을 인간이 얼마나 예측하고 인과적으로 분석할 수 있을까? 인간의 의식적인 사고나 계산 능력으로는 거의 불가능하다. 그렇다면 생명체의 복잡성은 계산과 알고리즘으로는 접근할 수 없는 비결정론적인 정보라고는 보아야 하는가?

인간은 양자가 아닌 세계에서는 아무리 복잡해도 뉴턴의 방정식에 의해 결정될 수 있다고 생각했다. 그래서 아무리 복잡한 혼돈 속에서도 고용량의 컴퓨터나 알고리즘을 잘 활용하면 결정론적으로 분석할 수 있다고 생각했다. 이러한 분석이 가능한 복잡성이 있는데, 앞서 말한 시간이 고정된 3차 복잡성 정보에서만 가능한 일이다. 여기에 시간의 축이 부가되어 4차원이 되면 그 복잡성을 어떤 알고리즘과 계산을 통해서도 분석하거나 예측할 수 없는 비결정론적인 정보가 된다. 이를 앞에서 4차정보라 했다. 생물체의 정보는 이처럼 대부분 비결정론적인 4차원의 복잡성 정보를 이룬다고 보아야 한다. 그래서 겉으로 보면 단순한 생명현상도 안으로 들어가 보면 뇌의 2차정보가 도저히 분석하고 예측할 수 없는 상태가 되는 것이다. 그래서 몸의 정보를 고차정보라고 부를 수밖에 없다.

의학의 한계

생명체의 가장 큰 특징은 항상성homeostasis이다. 자극이나 스트레스가 오면 신체의 균형이 깨어진다. 그러나 신체는 다른 무언가를 동원해서 다시 그 균형을 회복하려고 한다. 이 균형은 한두 가지의 요인을 작동시켜 가능한 것이 아니다. 수많은 요인이 참여하는 복잡성의 과정을 통해 최소의 에너지의 끌개를 다양하게 연산하면서 그때마다 유연하게 결정되고 선택된다. 이 연산과 선택은 쉬지 않고 작동됨으로 그 항상성이 유지되는 것이다. 그런데 어떤 지속적인 스트레스나 상황에 의해 그 항상성이 깨어지고 체내의 상태가 최소 에너지 수준에서 벗어나 어떤 치우침에 빠질 수가 있다.

이를 신체에서는 질병이라고 한다. 신체의 균형이 깨어진 상태이다. 그래서 우리는 병원에 간다. 어떠한 질병을 진단받고 치료를 받는다. 그것이 고혈압, 고지혈, 심장질환, 관절염, 당뇨나 암일 수 있다. 이에 대한 약물이나 수술치료를 받는다. 대개 약물이나 수술은 어떤 한두 가지의 수치를 올리거나 내리거나, 막거나 열거나 자르거나 붙이는 식이다. 의식이 할 수 있는 정보의 차원이다. 이를 2차원이라고 했다. 2차원적인 작동이다. 그리고 그 치료 효과에 대한 연구도 이러한 범주의 정보에서나 가능하다. 컴퓨터가 많은 일을 도와주지만, 결국 뇌의 의식적 사고가 할 수 있는 범주는 제한되어 있다. 그래서 어떤 구조나 수치가 작아지고 커지고 하는 등으로 진단하고 치료한다.

그러나 신체의 정보는 거의 다 복잡성이다. 2차원적이지 않다. 3-4차원적 정보이다. 수백 혹은 수만의 엄청난 인자들이 상호 연관되면서 결과를 만든다. 문제는 과연 고차정보의 사건을 저차정보로 얼마나 막을 수 있느냐이다. 질병은 거대한 망의 문제가 가장 약한 곳으로 터져 나온다. 마치 지진이나 화산이 가장 약한 지반을 뚫고 올라오는 것과 마찬가지이다. 지진이나 화산의 힘을 고차정보라고 한다면, 우리가 할 수 있는 일은 그 약한 지반에다가 두꺼운 콘크리트를 바르는 정도이다. 그러면 당분간 터지는 것을 막을 수 있다. 그러나 그 속에 화산과 지진의 힘이 없어진 것은 아니다. 그곳을 막으면 그 막힌 힘은 더 탄력을 받은 다음, 다른 약한 곳을 찾아 더 크게 터질 수 있다. 용수철은 누르면 더 힘을 받는 것처럼 더 큰 힘으로 동일한 질병 혹은 다른 병으로 발현될 수 있다. 병은 재발하면 더 치료하기 힘든 것도 바로 강화된 이 힘 때문으로 보아야 한다.

이것이 우리가 병원에서 하는 치료와 그 결과가 좋아졌다고 하는 방식이다. 꿩이 복잡한 세상을 피하려고 땅에 머리를 박으면 세상이 안 보이기에 문제가 해결된 것으로 착각하는 것과 다를 바 없다. 우리의 병을 한두 가지의 약제와 수술로 막을 수 없다. 약간 좋아졌다고 착각할 뿐이다. 이제 그 막힌 것 때문에 다시 어디서 어떤 문제가 터질 줄 모른다. 다시 터질 곳을 찾을 때까지 유지하고 연장시키는 역할 정도를 병원에서 해주는 것이다. 이를 치료라고 말하기는 사실 부끄럽다. 그런데 의사는 이런 이야기를 전혀 해주지 않는다. 그리고 즐겁게 스트레스받지 말고 잘 지내라고만 한다. 다시 나빠지는 것을 운이나 환자가 잘 관리하지 못한 탓으로 돌린다.[12]

이를 극복해보려는 시도가 의학에서 전혀 없는 것은 아니다. 대체의학이나 시스템 의학에서 이러한 복잡성의 질환을 복잡성의 차원으로 진단하고 치료해 보려고 한다. 대체의학은 과학적인 방법보다는 자연적인 치료를 택한다. 과학적으로 볼 때 모호한 점들이 많다. 그래서 이를 모든 사람이 다 받아들이는 것은 아니다. 그러나 시스템 의학은 과학적인 진단과 치료로 접근한다.[13] 한두 가지의 인자가 아닌 생물의 다차원적인 전체를 시스템적으로 분석하고 연구한다. 그러나 그 분석도 한계가 있다. 대용량 컴퓨터를 이용해 확장된 고차정보라고 해도 겨우 3차원적 정보의 문턱에 서 있는 정도이다. 그리고 이 결과를 이용해 치료하는 조치는 결국 2차원적인 수준에 머물 수밖에 없다. 왓슨 같은 인공지능을 아무리 이용한다고 해도 이를 활용하는 인간의 의식이 대부분 2차원적이기 때문에 그 많은 인공지능의 정보를 제대로 활용할 수 없는 한계가 있다.

그래서 이러한 저차원적인 의학이 아무리 발전해도 인간의 건강의 문제를 해결할 수 없다. 오히려 더 복잡하게 만들어 갈 뿐이다. 환자들은 병원이 치료해줄 것으로 믿고 의사와 제약회사들은 이를 이용해 열심히 돈을 번다. 그러한 착각을 하는 사이에 진정한 치료의 기회를 놓쳐버리는 것이 안타깝다. 잘못된 진단과 치료로 인해 진정한 치료의 기회를 놓치는 것에 대해 반성과 평가가 필요하다. 진정 현대 의학과 과학이 고차적 정보의 문제를 얼마나 해결하고 도와주는지, 아니면 오히려 망치고 있지 않은지 잘 살펴보아야 한다. 많은 사람이 인터넷을 검색하며 많은 정보를 알고 똑똑한 것 같지만, 그 속의 정보가 어떤 차원의 정보인지는 잘 모른다. 저차정보를 너무 맹신한다. 간단할수록 우리는 우리의 불안감 때문에 더 맹신한다. 검색에 떠오르는 정보를 너무 그대로 받아들여서는 안 된다.

진짜 중요한 문제에 있어서 너무도 생각 없이 맹목적이다. 하나밖에 없는 자기 생명을 검색정보에 전적으로 의존해서 안 된다. 과학이라는 포장이 아무리 그럴듯해도 저차정보일 뿐이다. 우리는 과학을 너무 맹신한다. 과학이라면 모든 것을 해결해 줄 것으로 기대한다. 그러나 과학은 저차정보일 뿐이다. 검색정보는 저차정보에다 그럴듯한 장사꾼들의 과장된 정보로 채워져 있는 경우가 많다. 현대 과학이 어디로 가고 있는지, 인류가 진정이 길로 행복해지는지, 어느 회사의 수익만 올려주는 일만 해주는 것이 아닌지 진지하게 고민해 보아야 한다.

지금까지의 의학은 물질 중심의 의학이었다. 즉 몸을 화학물질로 이해하고 약물을 통해서나 수술을 통해서 물질을 정상화하려는 시도가 그 중심에 있었다. 그러나 대체의학이나 동양의학은 에너지에 더 초점을 둔다. 에너지의 흐름과 활성화가 몸의 화학물질을 바로 잡아줄 것으로 기대하고 오히려 생명의 에너지를 바로 회복하는데, 더 중점을 두는 것이다. 그러나 더 본질적인 이해와 치료를 위해서는 물질, 에너지와 함께 의학에 대한 정보 이론적인 이해와 치료적 접근이 필요하다. 이에 대한 더 자세한 설명은 저자의 다른 책 '정보과학과 인문학'에 있는 '정보 의학으로 본 신체질환'을 참고하기 바란다.

우리가 세상에서 하는 대부분 일은 의학에서 일어나는 수준과 비슷하다. 정부가 경제 문제나 교육 문제를 풀기 위해 하는 조치들이 바로 이런 저차원적인 처방들이다. 그러나 경제와 교육문제는 고차적인 복잡성의 문제이다. 세금을 올리고 내리는 정도로, 또 시험문제의 난이도를 올리고 내리는 정도로 해결될 문제는 결코 아닌 것이다. 고차정보는 고차정보로 풀어야 한다. 고차적인 진단과 고차적인 처방과 치료가 필요하다. 이 책이 말하고자 하는 요점이 바로 적절한 정보의 차원을 알고 찾아보자는 것이다. 그럼 그 고차적 정보의 처방은 무엇인가? 물론 나중에 이에 대해 충분히 얘기할 기회가 있을 것이다. 신체의 복잡성 정보만 해도 인간의 의식적 사고로는 감당하기 어려운 고차적 정보이다. 그런데 신체는 복잡성 정보만으로 그

고도하고 정밀한 기능을 오차 없이 수행하기 어렵다. 이보다 더 고차적인 정보의 도움이 필요하다. 그것이 양자정보이다. 신체에는 양자정보가 아주 많다. 그 양자의 고차정보가 아니면 신체의 생명 기능이 원활히 유지될 수 없기 때문이다. 그래서 최근 양자 생물학과 의학이 각광받고 있다. 아직 초보적인 단계이지만 그 가능성은 무척 크다. 이제 신체의 양자 현상에 대한 연구를 소개하고 설명해보려고 한다.

답과 설명

1. 몸을 우리는 일반적으로 어떻게 이해하고 있으며 그런 이해의 배경은 무엇인가?

   몸에 대한 일반적인 이해는 정서에 대한 것처럼 저능하고 자기만 아는 동물적인 고깃덩어리나 화학기계 정도로 생각한다. 이는 단지 저차원 정보를 가진 뇌에 의해 왜곡된 정보이다. 몸은 뇌가 가진 알고리즘 정보처리를 하지 못한다. 그러다 보니 뇌는 이러한 몸을 무시하는 것이다. 그리고 뇌가 정보적인 주도권과 지배력을 강화하기 위해 몸의 정보를 묵살하고 폄하한다. 그러나 몸은 뇌 이상으로 고차적인 정보와 높은 지능을 가지고 있다.

2. 몸이 높은 지능을 가진 근거는 무엇인가?

   몸은 높은 지능을 가진 박사들의 집단 지능으로 오랫동안 연구해도 제대로 알 수 없는 높은 수준의 구조와 기능을 가지고 있다. 몸은 이를 스스로 복잡성 정보에 의해 구성하고 형성해 왔다. 인간들이 보기에 거의 신성에 가까운 지능으로 인간의 몸이 진화되어 온 것이다. 그리고 지금도 이 몸은 천조 분의 일 초(펨토)의 단위로 천문학적인 수의 분자와 세포들이 복잡성 정보처리를 통해 생명체를 하나로 보존해가고 있다. 몸은 스스로 지능을 뇌의 언어로 표현을 하지 않을 뿐이지 뇌와 비교할 수 없는 높은 수준의 지능을 가지고 있다고 보아야 한다.

3. 의학을 비롯해 인간의 여러 문제에 대한 인간의 처방이 갖는 한계는 무엇인가?

   의학을 비롯한 인간의 학문은 대부분 알고리즘에 입각한 정보에 의존한다. 효율성과 국소적인 정확성은 뛰어나지만, 강한 정보의 보존성으로 다른 넓은 세계에 대한 정보를 왜곡시키고 제대로 인지하지 못하는 경향이 있다. 그래서 아무리 과학적이라고 하더라도 낮은 차원의 정보가 될 수밖에 없다. 그러나 인간은 과학의 정보를 과신하며 그 한계를 인정하지 않으려고 한다. 몸의 질병이나 사회의 여러 문제는 대부분 고차적인 정보에서 나오는 현상이기에 고차적인 이해와 처방이 있어야 하는데, 저차적 진단과 처방으로 해결할 수 있다고 사람들을 오도하고 있다. 그러면서 진정한 이해와 해결의 기회를 놓치고 마는 오류를 범한다.

8. 양자 생물학

질문.
1. 양자는 무엇이고 거시세계의 물질과 다른 어떠한 특징을 갖는가?
2. 생물계에 양자가 영향을 미치기가 어려운 이유는 무엇이고 그럼에도 양자 생물학이 연구되는 이유는 무엇인가?
3. 양자 현상이 개입되는 것으로 알려진 생물의 현상에는 어떤 것이 있는가?

양자 세계의 특성

앞서 양자정보를 설명하며 양자에 대해 아주 간단히 소개하였지만, 양자 생물학을 이해하기 위해서는 조금 더 자세히 소개할 필요가 있다. 양자는 물질의 최소단위로 알려져 있다. 물질을 속으로 쪼개면 분자와 원자가 나온다. 원자는 중심에 원자핵과 그 주위를 도는 전자가 있다. 이 단위부터가 양자이다. 원자핵은 중성자와 양성자로 되어있고, 이들은 각기 쿼크와 여러 매개 입자와 같은 소립자들로 구성되어 있다. 이들은 모두 양자이다. 그리고 전자기파를 이루는 빛의 최소단위인 광자도 양자이다. 양자는 물질의 최소단위이지만, 소립자 같은 물질의 형태를 말하는 것은 아니다.

모든 물질은 양자로 구성되기에 양자 자체가 물질이기도 하지만 물리량 같은 성질이기도 한 것이다. 즉 길이, 에너지, 운동량, 퍼텐셜, 전하 등의 물리량이 연속 값을 취하지 않고 특정 최소단위의 정수배로 양자화되기 때문에, 이 최소의 물리량을 양자라고 말한다. 많은 경우 에너지나 전하의 양을 의미하며 그 양은 연속 값을 갖지 않고 더 이상 나누어지지 않는 어떤 덩어리lump나 묶음bundle, packet으로 존재하고 운동한다는 뜻이다. 그리고 양자 이상의 물질과 물리량을 거시세계라고 하며 이 세계의 물리량은 고전역학, 즉 뉴턴역학의 지배를 받는다. 그러나 양자의 미시세계는 뉴턴역학으로 설명할 수 없는 부분이 많아 이를 양자역학이란 새로운 이론과 역학으로 다루고 있다. 그래서 현대 물리학은 바로 이 양자역학과 아인슈타인의 상대성 이론으로 시작된다고 보아야 한다.

양자가 우리가 잘 알고 있는 고전물리학의 세계와 많이 다르기 때문에 이에 대한 혼동과 오해도 적지 않다. 그래서 이를 비전공자가 다룬다는 것이 쉬운 일은 아니나, 이 글에서 가장 중요한 부분을 이루기에 어쩔 수 없이 최소한만을 소개하려는 것이다. 양자역학을 일반인들이 쉽게 접할 수 있는 좋은 책들이 많기에 더 자세한 내용은 전문서적을 참고하길 바란다. 여기서는 생물학과 정보이론에 관계되면서 일반적으로 잘 알려진 양자역학의 몇 가지 원리와 현상들을 설명하고자 한다.

양자는 분명 물질이지만, 물질이 아니고 물리량이란 덩어리 정보이기도 하다. 이를 입자와 파동의 이중성 혹은 상보성이라고도 한다. 입자는 물질이지만 동시에 파동이라는 물리량 혹은 정보 덩어리이기도 하다는 것이다. 양자가 아닌 거시물질에서는 물질이 있으면 물질에 의해 정보는 하나의 점으로 확정된다. 물질의 개체에 따라 정보도 개체적 정보가 된다. 이를 2차 정보라고 했다. 그래서 이 물질은 물리적인 성질인 위치, 운동량, 시간, 에너지, 질량 등의 정보가 확정되어 있어야 한다. 그러나 양자에서는 입자라는 개체가 있어도 그 정보는 확정되지 않는 덩어리를 이룬다. 양자 속에 있는 물질의 정보는 확정되지 않고 확률적이며 하나를 알면 다른 하나를 알 수도 없는 불확정성으로 존재한다. 양자는 동시적으로 여기에 있을 수도 있고 저기에도 있을 수 있다. 개체적인 존재가 아니다. 하나로 규정할 수 없는 정보이다. 단지 확률적으로만 규정할 수 있지 그 개체가 무엇이라고 명제적 진술을 할 수 없다. 하나 속에 여러 개가 겹쳐져 있기에 이를 중첩이라고 한다. 파동의 기본적 성격이기도 하다.

그리고 양자에서는 다른 물질들이 갖는 에너지 수준과 장벽에 의해 생기는 계층적인 질서와 위치가 확정되지 않는다. 낮은 에너지 수준이 갑자기 높은 에너지 장벽을 넘어 다른 곳으로 가기도 한다. 무질서하다. 위계질서가 없다. 자연법칙을 무시하고 마구 뛰어넘고 자유자재로 다닌다. 이를 양자 터널tunnel이라고 한다. 자연법칙이란 산에 터널을 뚫어 원하는 곳으로 얼마든지 갈 수 있다는 것이다. 이 모든 현상이 파동을 가지면서 프랑크 상수라는 양자를 갖기 때문이다. 이를 다른 면으로 말하면 정보라는 성격을 가지고 있기 때문이라고도 말할 수 있다. 정보란 에너지 수준을 뛰어넘는 도깨비 같은 마술[1]을 부리기도 하고 좋은 정보는 터널을 통과하듯 에너지 장벽을 뛰어넘어갈 수 있게 해 준다. 하나의 정보만으로도 엄청난 에너지를 절약할 수 있다.

또 양자의 특별한 성격은 자신의 개체성과 정체성이 없기에 스스로가 자신의 진로를 결정하지 않고 다른 무엇에 의해서 자신의 운명이 결정된다. 다른 정보가 양자에 개입될 때 자기를 들어낸다. 이를 관측이라 한다. 관측되지 않는 한 실재로서 자기를 들어내지 못한다. 마치 대상관계 이론에서 말하는 심리적인 자기 형성과 유사하다. 내 속에 아무리 자기가 잠재되어 있어도 대상으로 누군가가 접촉하며 봐주고 표현해야 자기를 인식하고 형성하는 것과 같다. 대상이 거울 역할을 해주어야 그 대상을 통해 자기를 형성하는 것이다. 거울이 없고 대상이 없으면 내가 과연 존재하는지 알 수 없다. 양자도 인격적인 자기와 유사하다. 누군가 거울처럼 관측을 해주어야 자기를 인식하고 드러내는 것이다. 이런 모든 양자의 특별한 성격이 양자가 가진 파동과 정보의 특성과 관계있는 것으로 볼 수 있을 것이다.

거시세계에서도 파동과 정보는 이러한 성격을 보일 수 있다. 하나의 파동은 여러 개의 파동들이 중첩되어 나타나기에 양자에서 보이는 불확정성이 나타난다.[2] 또 뇌도 수많은 파동정보에 의해 어떤 정보도 확정되지 않고 계속적으로 변한다. 생체의 모든 복잡성의 파동정보, 특히 면역계의 자기 정보 등도 수시로 확정되지 않고 변하고 있다. 그러나 의식에 접하게 되면 그 때의 가장 확률적으로 높은 상태로 붕괴되어 나타난다. 무의식은 고차 정보의 파동적 불확정성과 확률적 정보를 보이다가 어떠한 중요한 정보의 개입과 의식(관측)에 반응하여 양자의 결이 깨어지는decoherence 것처럼 저차정보로 붕괴되는데, 이러한 현상을 바로 의식으로 볼 수 있다.

마지막으로 양자의 가장 신비로운 현상이 있다. 얽힘entanglement이란 현상이다. 얽힘은 두 양자가 공간적으로 서로 멀리 떨어져 있어도 동시적으로 서로 정보적으로 교신하듯이 얽혀있다는 것이다. 스핀이 반대인 두 양자 입자가 멀리 떨어져 있는 데, 양자역학에 따르면 측정하기 전까지는 두 입자의 상태를 알 수 없지만, 측정하는 순간 한 양자의 스핀의 방향이 결정되면 이와 동시에 그 양자와 얽혀있던 다른 양자스핀의 반대 방향도 결정된다는 것이다. 이는 마치 정보가 순식간에 한 양자에서 다른 양자로 이동한 것처럼 보인다. 가장 빠른 정보의 이동은 빛의 광자를 통해서인데, 동시적으로 정보가 결정된다는 것은 광자보다 더 빠르게 정보가 교류되고 얽혀있다는 얘기이다. 그래서 양자의 가장 불가사의한 현상으로 거론된다. 그 정확한 원인은 알 수 없지만, 현재로는 양자정보의 한 특성으로 받아들일 수밖에 없다. 현재까지의 양자역학과 양자정보로는 도저히 이해할 수는 없는 기이한 현상이지만, 양자정보를 넘어선 어떠한 더 고차적인 정보의 세계와 그 가능성을 배제할 수 없게 만드는 현상으로 생각된다.[3]

또 하나의 중요한 양자적 본질은 이처럼 무수한 가능성과 모습을 보이면서도 양자는 하나로 움직인다는 것이다. 그 안에서는 무질서하고 도저히 이해할 수 없는 행태를 보이지만 겉은 하나의 뭉치를 이루며 질서 있게 행동한다는 것이다. 속은 구름같이 종잡을 수 없지만 겉의 양자는 고전역학으로 완전히 설명할 수 있을 만큼 과학적이다. 하나로 움직인다는 것이다. 하나의 양자만이 아니라 여러 양자들이 하나의 결을 이루어 일사불란하게 움직인다. 이 결이 깨어지면 양자로서의 특성도 잃어버리게 된다. 이러한 양자의 질서로운 움직임을 이용한 과학이 현대의 디지털 기술의 대부분을 차지할 정도이다.[4] 이러한 양자에 대한 기본적인 이해를 가지고 이제 몸의 양자 현상에 대해 생각해 보자.

생물계 속의 양자

미시적 물리세계는 양자역학이 지배하지만, 거시세계인 생물계는 고전역학이 지배하는 것으로 알려져 있기 때문에 지금까지는 생물학에 양자 현상이 개입될 것이라는 것을 잘 이해할 수 없었다. 그러나 생물 현상들에서 고전역학으로는 이해하기 어려운 현상들이 적지 않게 나타나기에 이를 설명하기 위해서는 양자역학을 도입해야 할 필요가 있어 연구하기 시작했다. 그런 몇 가지 현상들을 소개하려고 한다. 생체에는 천문학적 수의 분자와 세포들이 하나의 생명체로서 일사분란하게 움직인다. 하나하나의 반응들은 고전 역학적 화학반응으로 설명할 수 있지만, 그 수많은 정보들이 조화롭게 그것도 동시에 하나의 목적을 향해 조율하며 움직이는 것은 고전역학으로 도저히 설명하기 어려운 부분들이 많다. 자율신경과 내분비 혹은 어떤 혈액 내 물질 등만으로는 펨토 시간 안에서 변화하는 신체 정보들을 전체적으로 동시에 처리하고 조율하기는 거의 불가능하다. 화학적인 반응이나 신경반응은 너무 느리고 국소적이기 때문이다.

몸을 하나의 오케스트라에 비유하면 작은 한 악기의 소절을 연주하는 것은 고전적 화학반응으로 설명할 수 있을지 모르지만, 모든 악기가 하나의 아름다운 음악을 연주하는 것과 같은 몸 전체의 섬세한 조율 반응을 고전적인 기전으로만 다 설명할 수가 없는 것이다. 신체가 지휘자도 작곡자도 악보도 없이 어떻게 이렇게 조화롭게 완전한 예술을 연주하는지 신비스럽기만 하다. 그 조화가 조금만 깨어져도 생물학적으로 생존하기 어렵다. 이를 설명하자니 양자가 필요하다는 것이다. 양자의 가장 큰 특징은 대용량의 정보를 중첩, 양자 터널과 얽힘 등을 통해 신속하게 처리하고 그것도 하나의 결 안에서 일사불란하게 움직일 수 있다는 것이다. 그래서 이러한 생물현상을 설명하는데 제격이라는 것이다.

이는 생명이 무엇인가에 대한 질문과도 통하는 문제이다. 현대 과학은 그동안 생물이 무엇인지를 세부적으로 분석하는 일을 주로 해왔다. 그래서 많은 부분이 밝혀졌다. 특히 생명이 어떻게 발생하고 진화해 왔는지에 대해서도 많은 부분이 밝혀지고 있다. 그러나 이러한 분석을 기초로 생명의 반대 방향 즉 생명을 합성하고 생성하는 일은 거의 불가능하다. 물론 생명의 기초가 되는 유기물을 어느 정도 합성을 하고 있지만, 세포라는 생명은 만들지 못한다. 엔트로피가 증가하는 것은 분석할 수는 있지만, 엔트로피가 감소하는 반대 방향은 누구도 설명하기 어렵고 만들기는 더욱 불가능하다. 생명의 일부분은 어느 정도 만들 수 있더라도 생명이란 전체와 생명의 중심이 되는 자기를 생성시키는 것은 아직 요원하다. 그 생명이 양자라고 단정적으로 말하기는 어렵지만, 생명이 전체를 이루고 있는 것은 분명 양자와 어떠한 관계가 있다고 본다면 아직 양자적 생명현상을 바로 이해하고 제작할 수 없기 때문이 아닌가 생각 든다. 물론 양자 컴퓨터를 제작하기 위해 물리적인 양자 현상을 만들 수는 있지만, 이것이 양자컴퓨터의 가장 어려운 문제이기도 하다. 고립된 물리적 양자도 제작하기 어려운데 열린 생물학적 양자계를 제작한다는 것은 현재로서는 불가능하다. 그래서 생명을 바로 이해하기 위해서라도 생명에 대해 양자적 연구와 이해는 더욱 필요하다고 보아야 할 것이다.

유전과 양자

생명의 가장 핵심적인 신비는 유전자인 DNA이다. 유전과 진화에 있어서 너무도 당연하게 생각하는 것들이 사실은 모두 신비이다. 진화는 돌연변이에 의해 시작된다. 다음 세대로 유전자가 대부분 유전되는 것은 당연하고 돌연변이는 특별하게 생기는 것으로 생각한다. 그러나 사실 돌연변이가 더 쉬울 수 있고 그대로 유전되는 것이 화학적으로 보면 더 어려울 수 있다. 이를 처음으로 제기한 사람이 양자역학으로 유명한 물리학자 에르빈 슈뢰딩거Erwin Schrödinger이다. 화학반응에서 분자들의 열역학적인 평균치를 통계적으로는 예측할 수 있지만, 개별적 분자들의 열역학적인 행동은 예측할 수 없다. 열역학적인 통계로 보아도 유전의 에러 가능성은 천 분의 일 정도로 결코 적지 않다. 이 정도면 제대로 유전된다고 말하기는 어려울 것이다. 그러나 실제 유전에서 보면 돌연변이 가능성은 10억분의 1 정도로 극도로 줄어든다. 고전 역학적 통계로 보면 천 분의 일일지 모르지만, 생물학적으로 볼 경우, 이런 정도의 돌연변이 비율이라면 안정적인 유전이 거의 불가능하다고 보아야 할 것이다. 그래서 그는 고전적인 열역학이 아닌 양자 수준의 결맞음 같은 안정성이 유전에 개입될 것이라고 제시한 바 있다.[5]

그러나 그 이후 왓슨과 크릭에 의해 DNA가 발견되고 어려운 양자유전자에 대한 연구보다 유전자 자체에 대한 고전적인 연구만으로도 너무 분주하였다. 그리고 불안정한 생물학적 환경에서 양자의 활동 가능성을 생각해볼 수도 없었다. 그동안의 유전학에 대한 수많은 연구에도 불구하고 유전정보의 정밀한 전달은 여전히 수수께끼로 남는다. 그래서 최근 양자생물학의 발달에 힘입어 일부 학자들에 의해 과거 슈뢰딩거가 제시한 문제에 관심을 가지고 다시 연구하기 시작하고 있다. 이에 대해서는 다음 장에서 자세히 다룰 것이다.

에너지 생산과 양자

생명에 유전자 이상으로 중요한 것은 에너지이다. 생명체는 에너지를 효율적으로 관리해야만 생존할 수 있다. 그러나 고전적인 열역학 효율로는 생명체의 에너지를 감당할 수 없다. 생명체는 적은 에너지를 가지고 많은 일을 해야 살아남을 수 있다. 에너지 고갈은 곧 질병과 죽음으로 이어진다. 식물은 광합성을 통해 에너지를 공급받는데, 그 열 효율성은 고전적 열효율 기관에 비하면 월등하다. 거의 100%에 가깝다. 이는 양자현상이 아니면 설명하기 어렵다. 그래서 광합성에 대한 양자 연구가 많이 진행되고 있다.(그림8-1) 동물에서는 에너지 생산을 세포내 미토콘드리아가 담당한다. 역시 광합성만큼은 아니라도 그 효율성은 아주 높은 편이다. 사람은 식물과 달리 적절한 화학반응을 위해 체온을 유지하기 위한 열이 필요하기 때문에 열효율이 아주 높을 필요는 없다. 그리고 식물보다 많은 양의 에너지를 섭취할 수 있다. 그래서 에너지의 60% 정도는 열로 보내고 일할 수 있는 열효율은 40% 정도면 충분하다. 그러나 이 정도도 다른 열역학 기관에 비하면 월등하다.

역시 이 정도의 열효율이 가능하려면 광합성만큼은 아니라도 양자가 관여해야 한다. 그래서 미토콘드리아의 전자전달과 양성자 펌프에도 양자가 관여하는 것으로 알려져 있다. 평시에는 양자가 많이 관여하지 않아도 되지만, 운동을 심하게 할 때처럼 때로는 급하게 많은 에너지가 소요되는 때가 있고 또 가끔은 초월적인 힘이 소요되는 경우도 있기 때문에 이럴 때는 양자가 아니면 그러한 에너지의 공급은 불가능하다고 보아야 한다.

생명체는 적은 영양분으로 최대의 에너지를 생산해야 한다. 생명은 곧 에너지로 유지된다. 산소 공급이 끊어지면 죽는 것도 결국 에너지의 공급이 중단되기 때문이다. 에너지는 미토콘드리아라는 세포 내 작은 구조물에서 생산된다.(그림8-2) 이 미토콘드리아는 세포에 보통 300에서 1000개 정도 있다. 미토콘드리아 수는 자동차의 기통수와 비슷하다. 300기통 세포보다 1000기통 세포가 더 강력하다. 건강하고 활력이 넘치는 사람일수록 미토콘드리아 수가 많은 것은 당연하다. 에너지원인 포도당이 공급되면 피루브산에서 약간의 에너지가 무산소로 생성된다. 그러나 대부분 에너지는 미토콘드리아 내에서 생산된다. 피루브산이 TCA Tricarboxylic Acid Cycle라는 회로를 돌면서 NADHNicotinamide Adenine Dinucleotide Hydride라는 물질을 만들고 이를 통해 수소 양성자와 들뜬 전자를 에너지원으로 제공한다.

미토콘드리아 내막에서 들뜬 전자는 전자 전달계라는 과정을 통과하며 자신의 에너지를 주고 양성자를 막간으로 펌프한다. 위치 에너지를 받은 양

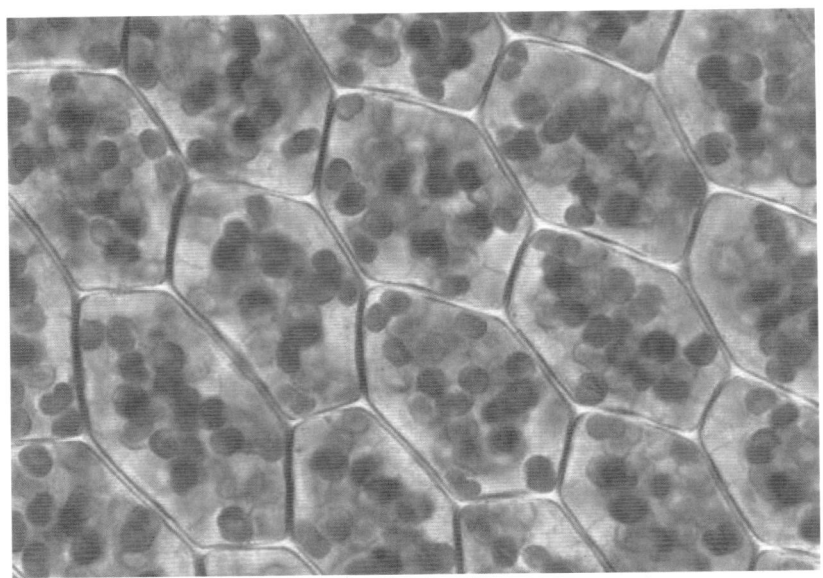

(그림8-1) 광합성의 열효율은 거의 100%에 가깝다. 이는 고전적인 화학반응으로는 불가능하며 반드시 양자가 개입되어야 한다. 엽록소의 안테나 단백질에서 광자에너지를 화학적 에너지로 변화하는데 필요한 만큼 충분한 시간 동안(759펨토) 양자적 결맞음을 유지하고 있어 광합성이 양자현상임이 밝혀졌다.
https://www.pinterest.co.kr/pin/417991027628947207/
https://engelgroup.uchicago.edu/research/photosynthesis.html

성자가 마지막으로 자신의 에너지를 주며 ATPAdenosin Triphosphate에 에너지를 저장하고 이 물질이 전신 혈액을 돌며 에너지를 공급하는 매개가 된다. 즉 ATP가 일종의 몸에서 유통되는 화폐가 되는 것이다. 이 과정을 세포 호흡이라 한다. 그런데 이는 체온이 잘 유지되고 수요와 공급의 균형이 잘 맞는 경우에는 별문제가 없다.

문제가 되는 경우는 수요가 많은 데, 공급이 느려지는 경우나 수요는 많지 않은데 공급이 늘어나는 경우이다. 이를 통해 문제가 발생되는 곳이 있는데, 바로 호흡연쇄가 일어나는 전자 전달계이다. 심한 운동처럼 수요는 갑자기 늘어나는데 공급이 부족할 수 있다. 이런 경우에는 전자공급과 전달이 많아지면 된다. 이런 경우에도 양자 터널이 도움이 된다. 호흡연쇄에서 전자가 양자 터널로 이동될 수 있음이 실험적으로 밝혀졌다.[6] 그런데 제한된 전자전달의 용량에 비해 전자의 공급이 넘치는 경우가 있을 수 있다. 수요에 비해 공급이 많은 경우이다. 마치 제한된 도로에 차가 많이 밀리는 정체 현상처럼 제한된 전자전달계에 전자의 이동이 정체될 수 있는 것이다.

이런 경우에는 양성자 펌프를 빨리 해주어야 전자들이 잘 빠져나간다. 그런데 양성자는 전자보다 질량이 천 배나 무거워 신속한 펌프에 어려움이 있을 수 있다. 급하지 않을 때는 별문제가 없다. 그러나 에너지가 부족하고 전자가 많이 공급되는 데도 양성자 펌프가 원활하지 못할 때는 전자가 잘 빠져나가지 못하고 필요한 에너지도 잘 공급받지 못하는 문제가 발생한다. 전자전달에서 사용되지 못하고 떠도는 들뜬 전자가 산소와 결합하면 바로 활성산소가 되는 것이다. 활성산소는 세포에 심각한 손상을 줄 수 있다. 전자 정체현상은 이중의 피해를 줄 수 있는 것이다. 이를 해결할 구원투수가 없을까? 급할 때는 결국 양자를 불러야 한다. 양자가 이 정체현상을 풀 구원투수가 되는 것이다. 그러나 아무리 양자라고 하지만, 양성자의 무게가 너무 무거워 양자에게도 펌프질을 한다는 것은 버거운 일이다. 그러나 양자터널을 잘 이용하면 의외로 쉽게 양성자를 옮길 수 있다. 양성자를 양자터널을 통해 옮길 수 있는 실험적 근거도 발견되었다.[7]

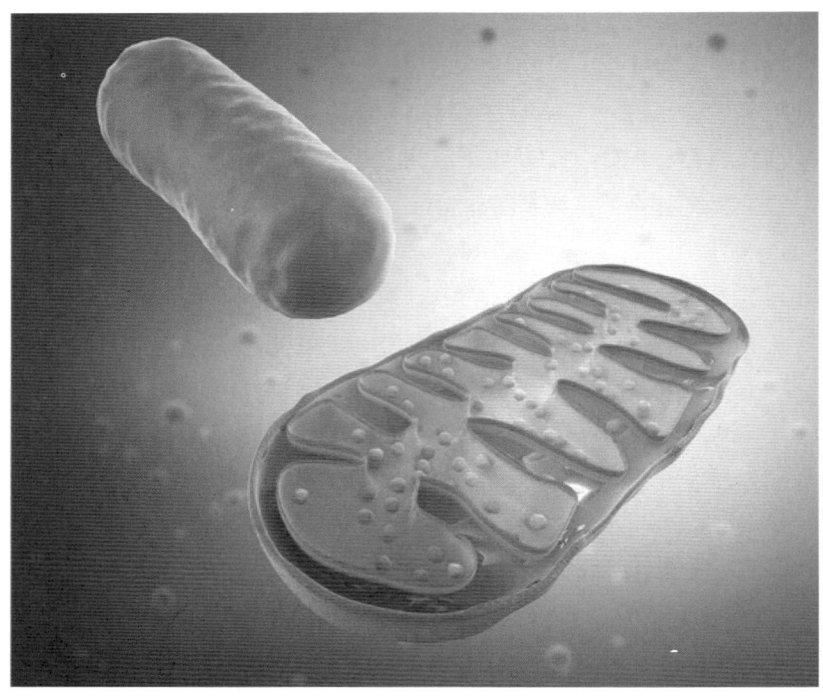

(그림8-2) 식물의 광합성만큼은 아니지만, 동물의 에너지 생산도 열효율이 아주 높다. 이를 담당하는 곳이 미토콘드리아이다. 생물에서는 효율적인 에너지 생산이 아주 중요하기에 이러한 곳에는 광합성처럼 양자가 개입되지 않을 수 없다. 미토콘드리아에서 에너지 생산에 가장 핵심적인 기능이 양성자를 막간으로 신속하게 펌프하는 것과 신속한 전자 전달이다. 그런데 무거운 양성자를 효과적으로 펌프하는데 양자터널이 활용되고 있고 또 전자전달에도 양자의 결맞음이 이용되고 있다. https://www.sciencedaily.com/releases/2014/10/141016165955.htm

효소와 양자

그 다음으로 생명체가 살아가기 위해서는 에너지를 가지고 신속하게 일을 해야 한다. 이를 대사라고 한다. 가장 효율적으로 일을 해야 한다. 에너지를 적게 쓰고 많은 일을 해야 하고 거기에다 신속하고 정확해야 한다. 화학반응에 실수가 많이 나면 생명체에는 치명적이다. 그리고 정보의 정확하고 신속한 교류가 있어야 한다. 수십조의 세포와 그 안에 수많은 분자들이 생성되고 서로 적절한 반응을 하며 살아가야 한다. 작은 실수도 있어서는 안 된다. 작은 실수로 생명이 죽을 수도 있다. 수술실이나 응급실에서처럼 정확하고 신속해야 한다. 이 대사과정에 가장 중요한 역할을 하는 것이 효소이다. 효소는 단백질로서 복잡한 입체구조를 가지고 있다. 효소가 없이는 생명체는 살아갈 수 없다. 신속하고 에너지를 절약하면서 정확하게 일을 하게 하는 것이 바로 이 효소이기 때문이다. 그래서 효소를 생명체의 엔진이라고도 한다. 이 효소와 정보전달에 양자가 개입된다. 양자가 없이는 이런 신속성, 효율성, 정확성, 전체성이 유지될 수 없다.

대부분의 화학물질은 에너지 장벽에 의해 갇혀 있다. 이 장벽은 그 물질을 안정되게 보호하고 다른 물질이 쉽게 들어오지 못하게 하는 울타리가 된다. 반응이 일어나기 위해서는 이 에너지 장벽을 넘을만한 에너지가 필요한 것이다. 일반 물질계는 이처럼 안정된 것이 바람직하지만, 생물계는 너무 안정되면 생존할 수 없다. 스스로 생존할 수 없기에 외계에 대해 예민하고 신속하게 반응하고 섭취한 물질을 효율적으로 처리해야 한다. 질서 가운데 있더라고 자극에 예민하고 신속 정확하게 반응해야 생존할 수 있다. 그래서 생체의 화학반응도 너무 안정되면 안 된다. 아무것에나 반응하면 그 혼돈성으로 인해 효율성이 떨어지지만, 필요한 것을 선택적으로 쉽고 신속하게 반응하는 것이 생존에 필수적이다. 이와 같이 선택적으로 신속하고 예민한 반응이 바로 효소에 의해 가능한 것이다. 효소는 대부분 3차원적으로 아주 복잡한 구조를 취한다. 이 구조는 선택적 결합과 반응을 위해서 꼭 필요하다. 아무나 와서 반응하지 못하게 하는 것이다. 물건을 조립할 때 필요한 나사의 크기와 구조가 맞아야 하듯이 효소도 반응하기 위해서는 자신의 구조와 꼭 맞는 정확한 대상만이 들어올 수 있게 되어있다.(그림8-3)

3차 구조를 통해 정확하게 선택되면 신속한 반응이 일어나야 한다. 곧 에너지 장벽을 허물고 반응해야 한다. 이를 위해서 동원되는 것이 일반적으로는 열이다. 생체의 체온은 이러한 반응을 위해 꼭 필요하다. 그러나 열만으로 부족할 수 있다. 더 신속하고 예민한 반응이 필요할 때도 있다. 그럴 때

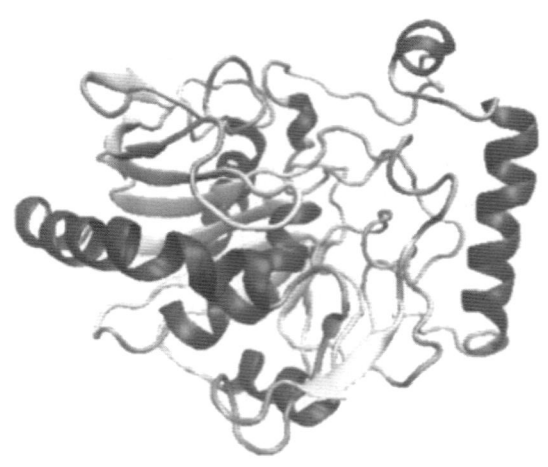

(그림8-3) 효소들은 복잡한 3차원적 단백질로 아주 안정적인 구조를 갖는다. 그러나 필요한 물질과는 신속하고 정확하게 반응해야 하는데, 이때 안정적인 높은 에너지 장벽을 뛰어넘게 하는 양자터널이 가동되는 것으로 알려져 있다. http://www.quantumzyme.com/technology

는 바로 양자 상태가 도움이 된다. 생체의 양자는 지속적으로 유지되기 어렵기 때문에 쉽게 붕괴된다고 했다. 그러나 화학반응이 일어날 만큼 충분한 시간 동안 결맞음으로 자신을 유지하는 현상이 가능하다. 식물이 태양의 광자를 받아들여 광합성이란 화학반응으로 에너지를 생산하는데, 이 엽록소에 있는 광합성 복합체 단백질(FMO:the Fenna-Matthews-Olson protein)에서 광자를 최대 750 펨토pemto초 동안 결맞음의 양자 상태로 유지하는 것이 밝혀졌다.[8] 이러한 양자 상태를 통해 여기勵起excitation 전자가 여기저기 돌아다니지 않고 가장 신속하고 정확하게 반응센터로 갈 수 있게 된다.[9] 이 정도의 결맞음의 시간이면 효소도 양자터널 반응이 충분히 가능하다. 이처럼 효소가 가벼운 전자를 양자 터널을 통해 에너지 장벽을 허물고 다른 물질과 반응하게 하는 것은 많은 과학자들도 동의하고 있다.[10]

답과 설명

1. 양자는 무엇이고 거시 세계의 물질과 다른 어떠한 특징을 갖는가?

   양자는 물질의 최소단위이지만 소립자같이 어떠한 물질의 형태를 의미하는 것은 아니고, 연속적이지 않고 양자화되어 있는 최소의 물리량의 상태를 의미한다. 양자는 거시세계의 물질에서는 볼 수 없는 특별한 성질을 갖는다. 입자와 파동의 이중성, 물질의 정보가 확정되지 않는 불확정성, 한 시공간에 개체로 존재하지 않고 어느 곳에서도 동시에 존재하는 중첩성과 확률성, 에너지 법칙을 뛰어넘으며 움직이는 터널성, 시공과 무관하게 정보가 연결되는 얽힘성, 하나로 움직이는 결맞음성과 관측을 통해 결이 깨지는 붕괴 등이 고전역학으로는 이해하기 어려운 현상들이다.

2. 생물계에 양자가 영향을 미치기가 어려운 이유는 무엇이고 그럼에도 양자 생물학이 연구되는 이유는 무엇인가?

   양자는 미세한 단위의 특징이다. 그러나 생물계는 거시세계이기 때문에 일반적으로는 고전역학의 영역이 된다. 양자는 아주 불안정하기에 양자가 있더라도 생물계의 환경에서는 금방 붕괴되어 사라진다. 그래서 생물현상에 영향을 주기가 어렵다고 생각한다. 그러나 생물이라는 특수한 환경을 통해 생물계에 영향을 미칠 만큼의 양자현상이 특별하게 일어날 수 있을 가능성이 제기되고 또 생물의 현상 중에 고전역학으로는 도저히 설명하기 어려운 현상들이 있어 양자 생물학에 대한 연구가 시작되었다.

3. 양자 현상이 개입되는 것으로 알려진 생물의 현상에는 어떤 것이 있는가?

   생물이 펨토같이 짧은 시간에 천문학적으로 많은 물질들이 하나 되어 움직이는 현상, 유전자가 거의 오류가 없이 하나로 복제되고 유전되는 현상, 광합성과 미토콘드리아의 에너지 생산의 높은 효율성, 효소의 안정성과 선택적 반응성 등이 대표적으로 양자현상을 연구하는 생물학의 분야들이고 상당한 연구에서 양자가 개입되고 있는 것이 밝혀지고 있다.

9. 양자 유전과 진화

질문.
1. 유전과 진화의 갈등은 무엇인가?
2. 다윈의 진화론으로 설명하기 어려운 점들은 무엇인가?
3. 복잡성 진화론이란 무엇인가?
4. 후성유전학이란 무엇인가?
5. 양자유전과 진화론이란 무엇인가?

모순된 유전과 진화

앞서 생명체의 가장 신비로운 것 중에 하나가 DNA라 했다. 생명체의 존재에 가장 핵심적인 기능이 유전과 진화이다. 유전되지 않으면 생명은 한 번 살고 죽는다. 그리고 진화되지 않으면 새로운 환경에 적응하지 못함으로 역시 죽는다. 그런데 이 유전과 진화는 사실 모순된다. 양날의 칼처럼 서로 갈등하는 힘이다. 유전은 엔트로피가 증가하는 불안정한 열역학적 환경을 뚫고 충실히 유전자가 전달되어야 한다. 이것도 쉬운 일이 아니다. 조금만 잘못 전달되어도 살아남지 못한다. 그렇지만 너무 충실히 전달되면 진화할 수 없다. 새로운 환경에 살아남으려면 새로운 유전자가 필요한데, 이를 위해서는 충실하게 유전되지 않는 돌연변이가 있어야 한다. 그렇다고 아무렇게나 변이가 일어나면 더 난감하다. 환경에 적응하고 살아남을 만큼 변이가 일어나야 한다. 거의 예술에 가까운 절묘한 변이이다. 유전은 변이를 막아야 하고 진화는 변이가 일어나야 한다. 너무 안정되어도 문제고 너무 불안정해도 문제다. 이는 우주의 진화에서도 늘 갈등하는 문제이다. 중력의 힘으로 너무 안정되면 우주는 수축되어 사라진다. 그 대신 너무 불안정하면 팽창되어 우주가 사라진다. 지금 우주는 절묘하게 그 균형을 잡으면서 약간 팽창하는 정도로 유지되고 있다.

생물도 동일하다. 안정과 불안정이 균형을 이루어야 하며 약간의 불안정이 있어야 생존한다. 앞서 효소 얘기를 할 때도 같은 문제가 있었다. 너무 분자가 안정되면 생물학적 반응이 일어나기 어렵고, 너무 불안정하면 선택적으로 필요한 반응이 신속하고 정확하게 일어나기 어렵다. 이런 갈등 속에서 생명체는 질서의 안정 속에서도 절묘하게 필요한 만큼 불안정해지는 임계상태를 유지해야 한다. 그것이 효소의 작용이고 효소의 이러한 기능에 양자가 필수적이라고 했다. 앞서 설명한 생물학적 정보도 동일하다고 했다. 너무 안정되어도 안 되고 너무 불안정해도 안 된다고 했다. 유전자도 바로 같은 문제에 봉착하는 것이다. 지금까지 이 갈등을 풀어주는 유일한 설명이 다윈의 진화론이다. 즉 돌연변이와 적자생존이다. 그리고 이를 가능하게 하는 것이 충분히 오래된 시간이다. 돌연변이는 무작위로 일어나며 오랜 시간을 통해 환경에 살아남는 생물만 살게 되므로, 진화가 가능하게 된다는 것이다. 아무리 충실한 유전이 있어도 돌연변이는 일어난다. 다양한 돌연변이 중 환경에 적응하고 살아남는 생물이 결국 선택되어 진화된다는 것이다. 자연과 환경에 의한 선택이다.

그러나 이러한 진화론적 설명으로 충분하지 않은 진화의 현상은 사실 너무도 많다. 그래도 진화론을 대체할 새로운 이론이 없기에 아직도 진화론이 대세를 이루고 있다. 물론 다윈의 진화론은 많은 것을 설명한다. 그렇다고 이 진화론이 어떤 종교적인 도그마가 되어서는 안 된다. 종교와 다름없이 모든 과학자들이 신봉하던 그 신성한 뉴턴의 고전역학도 양자역학 앞에 그 자리를 내어놓았던 것처럼, 다윈의 진화론도 이러한 도전과 변화에 유연해야 한다. 그렇다고 뉴턴의 고전역학이 틀린 것도 아니다. 모든 것을 다 설명할 수 없다는 것이다. 고전역학과 양자역학이 조화롭게 어깨를 나란히 하듯, 다윈의 진화론도 모든 것을 다 설명하려고 해서는 안 된다.

다윈의 진화론이 다 잘못된 것은 결코 아니다. 많은 부분이 여전히 옳다. 그러나 다른 새로운 이론들에 개방되고 같이 조화를 이루어 나가야 할 부분이 있다는 것이다. 과거부터 고전적 다윈 진화론에 가장 거세게 반발하여 도전한 것이 창조론과 지적 설계이다. 그러나 이는 과학적 설명이 부족하다는 이유에서 제외된다. 그리고 진화론 안에서도 서로 다른 이론들로 서로 간에 갈등이 만만 찬다.[1] 그만큼 아직 설명되지 않은 틈새가 많다는 뜻이다. 최근의 가장 거센 도전은 후성유전학, 복잡성 유전학 그리고 양자유전학 등이다. 후자의 이 세 가지 이론은 서로 보완적이다. 그래서 양자 유전학을 중심으로 이 세 가지 이론에 대해 잠깐 설명하고자 한다.

진화에 대한 두 가지 질문

두 가지 질문을 시작함으로 이 문제에 대해 접근해 보자. 첫 번째가 진화의 목적성이다. 진화는 우연적 유전자와 성공적인 적응을 통한 자연선택이다. 우연에는 목적이 없고 적응과 생존은 목적이 있다. 그렇다면 진화하지 못한 생명체는 적응과 생존에 문제가 있어야 하는데, 반드시 그렇지 않다. 특히 미생물이 그러하다. 최초의 생명체인 원핵 세균과 진핵 미생물들은 20-30억 년을 이상 진화하지 않고도 아주 성공적으로 환경에 적응하고 생존해 왔다. 지금도 다세포 생물과 가장 진화했다는 인간도 미생물에 맥을 못 출 정도로 미생물의 생존력은 막강하다. 많은 학자들은 지구상의 가장 효율적이고 적응력이 강한 생물은 진화하지 않은 미생물이라고 말할 정도다.[2] 그런데 왜 그들은 원핵에서 진핵으로, 다시 다세포로 복잡한 진화의 과정을 밟아 인간에까지 이르게 되었을까? 무슨 뜻이 있고 목적이 있어 보이는 대목이다. 진화가 적응과 생존을 향상만 시키는 것은 결코 아니다. 진화하지 못한 생명체가 더 적응력과 생존력이 월등할 수 있기 때문이다. 그래서 지적 설계 내지는 떼이야르가 말한 진화의 또 다른 지향성이나 목적에 대한 얘기가 사라지지 않는다.

그리고 자연의 세계는 진화한 생물과 진화의 정도가 각기 다른 생물체들이 공존한다. 그렇다면 진화하지 못한 생물체들은 열등하고 환경의 적응에 문제가 있는 것인가? 결코, 그렇지 않다. 어떻게 보면 진화한 생물체가 그 몸집과 복잡성을 더해가면서 그 효율성이 더 떨어진다. 결국, 자기들이 살기 위해 진화하지 못한 생물을 포식함으로 그 효율성을 빌려온다. 자신이 살기 위해 다른 진화하지 못한 생물을 죽이고 서로 먹이를 얻기 위해 심한 경쟁까지 벌여야 하는 살벌한 생태계가 전개된다. 생존의 위험과 부담이 더 커지고 생존이 보장되는 평화스러운 생명의 조화를 깨면서까지 진화해야 하는 이유가 있는 것인가? 진화하지 않아도 미생물처럼 평화롭게 살아갈 수 있는데, 왜 다세포로 복잡하게 몸집을 불려 가야 하는 것인가? 진화학자 도킨스의 말대로 진화는 단순한 적응보다 유전자가 자기를 보존하고 확장해 나가려는 강한 이기성 때문인가? 그리고 다세포라는 개체는 유전자의 이기성을 보존하기 위한 단순한 도구에 불과한가?

그렇다면 유전자 자체가 그렇게 확장되어나가야 하는데, 유전자 자체는 단세포 유전자에서나 복잡한 다세포 유전자에서 큰 차이가 없다. 미생물로서도 충분히 유전자를 보존하는 이기성을 유지할 수 있을 텐데 왜 어렵게 다세포로 진화해야 하는가? 유전자 이기성만으로도 다 설명하기 어려운 대목이다. 이처럼 이러한 현상들을 단순히 적자생존과 자연선택 그리고 이기적 유전자만으로도 설명하기가 어려운 점들이 많다. 물론 그런 설명이 부분적으로는 분명히 타당하지만, 모든 진화를 다윈이나 이기적 유전자 이론만으로 귀납법적으로 다 설명할 수 없다는 것이다.

그렇다면 또 다른 진화의 목적성이 있는 것인가? 어떠한 숨은 설계나 의도를 삽입해야만 진화가 설명되는 것인가? 이에 대해 다시 설명하겠지만, 결론적으로 미리 말하면 이중적인 목적이 있다고 말할 수 있다. 목적이 있지만, 고전적인 의미나 저차정보적인 차원에서는 아니라는 것이다. 우연과 목적이 양자정보처럼 이중적으로 중첩되어 있다고 볼 수 있다는 것이다. 목적은 있지만, 그 목적은 고차성을 갖기에 저차적으로 보면 우연을 통해 나타나야 하는 그런 이중성인 것이다. 이러한 이중성은 양자장의 고차정보가 우연을 통해 드러나고 또 양자 내의 고차정보도 우연을 통해 붕괴되는 것과 비슷하다. 그리고 복잡성의 고차정보도 혼돈을 통해 조직화되어 나타나는 것과도 유사하다. 이에 대해서는 뒤에 다시 설명하려고 한다.

그리고 또 하나의 질문은 유전자에 대한 것이다. 다윈 진화의 핵심은 돌연변이 유전자이다. 유전자가 먼저 있어야 적응과 선택이 가능하다. 그런데 유전자만으로 진화의 현상을 다 설명하기 어려운 대목이 있다. 생물이 진화하면서 많은 복잡성을 보이는데, 이 모든 정보가 유전자에서만 나온다고 보기 어렵다는 것이다. 인간의 단백질이 10만 개 정도이기에 이를 만들려면 조절단백질 2만 개를 포함하여 12만 개 이상의 유전자가 필요하다. 그런데 실제로 밝혀진 유전자 개수는 2만 5천 개 정도이다. 대신 복잡성에 비교도 할 수 없는 꼬마선충의 단백질은 2만 4천 개로 인간과 천 개 정도밖에 차이가 나타나지 않는다. 선충보다 더 복잡한 초파리는 만 5천밖에 안 된다. 그리고 인간과 쥐의 유전자 수는 비슷하다. 그리고 인간과 유인원의 유전자가 98.7% 일치한다. 그리고 인간의 유전자 중 97%는 단백질을 만들 수도 없는 쓰레기 유전자이다. 도대체 인간의 그 복잡하고 진화된 그 모든 것이 유전자에만 있다면, 이런 유전자수와 복잡성의 불일치는 무엇을 의미하는 것인가? 돌연변이 유전자만으로 진화를 설명하기 어려운 이유이다.

그리고 무작위적으로 돌연변이가 일어나면 생물체 자체가 생존할 수 없다. 생존과 관계없는 어떤 부수적인 유전자에서만 제한적으로 극소하게 일어나야 한다. 앞서 말한 대로 유전자는 높은 충실도로 복제되어야 한다고 했다. 슈뢰딩거는 이를 위해서는 고전적 화학반응만으로는 불가능하며 양자적 정보로 전달되어야 한다고 했다. 양자의 결맞음 같은 특별한 정보전달이 있어야 거의 완벽하고 충실한 복제가 일어날 수 있다는 것이다. 이런 특수한 복제과정에서 돌연변이가 생길 수 있는 길은 쉽지 않다. 일반적으로 가능한 것이 자체적으로 우연한 변수에 의한 것이라기보다는 외부의 방사선이나 화학물질 등에 노출되는 것이다. 이는 무작위적이거나 확률적 변이라고 볼 수 없다. 이런 제한적인 돌연변이 가능성만 가지고 너무도 광대한 진화현상을 다 설명한다는 것은 너무 과잉적 환원법이 아닌가 생각된다.

복잡성 진화

그래서 이를 보완하기 위해서 나온 것이 복잡성 진화이론이다. 다윈의 진화론이 많은 공격에도 더욱 확실하게 살아남을 수 있었던 것은 이중나선과 유전자 복제과정이 분자생물학적으로 밝혀졌기 때문이다. 소위 말하는 센트럴 도그마central dogma라는 과정이다. 모든 유전자는 하향식으로 핵 중심의 DNA에서 RNA로 가고 RNA에서 단백질이 만들어진다는 것이다. 그리고 그 역은 성립하지 않는다는 것이다. 이 이론 때문에 상향식 역방향을 주장하는 라마르크의 용불용설은 과학적으로 완전히 좌절되지 않을 수 없게 되었다. 하향식 주장이 결과적으로 보면 타당하지만, 세포가 처음 시작될 때를 생각하면 상향식이 아주 틀린 얘기도 아니다. 즉 DNA의 뉴클레오티드가 처음에는 분명 역방향으로 만들어져야만 하기 때문이다. 생명은 분명 아미노산이 먼저 생기고 아미노산들이 묶여 펩타이드가 나온다. 그렇다면 처음에는 유전자도 역방향이 가능했다는 것이다. 이를 보완적으로 설명하기 위해서 나온 것이 바로 RNA세계 가설이라 했다. 이에 대해서는 앞서 설명한 바 있다.

그러나 이 가설은 실험적 근거가 약하기에 오히려 상향식으로 펩타이드의 집단적 자체 촉매의 복잡성에 의해 뉴클레오티드가 만들어졌을 가능성이 더 많다고 했다. 이것이 사실이라면 초기만이 아니라 지금도 상향식이 가능할 수 있다는 것이다. 그리고 반드시 유전자에 의한 센트럴 도그마가 아니더라도 펩타이드의 집단적 자체 촉매의 복잡성에 의해서도 단백질이 생성될 가능성이 충분히 있는 것이다.

다윈주의를 지지하는 가장 큰 근거의 하나가 생물의 전적응이다. 진화가 단번에 가능한 것이 아니라 여러 단계의 전적응 과정을 통해 이루어진 다는 것이다. 역시 돌연변이에 의해 새 유전자가 생성되면 환경에 유리하게 적응하게 되는 기능과 구조가 어느 정도 형성되고 이러한 것들이 같은 과정을 반복하며 복잡한 진화과정을 완성한다는 것이다. 조각할 때 단번에 최종 작품이 탄생되는 것이 아니라 큰 돌을 가지고, 조금씩 조각해가며 서서히 드러나는 것처럼, 진화도 전적응이라는 여러 차례의 조각을 통해 더욱 세밀하게 적응될 수 있는 모습으로 드러난다는 것이다. 결과적으로는 그럴듯한 설명임에는 틀림없다. 그러나 매번 돌연변이와 돌발적인 환경의 적응이 하나의 의도된 조각처럼 어떻게 한 방향으로 진행될 수 있을지를 수학적 확률로 계산해 볼 때 정말 쉽지 않은 가능성이다.[3] 그래서 과학적으로 더 가능한 설명으로 등장한 것이 복잡성 이론이다.

전적응이 어떤 환경에 의해 인과적으로 선택된 것이라기보다는 앞서 말한 집단적 자체 촉매의 복잡성 끌개에 의한 것으로 보는 것이 더 과학적으로 타당한 설명이라는 것이다. 복잡성의 자기 조직화를 통해 DNA와 펩타이드가 자기 재생산을 하게 되고 이러한 변이가 적응의 선택으로 통과하면서 진화를 이룬 것으로 설명하는 것이다. 이처럼 변이의 원인과 과정이 어떠하든 제한된 유전자의 변이만으로 그 다양하고 복잡한 진화과정을 다 설명하기는 어렵다. 유전자의 자체적인 변이는 너무 제한적일 수밖에 없기에 다른 가능한 길들을 찾아볼 필요가 있다.

그 첫째 가능성이 안전한 유전자들을 연합하는 방법이다. 무작위 돌연변이는 사실 위험하다. 그 결과가 생존에 치명적일 수 있다. 생존에 중요한 것을 그대로 두고 새로운 적응을 위한 그러한 창의적인 변화를 추구해야 한다. 그래서 이미 안전한 유전자들을 수입해서 더 큰 유전자의 풀을 만들어 보는 것이다. 이를 유전자 연합 내지는 이동이라고 볼 수 있다.[4] 실제로는 세포 접합. 포식, 기생과 공생, 짝짓기 등으로 이것들이 가능하다. 대표적인 예가 원핵세포와 세균의 공생을 통해 미토콘드리아를 형성하고 그 유전자를 공급받는 일이다. 사실 다세포 생물로 진화되는 데는 이 공생이 큰 역할을 한다. 그리고 세균들이 수십억 년을 살아남는 데도, 유전자 수평 이동이 큰 역할을 하였다. 그리고 이러한 접합이 유성생식으로 발전하면서 짝짓기가 가장 효율적으로 유전자 변이를 가능하게 하는 방법이 되었다. 사실 스스로 일어나는 돌연변이보다는 유전정보의 상호적 연합과 변형으로 유전 간격을 창의적으로 뛰어넘는 것이 훨씬 더 많이 일어나고 또 효율적인 방법일지 모른다. 분명 돌연변이도 진화의 길로서 중요하나 또 다른 다양한 방법이 이처럼 가능하다는 것이다. 그렇지만 이러한 유전자 변이만으로 다양한 진화를 다 설명할 수 있을까? 아직은 부족하다. 마지막으로 유전자의 다양한 발현을 돕는 방법이 있을 수 있다.

후성 유전학

과거에는 센트럴 도그마에 의해 인간에 필요한 모든 단백질 정보가 유전자에서 직접 나온다고 생각했다. 그러나 인간의 복잡성을 설명할 만큼 유전자는 많지 않다고 했다. 미생물이나 유인원과도 유전자는 크게 차이 나지 않는다고 했다. 유인원과 인간은 유전자가 1.3%밖에 차이가 나지 않는다. 다양한 인간들 사이에도 유전자의 차이는 0.1%밖에 안 된다. 1.3% 유전자의 차이로 인간과 원숭이와의 차이를, 0.1% 유전자의 차이로 다양한 인간의 차이를 설명해야 한다. 위에서 제시한 여러 방법을 통해 아무리 유전자 변이를 다양하게 조성한다고 해도 기본적인 유전자 수가 제한되어 있기에 그 유연성과 복잡성을 다 설명하기가 어렵다. 그렇다면 진화의 복잡성을 설명하는 길이 유전자 자체보다는 이를 편집하고 조절하여 활용하는 어떤 방법에 있을 것으로 생각해 보지 않을 수 없다. 물론 기본 자료도 좋아야 하지만 이 자료를 잘 활용하여 최대의 복잡성을 창출해 내는 길이 없느냐는 것이다. 여기에서부터 후성 유전학의 얘기가 나오지 않을 수 없다.

DNA에서 단백질을 찍어내는 유전자는 2% 정도에 불과하다. 그리고 이를 조절하는 유전자가 1%가 된다. 나머지는 아직 그 기능을 모르는 쓰레기 유전자이다. 그리고 RNA는 단순히 DNA를 전사messenger하고 번역 trans하여 리보솜에서 단백질을 생산하는 수동적인 기능만 있는 줄 알았는데, RNA 바이러스나 태초의 RNA처럼 RNA에서 DNA를 만드는 역retro RNA도 있다. 그리고 더 놀라운 것은 유전 설계도가 실행되는 과정에서 이를 간섭, 방해함으로 단백질 생산을 조절하는 micro RNA가 수백 개나 될 정도로 활동하고 있는 것도 발견되었다. 다음으로 알려진 것이 DNA 메틸기 전달 효소DNMT이다. DNA에 메틸기methyl를 붙였다 뗌으로 그 활동성을 조절한다. 그리고 DNA를 감고 있는 히스톤histone이란 단백질이 있는데, 여기에 메틸기나 아세틸acethyl기 등이 붙음으로 DNA 활성도에 영향을 준다. 즉 히스톤과 DNA가 응축과 이완을 조절함으로 그 활성을 조절하는 것이다. 그리고 DNA 끝에 텔로미어telomere라는 DNA가 붙어있는데, 이는 유전 기능은 없고 단지 DNA를 안정화하고 보호하는 기능과 함께 세포의 수명을 결정하는 생체시계와 같은 중요한 기능을 한다. 그래서 노화에 중요한 역할을 하는 것으로 알려져 있다. 그리고 유전물질을 만들지 못하는 쓰레기 유전자로 알려진 것들도 유전자를 켜고 끄는 switch 역할을 하기도 하고 단일염기 다형성을 통해 다양한 조절 기능을 하기도 한다.

그래서 2천 5백 개의 조절 유전자와 유전자와 단백질 발현을 조절하는 다양한 물질들이 하나의 네트워크를 이루면서 조절을 하는 것이다. 그리고 세포막을 통해 전달된 환경 정보와 세포질 내 미세소관 등을 통한 정보처리와 함께 유전자의 조절물질들은 비선형적인 복잡성의 망을 이루며 순간순간 가장 적절하고 효율적인 단백질을 만들어내도록 하는 것이다. 면역계도 주요조직적합 유전자 복합체 T세포 수용체 단백질, CDcluster of differentiation분자들의 다양한 조합 또 항체 VDJC의 천만 가지 이상의 조합, 인터루킨의 다목적적 유연성 그리고 이미 항체 속에 형성된 항원으로 미리 형성된 잠재된 다양한 항체 등이 면역계의 슈퍼 조절 시스템을 이루어 그때마다 병렬적인 복잡성 정보처리를 통해 신체적 자기성과 공격과 방어의 정도와 항체를 만든다.[5] 이처럼 생체의 물질은 단순한 경로가 아니라 대부분 비선형적 시스템의 망을 통한 복잡성의 정보처리로 조절되고 생성되는 것이다.

　유전에서는 내재 된 유전자도 물론 중요하지만, 환경의 정보나 스트레스에 의해 복잡한 조절의 망을 통해 그때마다 최적의 유전 발현을 구현해 내는 후성적 면이 더욱 중요한 것으로 강조되고 있다. 음식이나 건축의 자재도 물론 중요하지만, 요리의 레시피와 조리방법과 경험, 그리고 사는 사람의 의도와 설계, 시공에 따라 음식과 건축이 너무도 다른 것처럼, 유전도 후성적인 것이 중요하다는 것이다. 그런데 여기에도 문제가 있다. 후성적 유전정보는 어떻게 보존되고 진화하고 혹시 유전된다면 어떻게 가능한 것인가 하는 것이다. 유전에 후성적인 것이 중요하고 강하게 작용한다면, 그 정보는 어떻게 저장되고 활용되는 가인 것이다.

후성 유전자의 유전

　DNA 유전정보는 확실하게 보존되고 유전되는 방법이 있다. 그렇다면 후성 유전인자도 보존되고 유전되어야지 안정적인 진화가 가능하다. 그렇다고 라마르크가 주장한 형질의 변화가 유전자를 변화시킬 수 있는 것인가? 요즈음 다윈의 진화론에 의해 완전히 그 수명이 끝났다고 생각되었던 라마르크의 진화이론은 다시 꿈틀거리며 부활을 꿈꾸고 있다. 그 가능성이 바로 후성 유전학과 양자 유전학에 의해 열리기 시작하고 있다. 양자 유전학을 말하기 전에 먼저 환경적 복잡성 정보는 어떻게 저장되고 진화될 수 있는지에 대해 먼저 생각해 보자. 신체의 세포들은 평균 2주 정도의 수명을 다하고 죽는다. 그러면 그 속에 내재 된 모든 정보도 소멸된다고 보아야 한다. 그러나 복잡성 정보의 망에 저장된 정보가 있기 때문에 새로운 세포는 금방 이 정보를 학습하여 그 망에 일사불란하게 참여할 수 있다.

한 개체를 한 세포로 본다면, 사회와 문화 그리고 역사 속에 형성된 정보의 망으로 인해 새롭게 태어난 개체는 그 속에 있는 정보를 활용하여 전 세대의 축적된 정보를 충분히 활용하고 진화해갈 수 있는 것이다. 유전자의 변화는 없더라도 자연과 사회의 망 속에 있는 안정적 정보의 진화로 인해 연속적인 후성진화를 계속해 나갈 수 있는 것이다. 그래서 유전자는 크게 변하지 않더라고 유전자 밖에 형성된 정보의 망을 통해 진화는 계속될 수 있는 것이다. 도킨스는 이를 유전자gene와 비슷한 이름으로 밈meme이라 했다. 밈은 생명체의 유전자밖에 존재하는 또 다른 유전자로 볼 수 있으며, 이 두 유전자는 상호 교류하고 보완하며 효율적인 진화를 계속해 나갈 수 있게 해 준다. 그렇다면 신체 정보의 네트워크는 구체적으로 어떻게 정보를 저장하고 기억할 수 있을까?

이는 뇌의 기억과정과 유사하다. 뇌의 기억은 전기적으로 낮은 포텐셜을 유지하여 전기가 쉽게 흘러가게 함으로 그 정보를 안정적으로 활용할 수 있게 하는 것이다. 결국 에너지의 법을 이용하는 것이다. 뉴런의 구조적인 형태를 변형하게 되면 그 에너지 준위는 더욱 안정적인 형태를 갖게 됨으로 장기 기억도 가능해진다. 이처럼 신체의 복잡성 정보도 같은 원리로 저장되고 기억된다. 결국 기억은 에너지의 끌개에 의해 형성되고 회상되는 것이다. 그리고 각 정보는 전자기적 파동으로 교류되어 홀로그램hologram을 형성할 수 있다. 홀로그램은 일부분 정보의 손상에 의해서도 전체적인 기억이 손상을 받지 않기에 더욱 정보망의 기억은 안정적으로 유지된다.[6] 뇌의 기억도 이 홀로그램의 원리로 저장된다. 즉 국소적인 뇌 손상에도 불구하고 전체 기능은 그런대로 유지되는 이유를 바로 파동적인 간섭현상 때문으로 설명한다.

그렇다면 한 개체가 죽게 되면 후성적으로 경험된 모든 정보들은 소멸하게 되는가? 물론 소멸되어도 생물학적 환경과 사회적 환경의 망을 통해 어느 정도 후성적 정보도 보존되고 유전될 수는 있지만, 환경적 망과 유전자의 상호작용이 있을 때 후성유전이 더 활발하게 일어날 수 있기 때문에 후성유전자의 유전도 기대해 볼 수 있다. 진실로 라마르크의 획득형질의 유전자 침투는 불가능한가? 그렇지도 않다. 유전자 자체는 변하지 않지만 후성 유전학에서 말한 메틸기의 표식은 적어도 몇 세대 정도는 유전되는 것으로 알려져 있다.[7] 그리고 양자유전학에서는 획득형질의 유전자가 유전될 수도 있다고 주장한다.

양자유전학과 양자진화론

이를 이해하기 위해서는 먼저 양자유전학과 양자진화론 이야기를 해야 한다. 양자유전학과 양자진화론은 극히 최근의 학문이다.[8] 아직 초보적인 연구에 불과하다. 그럼에도 과거 잘 해결되지 않은 유전과 진화의 문제들을 새로운 각도에서 볼 수 있게 해주는 통찰을 제공해 주고 있다. 어느 것이 옳고 그른 것이 아니다. 뉴턴의 고전역학과 양자역학이 서로 보완되듯이 고전적 유전학과 진화론이 양자유전학과 양자진화론과 같이 상호보완하며 더 포괄적인 학문과 설명으로 갈 수 있지 않을까 기대해 본다.

유전은 모순적이다. 아니 우주의 진화부터 모순적이라 했다. 안정적이면서도 안정적이어서는 안 된다. 동시에 불안정해야 한다. 너무 안정되면 죽고 없어진다. 그렇다고 너무 불안정해도 해체되고 사라진다. 그래서 우주는 안정과 불안정의 경계에 서서 약간의 불안정으로 움직여 나가는 상태에 있다. 생명체는 더욱더 모순적이다. 안정과 불안정의 절묘한 경계에서 생존해 나가야 한다. 약간의 엔트로피를 증가시키는 방향으로 나가야 한다. 복잡성과 혼돈도 자기 조직화와 질서와의 절묘한 임계상태의 경계에서 움직여간다.

유전도 너무 안정적이면 적응하지 못하고 도태된다. 그러나 돌연변이가 많아져 너무 불안정해도 생존이 어렵다. 유전도 충실하고 안정적인 전달을 하면서도 적절한 돌연변이가 있어야 한다. 이 경계를 어떻게 조절할 수 있을까? 앞서 정보이론에서 말했듯이 저차정보인 2차정보는 일방적인 자기보존력 때문에 한쪽으로 치우친다고 했다. 고차정보가 이를 보완해 줄 수 있다고 했다. 복잡성 정보는 혼돈과 질서의 임계상태를 유지함으로 저차정보의 치우침을 막아줄 수 있다. 유전자 안에도 이러한 복잡성의 망이 있다고 했다. 그래서 유전자도 적절한 안정과 불안정의 경계를 유지할 수 있다.

그러나 환경적인 스트레스가 심하고 또 저차정보의 손상이 심한 경우에 복잡성 정보도 치우칠 수 있다. 이에 대해서는 나중에 다시 설명할 것이다. 충분한 안정적인 에너지 준위가 신속하게 확보되지 못하고 여러 개의 끌개가 서로 갈등하며 빨리 하나로 결정되지 못하고 혼돈될 수 있다. 엉성한 자기 조직화와 질서로 갈 수 있다. 그 경계가 불안정할 수 있다. 이런 상태가 오래되면 결국 생명체는 질병으로 가게 된다. 질병이란 균형이 깨어지고 비가역적인 치우침의 상태를 말한다. 이럴 때 이를 해결하고 치유해 줄 수 있는 더 고차정보의 도움이 필요하다. 그것이 바로 양자정보이다. 양자는 그 자체가 완전한 경계상태이다. 바로 중첩현상이 그러한 것이다. 그 어떠한 것도 결정되어 있지 않다. 해체적이고 비개체적인 정보라고 했다. 그렇다고 혼돈만 있는 것도 아니다. 완전한 결맞음과 양자터널과 얽힘 현상들로 인해 아주 안정적인 상태를 유지한다. 이러한 양자정보의 특성을 인정한다면, 양자는 물리적 세계에서만이 아니라 생명체에 아주 필수적인 중요한 역할을 할 수 있다. 어떻게 보면 양자의 기능만을 생명체가 활용한다고 보기보다는 생명의 본질과 양자가 어떠한 관계가 있지 않을까 생각해 볼 수 있다. 이점 역시 나중에 다시 의논해 보려고 한다.

구체적으로 유전자에서 어떻게 양자현상이 일어날까? DNA의 유전에서 가장 중요한 것은 4개의 염기(아데닌A, 티민T, 시토신C, 구아닌G)의 결합에 절대적으로 의존한다는 것이다. 즉 A·T 와 G·C의 염기가 선택적으로 결합함으로 안정적인 유전이 가능한 것이다. 이 결합이 가능하도록 하는 것이 수소결합이다. 각 염기의 수소가 다른 염기의 산소 혹은 질소와 수소결합을 하는 것이다. 유전자의 변이가 잘 일어나서는 안 되는 것도, 또 변이가 일어나야 하는 것도, 바로 이 수소결합에 달려있다. 이때 수소 핵의 양성자가 바로 그 역할을 한다. DNA의 나선 구조를 발견한 왓슨과 크릭도 이 양성자가 변이에 가장 중요한 인자가 될 것이라고 예견한 바 있다.[9] 유전자의 변이에 대해 안정과 불안정의 이중성을 충족시킬 수 있는 것은 바로 이 양성자가 양자 상태이어야 한다. 그 증거가 실험적으로도 밝혀졌다.[10] 수소의 양성자가 염기의 정상적인 결합 위치에서 양자적으로 점프하여 호변이 tautomerization 형태로 옮길 수 있으며 다른 염기와 결합하는 변이를 유발할 수도 있다. 이처럼 양성자가 양자적 상태로 있으면서 결맞음의 안정성과 호변이의 불안정 상태 모두를 가능하게 하는 경계에 있을 수 있게 하는 것이다.(그림9)

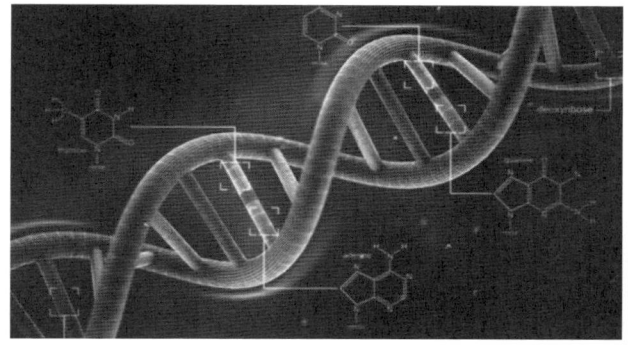
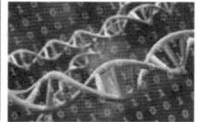

(그림9) 유전자 변이가 일어날 수 있는 가장 유력한 곳은 염기들을 연결하는 수소결합이다. 수소의 양성자가 양자적 상태로 있으면서 결맞음의 안정성과 호변이tautomerization의 불안정성이 동시에 가능한 중첩적 상태를 이룰 수 있어 유전과 진화를 효과적으로 수행할 수 있게 해준다.
https://blogdoenem.com.br/dna-e-rna-simulado-biologia/
http://kevinljackson.blogspot.com/2017/05/how-quantum-computing-with-dna-storage.html

그렇다면 이러한 중첩적인 양자유전이 진화에는 어떠한 영향을 미치게 될까? 다윈의 진화는 변이가 먼저 일어나고 성공적인 적응을 통해 그 유전자가 선택됨으로 가능하게 된다. 예를 들어 새로운 바이러스의 공격에 살아남기 위해서는 바이러스에 저항할 수 있는 유전자가 새롭게 형성되어야 한다. 이것이 가능하기 위해서는 먼저 변이를 통해서 어떤 바이러스에 저항을 보이는 전적응이 일어나야 하고 그래서 생존한 유전자가 선택됨으로 진화가 일어나야 가능하게 된다. 그런데 전적응이 금방 일어나는 것이 아니고 어느 정도 시간이 지나야 한다. 만일, 그 사이에 바이러스의 공격에 견디지 못하고 죽어버린다면 생존과 진화는 불가능하다. 결국 시간의 싸움이다. 대부분 전적응을 이루기 전에 죽는 경우가 많다. 또 다른 경우로서, 락토즈를 분해하지 못하는 대장균이 변이에 의해 전적응을 이루어 가는 사이에 락토즈를 빨리 분해하지 못해 먼저 죽을 수 있다. 이런 급박한 환경에서 선변이와 후선택으로 진화한다는 것이 여간 어려운 일이 아니다.

그런데 유전자가 양자상태라면 양성자의 중첩과 터널 등을 통해 락토즈를 분해하는 변이를 먼저 만들 수 있다. 즉 사전변이가 아닌 환경에 대한 반응으로서 변이가 먼저 일어날 수 있다. 고전적 유전에서는 불가능한 얘기지만 양자유전자에서는 가능한 것이다. 그리고 이런 변이가 일어난 다음 양자가 붕괴됨으로 그 변이된 유전자가 확정될 수 있다. 이를 통해 환경에서 얻은 형질이 실제 유전자로 남을 수 있는 가능성이 열리게 된 것이다. 바로 라마르크의 형질유전이 실제로 가능하다는 것이다. 이것은 이론적으로만 가능한 가설이 아니고 실제 실험에서도 입증되어 저명한 Nature 학술지에도 발표된 바 있다.[11] 원래 양자 상태에서는 이런 변이의 가능성을 알 수 없다. 새로운 환경에 노출됨으로 양자의 다양한 가능성에 의해 새로운 변이가 생성될 수 있는 것이다. 이처럼 양자유전자는 유전과 진화에 대해 과거에는 생각할 수 없었던 새로운 가능성을 열어주고 있다.

지금까지 생명에 가장 중요한 에너지, 대사와 효소 그리고 유전자 등에서 복잡화 정보와 양자 현상이 어떻게 나타나고 그 의미가 무엇인지를 살펴보았다. 이 세 가지는 생명을 유지하는데 가장 핵심적이고 중요한 기능이다. 가장 효율적이고 정확하고 신속해야 한다. 이를 위해서 이러한 고차적인 정보가 필요하다는 것이다. 이런 고차적인 정보가 없이는 몸의 그 수많은 세포와 분자, 원자 및 양자들이 일사불란하게 생명이라는 하나의 목적을 이루며 생존해 나갈 수 없다는 것이다. 그 신비의 중심에 이 고차정보가 있다는 것을 말하고 싶은 것이다. 뇌의 정보에도 고차성이 있지만, 몸의 고차정보에 비할 바가 아니다. 특히 의식의 주류를 이루고 있는 저차정보만으로 몸의 정보를 저평가해서는 안 된다는 것을 강조하고 싶은 것이다. 그리고 여기서는 자세히 다루지는 않았지만, 몸의 다른 기능 속에도 복잡성과 양자정보는 무수하게 작용하고 있다.

특히 감각기관은 양자가 깊이 관여하는 것으로 알려져 있다. 감각은 생명체가 생존하는데 가장 중요한 기관이다. 외부의 변화를 아주 예민하게 인지하고 신속하게 반응해야 산다. 그래서 이 감각기관은 아주 섬세한 변화까지도 지각하고 신속하게 반응하기 위해서는 일반적인 화학반응만으로는 느리고 덜 예민하다. 역시 양자정보가 동원되어야 한다. 시각은 광자라는 양자의 전자기 진동에 반응하고 청각도 공기의 진동을 인지하고 후각도 분자의 진동을 통해서 인지한다. 이러한 진동을 섬세하고 신속하게 인지하고 반응하기 위해서는 양자정보가 가동되어야 한다는 것이다.[12] 또한 촉각정보도 아주 예민해야 한다. 이 역시 전기적 양자와 복잡성이 같이 작동함으로 가능할 수 있다.[13] 물론 이러한 것에 대한 실험적 연구가 아직 시작 단계라 충분히 밝혀져 있지는 않지만, 앞으로 지속적인 연구를 통해 이러한 감각기관의 고차정보의 기전이 언젠가 밝혀질 것으로 기대한다.

부분적으로는 분자와 세포들에서 고차정보가 작동하고 있지만, 이를 몸 전체의 정보로 활용하기 위해서는 몸 전체의 정보를 관장하는 시스템이 필요하다. 지금까지 알려진 바로는 신경계, 내분비계 그리고 면역계가 이를 담당하는 것으로 알려져 있다. 그러나 이러한 시스템은 혈액과 신경이란 통로를 통해서 작용하고 그 기본이 화학반응이다. 일상적이고 평상시의 업무를 담당하는 데는 전혀 불편함이 없지만, 좀 더 급하고 신속하게 온몸이 하나로 가동되고 협업을 해야 하는 경우에는 이런 시스템만으로는 부족하다. 이를 위해서 몸에는 또 다른 고속정보망이 필요하고, 필요시 이 망을 통해서 반응하고 생존해야 한다. 이제 이 고속정보망에 대해 알아보자.

답과 설명

1. 유전과 진화의 갈등은 무엇인가?

    유전이 되려면 유전자가 안전하고 충실하게 전달되어야 한다. 이에 치중하면 돌연변이가 일어날 가능성이 낮아진다. 적절한 돌연변이가 없으면 진화가 어렵다. 너무 안정되어도 죽고 너무 불안정해도 죽는다. 그래서 서로 모순된 갈등을 일으킨다. 가장 가능한 상태는 안정적이면서도 약간 불안정한 상태를 보이는 임계상태를 유지하는 것이다. 이는 유전과 진화에서만 일어나는 것이 아니라 모든 우주 진화의 법칙과 생물의 생존에서 볼 수 있는 원리이기도 하다.

2. 모든 진화현상을 다윈의 진화론으로 설명하기 어려운 점들은 무엇인가?

    다윈의 진화론의 핵심은 우연한 변이를 통해 성공적인 적응을 통한 자연선택이다. 그러나 우연만으로 설명하기 어려운 진화의 정밀성과 과정의 불연속성이 있다. 그리고 진화하지 않은 생명체가 적응력이 더 탁월한 경우가 많다. 그래서 우연과 적응만으로 설명하기 어려운 현상이 많은 것이다. 그래서 이런 진화론을 보완하는 새로운 이론들이 등장하고 있다. 복잡성 진화론, 후성유전학, 양자유전과 진화론들이 바로 그러한 이론들이다.

3. 복잡성 진화론이란 무엇인가?

    진화는 전적응이 어떤 환경에 의해 인과적으로 선택된 것이라기보다는 집단적 자체 촉매의 복잡성 끌개와 자기 조직화를 통해 DNA와 펩타이드가 자기 재생산을 하게 되고 이러한 변이가 적응의 선택으로 통과하면서 진화를 이룬 것으로 설명한다.

4. 후성 유전학이란 무엇인가?

    유전은 유전자에 의해서 일방적으로 단백질이 생산되는 것이 아니라 다른 환경적 요인과 유전자를 조절하는 다양한 물질들, 즉 히스톤, 메틸기, micro RNA 등이 복잡성을 이루며 유전과 진화를 일으키는 것으로 설명한다.

5. 양자유전과 진화론이란 무엇인가?

    유전을 결정하는 4개의 염기 결합에 있는 수소결합에 양자상태가 가능하다. 그래서 환경에 따라 변이를 일으키고 이러한 유전자 변이가 확정되어 진화될 수 있다는 것이다. 양자유전학은 아직 시작 단계이고 연구하는데, 적지 않은 어려움이 있다. 그러나 양자는 절묘하게 안정과 불안정의 중첩적인 상태를 유지할 수 있기에, 유전과 진화의 난제들을 해결하는데 가장 적합한 이론이 될 수 있을 것이다.

10. 몸의 초고속 정보망

질문.
1. 몸을 하나로 작동하고 움직이게 하는 기전은 무엇일까?
2. 몸속에도 고속 통신망이 있을까? 있다면 무엇이 그 통신망의 역할을 할까?

하나로 움직이는 몸

다세포 생물은 여러 가지로 비효율적이다. 많다 보니 뭐든지 힘들다. 세균이 그토록 오랫동안 성공적인 적응과 생존을 유지해 온 것은 모든 것의 슬림화 덕분이다.[1] 유전자가 많아지면 그만큼 실수도 많아진다. 그리고 복제하는 데도 많은 시간이 든다. 세균들은 필요 없는 유전자를 과감히 버린다. 꼭 필요한 것만으로 복제한다. 이 작은 유전자로 인해 빠른 것은 20분마다 자식을 생산한다. 복제 능력이 정말 대단하다. 다세포 생물은 몸집이 커지니 많은 에너지가 필요하다. 다른 생물체를 포식해서 소화시키고 대사하고 배설해야 한다. 큰 집을 유지할수록 고장이 자주 난다. 늘 문제가 발생한다. 여기 아니면 저기에서 문제가 생긴다. 또 몸집이 크니 다른 생명체의 표적으로 쉽게 노출된다. 그래도 무슨 이유에서인지 다세포 생물은 계속 진화하고 생존해 나간다.

과연 이 많은 세포와 분자들이 어떻게 하나가 되어 몇십 년 이상 무사하고 건강하게 살아갈 수 있는 것인가? 우리는 너무 당연하게 생각하고 있지만, 이것이야말로 기적중에 기적이 아닐 수 없다. 내가 몸을 가지고 살아 움직인다는 것이 사실 가장 큰 기적이다. 수많은 기능이 따로 움직이면, 생명은 하나로 유지되지 못한다. 어떻게 수십 조 세포와 우주의 별보다 많은 분자들이 하나로 움직일 수 있는지 소름이 끼칠 정도로 신비롭다. 내가 의식적으로 몸에 대해서 아무것도 하는 것이 없어도 몸은 자동으로 알아서 하나로 생존해 나간다. 호흡하고 먹고 자고 배설하는 것도 사실 거의 자동적이다. 몸이 하라고 하니 생각 없이 그렇게 하는 것이다. 사실 몸이 알아서 하는 대로 살면 큰 병이 없이 건강하게 살 수 있다. 문제는 몸이 아니고 뇌가 자신의 문제로 인해 뭔가로 치우치기 때문에 몸이 병든다. 이 문제는 아주 중요하기에 책의 마지막 부분에서 자세히 언급할 것이다.

어떻게 몸이 이런 일을 해낼 수 있을까? 이는 과학이다. 사람이 이런 기계나 로봇을 만들 수도 없다. 몸은 인간의 지능으로 도저히 흉내 낼 수 없는 과학적 사실이다. 몸이 어떻게 하나로 실수 없이 움직여 생명을 유지해 나가고 있을까? 앞서 말한 대로 뇌신경, 내분비, 면역 시스템만으로 충분할까? 이들의 기능도 물론 아주 중요하다. 그러나 대부분 큰 변화가 없는 루틴의 일이나 느리게 지속적으로 담당해야 하는 그런 일들이 대부분이다. 그러나 생체는 수시로 몸의 대화와 조율이 필요하다. SNS와 같은 채널이 필요한 것이다. 서로의 세포와 분자들이 전체의 얘기를 듣고 또 다른 멀리 있는 세포와 분자들의 얘기를 같이 들으며 자기를 조절하고 반응해야 한다. 이를 신경과 화학물질이 다 맡아서 할 수 있을까? 이들이 마치 기차나 도로망을 통해서 일어나는 역할과 유사하다. 전기통신을 통해서 일어나는 그런 기능은 아니다. 몸에는 도로망으로 택배와 화물을 보내는 것도 필요하지만, 전기 통신망처럼 초고속 통신망도 필요하다. 생명이 신속하게 하나로 대화하고 움직이기 위해서는 이러한 통신망이 필요한 것이다.

그러나 세포와 분자들이 실제로 어떻게 이런 통신을 하고 있는지 잘 모른다. 몸의 신경과 내분비, 면역도 우리는 느끼지 못하는데, 어떻게 이런 통신망까지 느낄 수 있겠는가? 그렇지만 전신적인 작용이기에 가끔 느낄 수도 있다. 이런 통신망이 가동되는 것을 실제로 어떻게 느낄 수 있는지를 알아보자.

어떤 위기의 상태에서 몸이 순간적으로 반응하고 대처하는 것을 본다.

보통 이런 경우 반사 신경의 작용이라고 한다. 보통 뇌신경이 반응하는 데는 최소한 0.3-0.5초가 소요되고 척추반사라도 0.1-0.2초는 소요된다. 운동선수들이 출발신호를 듣고 반응하는 시간이 대체로 0.2-0.3초대이다. 그래서 0.1초에 움직이면 부정 출발로 간주한다. 그래서 0.1초가 신경에 의한 한계 속도이다. 그러나 이보다 훨씬 더 빠른 반응들을 볼 수 있다. 동물에서는 6천분의 1초의 반응도 가능하고 사람도 천분의 1초의 반응도 가능하다.[2]

이처럼 때로는 신경계의 반응이라고 보기 어려운 경우들도 있다. 뇌가 비워지고 생각이나 의도가 없이 몸이 자동으로 움직여 정말 아름다운 결과를 만들 때가 있다. 너무도 짧은 순간에 그 수많은 소근육과 대근육이 하나되어 대상에 대해 놀라운 반응을 만든다. 이를 예술이라 하기도 하고 동물적 감각이라고도 한다. 대부분, 운동선수들이 훈련의 결과로 골을 넣고 홈런을 치지만, 이러한 신경의 훈련만으로 설명하기 어려운 순간적인 동작들을 많이 볼 수 있다. 이러한 한순간의 동작을 만들기 위해 얼마나 많은 신경과 근육이 하나로 동원되어야 하는가? 물론 소뇌가 정확하고 신속한 계산을 하는 것으로 알려있지만, 그 짧은 순간과 그 타이밍에 수많은 것들이 섬세한 조화를 어떻게 빠르고 정확하게 계산하여 그 아름다운 작품을 만들어 낼 수 있는 것인가?

특히 예술가들의 몸짓을 신경이 다 계산해낼 수 있을까? 무아경지의 그 아름다운 춤동작을 뇌가 계산해서 그 짧은 순간마다 각 근육의 조화를 그토록 신비롭게 만들어 갈 수 있을까? 무아지경에서 순간순간 섬세한 예술을 연주하는 음악가들의 손놀림이나 화가들의 붓 터치를 뇌가 계산해 낼 수 있을까? 사실 뇌는 그렇게 우수한 기관이 아니다. 그저 외부에 대해 생존하기 위해 진화된 기관이지, 고상한 진선미에 관심이 별로 없다. 뇌는 효율성과 경제성을 계산하고 수행하는 기업과 비슷하다. 마치 세상에서 이윤을 남기려고 하는 기업이 진선미에 큰 관심이 없는 것과 마찬가지다. 기업은 이윤을 남기는 것에 특화된 조직이지 진선미를 추구하는 집단은 아니다. 물론 사회적 기업이라고 하여 일부 진선미에 관심을 갖지만, 이 역시 기업의 이윤 창출의 범위 안에서 부수적으로만 감당할 뿐이다. 더 자세한 얘기는 나중에 다시 다룰 것이다. 예술은 몸이 한다. 진선미도 몸이 한다. 뇌가 아니다. 물론 뇌는 기초적인 훈련과 회로와 계산을 제공하지만, 순간마다 예술적인 조화는 뇌의 몫이 아닌 것이다.

몸의 소리

몸에는 다양한 소리가 있다. 그리고 몸 전체의 상태에 대한 신호를 내보낸다. 몸의 중요한 감각 신호는 신경과 화학물질이 전달한다. 그러나 더 섬세한 전체적인 몸의 신호들이 있다. 온몸이 무겁다, 묵직하다, 가볍다, 날 것 같이 상쾌하다, 편하다, 불편하다, 찌뿌듯하다, 콕콕 쑤신다. 짜릿하다, 온몸에 전기가 오른다, 파르르 떨린다, 몸서리치다 등 우리 한국에는 이런 몸의 표현들이 특히 다양하게 많다. 병원에 가면 환자들이 아플 때, 이런 전신상태에 대해 불평한다. 그러나 서양의학의 교육을 받은 의사들은 이런 증상을 의학적인 용어로 기술하기가 쉽지 않다. 그저 전신상태 좋음 혹은 불편함 정도이다. 이런 전신적인 상태는 신경이나 화학반응의 예민도로 느끼기가 쉽지 않다. 그리고 국소적인 감각이 아니고 전체적인 섬세한 느낌은 다른 전신 통신망이 동원되어야 가능하다.

그리고 책의 앞부분에서 정서는 뇌보다 몸에서 발생한다고 했다. 물론 몸과 뇌가 같이 정서를 발생시키지만, 원천적 기원은 뇌보다 몸이라는 것이다. 감정의 강도는 다양하나 때로는 감정이 강하게 표출될 때가 있다. 감정이 몸에서 강하게 올라올 때는 뇌가 이를 감당하기가 어렵다. 감정은 수많은 몸의 세포들에서 전신적으로 올라오는 것이기 때문에 그 에너지가 뇌의 에너지를 이기고도 남는다. 반대로 몸의 감정을 잘 이용하면 뇌는 아주 편하다. 뇌는 마치 파도타기와 같다. 몸이 파도를 만들어내면 그 위에서 뇌가 파도만 타면 무척 수월하다. 그러나 뇌가 몸을 거슬러 파도와 싸우기 시작하면 문제가 심각해진다. 이 파도가 곧 감정으로 표현되는 것이다. 그렇지만 몸은 처음부터 이렇게 강한 감정으로 말하는 것은 아니다. 몸은 원래 뇌처럼 많은 에너지를 사용하지 않는다. 아주 효율적으로 일한다. 가능한 적은 에너지로 소통한다. 그래서 뇌의 높은 에너지 수준에서는 이를 잘 인지하기 어렵다. 작다고 해서 몸이 말을 하지 않는 것은 아니다. 뇌가 몸의 소리를 듣지 않고 세상에만 쏠려 있을 때 몸은 가끔 큰 소리로 말할 때가 있다. 그것이 강한 감정일 때도 있고 몸의 질환과 증상일 때도 있다. 우리는 몸이 이처럼 큰 소리를 내기 전에 미리 작은 소리에 귀 기울여 들을 수 있어야 한다. 즉 몸과 늘 소통하며 살아야 한다. 이제 그 신호들이 무엇인지 알아보자.

감성이 몸의 첫 번째 신호이다. 몸이 항상 감성을 유발하는 것은 아니다. 먼저 몸은 작고 미세한 소리를 낸다. 그러나 대부분 이를 잘 인지하지 못한다. 이를 잘 듣지 못하니 몸은 감성이란 다소 큰 소리로 이야기한다. 그래서 감성은 몸의 일반적인 신호보다 강할 수밖에 없다. 감정은 대부분 몸의 반응을 동반한다. 좋아도 몸이 가만히 있지 못한다. 몸이 흥분하고 떨기도 하고 뛰기도 한다. 행복도 사랑도 몸이 먼저 느끼고 반응한다. 무서워도 몸이 먼저 반응한다. 몸이 긴장되고 떤다. 트라우마나 공황장애를 경험한 사람은 뇌가 인지하기도 전에 몸이 먼저 반응하는 것을 느낀다.[3] 그리고 그 다음에 머리로 인식한다. 몸이 트라우마를 기억하게 하는 현장이나 비슷한 환경을 자동으로 먼저 거부한다. 몸이 굳고 가기 싫어한다. 머리로는 다 안전하고 아무 일 없다는 것을 알지만, 몸이 그 장소를 싫어하는 것이다. 번지 점프나 바이킹 같은 놀이 기구가 머리로는 안전하고 재미있다는 것을 다 안다. 그러나 몸이 안 움직인다. 사랑하면 몸이 먼저 반응한다. 손만 잡아도 온몸이 짜릿하다. 사랑하면 몸이 피곤한 줄 모른다. 사랑으로 하면 무거운 것도 들 수 있고 가는 버스도 따라잡을 수 있다. 특히 사랑하는 사람과의 섹스는 온몸이 반응한다. 몸이 먼저 다가가 몸을 부딪치고 몸을 느끼고 몸이 진동한다. 그래서 성은 가장 강한 욕구가 된다. 온몸이 움직이기에 이를 머리로 도저히 억제할 수 없다. 우울하면 몸이 무겁고 무력하다. 사실 몸이 먼저 우울하니까 뇌가 우울해지는 것이다. 싫어하면 몸이 자동으로 멀어진다. 몸이 가까워지는 것을 피한다. 어떠한 아픔의 감정에도 몸이 같이 불편해하고 긴장한다. 몸이 먼저 아픈 것이다. 몸이 아픈 것을 뇌가 표현하고 인지하는 것이다.

고속 통신망의 구조

그렇다면 이런 몸의 전신적인 통신망은 구체적으로 어떻게 형성되어 작동하는 것인가? 몸의 구조는 대부분 단백질로 되어있다. 세포의 골격을 유지하는 가장 중요한 것이 미세소관이라고 했다. 그리고 그 외 액틴으로 되어있는 미세섬유, 그다음 크기의 중간섬유 등이 세포의 골격을 유지한다. 세포 내 물질을 유통하는 소기관들로서 소포체와 골지체 등이 있다. 이러한 단백질은 일차적으로 구조와 유통을 위한 것이지만, 통신의 기능도 담당한다. 특히 미세소관이 세포 내 정보처리와 기억에 가장 중요하다고 했다. 그리고 세포 내외를 연결하는 비교적 긴 단백질이 있다. 대표적인 것으로 글리코포린이란 단백질이 있으며, 그 외 피브로넥틴, 콘드로넥틴, 라미딘 등이 있다. 이러한 세포의 내외를 연결하는 분자를 통칭하여 인테그린이라 한다. 이들은 다시 세포 외 골격을 이루는 단백질 골격구조와 연결된다. 이 세포 외 골격구조를 통칭하여 결합조직이라 한다. 신체의 내장부터 피부와 뇌에 이르기까지 이 결합조직이 없는 곳이 없다. 결합조직은 표층 근막, 근육 근막, 뼈 근막, 신경, 혈관, 뼈 힘줄, 인대, 장기, 피막, 관절, 연골, 섬유성 결막, 뇌막과 뉴런의 지지세포 등을 이루며 몸을 보호하고 그 형태를 유지한다.

과거에는 이러한 단백질이 단순히 골격만을 위해서 존재하는 것으로 생각했으나, 최근에는 이러한 구조물이 모두 전기적 특성을 가지면서 통신의 역할을 한다는 것이 밝혀지고 있다. 조직을 효과적으로 구성하기 위해서 단백질이 결정 격자처럼 좁은 간격의 규칙성으로 배열된 구조를 갖는다. 대표적인 것이 콜라겐 단백질이다. 콜라겐은 알파 사슬이 전구 사슬이 되어 삼중 나선을 이룬다. 이를 콜라겐 분자라고 하고 이들이 모여 다시 콜라겐 다발과 섬유를 이룬다. 이러한 콜라겐 구조는 전기적인 연속체인 동시에 반도체의 역할을 한다. 압력과 장력 등을 전기적 신호로 변환하여 전달한다. 그리고 근육을 이루는 액틴과 미오신 섬유도 결정 격자를 이루며 운동기능과 함께 전기적 정보를 전달하는 기능을 한다.[4] 이들은 여러 세포들과 연결되어 생체 매트릭스를 구성하여 분산적 병렬망을 이루고, 이를 통해 생체의 복잡성 정보를 처리한다.

그런데 이러한 결합조직은 전기적 정보를 전달하는 것으로 끝나지 않는다. 이 생체 매트릭스는 전기 발생과 함께 양자도 발생시키는 것으로 알려졌다.[5] 이를 위해서는 단백질 구조만으로는 충분하지 않다. 물H_2O이 아주 중요한 역할을 한다. 이미 미세소관, 유전자, 미토콘드리아에서 발생되는 양자에 대해 설명한 바 있다. 그 외 생체에서 광자의 결맞음에 의해 양자가 발생하는 것도 관찰된 바 있다.[6] 이 결맞음의 파를 프뢰리히Frölich 파동이라 부른다.(그림10-1) 그리고 생물리학자인 포프Popp는 생광자bi-ophoton 양자가 세포에서 발생되는 것을 보고한 바 있다.[7](그림10-2) 그 외 생체 양자 발생에 대한 다른 보고들도 있다.[8] 전기 발생을 일렉트리시티electcity라고 하듯이 양자 발생을 프로티시티proticity라 한다. 그런데 프뢰리히 파와 함께 이 프로티시티가 세포막, 미세소관, 핵, DNA, 미토콘드리아 등과 함께 세포들을 연결하는 인테그린과 세포 밖의 결합조직 등에서 발생된다. 이러한 양자파는 결을 이루며 몸 전체가 하나의 생명을 이루도록 교신하는 역할을 하는 것으로 알려져 있다.[9]

양자 발생에는 단백질과 물이 중요한 역할을 한다. 적절한 분자 공간(약 12-16옹스트롬, 10옹스트롬은 원자 하나의 지름에 해당)이 유지될 때 그 속에 물이 채워지면 양자 발생이 가능해진다.[10] 즉 단백질이 주위의 에너

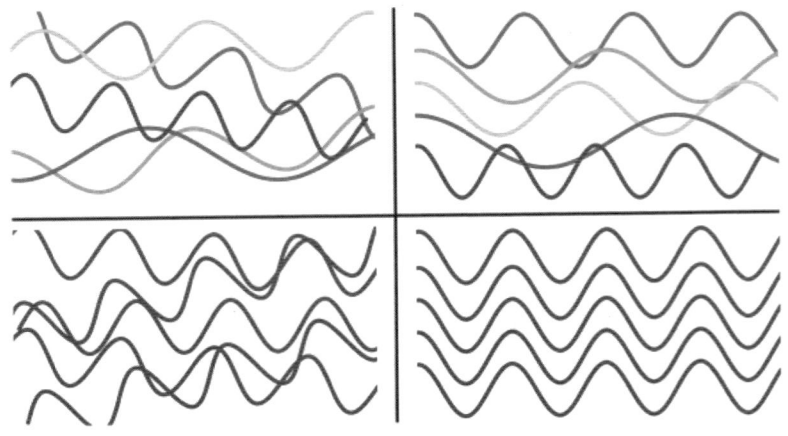

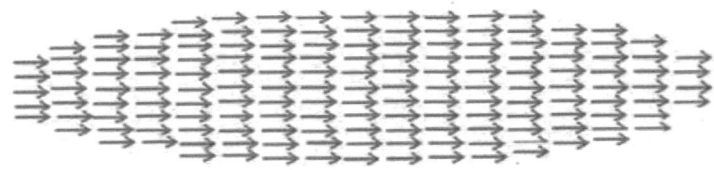

All the molecules in the body including the water are aligned in a liquid crystalline continuum and moving coherently together

(그림10-1) 양자는 다양한 진동의 혼돈 속에서 하나의 결을 이루어 가는 결맞음 coherence현상을 보인다. 대표적인 결맞음이 레이저이다. 그런데 생물리학자인 프뢰리히Herbert Frölich는 생명체에서도 이러한 결맞음을 관찰하였다. 즉 단백질과 물이 결합하여 하나의 결을 이루며 움직이면서 결 깨어짐decoherence을 통해 에너지와 정보를 전달하는 것을 관찰하였다. 이를 통해 생명체에서도 양자 현상이 보편적으로 일어나고 있음을 확인할 수 있었다.
https://interactive.quantumnano.at/advanced/molecular-beams/coherence/
http://www.i-sis.org.uk/QuantumJazz.php

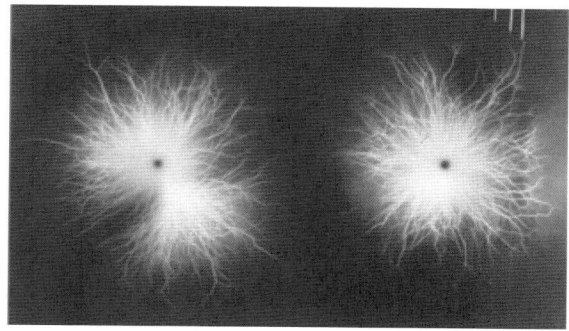

(그림10-2) 생물리학자인 포프 Frits-Albert Popp는 살아있는 세포에서 초당 10만회 이상의 광자가 결맞음 상태로 방출되고 있음을 발견하였다. 그리고 이를 생광자biophoton라고 하였다. 아직 정확한 기전은 모르지만, 세포 내 유전자에서도 방출되는 것이 확인되었으며, 광합성에서 광자를 이용해서 에너지를 얻는 것처럼 에너지와 관계된 세포 내 분자들의 반응과 연관된 것으로 생각하고 있다. 생광자가 암세포를 치유할 수 있는 가능성이 발견되어 이에 대한 연구도 진행되고 있다.
https://www.sott.net/article/331567-Biophoton-theory-German-scientists-discover-light-shatters-cancerous-cells-other-diseases

지를 받아 여기 상태(들뜸)가 되면 주위의 물 분자의 스핀에 일정한 질서가 발생한다. 단백질의 에너지 파동이 진행되면 다시 물 분자는 무질서의 스핀으로 바뀌게 된다. 이런 과정이 반복되면서 코히런스coherence의 에너지와 파동을 규칙적으로 발생시키며 양자의 결맞음이 유지되는 것이다. 단백질이 복잡한 삼차 구조를 이루는 이유와 DNA가 복잡한 나선 구조와 히스톤과 응축된 결합을 이루고 또 미토콘드리아가 전자전달이 복잡한 단백질 사이를 통과하는 이유는 바로 이 좁은 공간 속에 물이 채워져 양자의 결맞음을 가능하기 위한 것으로 생각된다. 물이 화학 분자가 없이도 어떤 정보를 보존할 수 있는 이유가 바로 이 양자 발생과 관계있는 것으로 알려져 있다.[11] 물은 산소나 다른 영양분처럼 생체 보존에 결정적인 역할을 하는 것이 아님에도 가장 많이 분포하고 중요한 이유는 에너지의 유통과 양자정보를 통해 생명의 전체 시스템의 통신에 기여하기 때문이다.

몸 정보의 고차성

지금까지 살펴본 대로 몸은 단순한 기계나 단백질 덩어리가 아니다. 각 분자, 세포 그리고 온 몸이 하나의 정보망을 이루며 복잡성과 양자 정보와 같은 고차적 정보들을 처리하는 고도한 컴퓨터와 같다. 뇌도 저차에서 고차까지 다양한 차원의 정보를 관통적으로 처리하는 고도한 컴퓨터이지만, 그 용량이나 정보의 수준에 있어서 몸과 비교할 수 없을 정도로 낮다. 그러나 뇌에는 몸에 없는 높은 에너지의 의식이 존재한다. 모든 차원의 정보들을 통합하고 관통할 수 있는 특수한 의식이 있다는 것은 몸과 다른 점이다. 이 의식을 통해 몸과 뇌의 정보를 바로 살피고 잘 통합되도록 할 수 있어야 한다. 그러나 의식이 뇌의 저차정보에 지배당하게 되면 이러한 역할을 제대로 하지 못해 몸의 고차정보와 소통하지 못하게 되는 것이다.

몸은 고차정보만 있기 때문에 뇌와 의식의 저차정보인 언어와 사고의 차원으로는 소통할 수 없다. 뇌와 의식도 저차정보를 내려놓고 고차정보로 들어가서 고차적 소통을 할 수 있어야 한다. 우리는 언어와 사고가 고차적인 정보라는 잘못된 신념 가운데 있다. 언어와 사고는 가장 진화된 인간만이 가지는 능력이기에 이를 고차적인 정보로 생각하나, 사실은 그렇지 않다. 지능으로는 인공지능이 가장 진화된 것으로 생각하지만, 인공지능의 기본은 계산이고 이를 위한 언어로는 이진법이 적절하다. 이진법은 기계언어이다. 가장 저차원적 언어이다. 그러나 전자와 기계를 사용하기 위해서는 이러한 이진법 언어가 필요하다. 마찬가지로 인간이 세상에 효율적으로 적응하고 세상을 효율적으로 유지하기 위해서는 이러한 계산적이고 명확한 언어가 필요하다. 뇌는 바로 이 현실과 세상에 적응하기 위해 진화된 기관이다. 인간의 언어와 사고는 세상에 특화된 정보로서는 탁월하지만, 그렇다고 본질적으로 고차적인 정보는 아니다. 오히려 고차적인 정보와 소통하는데, 어려움을 겪는다. 이것이 인간의 사고와 언어의 한계임을 인정해야 한다. 물론 사고와 언어에는 고차정보와 소통할 수 있는 범주도 있지만, 여기에서는 알고리즘적 저차정보에 국한된 것을 의미한다.

현실에서 적응하기 위해서는 인간의 언어가 중요하지만, 더 고차적인 정보로 들어가기 위해서는 저차적 언어는 버려야 한다. 몸의 고차정보로 접근하기 위해서는 고차적 언어이거나 정서, 느낌 혹은 울림과 같은 비언어적 정보로 해체되어야 한다. 몸의 고차정보는 몸속의 생물학적 복잡성과 양자 정보에만 국한되어 있는 것은 아니다. 몸 밖의 더 깊고 넓은 정보의 망에 열려있다. 인간의 저차정보를 내려놓고 몸의 고차정보로 들어가 소통하게 되면 몸은 우리의 의식을 더 넓은 정보의 바다로 안내하게 될 것이다. 이제 몸이 어떻게 더 넓은 정보의 세계에 열려있고 이 세계로 우리를 안내하는지 알아보도록 하자. 언뜻 생각하면 이는 영성의 세계로 생각할지 모르지만, 갑자기 과학에서 영성이나 초월적 세계로 뛰어넘을 생각은 없다. 지금까지 이 책에서 견지한 대로 이러한 접근도 가능한 과학적 사실을 기초로 하여 설명하려고 한다.

답과 설명

1. 몸을 하나로 작동하고 움직이게 하는 기전은 무엇일까?

   일반적으로 몸을 하나로 작동하고 움직이게 하는 기전을 신경계, 내분비 그리고 면역계로 생각하고 있다. 그러나 이것만으로 설명하기에 부족한 현상들이 있다. 천문학적으로 짧은 순간에 온몸의 근육과 세포들이 하나 되어 움직이는 예술이나 운동을 이들만으로 설명하기는 쉽지 않다. 그리고 모호하고 섬세한 몸의 전신적 상태에 대한 느낌들도 마찬가지다. 그래서 이를 가능하게 하는 어떠한 고속 통신망이 별도로 있을 것으로 생각하는 것이다.

2. 몸속에도 고속 통신망이 있을까? 있다면 무엇이 그 통신망의 역할을 할까?

   세포와 몸의 골격을 유지하게 하는 구조물들이 그 통신망 역할을 하는 것으로 알려져 있다. 세포에서는 미세소관, 몸에서는 여러 결합조직들이 이에 해당한다. 특히 결합조직 중에 콜라겐 단백질, 근육을 이루는 액틴 미오신 등과 같이 결정 격자를 이루는 물질들이 전기를 전달하는 반도체 역할을 한다. 그리고 좁은 공간에 물과 같이 있을 때는 양자의 결맞음을 이루어 양자정보도 전달하는 구조가 되기도 한다. 이러한 구조와 기능을 볼 때, 몸은 복잡성과 양자정보와 같은 고차원 정보들이 많이 있을 것으로 생각하는 것이다.

11. 열린 몸의 정보망

질문.
1. 소화기는 단순히 소화만을 위해서 존재하는가?
2. 소화기의 인지 기능은 어떻게 나타나는가?
3. 현대인의 가장 힘든 장애 중에, 하나인 비만과 대사성 질환은 왜 그렇게 치료가 힘든가?
4. 가장 기본적인 자기와 대상관계의 인식이 장에서 형성되는 이유는 무엇인가?
5. 장이 신체 외부의 정보와도 열릴 수 있다면 어떻게 가능할 수 있는 것인가?

소화기는 소화만을 위해 존재하는가?

계속 몸과 그 정보망에 대해 얘기하고 있는데, 몸이란 도대체 무엇을 말하는 것인가? 몸이라고 하면 물론 몸 전체를 의미한다. 몸 전체로서의 생명이고 자신이다. 그리고 몸 안에는 여러 장기와 기관이 있다. 하나하나가 다 소중하고 여러 기관이 하나로 움직이는 것이 몸이다. 그러나 그중에서도 더 중요한 것은 분명히 있다. 생명의 유지를 위해서는 심장과 폐가 가장 중요하다. 그래서 이 장기들은 특별히 갈비뼈로 보호받고 있다. 이것이 손상을 입으면 금방 죽는다. 그리고 그다음이 소화기관이다. 소화기관은 응급을 다투는 기관은 아니지만, 영양분을 통해 에너지를 공급해 주어야 심장과 폐가 제대로 기능할 수 있다. 그래서 생명의 순서로 보면 에너지의 원천을 공급해 주는 소화기가 제일 기초가 되고 이를 에너지로 만드는 산소를 공급해 주는 폐가 그다음으로 중요하고 그다음이 에너지를 피에 담아 온몸에 순환하는 심장이 중요한 것이다.

그래서 에너지를 공급하는 소화기와 호흡기를 가장 기초가 되는 기관으로 볼 수 있다. 이 두 기관을 발생학적으로 내배엽이라 한다. 내배엽은 생명의 기초요 뿌리를 담당하는 기관이다. 내배엽에서도 소화기관이 가장 중요한 생명의 시작이 된다. 물론 일생의 주기에서 볼 때 생명의 시작은 생식기이지만 매일의 생명이 순환되는 그 시발점은 소화기라는 것이다. 에너지의 원천인 영양분이 있어야 호흡과 순환기가 다 의미가 있다는 뜻이다. 그래서 소화기는 몸의 기초가 되고 심층적 뿌리가 된다. 정보적으로 보아도 심연의 정보가 위치한다. 이제 소화기에 대해 더 자세히 설명하려고 한다.

    소화기는 하나의 관이다. 앞뒤가 열려있으며 공기가 서로 통한다. 사실 피부와 비슷하다. 소화기도 피부처럼 외계와 접촉한다. 그럼에도 피부는 발생학적으로 외배엽이고 소화기는 내배엽이다. 같이 외부에 노출되어있는 피부인데도 서로 출신과 역할은 다르다. 피부는 외계를 형태 그대로 접하지만, 소화기는 외계의 것을 분해하여 그 속의 것을 접한다. 즉 피부는 외계의 겉을, 소화기는 그 속을 만나는 것이다. 소화기는 내배엽으로서 역시 자연의 속을 만나는 것이다. 물론 피부도 아주 섬세한 감각을 가지고 있지만, 어디까지나 겉으로의 접촉만을 의미한다. 그러나 소화기는 자연의 속을 아주 섬세하게 접촉한다. 소화기를 단순히 보면, 음식을 입으로 씹어서 식도로 삼키면 위장에서 더 분해한다. 그리고 소장에서 영양분을 흡수하고 대장에서 수분을 더 흡수하여 나머지 찌꺼기를 배설물로 내어 보내는 것이다. 한마디로 말하면 음식을 분해하고 흡수하고 남는 것을 내어 보내는 것이다. 에너지를 얻는 비교적 단순한 작업이다. 아마 기계로도 충분히 할 수 있을 것이다. 그런데 소화기를 보면 그렇게 단순하지 않다. 생명은 효율성을 가장 큰 목적으로 하는데, 소화기는 이 단순한 작업을 하는데 필요 없는 많은 것들이 동원된다. 아주 비효율적이다.

    입에서부터 생각해 보자. 입술의 감촉과 혀의 맛 수용기가 왜 그렇게 다양하고 예민해야 할까? 그리고 후각까지 동원하면서 음식의 맛을 즐긴다. 인간은 왜 그렇게 다양한 요리를 하며 음식을 맛있게 먹어야만 하는 것인가? 그냥 먹고 영양분만 취하면 그만인데, 왜 그 다양한 맛을 찾고 즐기는가? 혀의 맛은 의식하면서 입맛이 당겨야 음식을 잘 먹을 수 있기에 필요하다고 인정한다면, 소화기에는 더 이상 맛 수용기가 있을 필요가 없는 데도, 혀 수준과 같은 25종이나 되는 맛 수용기가 있다. 우리가 의식도 못하고 이미 삼켜진 음식인데, 왜 맛 수용체가 필요할까?

　소화를 충분히 하기 위해 장이 길고 그 면적이 클수록 좋은 것은 사실이다. 그러나 그 펼쳐놓은 표면적이 농구장 크기만 하다면 과연 실용적일까? 조금 작아도 더 알차게 흡수할 수 있는 길이 있지 않을까? 그리고 장은 영양분을 흡수하는 상피세포만 있으면 될 것 같은데, 내분비 세포가 엄청나게 많다. 장 속에 흩어진 내분비 세포를 합치면 다른 독립된 어떤 내분비 장기보다 크다. 가장 큰 내분비 기관이 장에 붙어있는 것이다. 물론 소화에 도움을 주는 물질을 분비할 필요가 있지만, 이미 중요한 효소들은 다른 장기를 통해 충분히 분비되고 있기에 이렇게 많은 내분비 세포가 과연 필요할지 의문이다. 그리고 미주신경이 복잡하게 뿌리를 내리고 있는데, 뇌의 명령을 내리는 신경은 10%밖에 안 되고 90%가 장의 정보를 받아 뇌에 보내는 신경이다. 과연 영양분만 빨아들이는 장기에서 뇌에 무슨 정보를 그렇게 많이 보고 할 것이 있을까?

　그리고 장에는 엄청난 면역세포들이 존재한다. 몸의 80%의 면역세포가 장에 있다. 물론 장에는 세균이나 외부 분자들이 많기에 면역세포가 필요한 것은 사실이지만, 이렇게 많이 장에 집중할 필요가 있을지 의문이다. 위산으로 외부의 나쁜 균들은 대부분 죽기 때문에 장에서는 필요한 영양분만 흡수하면 된다. 이렇게 많은 면역세포가 꼭 필요한지가 풀어야 할 수수께끼 중에 하나이기도 하다. 그중에서도 가장 이해하기 어려운 것은 미생물이다. 어쩔 수 없이 미생물이 숨어들어오거나 그곳에서 기생할 수는 있다. 그런데 미생물의 수를 보면 이는 어쩌다가 기생하는 수준이 아니고 어떻게 보면 주인이 과연 누구일까 할 정도이다. 미생물의 수는 인간의 모든 세포의 수보다 10배나 많고 뇌 신경세포보다는 1천 배 많다. 미생물의 개수가 500조 개이다. 미생물의 종류도 1천 종에 그 무게만도 간과 맞먹는다.[1] 수적으로 보면 인간이 미생물에 얹혀사는 꼴이다. 가장 실용적이고 효율적이어야 할 생명체에 이처럼 군더더기가 많이 붙어있는 이유가 무엇일까? 이제 그 이유를 알아보자.

소화기의 인지 기능

소화기는 단순한 소화기계가 아니다. 소화기가 에너지를 얻기 위해서는 이렇게 길고 복잡할 필요가 없다. 우리는 음식을 단지 영양분만을 섭취하기 위해 먹지 않는다. 소화기는 에너지와 함께 엄청난 정보를 습득하고 처리한다. 그래서 소화기를 사실 제2의 뇌라고 할 만큼 정보를 많이 다룬다. 어떻게 보면 소화기는 정보기관이 우선이고 음식 에너지는 부차적이라고도 할 수 있다. 그리고 뇌는 외계정보에 특화된 기관이지만, 그 속에 있는 깊은 정보는 잘 파악하지 못한다. 뇌는 어디까지나 외배엽 출신이다. 그러나 소화기는 내배엽 출신으로 음식 속에 있는 연관된 모호하고 깊은 고차적인 정보까지 담당하기에 뇌보다 더 고차적인 정보기관이라고 말할 수 있다. 그래서 이제는 소화기를 정보기관으로 이해하고 활용할 수 있어야 한다. 그리고 그 정보도 뇌보다 더 고차적이다. 소화기가 아주 예민하게 마음에 영향을 주고받는 이유가 바로 정보교류의 기관이기 때문인 것이다. 이제 이를 구체적으로 살펴보자.

음식과 음료와 관계된 인간의 문제가 얼마나 많은가? 왜 먹고 마시는 것이 절제되지 않고 우리의 마음을 가장 섬세하게 부딪히게 하는 것일까? 알코올 중독과 비만과 다이어트가 왜 그렇게 어려운 문제가 되었는가? 당뇨를 비롯한 성인병이 대부분 식사와 관계된다. 건강법에는 꼭 식사법이 따른다. 그만큼 식사의 조절이 어렵다는 얘기다. 그리고 갓난아이는 입으로 세상을 처음 접한다. 모든 것을 입에다 갖다 댄다. 입술은 단지 영양공급 창구가 아니라, 사랑의 창구도 된다. 프로이드가 말한 구강기 문제는 성인이 되어서도 아주 심각하게 나타난다. 구강기의 문제가 성격 형성에 아주 중요한 요인이 된다. 이처럼 먹는 것이 영양만이 아니고 심리와 성격에 큰 영향을 미친다.

자기와 세상을 입과 소화기를 통해서 인지하기 시작한다. 누군가 자기를 입술과 배를 통해 채워주면 좋은 사람과 세상이 되고 반대로 그렇지 않으면 나쁜 사람과 세상이 된다. 누군가 자기의 배와 입술을 채워주면 자기는 사랑받는 사람이 되고, 그렇지 않으면 무가치하고 버림받는 사람이 된다. 바로 이 입과 소화기를 통해 대상을 알고 대상에 의해서 자기가 형성되는 것이다. 이 얘기는 대상관계 정신분석학과 자기심리학의 기본이 되는 얘기다. 이처럼 소화기는 단순한 영양공급 기계가 아니라 사랑 특히 모성적인 사랑을 공급하고 자기와 세상을 처음으로 경험하고 형성해 나가는 정보를 제공하는 중요한 기관이다. 그래서 소화기는 소화 기계처럼 단순할 수 없는 것이다.

지금까지 우리는 세상에 대한 경험과 자기 형성은 뇌에서 담당하는 것으로 생각했다. 물론 뇌도 분명히 중요한 역할을 한다. 그러나 뇌는 몸이 먼저 경험한 실제적인 내용과 자료를 가지고 자신의 회로를 만든다. 그러므로 일차적인 경험은 몸, 그것도 소화기에서 가장 먼저 하는 것이다. 나중에 뇌와 몸의 정보의 차이에 대해 다시 설명할 것이기 때문에 뇌에 대한 얘기는 여기서는 접도록 한다. 소화기의 영양흡수에 대해서는 이미 많은 연구가 이루어져 있다. 여기서 더 이상 얘기할 거리는 없다. 이 글의 관심은 정보이기에 영양분자 외에 다른 정보들이 어떻게 처리되어 몸과 뇌에 전달되는지를 알아보려는 것이다.

외적 정보는 비교적 단순하다. 외적 정보를 담당하는 기관들이 외배엽 출신들이다. 즉 피부와 뇌이다. 그들은 보이는 것들의 외적 상태에 대한 정보들을 담당한다. 그것들을 빨리 인식하고 대처하고 반응하는 것이 그들의 제일 기능이다. 그들 속에 뭐가 있는지 큰 관심이 없다. 겉만 잘 구별하고 그 변화를 빨리 파악하면 된다. 그러니 그것들을 잘 파악하기 위해 특화된 것이 그 주요 기능이다. 이는 주로 저차정보들의 계산만으로 잘 감당할 수 있다.

그러나 그 속에 있는 내용은 쉽게 계산될 수 있는 것이 아니다. 모호하고 이중적인 것들도 있고 겉의 모습처럼 분명하지 않다. 그리고 여운과 깊이가 있다. 이들을 겉의 언어나 개념으로 쉽게 설명하기 어렵다. 이러한 속의 성질과 내용을 담을 수 있는 것은 겉의 것과 많이 달라야 한다. 이러한 정보를 고차정보라고 했다. 그래서 이런 정보들은 복잡성이나 양자정보 같은 고차정보로만 담을 수 있다. 복잡하고 섬세하고 모호하고 중첩적이고 여운이 있다. 이는 파동적인 정보로 가능한 내용이다. 속의 정보를 담는 내배엽은 그래서 외배엽의 구조나 기능과 뭔가 달라야 한다. 가장 복잡한 정보를 담는 것이 뇌라고 하지만, 사실 뇌는 주로 계산을 위해 특화된 기관이다. 물론 계산만 있는 것은 아니다. 다른 고차정보가 있지만, 주요 기능은 계산과 같은 저차 정보라는 것이다.

음식을 먹을 때, 음식 모양, 가격, 재료, 요리사와 같은 외적 정보는 뇌의 저차정보가 담당한다. 그러나 음식이 입안으로 들어가면서 음식이 주는 어떠한 느낌과 울림 등은 소화기의 고차정보가 담당한다. 다양한 맛이 절묘하게 조화를 이루며 주는 깊고 오묘한 맛과 함께 음식을 준비한 정성과 사랑 등에 대한 정보는 결코 뇌의 계산적 정보만으로 얻을 수 없다. 이는 소화기의 고차정보에서 우러나오는 것이다. 그래서 소화기의 정보는 계산정보로는 접근할 수 없는 복잡성과 파동정보로 이루어지는 것이다.

앞에서 몸의 세포와 세포 간의 결합조직 등에서 어떻게 정보가 처리되는지에 대해 일반적이고 전체적인 관점에서 언급하였다. 그러나 여기서는 소화기라는 장기에 국한하여 이러한 정보처리가 구체적으로 어떻게 일어나는지를 설명하려고 한다. 소화기에는 4종류의 세포들이 밀집되어 있다고 했다. 즉 수많은 미생물, 내분비 세포, 면역세포 그리고 신경세포들이 망을 이루고 있다. 그리고 그 안에서 분비되는 여러 화학물질들과 파동들이 여러 세포들의 교신을 담당한다.

장의 에너지 흡수

소화기 정보의 가장 잘 알려진 것이 영양과 에너지 공급이다. 이미 잘 알려져 있기에 간단히 언급하고자 한다. 과거에 영양이 부족한 시절에는 무조건 장의 흡수력을 증가시키기만 하면 되었다. 그러나 현대에는 대사성 장애나 비만 등으로 장의 흡수력이 오히려 문제가 된다. 경제 상황에 따라 한국은행이 통화와 금리 등의 비율을 결정하듯, 몸에서 그 소비에 따른 영양과 에너지 수급의 정도를 결정해 주어야 한다. 이를 결정하는 데는 3가지 시스템이 작동한다. 먼저가 몸 자체이다. 몸에서 얼마나 에너지가 필요하고 어떤 영양분이 선택적으로 필요한지를 스스로 정보망을 통해 계산한다. 사실 이 정보가 가장 중요하다. 몸이 알아서 먹고 흡수한다는 말이 있다. 몸이 필요한 것을 스스로 찾아 먹고 싶어 하고 그 양도 스스로 알아서 결정한다. 먹고 싶은 만큼 먹고 그만두는 것이다. 이것이 가장 이상적인 정보의 형태이다. 자율적인 통화 시스템과 같다.

그러나 대부분 이렇게 이상적으로 돌아가지 않는다. 먼저 몸 안에서 정보의 갈등이 있다. 몸 안에는 원래의 몸 정보만 있는 것이 아니라, 다른 외부의 기억들이 자리 잡고 있다. 몸은 단지 필요한 칼로리를 계산하는 저차 정보만 있는 것이 아니라고 했다. 여러 고차정보가 있다. 자기, 모성, 사랑 등과 같은 고차정보들도 새겨져 있다. 특히 소화기에는 이런 정보들이 어려서부터 많이 축적되어 있다. 이런 정보들이 충분히, 건강하게 채워지지 않고 좌절될 수도 있다. 즉 충분한 모성이 공급되지 않고 사랑이 좌절되는 경험이 새겨질 수 있고 모성 분리의 외상이 있을 수도 있고 이에 따라 자기가 잘 형성되지 않을 수 있다. 이러한 상처의 기억이 몸에 특히 소화기 세포에 새겨질 수 있다.

이러한 기억들은 정보처리에 지대한 영향을 계속 준다. 그 손상과 결핍 정보 때문에 계속 과잉적인 흡수를 요구하게 된다. 그래서 정확한 계산에 오류가 생길 수 있다. 게다가 이러한 결핍정보를 뇌가 강화한다. 뇌가 소화

흡수 관여하는 두 번째 시스템이다. 뇌는 현실적응을 위한 기관이다. 뇌의 정보는 스스로 자기를 보존하려고 한다고 했다. 계산하는 저차정보이기에 보존력이 더욱 강하다고 했다. 그리고 세상도 저차정보이기에 뇌와 세상이 같이 결합하여 더욱 강력한 자기 보존력을 보일 수 있다. 몸을 자기들의 보존력으로 끌어당기기 위해서 뇌는 몸속의 손상과 결핍정보를 이용할 수 있다. 그래서 뇌는 자기 정보의 보존을 위해서 뇌정보와 세상 그리고 몸의 손상정보와 삼각연대를 맺는다고 했다.

 뇌는 자신의 중계 역할을 통해 외부와 몸의 손상정보를 연결시킨다. 예를 들어 분리 불안의 정보와 외부의 어떤 물체인 담요 같은 것에 연결하여 그것에 집착하게 한다. 자신의 모성 결핍의 경험을 술이나 음식 등에 집착하여 풀도록 연결한다. 이를 통해서 뇌는 몸을 자기편으로 만든다. 이러한 약점을 이용해서 뇌는 몸을 지배할 수도 있다. 처음에는 뇌가 몸을 도와주는 척하다가 결국은 자기가 지배를 해버리는 것이다. 뇌와 몸의 손상정보가 결합하니 더욱 강력한 정보가 되어 몸의 원래의 정보를 혼돈과 오류에 빠트린다. 그래서 몸은 자기가 필요한 이상으로 흡수정보를 제공하게 되고 이로 인해 먹는 것 이상으로 소화흡수가 일어나는 것이다.

 그러나 뇌는 자기가 과잉영양으로 건강과 외모가 나빠져 간다는 것을 인지한다. 자신이 세상 속에서 생존하는데 장애가 오는 것을 알기에 다시 정보를 재수정할 수 있다. 이렇게 많이 먹으면 안 되는구나. 나의 과거의 결핍으로 너무 많이 먹고 마시는구나. 이렇게 계속 먹다가는 살이 찌고 건강이 나빠질 수 있겠구나 하고 이제 절제를 시작할 수 있다. 즉 다이어트를 시작하는 것이다. 그리고 지방이 적은 음식으로 자신을 새롭게 적응시켜 나가려고 한다. 사람들이 대부분 이렇게 음식을 조절하려고 애쓴다. 그런데 이렇게 해도 원하는 만큼 결과가 나오지 않는 경우가 많다. 음식 조절이 안 되는 경우도 있고, 때로는 음식을 조절하는데도 체중이나 당과 콜레스테롤의 수치는 떨어지지 않는 경우가 있다. 즉 이제 뇌는 원하지 않는데, 몸이 스스로 그 오류의 작동을 멈추지 않는 것이다. 뇌가 처음에는 영양 당김을 앞장섰으나 이제 뇌는 멈추었는데도 몸이 스스로의 당김을 멈추지 못하는 것이다.[2] 이미 완고하게 형성된 회로 때문에 멈추지 못하는 것이다. 이를 위해서는 몸과 더 깊은 대화와 새롭게 몸의 당김을 푸는 시간이 필요하다.

가장 문제가 되는 것은 음식을 충분히 절제하는데도 결과는 변하지 않는 경우이다. 이런 경우에는 영양의 흡수에 또 다른 요인이 있다는 것을 알 필요가 있다. 장에서 흡수하는 것은 자율신경과 소화 상피세포만으로 되는 것은 아니다. 이를 실행하는데 가장 중요한 정보를 쥐고 있는 세포가 있다. 그것이 미생물이다. 미생물이 세 번째 시스템이 된다. 미생물은 소화율을 조정하는데 아주 중요한 역할을 한다. 비만 바이러스와 세균이 과잉된 흡수를 일으켜 비만이 올 수 있다는 것이다.[3] 그래서 비만과 대사 장애의 치료를 위해서는 장내 세균의 도움도 받을 수도 있다. 물론 요즘 유행하는 건강한 세균이나 맞춤형 세균 이식이나 위 우회술 같은 치료도 도움이 될 수 있다.[4] 그러나 이런 저차적인 치료보다는 장과의 고차적인 대화와 정보망을 동원해 수정할 수 있다. 소화기는 단순 소화기계가 아니라 섬세한 정보기관이라는 것을 기억하고 늘 정보 그것도 고차적인 정보로 접근하며 풀어야 한다. 특히 앞서 밝힌 대로 인격이라는 고차정보로 소화기의 정보를 이해하고 접근해야 한다. 이에 대해서는 나중에 종합적으로 다시 얘기할 것이다.

장의 자기와 대상 인식

그다음으로 소화기의 중요한 정보는 자기와 대상에 대한 것이다. 이는 심리적인 자기와 몸의 자기인 면역계 모두를 망라한다. 몸의 자기와 심리적인 자기는 같은 스펙트럼 선상에 있다. 앞에서 유아 때 심리적인 자기가 소화기를 통해서 먼저 형성된다고 했다. 입술과 젖을 통해 어머니를 접촉하고 이를 통해 자신과 대상을 경험해간다. 따뜻하고 충분히 사랑을 받을 때, 대상과 세상을 신뢰하게 되고 자기도 그 경험을 통해서 형성된다. 이를 뇌가 직접 형성하는 것이 아니라 장을 통해서 간접적으로 이루어진다고 했다. 그렇다면 이를 장에서는 어떻게 형성해 갈까? 장에서는 역시 미생물, 내분비 세포와 면역세포 그리고 미주신경이 연합하여 이를 이루어 나간다. 자기는 스스로 자신을 드러내지 못한다. 적절한 대상이 있어야 한다. 마치 대상이 거울 역할을 해주어야 한다. 아무도 자기에게 반응을 해주지 않으면, 자기가 과연 존재하는지 알 수가 없다. 투명인간이 되는 것이다. 그래서 왕따가 생기는 것이다.

 어머니가 적절히 반응해 줌으로 아이는 자기를 인식하기 시작한다. 좋은 반응을 해주면 자기를 귀한 존재로 인식하고 나쁘게 반응해 주면 자기를 무가치한 자로 여기게 된다. 결국, 자기는 대상의 거울 반응에 따라 결정된다.[5] 이를 뇌에서 하는 것이 아니라 장에서 먼저 한다고 했다. 곁에서 어머니와 같은 대상이 어떻게 하는지에 따라 몸이 실제로 자기를 형성하는 그 과정이 먼저 장에서 일어나는 것이다. 이를 실제로 실행하는 거울 역할을 장의 미생물이 담당한다. 미생물이 이를 받아 장에게 전달한다. 미생물의 복잡성과 양자정보가 미세한 외부의 고차정보를 잘 증폭하고 세분화하여 장에 전달하는 것이다. 그래서 미생물은 대상을 비추어주는 거울 역할을 하는 것이다. 그리고 외부 대상의 심리적인 부분에서부터 항원의 대상까지 다양한 스펙트럼의 대상의 거울 역할을 담당하는 것이다. 그래서 장은 미생물을 통해서 심리로부터 면역세포에 이르기까지 다양한 스펙트럼의 자기를 형성하는 것이다.

 사실 자기와 비자기는 엄밀하게 구분되지 않는다. 나를 이루는 것이 바로 비자기인 대상이기 때문이다. 나를 이루는 것은 대상에 대한 반응이므로 대상인 비자기가 나를 형성한다고 볼 수도 있다. 어려서는 아기와 어머니는 공생한다. 태아에서는 면역적으로 어머니와 태아는 구분되지 않는다. 어머니는 면역적으로 아이를 수용하고 아이도 어머니를 면역적으로 자기로 받아들인다. 어머니가 곧 나이고 내가 곧 어머니다. 깊은 곳에서는 성인이 된 다음에도 공유되는 부분이 있다. 어머니는 곧 나를 형성한다. 내 속에 어머니가 있는 것이다. 내가 곧 어머니가 되기도 한다. 그래서 나와 비자기는 완전하게 구분되지 않는다. 성인이 된 다음에도 자기와 비자기는 지속적으로 교류되면서 대상이 지속적이고 연속적으로 자기를 형성한다. 자기는 한번 형성되면 그것으로 불변하는 것은 아니다. 지속적으로 자기와 대상관계를 통해 변해간다.

　이러한 대상과 자기의 인식과 변화는 신체적 대상과 자기로 표현된다. 신체적 대상과 자기는 곧 면역계의 항원과 항체를 말한다. 면역계에 이러한 대상과 자기의 지속적인 교류를 볼 수 있는 중간의 완충지대 즉 버퍼 시스템이 있는 것을 알 수 있다. 면역세포가 항원을 인식하여 항체를 형성하는 과정을 보면 이를 잘 알 수 있다. 처음 면역세포인 T세포가 항원을 인식할 때 항원을 직접 인식하지 않는다. 이를 먼저 잡아먹은 마크로파지가 자기가 항원을 가지고 비자기가 됨으로 이를 통해서 항원을 인식한다. 그리고 항체를 생산하는 B세포 역시 항원을 가지고, 항체를 만들지 않는다. 먼저 비자기가 세포 내에 이미지로 형성되어서 이를 가지고 먼저 항체의 원형을 만들어 놓는다. 그다음에 항원과 반응해서 준비된 항체를 선택해서 생산하는 것이다. 이것이 생체에 있는 전반적인 생존과 적응 전략이다.

　뇌도 외부 정보에 대해 반응할 때, 이미 준비하고 시뮬레이션을 마친 정보 안에서 선택을 한다. 그리고 유전정보 역시 외부의 자극에 반응할 때, 자신의 유전정보 내에서 선택한다. 이것이 신속하고 정확한 반응이 되기 때문이다. 그래서 미리 우리 속에는 비자기 정보가 있어야 하고 이를 가지고 이에 대응하는 정보를 만들어 놓아야 한다. 그래서 자기를 형성하는 과정에 비자기는 필수적이고 핵심적인 역할을 한다.

　면역세포들의 비자기 훈련은 처음에는 흉선이 담당한다. 그러나 흉선에서 림프구는 아주 비효율적이다. 그 훈련에서 살아남는 세포들은 3-4%에 불과하다.[6] 장과 미생물이 충분히 발달하지 않았을 때는 어머니로부터 받은 정보를 가지고 흉선이 그 역할을 했지만, 점차 자기의 장과 미생물이 발달하면서 흉선은 그 기능을 잃고 자기의 정보를 가지고 자기 훈련을 한다.

1 천종이 넘는 미생물과 500조 개가 넘는 미생물이 다양한 비자기의 정보를 제공하며 어린 면역세포들에게 자기 훈련을 시킨다. 마치 군대나 사관학교의 교관들과 같이 미생물들이 열심히 자기 훈련을 시키는 것이다. 미생물이 자기형성에 매개역할을 하는 이유는 바로 이런 다양한 비자기를 미리 형성하고 이에 따라 자기를 형성하기 위해서인 것이다.

너는 누구인가의 자기 훈련의 교관은 바로 미생물이다. 성인이 되어가면서 이제 더 이상 어머니가 대신할 수 없기에 자신의 환경에 대한 신체적 자기를 포함한 자기 형성 훈련을 미생물이 담당하는 것이다. 그런데 자기와 비자기는 엄격하게 구분되지 않고 완충지대가 있다고 했다. 상황의 정보에 의해 그리고 신체와 뇌의 정보에 의해 미생물이 제공하는 자기와 비자기 훈련의 강도와 내용은 수시로 변할 수 있다. 복잡성의 변수에 의해 얼마든지 자기와 대상이 변할 수 있는 것이다. 이는 마치 기후, 통화량이나 환율 등이 복잡성의 변수에 의해 자동으로 변하듯이 장의 에너지 흡수율이나 자기 정체성도 자동으로 변화되는 것이다.

장에서 시작되는 면역계 질환

심리적으로 자기와 비자기의 구별이 너무 심하면 비자기에 대해 예민하게 반응할 수 있다. 별 것 아닌 것에도 과잉적 두려움과 불안을 보이는 불안장애와 공황장애, 남을 과도하게 의심하고 피하는 피해의식이나 망상, 손을 자주 씻고 세균들에 대한 과잉적 반응, 청결, 질서와 청소에 대한 과잉적 반응 행동 등이 비자기에 대한 기준이 너무 예민하고 엄격한 경우이다. 면역계로 보면 알러지 반응과 비슷하다. 무해한 정상적인 자극에 대해 면역계가 비자기로 반응하는 경우인 것이다. 이런 경우 안정감은 있지만, 생명체로서 강해지는 것은 아니다. 점점 더 약해져서 오히려 과잉 방어 때문에 병이 들게 된다. 무해한 비자기에 대해 수용적이지 않은 경우이기 때문에 비자기를 수용하는 훈련이 필요하다. 점진적으로 비자기의 수용성을 높이는 훈련이 필요한 것이다. 심리적인 안전감과 수용, 용서, 사랑과 같은 경험이 도움이 될 것이다. 이에 대해서는 나중에 다시 자세히 설명할 것이다.

이런 경우는 당장 문제가 생기는 것은 아니다. 이것보다 더 큰 문제가 있다. 비자기의 수용 보다 자기의 수용 문제가 더 심각한 문제가 될 수 있는 것이다. 비자기의 훈련이 너무 예민하고 강해져서 자기를 비자기로 보는 것이다. 그래서 면역적으로 자기를 비자기로 공격하는 것이다. 이를 자가면역autoimmune 질환이라 한다. 면역세포들의 훈련정보는 면역세포에게만 적용되는 것이 아니라 인터루킨interleukin이란 물질들을 통해서 다른 세포들에도 전달된다. 이는 면역세포들 사이에 정보를 전달하는 단백질들이다. 요즈음은 이를 통틀어서 사이토카인cytokine이라 한다.(그림 11-1) 엄청나게 많은 단백질들이 있다. 그리고 그 기능들도 정해져 있지 않고 상황마다 달라지는 다목적성의 모호한 복잡성 물질들이다. 이 물질들

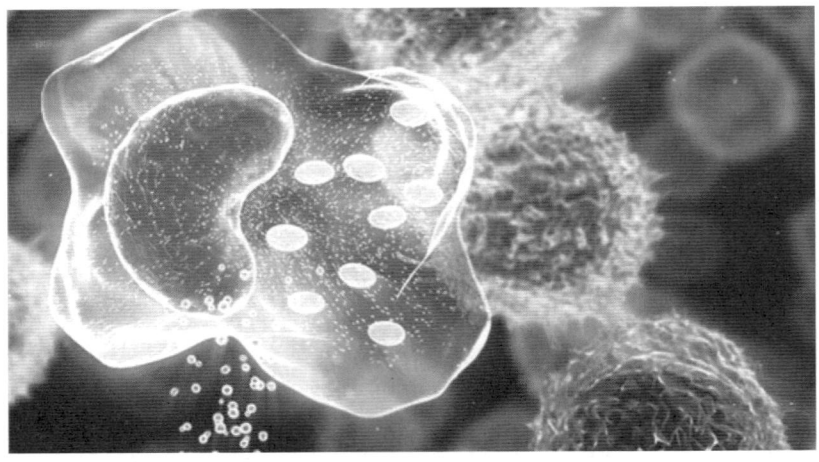

(그림11-1) 면역세포는 사이토카인cytokine이라는 단백질을 분비하여 다른 면역 세포들에게 정보를 전달한다. 사이토카인은 다목적성을 가진 모호한 물질로서 때로는 자신의 세포를 공격하게 하기도 한다. 이를 자가면역 autoimmune이라 한다. 자가면역이 많은 질환의 원인으로 밝혀져 가고 있다.
https://www.corriere.it/salute/reumatologia/cards/7-malattie-autoimmuni-che-colpiscono-soprattutto-donne/80-malattie-autoimmuni_principale.shtml?refresh_ce-cp

이 외부 물질을 공격하는 것이 아니라 내부의 자기 세포와 물질을 공격하기 때문에 문제가 된다.

최근 질병의 원인이 잘 밝혀지지 않은 대부분의 병을 자가면역 질환의 범주로 본다. 관절염, 퇴행성 질환, 심장질환, 암, 알츠하이머 치매와 파킨슨 질환, 자폐질환 등의 원인도 이 질환의 범주로 본다. 최근에는 우울장애, 조현병(정신분열병)과 같은 정신질환들도 이것이 원인이라는 연구 보고들이 있다. 이 면역물질에 의해 염증반응이 여기저기에서 생기면서 여러 질환이 발생하게 된다. 바이러스 등의 세균성 질환과 달리 약한 염증이라 처음에는 잘 모른다. 그러나 계속 진행되기에 미세한 구조적인 변화가 생기게 되고 그래서 그 치료도 간단하지가 않다. 이를 심리적으로 보면 자기를 미워하고 학대하는 그런 반응이다. 그리고 분노가 밖으로 나가지 못해서 그 공격성이 자기를 향하게 될 때 이와 함께 미생물과 면역세포가 과잉적인 자기 공격을 같이 하게 되는 것이다. 이를 치료하기 위해 여러 가지 약물을 동원하지만, 그 치료반응이 뚜렷하지 않다. 물론 이러한 치료에 대해서 나중에 다시 종합적으로 이야기하려고 한다. 이처럼 정신적 자기와 신경적 자기 그리고 신체적 자기는 연속체를 이룬다. 그리고 상호 정보를 교류하여 전체적인 하나의 자기와 비자기의 정보망을 형성한다. 의식이 다양한 차원의 정보를 관통하듯 면역계의 자기도 정신, 신경정보, 신체를 관통한다고 볼 수 있다. 이러한 관통적 면역계가 앞서 말한 대로 정신과 신체의 대부분 질환을 발생시키는데 중요한 역할을 한다.

장에서 발생하는 정서와 지능

또 다른 장의 정보망이 하는 일이 있는데, 바로 정신적인 것이다. 장은 원초적인 모성과 분리 불안, 외상과 같은 생명에 대한 중요한 반응을 담당한다. 몸은 뇌와 같이 언어나 사고적인 저차정보는 아니라고 했다. 오히려 몸은 주로 감성이란 고차정보로 뇌와 교신한다. 감성은 뇌의 입장에서 보면 저차적인 정보로 취급된다고 했다. 그러나 감성은 복잡성 정보를 뇌가 느끼도록 보내는 몸의 언어이고 신호이다. 물론 양자정보도 감성에 포함되나 더 미세하고 모호하다. 몸에서 발생하는 감성의 원천은 바로 장이다. 그곳에 모성이 있고 생명이 있기에 가장 원초적인 정보를 감성으로 발생시킨다. 감성이 몸에서 발생한다는 것은 이제 과학적으로 많이 연구되고 밝혀진 사실이다. 특히 대뇌 피질에 있는 뇌섬엽insular이 몸속의 감성을 받아 피질에 전달하는 구조물로 알려져 있다.[7] 분리 불안과 관계된 공황장애에서 이곳의 기능에 장애가 온다는 것도 뇌영상 연구를 통해 밝혀진 바 있다.[8] 아마 장에서 모성과 관계된 분리 불안의 정보가 이곳으로 전달되기 때문인 것으로 생각된다. 그리고 외상후 스트레스 장애에서도 뇌섬의 장애가 보고되고 있다.[9]

미생물이 화학물질을 통해서 뇌에 영향을 미치는 경우로 아주 유명한 균이 톡소플라스마란 기생충이다. 이 기생충에 감염되면 남성의 도덕성이 낮아지고 의심이 많아지며 쉽게 불안해진다. 여성이 감염되면 반대로 느긋하고 신뢰하는 마음이 많아진다. 그리고 이 기생충이 주로 쥐와 고양이 사이에 많은데, 쥐가 감염되면 고양이를 무서워하지 않고 친구처럼 다가가고 오히려 성적인 매력까지 느끼게 되는 이상한 행동을 한다. 이처럼 작은 기생충이 뇌의 감성을 바꾸는 일을 충분히 할 수 있다는 것이다. 인간의 장에서 어떤 박테리아는 성을 자극하는 성페르몬을 분비하여 성적인 감성을 변화시킨다.[10]

그리고 장내 세균들이 불안과 우울을 조절한다. 장내에는 우울과 관계된 뇌 전달물질인 세로토닌의 전구체인 트립토판이 아주 많다.[11,12] 어떤 세균은 이 물질을 조절함으로 행복, 평안, 우울과 같은 감정을 발생시킨다. 다른 장내 세균은 불안을 억제하는 가바GABA물질을 분비하여 항불안 효과를 내기도 한다.[13] 그리고 장내 세균에서 생산되는 프로피온산이 자폐를 일으키는 원인으로 지목되고 있다.[14] 그 외에도 미생물들은 여러 화학물질을 생산하여 미주신경을 자극하고 이를 통해 감정과 관계된 여러 신경전달물질이나 호르몬을 생산하게 한다. 이런 여러 가지 과정을 통해 몸의 중요한 감정을 조절하고 발생시키는 것이다. 이 모든 감성들은 장 속에 있는 모성과 생명의 상태를 전달하고 뇌와 몸으로 하여금 정보교류를 하게 하는 중요한 수단이 된다.

그리고 장과 관계된 감성으로 부르고 있는 것이 있는데, 이를 직감gut feeling이라고 한다. 왜 직감을 장의 감정이라고 했을까? 장에 대한 과학이 발달하기 전이기 때문에, 이를 분석적으로 알았다기보다는 장과 감성의 원초적인 관계성을 직감적으로 인지한 것이 아닌가 생각된다. 장이 직감을 통해 이를 스스로 알게 한 것으로 생각해 볼 수 있다. 직감과 비슷한 개념으로 직관intuition이 있다. 뇌는 자료를 분석하여 합리적인 판단을 하게 한다. 그러나 사실 대부분 중요한 결정이나 마지막 결정은 직관에 의존한다. 직관이 뇌의 기능에서도 일어난다. 뇌는 자료를 세부적으로 분석하기보다는 먼저 구조적인 패턴을 인식함으로 정보처리를 한다. 이 패턴은 스스로 수많은 시뮬레이션을 통해 만들어졌다. 그중에 가장 효율성이 좋은 구조를 열역학적으로 계산하고 선택함으로 인식해나가는 것이다. 이 과정이 바로 직관이다.[15]

저차정보는 논리적인 분석을 통해서 판단할 수 있다. 그러나 복잡성의 정보는 논리적인 분석을 할 수 없다. 오직 전체적인 구조의 패턴을 맞추는 작업을 통해서만 가능하다. 이는 실제적으로 뇌의 파동을 통해서 이루어진다. 이 과정이 바로 직관인 것이다. 그래서 직관은 뇌의 고차정보를 처리하는 과정이다. 고차정보는 몸에 더 많기에 몸의 고차정보에 접근하기 위해서는 이 직관이 필요하다.

그런데 몸의 고차정보까지 포함하기 위해서는 직관에다가 직감이 더 부가되어야 한다. 몸의 복잡성과 양자와 같은 고차정보는 결코 분석적일 수 없다. 전체 패턴과 파동의 부딪힘으로만 알 수 있다. 그 결과 열역학적으로 가장 낮은 에너지 수준의 반응에 의해서 선택되는 것이다. 직관의 배경정보는 역시 직감이다. 뇌의 직관에 몸이 배경정보로 참여하는 것이다. 이를 우리는 직감이라고 하는 것이다. 우리는 사실 얼마나 많은 것을 직관과 직감에 의존해서 선택하고 결정하는지 모른다. 연예인을 좋아하고 스포츠 스타나 팀을 응원하는 것, 정치인과 여야를 선택하는 경우 먼저 직관과 직감이 이를 결정해놓고 그 후에 분석을 통해 그 이유를 설명한다. 쇼핑하고 음식을 먹고 영화를 보고 즐기는 것의 대부분이 사실 직감에 의해 결정된다. 사람을 좋아하고 싫어하는 대부분도 그냥 느낌에서 시작한다. 분석은 학교 시험 볼 때나 회사에서 보고서를 쓸 때 정도 필요하다. 우리의 대부분 사고는 이처럼 직관과 직감에 의존하는 것이다.

물론 직감이 다 옳다는 것은 아니다. 직감의 오류가 있을 수 있기에 뇌의 지성과 분석적인 사고가 이를 보완할 수 있어야 한다. 몸에서 생기는 직관은 복잡성 정보이기에 잘못된 정보들이 많이 주어지면 어쩔 수 없이 오류가 생긴다. 그 대부분 오류는 뇌의 강한 정보 보존성이나 몸의 손상정보들 때문에 발생한다. 그래서 이런 정보들을 잘 인식해서 이러한 정보들의 영향력을 배제할 수 있어야 한다. 그래야 몸의 고차정보를 직관과 직감으로 잘 활용할 수 있다. 우리는 뇌가 모든 것을 알고 판단한다고 생각해 왔으나, 그 배후에 알게 모르게 얼마나 많은 몸과 장의 정보가 영향을 주고 있는지 잘 알지 못했다. 우리는 사실 똑똑한 뇌가 정보를 거의 독점하는 것으로 오해했다. 뇌는 몸, 특히 장의 정보가 알지 못하게 얼마나 많은 고급정보를 제공하는지 모른다. 몸은 낮은 에너지 수준에서 일어나고 뇌는 높은 에너지 수준에서 일어나니 모든 것이 뇌에서만 일어나는 것으로 쉽게 오해하는 것이다. 자식이 성공하게 되면 자기가 잘나서 그렇게 된 줄 알고 숨어서 고생하고 도운 부모를 잊어버리는 것과 비슷하다.

장의 양자정보

마지막으로 장의 정보의 확장성에 대해 말하려고 한다. 이를 잘 이해하기 위해서는 장에 있는 양자정보를 먼저 이해해야 한다. 아직 장에서 구체적인 양자정보가 어떻게 작동하고 있는지에 대한 연구는 없다. 그러나 몸의 다른 양자정보에 대한 연구를 참조함으로 이에 대한 가능성은 충분히 유추해 볼 수 있을 것이다. 앞에서 장에는 맛에 대한 여러 수용체가 25가지 이상이나 발견되었다고 했다. 혀의 맛도 아닌 장의 맛이 왜 필요한가? 의구심이 들 수도 있다. 그만큼 장의 기능은 우리가 상상하는 이상으로 섬세하고 다양하다. 이를 위해 감각 중 특히 양자적인 연구가 진행되고 있는 냄새에 대해 설명하려고 한다.

인간의 후각은 많이 퇴화되어 있는 편이지만, 동물에게 후각의 기능이 너무 섬세하고 강력한 것은 이미 잘 알려진 사실이다. 어떻게 그 미세한 자극을 그렇게 잘 구분하고 찾아내는지 신기할 따름이다. 냄새는 화학적인 자극이다. 그리고 공기를 통해서 전해진다. 때로는 그 거리가 꽤 멀 수도 있다. 그럼에도 어떻게 후각은 이 희미한 화학분자의 에너지를 놓치지 않고 찾아내고 구별하는지 신비로울 따름이다. 철새가 내비게이션이나 자동 항법의 기술도 없이 정확한 항로를 통해 수천 킬로나 되는 하늘을 날아 그들의 도래지로 어떻게 날아가는지 정말 신기롭지 않을 수 없다. 우리는 너무도 당연하고 익숙하게 생각하지만, 사실 과학적으로 보면 정말 대단한 생물학적 기능이 아닐 수 없다. 사실 이런 생물학의 신비로운 기능들은 무수하게 많다. 이러한 신비로운 영역은 고전적인 역학으로는 도저히 설명하기 어렵다. 그래서 양자의 세계가 도입되는 것이다. 생물학에서 철새의 내비게이션과 후각에 대한 양자연구가 적지 않게 진행되고 있다.[16](그림11-2) 여기서는 후각에 대한 설명만을 하려고 한다.

(그림11-2) 철새들이 정확한 경로를 통해 도래지를 찾아가는 것은 지구의 자기장을 수용하는 감각을 통해서이다. 미세한 자기장과의 교류는 일반 화학작용으로는 도저히 설명할 수 없다. 이를 양자의 생물 현상으로 설명할 수 있게 되었고 이를 통해 양자생물학이 발전하는 계기가 되었다.
http://www.lse.ac.uk/study-at-lse/meet-visit-and-discover-LSE/events/events-for-offer-holders/destination-lse/2018/north-america/usa/denver/destination-lse-denver

  후각의 대상은 화학물질이다. 그 분자가 공기를 통해서 후각 수용체에 반응함으로 전기적인 신호로 뇌에 전달되는 것으로 알려져 있었다. 그런데 문제가 발생한다. 거리가 꽤 되는 경우 분자 덩어리가 공기를 타고 날아가면 흩어지거나 약한 결합들은 구조에 변형이 생길 수 있어 정확하게 후각 수용체에 작용하는 것은 쉬운 일이 아니다. 설사 그것이 가능하다고 해도 거의 같은 화학구조에도 불구하고 다른 냄새로 인식하기도 하고 또 다른 구조에도 같은 냄새로 인식하는 경우도 있다.[17] 그래서 분자끼리 열쇠와 자물쇠가 되어 그 결합 신호로 신경의 활동전위가 발생한다는 이론은 인정받기 어렵다. 그리고 같은 냄새라도 또 다른 미세한 차이와 그 여운의 모든 것을 분자적 구조의 결합으로 설명하기가 쉽지 않다. 그 차이를 보일 만큼 분자가 세분화되어 있지 않다. 그리고 희미하고 금방 사라지는 그 냄새를 붙들어 강한 감정을 수반한 기억으로까지 저장한다는 것이 일반 에너지 이론으로는 설명하기가 역시 어렵다.

　시각과 청각은 파동으로 신경에 전달된다. 즉 시각은 광자의 진동으로, 그리고 청각은 공기의 진동으로 각각의 신경 수용체에 전달되어 인지된다. 이처럼 후각도 분자 자체가 아니라 분자에서 발생하는 진동이 후각 수용체에 작용하는 것으로 설명하고 있다. 그 진동수가 76 테라헤르쯔teraherz 정도 되는 것으로 알려져 있다. 그리고 약한 신호를 확실하게 붙드는 데는 양자 터널이 작용하는 것으로 보고되고 있다.[18]

　미각은 후각과 달리 화학적인 변화가 미각세포의 수용체를 직접 자극해서 활동전위가 발생하는 것으로 알려져 있다. 그러나 미각에서도 양자적인 가능성을 충분히 유추해 볼 수 있다. 혀의 맛을 짠맛, 단맛, 신맛, 쓴맛, 감칠맛 등으로 나누지만, 우리가 느끼는 미각의 섬세함과 다양함 그리고 그 깊이의 여운 등에 대해 이를 모두 화학결합으로 설명한다는 것이 결코 쉽지 않을 것이다. 아직 이를 구체적으로 양자 차원으로 연구하는 것은 어렵지만, 수용체와의 화학적 결합에 양자적인 분석을 시도해 보기도 하고 또 뇌에서 신경 전달파를 맛으로 인지하는 과정에 양자역학적인 해석을 시도해 보는 등 일부 이러한 연구들이 진행되고 있다.

　맛의 감각에도 여러 감각의 정보망에 의한 복잡성이 작용하는 것이 더 합리적인 것으로 보고 있다. 모든 감각에는 표면에 대표 감각이 있고 그 뒤에 따르는 복잡한 여운이라는 것이 있다. 소리 진동의 배음처럼, 시각에도 그러한 여운이 있다. 같은 그림이라도 다르다. 거의 똑같은 진품과 모조품의 차이를 구별하는 그러한 감각을 무엇으로 설명할 수 있을까? 인상파 화가들의 그림에서 느끼는 그 강렬함과 색조들을 무엇으로 설명할 수 있을까? 같은 음악임에도 연주자에 따라 다른 것을 어떻게 설명할 수 있을까? 같은 재료와 조리법에도 다른 맛과 여운이 있는 것을 어떻게 설명할까? 각기 다른 와인과 위스키의 울리는 뒷맛을 어떻게 구별할 수 있을까?

　이렇게 섬세한 것들을 모두 화학적인 구조나 복잡성만으로 설명을 다 할 수 있을까? 나는 여기에도 분명 양자가 개입하고 있다고 생각한다. 물론 이에 대한 아직 구체적인 연구는 없지만, 충분히 가능할 수 있다고 생각한다. 이런 차이는 분자나 이온보다는 파동이어야 한다. 그리고 섬세하고 약한 신호를 붙들고 이를 알아내려면 고전적 에너지 이론으로는 불가능하다. 그 신호가 약해서 다 놓치고 만다. 양자터널이 작동되어야 이러한 희미하고 미세한 차이를 신속하게 전달하고 증폭해서 구별할 수 있을 것이다.

열린 장의 정보

외배엽 출신인 감각과 뇌가 이 정도의 깊이와 섬세함이 있다면, 더 섬세하고 깊은 정보를 캐어내어야 하는 내배엽은 어떠할까? 우리는 뇌만 이렇게 고도한 기능이 있는 줄 안다. 앞에서 말 한대로 뇌는 의식이란 강한 에너지 수준에서 작업해야 하기에 뇌에서 일어나는 것만 중요하고 고급스러운 줄 안다. 그러나 낮은 에너지로 미세하게 뇌보다 더 고급스런 정보들을 처리하고 교류하는 몸의 정보망이 있다고 했다. 의식의 수준에선 못 느끼니 아주 없다고 생각하지만, 외배엽 감각 이상으로 내배엽의 감각은 발달되어 있다. 장이 가장 대표적이다. 그리고 장내 세균의 정보망이 이러한 정보망에 중요한 역할을 한다. 고전적인 관점에서 보면 세균은 그저 인간의 영양분 흡수를 돕는 역할을 한다고 알려져 있다. 그리고 최근에는 면역에 중요한 역할을 한다고 알려져 있다. 단순히 신체적인 관점에서만 보면 이 정도의 역할로 충분하다. 그러나 미생물의 존재 의미는 그 이상이라고 했다. 모성과 분리 불안, 자기와 대상관계를 통한 자기형성, 감성과 각종 정보의 제공 등 생명에 가장 원초적이고 중요한 기능을 같이 수행한다고 했다. 그런데 나는 여기에 머물지 않고 장내 세균이 하는 그 이상의 열린 세계에 대해서 말하려고 한다.(그림11-3)

왜 미생물이 장에 그렇게 많은가? 그 진정한 이유에 대해 한 번 더 생각을 해보자. 물론 이 부분은 과학으로 입증할 수 있는 자료가 있는 것은 아니다. 그러나 우주의 역사를 전체로 보면서 인간과 미생물의 관계에 대해 한 번쯤 큰 그림을 그려 볼 수 있을 것이다. 전체적으로 우주와 생명이 같이 진화해 왔기에 서로의 정보들을 주고받는 망으로 연결되어 있음을 충분히 짐작할 수 있다. 물론 그 구체적인 과정에 대해서는 다양한 이론이 있고 아직 모든 것이 다 밝혀진 것은 아니지만, 이 전체적인 방향과 상호관계성에 대해서는 누구도 부인하기 어려울 것이다. 내배엽은 호흡기와 소화기가 근간을 이루고 있다고 했다. 호흡기는 우주의 137억 년 별의 역사에서 이루어진 각종 원자를 호흡을 통해서 흡수하고 교환한다. 그리고 소화기는 35억 년 된 생명의 역사에서 형성된 미생물들의 헌신적인 도움을 받으면서 살아가고 있다.

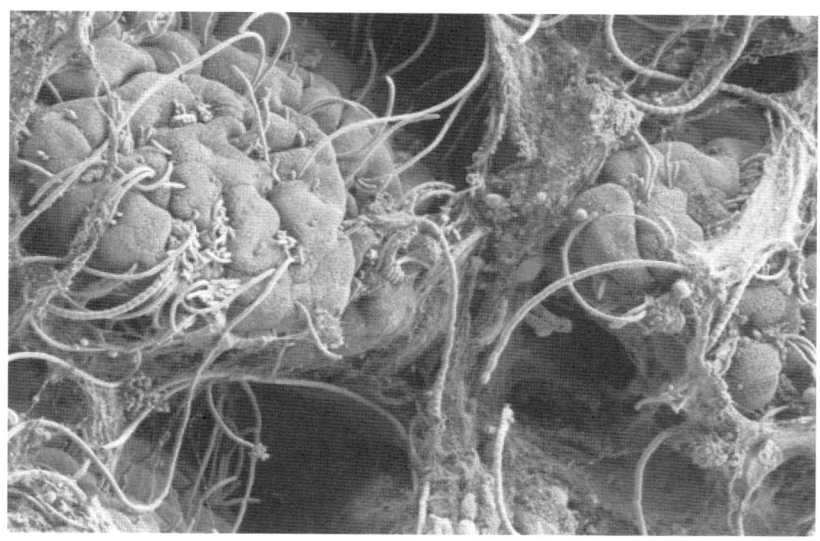

(그림 11-3) 필라멘트 세균들이 장의 면역세포들과 연결되어있는 그림이다. 면역세포는 이를 통해 자기와 비자기의 정보를 조율할 뿐만 아니라 30억 년 이상 된 미생물들의 양자정보와 열려져 수많은 정보들을 공유하며 교류하고 있다. https://www.nature.com/articles/mi20103

우리는 내배엽이 생명의 본질이라고 했는데, 이 내배엽의 생명이 존재하고 살아가는 데는 바로 우주와 생명의 역사가 상호적으로 어떤 영향을 주고 있을지도 모른다. 수동적인 교류보다는 꽤 능동적인 정보교류가 있는지도 모른다. 그래서 인간이 이렇게 생존해 나가고 있는지도 모른다. 우주의 별들이 만들어 준 각종 원소들을 호흡하고 미생물들이 30억 년을 지키며 전달해온 각종 소중한 정보의 도움을 받아 인간들이 어려움에 적응하고 진화해 왔을 수도 있을 것이다. 그래서 미생물을 단순히 진화하지 못한 미개한 생물로 보아서는 안 된다. 오히려 그들은 대자연과 우주처럼 인간의 모성과 인간 세포의 고향이 될 수도 있다. 가장 원초적인 태고의 생명체가 아직 진화하지 않고 수없이 모여 한 인간을 돕고 살리고 있다고 볼 수도 있다. 우리가 인터넷의 정보를 검색하고 활용하듯이 우리는 미생물의 30억 년 이상 된 생명의 고급 정보를 마구 사용하며 살아가고 있는지도 모른다.

우리는 미생물과 작은 벌레에 대한 과잉적 공포와 피해의식이 있다. 아마 인류가 과거 집단적으로 심하게 겪은 전염병과 병균에 대한 집단적 트라우마 때문인지 모른다. 미생물도 정보가 있고 나름의 생명의 격과 정서가 있다. 우리가 미워하면 그들도 생존하기 위해 자기의 고차정보를 사용한다. 세균은 유전자 수평 이동을 통해 필요시 우리를 해치는 병균으로 쉽게 유전자를 바꿀 수 있다. 대상은 자기의 거울이라고 했다. 미생물은 인간의 거울이다. 인간이 대하는 대로 미생물은 우리를 대한다. 우리가 고마워하고 수용하고 사랑하면 그들도 우리를 돕고 사랑할 것이고, 우리가 그들을 배척하며 항생제로 마구 몰아내면 그들도 우리를 배척하고 해칠 것이다. 그들도 우리를 느낀다. 고차정보로 우리를 만난다. 내 속에 사랑이 있는지, 아니면 미움과 분노가 있는지를 같이 느끼고 거기에 따라 반응한다. 미생물은 우주와 생명의 역사이다. 우리는 그들과 공생해야 한다. 특히 우리의 모성인 미생물을 소중하게 여기고 감사해야 한다. 대접받고자 하는 대로 먼저 남을 대접하라는 성경 말씀대로 미생물의 대접을 잘 받기 위해서는 미생물을 먼저 소중히 여기고 그들을 대접해야 한다.

장에는 무수한 양자정보들이 있다. 그들은 열려있다. 시간과 공간에 열려있다. 나의 몸은 시간과 공간에 닫혀 있지만, 고급정보인 양자 세계는 시공에 열려있다. 그래서 우리는 미생물의 양자를 통해 시공에 열린 모성과 사랑을 공감하고 느낄 수 있어야 한다. 그저 에너지나 면역에 도움을 조금 주는 그런 기능적인 계약 관계를 넘어서서 미생물과 태고의 역사를 모성에 대한 마음으로 느끼고 열려야 한다는 것이다. 그래서 장은 이처럼 시공에 열린 정보를 우리에게 제공하는 것이다. 나는 나 개인만이 아니라 이처럼 거대한 우주와 생명의 역사에 열려있고 그 세계와 정보들을 공유할 수 있다. 그리고 서로 소중히 여기고 감사하고 사랑할 수 있는 양자적 정보의 관계를 유지할 수 있다. 사랑에도 여러 단계와 차원이 있다. 가장 깊고 진정한 사랑은 양자의 중첩적 파동을 통해서 전달되고 표현될 수 있다고 생각한다. 이런 길이 장에 열려 있다는 것이다. 단순한 소화기 기계가 아니라 시공을 향해 열린 고차적 매개로서 이해하고 받아들여야 한다. 그리고 이를 소중히 여기고 그 길을 통해 우주와 자연의 바른 질서와 변화의 길로 갈 수 있어야 할 것이다. 우주와 인간의 더 자세한 양자적 교류에 대해서는 저자의 다른 책인 '정보과학과 인문학'에 있는 '양자, 우주, 정보와 인간'을 참고하기 바란다.

답과 설명

1. 소화기는 단순히 소화만을 위해서 존재하는가?

    소화기의 가장 중요한 기능은 소화와 영양공급이다. 이 단순한 기능만을 위해서라면 소화기는 너무 길고 복잡하다. 혀와 같은 수준의 맛 수용기와 내분비 세포, 자율신경, 면역세포, 미생물들이 필요 이상으로 많다. 그 이유는 소화기는 영양만을 위하기보다는 물질의 내부 속에 있는 많은 고차원적 정보를 분석하고 처리하는 기능을 동시에 하기 때문으로 생각된다.

2. 소화기의 인지 기능은 어떻게 나타나는가?

    음식은 인간에 영양 이상으로 중요하다. 음식을 통해 사랑을 인식한다. 갓난아이는 먹는 것을 통해 모성을 경험하고 인식한다. 성장한 이후에도 음식은 영양 이상의 큰 의미를 갖는 이유는 바로 장의 인식 기능이 있기 때문이다. 이는 최종적으로 뇌에서 인식되지만, 일차적으로는 소화기의 고차정보망에 인식되고 저장된다. 그 정보망은 바로 장의 5종류의 세포들 즉 상피세포, 내분비 세포, 신경세포, 면역세포, 미생물로 구성된다.

3. 현대인의 가장 힘든 장애 중에 하나인 비만과 대사성 질환은 왜 그렇게 치료가 힘든가?

비만, 고지혈, 당뇨 등은 치료가 쉽지 않다. 생각대로 음식을 조절해야 하는데, 잘 되지 않고 잘 조절해도 수치가 쉽게 떨어지지 않는다. 그 이유는 장에서 에너지 흡수를 조절하는 정보망이 복잡하게 형성되어 있기 때문이다. 장의 기본을 이루는 5가지 세포와 뇌까지 가세하게 되고 거기에다 손상정보와 자기 보존적인 정보가 복잡하게 얽히게 되므로 쉽게 해결하기 힘든 것이다. 그러나 그 얽힌 정보망을 하나하나 인격적인 대화와 관계를 통해서 풀어나가면 원래대로 잘 조절되는 정보망으로 회복될 수 있다.

4. 가장 기본적인 자기와 대상관계의 인식이 장에서 형성되는 이유는 무엇인가?

신생아 때부터 장은 음식을 통해 자기와 대상을 인식하고 형성한다. 그리고 성장하면서 미생물과 면역세포를 통해서 지속적으로 자기와 대상의 경계를 설정해 나간다. 이로써 심리적인 자기와 대상의 경계뿐만 아니라 신체적인 자기와 대상을 설정하게 한다. 심리적인 것은 정신적인 자기와 대상의 관계이다. 피해의식과 망상, 불안, 우울, 자폐 등의 정신적인 문제가 여기에서 시작되고 신체적으로는 면역질환이 바로 자기와 대상의 경계설정에서 시작하게 되는 것이다. 알레르기, 자가면역 질환이 여기에 해당한다. 최근에는 정신질환을 비롯해서 대부분의 질환을 이 면역장애가 일으킨다는 연구 결과들이 많이 나오고 있다. 이는 장의 정보망의 중요성을 한 번 더 확인하는 결과라고 볼 수 있다.

5. 장이 신체 외부의 정보와도 열릴 수 있다면 어떻게 가능할 수 있을까?

장은 물질 내부의 영양만을 얻는 것이 아니라, 그 속의 정보를 인식하고 소통하는 역할을 한다고 했다. 복잡성 정보까지는 고전적 정보이기 때문에 계system안에 닫혀 있지만, 양자정보는 얽힘과 결맞음 등을 통해 계를 넘어 정보처리가 가능하다. 그래서 장 속에 있는 양자정보 특히 미생물의 정보를 통해서 신체 밖의 우주 정보와도 교통할 수 있는 가능성이 열리게 된다. 미생물은 인간에게 우주의 35억 년 이상의 생존 정보를 제공해 준다. 거의 모성적인 돌봄이다. 우주의 역사 속의 정보와 소통하며 그 지혜와 돌봄의 모성을 받으며 우주와 상생하는 것이 바른 정보인류의 모습인 것이다.

Ⅲ. 뇌와 몸의 조화

12. 뇌의 정보처리
13. 몸의 언어
14. 뇌와 몸의 조화

12. 뇌의 정보처리

질문.
1. 뇌의 예측모델의 장점과 문제점을 무엇인가?
2. 뇌의 정보보존과 지배 현상은 어떻게 나타나고 있는가?

뇌의 예측모델

앞에서 뇌의 출현과 정보 그리고 의식에 대해 다루면서 뇌의 정보처리에 대해 전반적으로 다룬 바 있다. 그러나 이제 몸과 비교하며 몸과의 관계를 더 자세히 살펴보기 위해서는 뇌의 정보처리에 대해 더 구체적으로 설명하려고 한다. 뇌의 가장 중요한 목적과 기능은 현실에서 개체가 생존하도록 돕는 것이다. 한마디로 현실의 적응과 생존이다. 이를 위해서 가장 필요한 것이 신속함과 정확성이다. 그런데 이 두 가지가 하나의 목적을 향하지만, 다소 충돌하는 성향이 있다. 현실적응을 위해서 가장 기초가 되는 것은 현실과 자신에 대한 정확한 정보이다. 그런데 이를 위해서 너무 천천히 많은 에너지를 들여서 하게 되면 살아남지 못한다. 이를 위해서 짧은 시간에 적은 에너지로 최대의 결과를 거두어야 한다. 이를 너무 강조하다 보면, 현실과 자신에 대한 정보가 부정확해질 수가 있다. 운동선수들처럼 제한된 아주 짧은 시간에 정확하게 판단하고 행동해야 한다. 결과적으로 골을 넣든지, 안타를 쳐야 한다. 뇌는 이 두 디렘마에서 가장 적절한 지점을 찾아 최선으로 반응해야 한다.

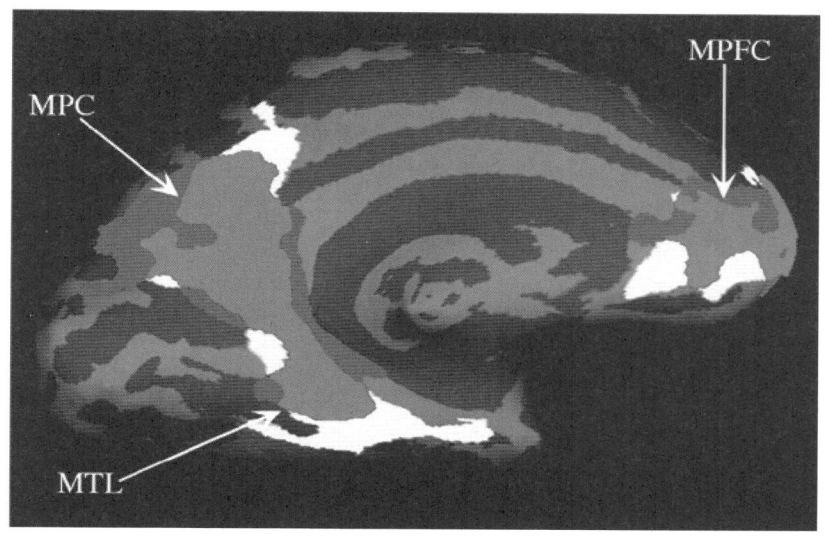

MPC; 내측두정엽 MTL;내측측두엽 MPFC;내측전전두엽
(그림12-1) 뇌는 반응하기 전에 항상 표준상태default(흰색)를 설정한다. 그리고 어떤 자극이 오게 되면 뇌는 미리 연관된 배경적인 연합 신경망(MPFC와 MPC가 가리키는 진한 회색)을 준비한다. 이 두 상태의 중복(흰색과 진한 회색이 중복된 중간 회색)이 예측정보가 되는 것이다. 뇌는 이처럼 안정적이고 효율적인 정보처리를 위해 대상과 연관된 기억(MTL)을 비롯하여 연관된 뇌의 정보(MPC, MPFC)를 미리 가동시켜 예측정보를 만든다. 이것이 효율적이기는 하지만 예측정보가 하나의 틀이 되어 그 틀 안에서만 대상을 보고 그 틀을 보존하려는 정보적 왜곡을 일으키기도 한다.
https://www.sciencedirect.com/science/article/pii/S1364661307001295

　　여기서 나온 전략이 바로 예측모델이다.[1,2] 현실의 정보를 그때마다 사진을 찍듯이 새롭게 분석하면 시간과 에너지가 너무 낭비된다. 미리 가능한 패턴들을 준비했다가 이를 중심으로 약간의 수정과 조합을 통해 반응해야 신속성과 효율성이 높아진다.(그림12-1) 뇌는 기억을 통해 형성된 과거의 정보를 신속하고 효율적으로 잘 활용하기 위해서 잘 분류해 놓는다. 마치 인터넷의 정보와 도서관의 정보들을 신속하고 정확하게 검색하기 위해 여러 차원의 색인, 중심 언어, 범주, 분류와 등급 등의 개념을 도입하는 것처럼, 뇌도 이러한 검색지도를 마련한다. 이를 주로 담당하는 구조물이 해마hippocampus로 알려져 있다.[3] 이 검색지도는 사람마다 다르다. 이는 학습의 방법에 따라 다르게 결정된다. 이를 지식의 나무나 지도 혹은 구성과 구조라고 부르기도 한다.[4,5]

이러한 자료와 지식을 어떻게 잘 입체적으로 구성하느냐에 따라 그 지식을 잘 활용할 수 있다. 단순한 암기 위주의 지식은 지식의 입체적인 구성력이 약해서 상호 간의 구조적인 결합과 새로운 조합적인 지식이 나오기 어렵다. 창의적인 사고를 하기 위해서는 새로운 지식적 구조의 다양한 결합이 가능해야 한다. 뇌는 현실의 자극이 없는 휴식 시간에도 끊임없이 작동한다.[6] 기존의 정보구조들을 서로 교류하며 열역학적으로 더 효율적인 지식 구조를 찾아낸다. 이를 정보적 시뮬레이션이라 할 수 있다. 아이들이 블록으로 여러 구조물들을 만들어 보듯 이렇게도 조합해보고 분리해보고 하여 더 좋은 구조와 안정된 구조적 결합을 끊임없이 찾아낸다. 뇌는 스스로 학습하고 연습하며 이렇게 좋은 인지적 패턴들을 준비해 놓는다. 그러다가 새로운 정보가 들어오게 되면 이것과 안정적으로 결합할 수 있는 기존의 구조물을 신속하게 찾아 상호 정보적 변용과 조절을 시행하여 더 나은 정보 구조물을 생산한다.[7,8]

이러한 과정에서 뇌만이 갖는 몇 가지 특징적인 문제들이 발생한다. 첫째가 뇌의 구성주의적 특성이다. 이를 삐아제Piaget는 인지적 구조[9]라 말하기도 하고 게슈탈트Gestalt[10]라 말하기도 한다. 또 인지적 구성주의 혹은 스킴scheme이라고 말하기도 한다.[11] 뇌는 현실과 대상을 그대로 모사하지 않는다. 백지상태에서 현실의 정보를 받아들이는 것이 너무 비효율적이기 때문에 예측모델을 통해서 현실을 본다고 했다. 그래서 현실의 몇 가지 특징만을 파악해서 기존에 대충 준비된 화폭에 스스로의 그림을 그리며 구성해 나간다. 몇 가지 현실적인 자료만을 가지고 자신이 추측하는 그림을 그리는 것이다. 객관적인 현실의 그림이 아니라 예술작품처럼 자신의 주관적인 인상이 부가된 작품을 만든다. 그래서 자기만이 강조하는 부분이 있고 빠트리는 부분도 나온다. 그리고 자기가 보고 싶은 대로 왜곡시키는 부분도 나오게 된다. 이러한 부분은 심리 실험에서 많이 밝혀진 사실이다.[12,13]

부분의 자료를 가지고 전체를 그리다 보니 자기가 원하는 스토리를 구성하기도 한다. 우리는 이야기를 좋아한다. 소설을 쓰고 읽고 드라마를 본다. 스포츠를 인생의 이야기처럼 보고 경험한다. 늘 자신 속에서 이야기를 만들기 좋아하고 그 이야기를 하며 산다. 뇌는 늘 이런 이야기를 만들기를 좋아하고 때로는 자기가 만든 이야기를 현실인 것처럼 착각하며 살기도 한다. 이것이 주관적이고 창의적일 수는 있지만, 때로는 심각한 오류가 담긴 그림을 그리거나 소설을 쓸 수도 있다. 물론 이것이 예술의 세계에서는 문제가 되지 않는다. 오히려 적극적으로 권장된다. 그런데 현실의 세계에서는 문제가 될 수 있다. 자신이 객관적인 현실에서 얼마나 벗어나 있는지를 알면서 자신의 세계를 갖는 것은 문제가 되지 않지만, 자신의 척도가 곧 현실이라고 착각하는 경우는 심각한 문제를 야기할 수 있다. 결국 이러한 오류를 현실로 믿는데서 편견과 상호 갈등이 시작된다.

뇌의 이러한 예측모델은 현실에 편리하게 적응하기 위해 나온 것이지만, 자신만의 구성을 현실과 구분하지 못하고 뇌의 가상을 현실로 착각하며 살 수 있는 것이 두 번째 문제이다. 뇌의 정보를 한마디로 말하면 현실에 빨리 적응하기 위해 만든 가상정보이다.[14] 뇌의 모든 정보처리는 현실을 위한 것이기는 하지만, 사이버 공간의 정보처럼 가상정보이다. 가상으로 생각하고 분석하고 느끼고 실행하며 가장 열역학적으로 효율적이고 경제적인 패턴과 구조를 만든다. 그리고 이를 자신의 의식에 제공한다. 마치 비행기 조종사들이 가상훈련을 하듯, 뇌는 실제 상황처럼 뇌가 꾸며놓은 사이버에서 가상현실을 만들고 거기서 모든 가능한 실험들을 해보는 것이다. 약간의 현실이 포함되어 있으니 현실과 가상이 합쳐진 증강현실이라고 표현하는 것이 더 적합할지 모른다.

뇌는 자유자재로 모든 가능성을 다 실험해 본다. 현실에서 불가능한 것들을 상상하고 초현실적인 환상의 세계도 갖는다. 애니메이션처럼 자기가 원하는 대로 그림을 그리고 그 속에서 모든 것을 다 해본다. 그런데 문제는 그것이 실제라고 믿는 것이다. 가상을 가상으로 알면 큰 문제가 없는데, 가상을 현실로 믿고 자기가 실제 그러한 줄 착각하고 살 수 있다. 그것이 뇌의 가장 큰 문제 중에 하나가 될 수 있다. 그리고 현실에서도 뇌가 상상하고 가상하는 그것을 만들고 마치 그 가상이 현실인 것처럼 주인공이 되어 살아간다. 이것이 집단화되기도 한다.

결혼에서 이러한 문제를 가장 많이 접한다. 결혼에서는 서로의 가상과 상상의 만남이 가능하다. 서로가 그 가상의 가정과 삶을 상상하고 계획하며, 그것이 일치할 때 강한 호르몬이 발생하며 사랑에 빠진다.[15] 그런데 결혼은 가상만이 아니다. 현실이다. 결혼 생활이란 바로 이 가상과 현실의 갈등과 균열이다. 처음에는 서로의 가상현실이 완전히 일치하는 것으로 생각했다. 그러나 결혼 생활을 통해 세부적인 내용으로 들어가 보니, 서로 다른 점들이 나타나기 시작한다. 이때 서로에게 자신의 가상을 강요하고 요구한다. 그러지 못할 때 좌절과 배신 그리고 버림받음을 받는다. 그리고 감정적으로 격해지면서 동요한다. 자신의 가상을 인정하고 현실 속에서 새로운 가정을 꾸려 나가면 되는데, 자신의 가상세계를 끝내 고집하게 되면 결국 그 결혼은 붕괴될 수밖에 없다. 그리고 새로운 가상을 찾아 떠나든지 자기 세계 속에서만 사는 길을 택하기도 한다. 가장 단순한 형태로서 결혼 생활을 예로 들었지만, 인간의 갈등과 편견의 대부분은 이처럼 가상과 현실을 구분하지 못하는 데서 나온다고 볼 수 있다.

행복도 그렇다. 행복도 뇌가 미리 행복에 대한 그림들을 준비한다. 이런저런 행복의 예측모형을 준비하고 시뮬레이션도 해보고 거의 최종적인 안을 완성해 놓고 나의 행복은 이런 것이야 하면서 그 행복을 찾아 나선다. 뇌는 감정을 동원하여 실제인 것처럼 짜릿한 감동을 주기도 한다. 안 되면 슬퍼하고 잘 되면 기뻐하기도 한다. 뇌에서 이를 위해 여러 전달물질과 뇌 호르몬들이 분비된다. 이것이 뇌가 추구하는 행복이다. 뇌의 행복은 기본적으로 가상이다. 아무리 완벽해도 가상이다. 가상의 본질은 실제가 아니라는 것이다. 먼저 머리에서 꾸며본 것이고 거의 실제처럼 착각할 정도의 실제성을 갖지만, 실제는 아니다. 끝나고 나면 뭔가 허전하다. 그것이 실제가 아니라는 증거이다. 마치 실제인 것처럼 게임에 빠져 있다가 게임이 끝나고 나면 허전한 느낌을 갖는 것과 같다. 그래서 가상은 그 허전함을 지우기 위해 더 강한 가상을 만든다. 그것이 뇌가 만드는 중독 현상이다. 중독은 가상이 가상의 그 허전한 간극을 메우기 위해 가상을 놓지 못하게 하는 뇌의 현상이다.

뇌는 가상이란 현실 속에서 마치 게임을 하듯 현실을 산다. 이를 연구하는 학문이 바로 게임이론game theory이다. 게임이론은 상호 의존적 의사결정에 관한 이론이다. 게임이란 효용 극대화를 추구하는 행위자들이 일정한 전략을 가지고 최고의 보상을 얻기 위해 벌이는 행위를 말한다. 게임이론은 참가자들이 상호작용하면서 변화해가는 상황을 이해하는데, 도움을 주고 그 상호작용이 어떻게 전개될 것인지, 매 순간 어떻게 행동하는 것이 더 이득이 되는지를 수학적으로 분석한다.

게임이론은 진화론을 한 발 넘어선 이론이다. 인간을 적응하는 존재에서 게임에 참여하는 존재로 보는 것이다. 인간의 모든 상황은 마치 게임과 같다는 것이다. 인간을, 상황을 게임으로 분석하고 가장 효율적인 전략으로 최대와 최적의 이윤을 추구하는 존재로 보는 것이다. 인간의 뇌가 바로 이를 위해 작동하고 있기 때문이다. 생물체의 최대 이윤은 에너지이다. 우주의 가장 큰 법칙이 에너지를 보존하는 것이다. 뇌의 정보처리의 목적은 정확한 정보처리에 있는 것이 아니라, 정보를 통한 최소 엔트로피(정보처리는 엔트로피를 최소화하기 작동된다)로 에너지 사용의 경제성과 최소의 에너지 상태를 유지하는 데 있다. 그래서 뇌에서는 에너지 최소화와 경제성이 그 이윤이 된다. 뇌는 다양한 정보적 주체가 에너지의 경제성과 최소화를 위해 최적의 전략을 제시하고 이를 바탕으로 다양한 방식으로 그 결과를 미리 계산한다. 마치 게임이론에서 다양한 경우의 수를 행렬 수학으로 계산하듯, 뇌는 다양한 경우를 분산식 병렬 방식으로 신속하게 계산한다. 인간의 상황에 대한 분석과 적응은 바로 뇌의 이러한 게임 분석과 계산의 결과로 주어진다. 그리고 최소의 에너지 수준에 도달하는 전략을 제시한다. 이는 복잡성 이론의 끌개처럼 그 최소점을 찾아낸다.

　뇌는 외배엽이다. 외부의 정보와 교류한다. 그래서 뇌는 겉의 정보에만 관심이 있다. 그 안의 내용은 보기 어렵다. 빨리 겉의 물체를 파악해서 개체가 제대로 대응하기 위한 정보처리가 주 업무다. 현실에 잘 적응하는 것이 최선인 것이다. 그 속까지 파악할 여유가 없다. 호랑이인지, 고양이인지를 알면 된다. 그들의 속까지 알 이유가 없는 것이다. 그래서 깊고 복잡한 정보는 삭제하고 필터한다. 소수점 이하는 잘라 버린다. 아날로그가 아니고 디지털이다. 대표값과 평균값을 취한다. 그래서 가능한 단순화한다. 빠른 정보를 위해서 가장 좋은 방식의 계산이다. 그래서 정량화하고 좌표화한다. 뇌는 크고 작은 것, 강하고 약한 것, 아름답고 추한 것, 더럽고 깨끗한 것 등의 외적인 것을 구별하고 이를 등급화한다.(그림12-2)

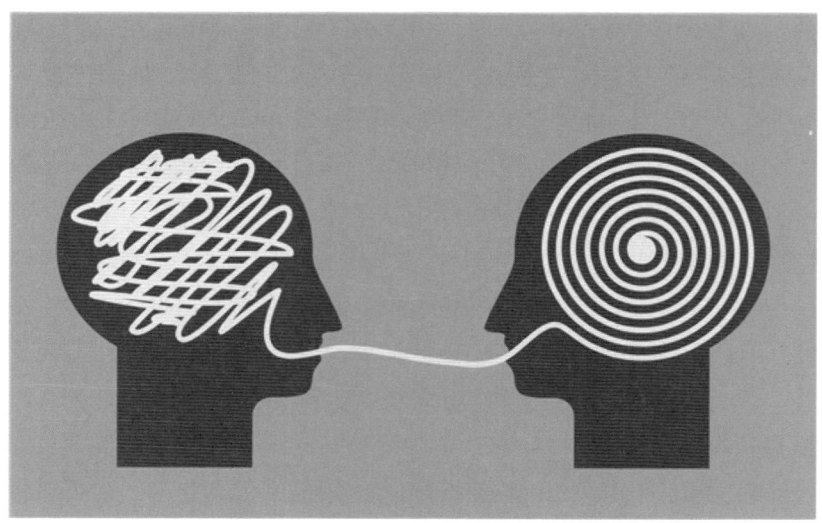

(그림12-2) 뇌는 현실에 대한 더욱 효율적인 판단과 적응을 위해 양자와 복잡성의 고차정보를 알고리즘의 등급과 좌표의 저차적인 계산정보로 변환시킨다. 이로 인해 효율성은 증가되지만 정보의 고차적인 내용이 삭제되고 강한 정보 보존성으로 정보의 왜곡이 발생된다.
https://steemkr.com/philosophy/@kyriacos/common-sense-is-an-illusion

뇌는 좋기도 하고 나쁘기도 한 것과 같은 중첩적인 것들은 계산하기에 힘들기에 이들을 배제한다. 사람의 능력을 10등급으로 나누기도 하고 자동차의 가격, 아파트의 평수, 사는 동네, 출신 학교 등으로 대충 등급화하고 좌표화한다. 그래야 빨리 계산이 나오고 판단이 된다. 그 사람의 내용에는 관심이 없다. 그저 우선 외적인 조건으로 그 사람을 계산하고 판단한다. 뇌는 사실이나 진리 자체에는 관심이 없다. 그저 경제성과 효율성에 더 큰 비중을 둔다. 오류가 있어도 더 효율적이면 된다. 그것을 우선적으로 선택한다. 그러나 처음 적응하는 데는 이런 정보가 중요하지만, 계속 만나다 보면 그 내용이 중요하다. 사람의 됨됨이와 성품이 중요하다. 그런데 인간은 계속 외적인 것과 자신의 예측모델을 고집하면서 현실을 보지 않고 자기 주장만 내세운다. 이것이 뇌의 효용성과 한계라는 것을 잘 인지해야 한다.

2차정보의 보존과 지배

만물은 스스로 보존되려는 보존성을 갖는다. 물질은 물질대로, 에너지는 에너지대로 이러한 보존성이 있다. 그래서 우주가 137억 년을 버티어 오고 있다. 그 보존성의 중심에 정보가 있다. 정보는 더욱이 자기성을 가지고 자기를 유지하고 보존하려는 강한 성향을 갖는다. 그래서 자기를 유지하기 위해 정보는 스스로 복제된다. 정보가 물질과 에너지의 중심에 있어 그 보존성을 강화한다. 정보는 더 효율성을 높이기 위해 생명체를 구성하고 이를 통해 자신을 더욱더 잘 보존할 수 있게 된다. 생명의 본질에 복제와 높은 효율성이 있기 때문이다. 그런데 이 보존의 방식에도 여러 차원이 있다. 무조건 자기를 보존하려고만 하면 그 보존이 오히려 보존을 방해할 수가 있다. 에너지를 너무 보존하기 위해서 정확한 정보보다 효율성을 내세우다 보면 엉뚱한 계산이나 게임 정보로 탈바꿈하는 경우가 발생할 수 있는 것이다.

그래서 게임과 이윤추구의 계산에만 충실하다 보면 필요 이상의 적을 만들 수도 있고 편견 가운데 빠져 헤어나지 못할 수 있다. 그래서 자기 보존의 이분법에 빠져들어 안 해도 될 싸움을 하게 되고 때로는 이로 인해 서로 자멸할 수도 있다. 그래서 보존과 반대되는 팽창과 해체력이 균형을 이루어야 된다. 이 두 힘이 잘 균형을 이루어야 하는데, 사실 보존력보다 해체력이 약간 강해야 오히려 잘 보존될 수 있다. 보존의 목적은 현상 유지가 아니라 자기 복제와 확장이기 때문이다. 너무 보존과 안정에만 몰두하게 되면 오히려 아무것도 하지 않고 위축되기에 생명과 정보체로서 보존의 의미가 없어지기 때문이다. 그래서 보존력은 역설적으로 필요한 만큼의 해체력이 반드시 수반되어야 한다.

해체력이 없는 보존력은 생명체로서 큰 의미를 갖지 못한다. 사실 보존이 아니라 소멸이기 때문이다. 이런 면에서 저차정보와 고차정보의 차이가 난다. 저차정보는 자기 보존력만 강하다. 스스로의 해체력이 약하다. 그러나 고차정보로 올라갈수록 자기 보존력보다 해체력이 더 강하게 작용한다. 사실 이런 점이 고차정보의 아주 중요한 성격이다. 그래서 값진 고차정보가 되는 것이다. 먼저 1차정보를 생각해 보자. 1차정보는 거의 물질 정보와 유사하다. 문자나 기호와 같은 구조 외에는 특별한 내용은 없다. 그래서 자기를 구성하고 유지할만한 강한 자기성은 없다. 그러나 물질처럼 견고한 보존력은 있다. 다른 것들에 영향을 줄 정도의 보존력은 없으나 자기 스스로의 보존력은 아주 강한 편이라고 볼 수 있다. 그래서 물질은 137억 년 이상을 그대로 보존해 왔고 문자나 기호도 그것이 발생한 이후로 큰 이유가 없으면 그대로 유지되어왔다. 그러나 다른 정보들을 지배하거나 영향을 줄 정도는 결코 아니다.

그런데 2차정보에 와서는 많이 달라진다. 2차정보는 그 속에 내용이 꽤 존재한다. 그래서 자기성을 갖는다. 그리고 2차정보는 뇌의 영향을 많이 받는다. 2차정보는 뇌에서 가장 효율적으로 처리될 수 있는 뇌의 특화된 정보이다. 뇌는 계산을 통해 효율성과 경제성을 강하게 추구한다. 그래서 그러한 방향으로 강하게 자기를 보존하려고 한다. 한번 형성된 정보는 해체되지 않고 자기를 보존해야지만 경제성이 있는 것이다. 낮은 에너지 수준과 낮은 엔트로피를 유지할 수 있는 것이다. 그래서 뇌 속에 이미 형성된 정보는 되도록 자기를 유지하려고 스스로 애쓴다. 몸의 세포는 1,2주 사이에 스스로 죽는다. 고차정보의 해체력이다. 그러나 뇌의 세포와 정보는 스스로 죽는 것이 몸보다 어렵다. 뇌세포는 대부분 죽지 않는다. 그리고 정보 역시 견고하게 저장되고 기억된다. 마치 암세포처럼 자기가 강하게 보존되려고 한다. 그래야 안정되기 때문이다.

2차정보는 1차정보처럼 자기만의 보존으로 끝나는 것이 아니다. 어떻게 해서라도 살아남으려고 한다. 그러다 보니 자기만의 힘으로는 부족해서 다른 유사한 정보들의 도움을 받는다. 즉 연합 전선을 만드는 것이다. 2차정보는 다른 정보에게 심대한 영향을 미치면서까지 자기가 살아남으려고 하는 것이 문제이다. 우선 비슷한 위치에 있는 정보들끼리 합쳐서 더 큰 구조적 정보를 만든다. 구체적으로 뇌는 유사한 주파수를 발생시켜서 결맞음과 공명과 중첩 등을 통해 이를 이루어 간다. 그리고 다소 다르더라도 서로 자기를 변용하고 양보하여 대승적 의미의 연합을 이룬다. 서로 살아남기 위해 정치 세력들이 모였다가 흩어지는 것이나 재벌들이 기업을 합병시키는 경우와 유사하다. 그래서 일단 큰 구조적 정보가 되면 그다음부터는 다소 일방적인 지배 구조로 발전한다. 다른 정보들을 변용시키고 자르기도 하고 자기 마음대로 요리해서 자기편으로 만들어 버린다. 이러한 큰 구조들이 모여 나중에 성격이란 틀로 자리 잡게 되면 아주 안정적인 구조정보의 연합체로 자리 잡게 되는 것이다.

앞서 뇌는 예측모델로 정보처리를 한다고 했다. 바로 이 인지적 모델이 그러한 거대 구조가 된다. 과거의 정보들로 뇌 속에 안정적으로 형성된 예측구조들은 자기를 유지하기 위해 새로운 정보를 그대로 받아들이지 못한다. 못 한다기보다는 안 하려고 하는 것이 더 맞다. 자기 방식의 틀로 이해하고 판단한다. 자기의 프레임으로만 세상을 보는 것이다. 이것이 인간의 편견과 왜곡이다. 자기의 정보를 보존하기 위해 현실을 몇 가지 정보만으로 재구성하고 자기의 이야기로 만들어 이해하고 반응하는 것이다. 아무리 이야기해도 사실을 사실로 못 받아들인다. 자기의 구조와 틀 속에만 갇혀, 보고 이해하는 것이다. 인간들이 힘들어하는 갈등은 바로 이러한 뇌의 보존성에서 출발하는 것임을 알아야 한다. 뇌 속에 있는 2차정보의 보존성은 여기에서 끝나는 것이 아니다. 2차정보가 강한 것은 의식을 지배하기 때문이다. 의식은 아주 높은 수준의 에너지이다. 그리고 의식 속에는 강한 자기와 의지가 작동한다. 의식을 지배하는 자가 인간을 지배할 수 있다. 2차정보는 이 의식을 거의 지배함으로 큰 세력의 힘을 얻게 된다.

뇌와 세상의 정보적 연합

2차정보가 의식을 지배하는 것은 2차정보가 세상을 지배하는 법이기 때문이다. 세상도 대부분 2차정보로 움직인다. 인간의 의식하에서 움직이기 때문에 세상도 2차정보가 주 세력이다. 언어, 논리, 합리성, 효율성과 경제성, 과학과 기술, 산업, 법과 조직, 종교, 도덕, 질서 등이 2차정보에 속한다. 인간은 세상에서 생존해야 하는 가장 중요한 목적을 이루기 위해 세상과 가장 닮은 2차정보가 의식을 지배할 수밖에 없는 것이다. 그리고 세상은 세상대로 자신을 보존하려고 하기에 2차정보의 체계로서 연합을 이룬다. 그래서 같은 입장인 뇌와 세상은 그 세력을 더욱 키워나가게 되는 것이다. 그리고 세상으로 가면서 정보는 집단화한다. 비슷한 생각과 이념을 가진 사람들끼리 만나고 뭉친다. 동우회에서부터 정당에 이르기까지 인간은 비슷한 이익을 추구하는 사람들끼리 뭉치게 된다. 그리고 그들의 정보에다 권위를 부여한다. 그리고 정보를 모두 지키고 보존하려고 한다. 이를 법질서니 조직이니 이념이니 하는 말로 합리화하여 그 구조적 정보를 보존하려고 한다.

이 정도 되면 인간이 시작한 정보가 드디어 인간을 넘어서는 세력과 힘을 갖게 된다. 정보가 자기를 형성하고 인간을 자신을 복제하고 보존하는 운반체로 삼는다. 여기에서 진화학자 도킨스Richard Dawkins가 말하는 유전자와 개체의 관계가 그대로 재현되는 것이다. 도킨스는 인간이 유전자를 복제하고 운반하는 도구에 불과하다고 말하였다. 유전자가 인간을 숙주로 이용하면서 오히려 주인이 되어서 자기를 보존하는 도구로 사용한다는 것이다. 그래서 이 유전자를 이기적이라고 말하는 것이다.[16] 이처럼 사회에서도 정보가 인간을 이용해서 뇌와 연합전선을 만들어 인간을 지배하고 자기를 스스로 보존하려는 것이다.

이는 바이러스들의 연합전선과 비슷하다. 개개의 바이러스 유전자는 그렇게 충분하지 않다. 그래서 숙주가 필요하다. 그러나 이러한 미생물들은 서로 정보를 공유하고 수평적으로 상호 교환한다. 인터넷에서 집단지능을 추구하듯 그들도 집단지능을 이룬다. 그런데 그 미생물들의 집단지능은 실로 놀랍다. 그들은 30억 년 이상 생존해 오면서 거기서 얻은 각종 고급정보를 고스란히 기록해왔다. 호모 사피엔스가 짧은 시간에 축적한 고급정보도 대단하지만, 미생물의 정보에 비하면 하찮다. 인간이 미생물과 바이러스를 정복하려고 하지만, 그들은 비웃는다. 그들의 지능은 인간의 집단지능과 비교할 수 없을 정도로 높다. 그들은 금방 변종을 만들어 내고 살아남는다. 그들은 인간을 당장 멸망시킬 수 있지만, 숙주로서의 가치 때문에 살려둔다. 사실 누가 주인이고 지배자인지 모른다. 아마 미생물의 집단지능과 정보가 인간을 지배하고 있다고 보는 것이 더 맞는 말일 것이다. 이처럼 인간은 스스로 주인이 되어 살아간다고 착각하고 있지만, 보이지 않은 정보들의 보존적 지배 속에 있다는 것을 충분히 이해하고 인정해야 한다. 그래야 인간의 길을 바로 갈 수 있다.

우리는 이제 정보의 세계를 모르고 살아서는 안 된다. 지금은 세상이 정보의 시대이다. 정보 속에 살아가고 있다. 정보가 무엇인지도 모르고 우리는 정보를 마구 사용하고 있다. 정보는 공짜가 아니다. 정보는 살아 있다. 정보는 오히려 나를 이용해서 자기가 살아남으려고 한다. 정보는 마치 술과 비슷하다. 처음에 내가 술의 도움을 받지만, 나중에는 나는 술의 도구가 된다. 그리고 술의 종살이에 들어가게 되는 것이다. 이처럼 정보도 우리를 도와주는 척하며 우리를 종살이하게 만든다. 세상은 인간이 주인이 아니라 이미 정보가 주인이 되었음을 알아야 한다. 이제 정보들의 음모를 더 들추어 보자. 정보들은 이러한 노출을 기뻐하지 않는다. 엄청난 저항이 있다. 그래도 이를 밝혀야 한다.

몸을 지배하는 뇌

뇌의 2차 정보가 자신을 보존하기 위해서 가장 필요한 것은 강한 에너지이다. 뇌는 무게로 보면 3-5%밖에 안 되지만 에너지는 25-30%까지 사용한다. 다른 몸의 세포보다 10배 정도까지 부富를 누릴 수 있는 특권층이다. 스트레스를 받거나 특별한 상황이면 더 많이 사용할 수 있다. 뇌의 정보가 보존되기 위해서는 이것만으로 만족하지 않는다. 특권층이 자기 힘을 이용해서 더 많은 부를 누리려고 욕심내는 것처럼 뇌는 결코 이것으로 만족하지 않는다는 것이다. 나머지 몸의 에너지까지도 자기의 목적을 위해 사용하려고 한다. 엄청난 지배 욕구이다. 몸은 적어도 3차 이상의 고차정보이다. 이는 보존력보다 해체력이 강하다는 뜻이기도 하다. 우연과 혼돈의 해체적 정보가 많고 뇌처럼 강한 의지나 중심이 없다. 그 대신에 전체적으로 자기 조직력을 갖는다. 느슨하지만 전체적인 자기성을 갖는다. 뇌처럼 강한 의지적 자기를 갖지 않는다. 자율적인 느슨한 전체적인 자기를 갖는다는 것이다.

이 전체적인 자기를 생명이라고 말할 수도 있다. 평소에는 느슨한 것 같지만, 필요할 때는 무척 강하게 움직인다. 의지의 힘보다 사실은 더 강하다. 감정이 몸에서 온다고 했는데, 이는 몸속에 있는 생명력을 받아서 그렇게 강하다. 생각이 감정을 이기기가 어려운 것도 감정은 몸에서 나오기 때문이다. 본능도 몸에서 나온다. 아주 강한 힘이다. 몸의 생명은 평소는 느슨한 것 같지만, 필요할 때는 무척 강하게 자기 보존력을 보인다. 뇌는 강한 것 같지만, 몸과 같은 생명력에서 나오는 큰 힘은 없다. 그래서 뇌는 늘 몸에게 진다. 뇌는 몸의 감정과 본능적인 힘과 같은 생명의 힘을 부러워한다. 이를 어떻게 해서라도 자기편으로 활용하고 싶어 한다.

몸은 자율적이고 고차적이다. 뇌가 제일 위에서 몸을 지배하는 것 같지만, 사실 몸은 거의 스스로 움직인다. 뇌는 필요할 때만 정보를 제공하고 특히 스트레스와 같은 외부적 요인이 개입될 때 강한 영향력을 내보일 뿐이다. 평시에는 몸은 거의 스스로 움직인다. 그래서 뇌가 어지간해서는 몸을 설득하기가 쉽지 않다. 몸은 뇌처럼 치우치지 않는다. 늘 자기 맡은 일에 몰두하고 충실하다. 그런데 몸이 약점을 보일 때가 있다. 평소에는 별로 외부의 일에 신경 쓰지 않고 안정적으로 자기 일에 몰두하지만, 당황하고 불안정할 때가 있다. 아플 때이다. 아프다는 것은 몸의 생명에 어떠한 손상이나 충격을 받았을 때이다. 일종의 스트레스라고 해도 좋을 것이다. 이때 몸이 스스로 당황한다. 평형성이 깨어진다. 그래서 몸은 신속하게 다시 평형을 찾으려고 애쓴다.

이때 뇌가 개입할 수 있는 기회가 온다. 이런 손상과 불안정한 몸을 빨리 회복시키는 방법으로 뇌가 좋은 정보를 제공해 줄 수 있다. 뇌는 이런 일이 전문이다. 늘 가장 신속하고 정확한 계산을 해서 평형점을 찾으려고 하는 것이 뇌의 목적인 것이다. 여기서 나온 것이 방어 기제라는 것이다. 우선 급하게 응급처치를 해서 더 이상 혼란을 막아 보자는 것이다. 응급실에서 우선 급하게 출혈을 막고 진통을 멈추고 해열을 하는 그런 조치들과 비슷하다. 몸의 이상에도 여러 종류가 있다. 우선 의학적인 문제들은 뇌가 병원으로 갈 것을 권할 수 있다. 그리고 검사를 하고 약을 먹게 하여 증상을 가라앉힐 수 있을 것이다. 그렇게 되면 몸은 평형을 찾는다.

그런데 이런 명백한 의학적인 증상 외에 더 미세하고 모호한 손상과 상처들이 있을 수 있다. 우리가 흔히 스트레스라고 말하는 것들일 수 있다. 정신적인 문제나 마음의 상처라고 해도 좋다. 우리는 이러한 것들이 뇌에서 먼저 일어난다고 생각한다. 물론 외부의 사건으로서는 뇌가 먼저 인식한다. 그러나 스트레스나 손상의 주체는 몸이다. 그 상처가 아픈 것은 몸의 생명이 반응하기 때문이다. 이를 인식하도록 하는 것은 물론 뇌이지만, 그 아픔의 근거는 몸이다. 몸이 먼저 아프고 그다음 몸이 느낌과 컨디션이라는 몸의 언어로 뇌에 전달하면 뇌는 이를 인식하고 기억하며 그 해결점들을 찾는 것이다. 그래서 몸에도 손상의 흔적들이 있다. 아픔이 고스란히 몸에 기억되고 있다.[17,18] 몸이 먼저 아프다고 말한다. 뇌는 몸을 대신하여 표현하고 더 확실하게 느끼게 해준다. 물론 뇌 속에도 몸이 아픈 기억들이 같이 저장되고 있다. 이때 뇌는 자신이 계산한 여러 방어기제로 이러한 몸의 아픔과 손상정보들을 방어하고 보충하려고 도와준다. 정신분석에서 말하는 여러 방어기제들, 즉 억압, 투사, 보상, 반동형성, 동일시, 해리, 지적화, 합리화 등을 동원하여 몸의 불안을 최소화하도록 돕는다.

그리고 뇌는 자기가 익숙한 외부의 여러 수단을 끌어다가 이러한 방어기제에 활용하게 한다. 일, 드라마, 스포츠, 컴퓨터 게임, 힘 있는 사람이나 돈과 같은 재물, 먹는 것, 약, 술과 담배 그리고 종교 등을 동원해 이런 방어를 더욱 견고하게 한다. 우리는 불안하고 힘들 때, 스스로의 심리적인 방어기제만으로는 힘들기에 이런 외부의 것들을 활용한다. 이들을 동원하면 우선 안정을 찾는다. 그런데 임시방편이다. 근본적인 해결책은 아니다. 그래서 방어기제라고 한다. 우선 응급처치를 한 것이다. 그리고 그 원인을 찾아서 근본적으로 해결하도록 해야 한다. 뇌가 이를 도와야 한다. 그런데 여기서 뇌는 이상한 재주를 피운다. 원인적인 해결보다는 계속 방어 기제로 살도록 하는 것이다. 뇌가 개입된 방어기제는 가상현실과 같은 것이다. 우선 아픔을 멈추어 주는 진통제와 같은 것이다. 그래서 약효가 떨어지면 다시 주사를 맞아야 한다. 뇌의 가상은 중독성이 있다고 했다. 실제적 해결이 아니니 다시 가상을 필요로 한다는 것이다. 그 가상이 없어지면 금방 아파지고 힘들어지니 계속 뇌의 가상이 필요하다. 이 점을 뇌가 노리는 것이다. 이제 이를 통해 뇌가 몸을 자기편으로 몰고 갈 수 있다는 것이다.

마치 마약이나 술처럼 처음에는 나의 아픔을 편하게 해주는 것 같다가, 이를 통해서 마약상에게 묶이게 되는 것처럼 몸이 뇌에 종속되는 것이다. 이제 뇌는 마음대로 몸을 조종할 수 있다. 몸의 약점을 잡았기 때문이다. 그래서 몸의 강한 생명력과 그 보존성을 뇌가 맘대로 자기 것으로 활용할 수 있게 된다. 뇌가 이것만 손에 쥐게 되면 이제 천하무적이다. 무서울 것이 없다. 몸은 뇌가 명령하면 당장 전쟁터에도 목숨을 아까워하지 않고 용감하게 뛰어들 수 있게 되는 것이다. 이를 뇌와 세상과 몸의 손상정보가 연합하는 삼각연대 혹은 회로라고 했다. 아주 강력한 천하무적의 삼각회로가 형성되는 것이다.

이제 다시 뇌의 2차정보의 보존성으로 돌아가자. 이러한 삼각회로에 대한 이해를 바탕으로 정보보존에 대해 더 진도를 나가보자. 뇌에는 다양한 정보들이 존재한다. 하나의 성향만이 존재할 수 없다. 처음에는 흩어져 있다가 그때그때 상황마다 정보들끼리 뭉쳤다가 흩어지는 전략으로 가다가, 이것도 비효율적인 것 같아서 중요한 것을 미리 상존시키는 예측모형을 도입하기 시작했다. 그리고 비슷한 정보구조들끼리 뭉치고 연합하여 더 큰 구조로 발전해 간다고 했다. 그러나 하나의 구조만이 형성될 수는 없다. 자기와 다른 것들은 다른 것들끼리 연합한다. 그래서 이러한 연합과 구성을 계속해나가다 보면 결국 최강자가 둘만 남을 수 있다. 다른 것들은 결국 이 최강의 우산 밑으로 붙게 되는 것이다. 정치가 결국 여와 야로 구성되고 진보와 보수로 나누어지는 것처럼, 뇌의 정보도 결국은 가장 큰 두 세력으로 나누어지게 된다. 선과 악, 아름다움과 추함, 큰 것과 작은 것과 같은 이분법이 자연히 형성되는 것이다. 그래서 왜 인간은 이러한 이분법으로 가게 되는지, 그 해답은 바로 뇌 속에 있는 것이다. 뇌가 그렇게 작동하니 인간도 결국 두 파로 나누어질 수밖에 없는 것이다.

그런데 이렇게 정보가 큰 구조로 나누어져서 서로를 견제하고 경쟁하는 것이 나쁠 것은 없다. 변증법적 발전을 위해 필요할 수도 있다. 그래서 역사는 발전한다. 그런데 문제는 정보가 나누어지는 것이 아니라 필요 이상으로 거기에 목숨을 건다는 점이다. 더 나은 정보로 발전하기 위한 이분법이 아니라 서로를 증오하고 파멸시키는 망상적인 수준에까지 이르기 때문에 문제인 것이다. 우리나라의 역사를 보면 이러한 폐해에 대해 너무도 잘 알 수 있을 것이다. 지금의 정치와 여러 분야의 이분법적 갈등과 투쟁 양상을 보면 상호적인 발전이 아니라 서로의 멸망을 재촉하는 것과 같은 이분법이기 때문이다. 인류의 수많은 전쟁은 이러한 이분법적 편견과 망상에서 시작된 경우가 대부분이다. 히틀러가 시작한 이차 대전 그리고 일본의 군국주의가 저지른 조선 강점과 대동아 전쟁 그리고 이념의 차이로 시작된 한국 전쟁 등이 바로 이 이분법의 갈등으로 인해 발발한 것이다. 뇌의 정보는 이처럼 무섭다. 어떻게 뇌의 정보가 이처럼 큰 전쟁으로까지 번지게 하는 것인가?

 뇌는 삼각회로를 통해 몸의 강력한 보존력을 동원할 수 있었고 정보 전쟁에 이 몸까지 동원되니 물러설 수 없는 생존의 싸움이 되는 것이다. 뇌가 몸을 이용해서 자신들의 2차정보를 보존하려는 것 때문에 결국 이런 폐해를 맞게 되는 것이다. 이는 마치 작은 뇌의 정보적 날갯짓이 전쟁이라는 거대한 폭풍을 일으키는 것과 같다. 뇌의 2차정보의 보존력은 이처럼 무서운 것이다. 그렇다고 2차정보에 해체력이 없는 것은 아니다. 지성, 논리, 합리성, 반성과 반추 등을 통해 잘못된 것들을 다시 허물고 해체할 수 있는 기능은 있지만, 이 역시 2차정보 안에서 일어나기에 생선가게를 고양이한테 맡기는 꼴이 된다. 스스로의 해체성이 너무 적기에 반대적인 해체성만으로는 결국 같은 결과를 만든다는 것이다.

 독재 정권을 타도하기 위해 싸운 투사가 정권을 잡으면 그도 독재자가 된다는 것이다. 사회의 해체적 기능을 주로 해야 하는 종교, 대학, 언론도 결국 자기 보존의 논리와 성향을 거부할 수 없다. 양심 있는 학자와 지성인들도 결국 반대의 2차정보의 보존을 꾀하지 진정한 해체적 존재가 되지 않는다는 것이다. 종교 중에서도 가장 해체적인 성향이 강한 종교라면 불교가 될 것이다. 제법무아諸法無我와 공空 등이 불교의 핵심 사상임을 볼 때,

그 해체력은 거의 불교의 모든 것이라고 해도 과언은 아닐 것이다. 붓다가 출가를 하고 수행을 시작하게 된 동기도 세상 가운데 만연된 이분법적 구분과 차별로 인해 생기는 고통과 부조리를 극복하기 위해서였다. 그래서 그는 열반의 진리를 깨닫고 열반에 이를 수 있도록 하는 연기緣起와 무아無我의 길을 제자들에게 가르쳤다.

그리고 제자들은 붓다의 가르침을 모아 불법의 경전을 만들었다. 그런데 붓다의 가르침을 소중히 여기고 이를 따르기 위해 만든 교법이 오히려 붓다의 가르침을 왜곡시키고 잘못 인도하는 종교의 경전이 되고 말았다. 그래서 이를 다시 바로 잡기 위해 나온 것이 반야경의 공空이고 용수의 중론中論이다. 선불교 역시 교법의 잘못으로부터 벗어나 보려는 시도 중에 하나이다. 원래 붓다의 가르침은 고차정보이다. 연기와 무아는 거의 4차의 복잡성 정보와 5차의 양자정보에 해당한다. 복잡성이 곧 연기이고 양자의 비개체성이 곧 무아와 같은 개념이다. 가르침이 종교의 교리가 되면서 고차정보는 저차정보인 2차적 언어와 교법이 된 것이다. 그러니 붓다의 가르침에서 한참 멀어지게 되고 오히려 붓다의 가르침을 방해하는 교법이 된 것이다. 그래서 반야경과 중론을 통해 다시 이를 고차적인 정보로 되돌려 놓는 작업을 해야 했던 것이다. 특히 중론은 논리를 통해서 언어적 논리를 해체함으로 붓다의 가르침을 고차정보 그대로 보존하는 놀라운 지혜를 보여주고 있다.[19]

이러한 문제는 비단 불교에서만 일어나는 것은 아니다. 예수의 가르침도 기독교라는 종교를 통해 저차정보화됨으로 역사적으로 얼마나 많은 과오를 범했는지 모른다. 불교의 중론처럼 스스로 저차정보를 해체하여 고차화하지 않으면, 종교만이 아니라 사회를 비판하고 견제하여야 할 모든 집단과 이념들은 자신이 비판한 세력 이상으로 타락하고 병들어 가게 될 것이다. 이를 역사적으로나 사회적으로 너무도 많이 보게 된다. 결국은 2차정보에서 스스로 벗어나지 못하면 결국은 2차정보의 종국인 파멸로 갈 수밖에 없을 것이다. 스스로 해체하지 않으니 정보 전쟁을 통해 망하게 되고 해체되는 것이다. 해체력은 2차정보 안에는 극미하기에 결국은 고차정보의 도움을 받아 해체력을 회복해야 한다. 어떻게 해체력을 증강시킬 것인가에 대해서는 나중에 다시 자세히 다룰 것이므로 여기서는 2차정보의 보존력의 문제만 고발하고 이 정도에서 마무리하려고 한다.

답과 설명.

1. 뇌의 예측모델의 장점과 문제점을 무엇인가?

   뇌는 신속하고 정확하게 정보처리를 하여 개체가 잘 적응하고 생존하도록 돕는다. 이를 위해 뇌는 예측모델을 가동한다. 백지상태에서 대상을 보는 것이 아니라 대상을 신속하고 정확하게 인식하기 위해 미리 대상을 예측하는 가상적인 인지적 모형들을 만들어 놓고 이를 구성하고 편집하여 현실을 인식하는 것이다. 이는 열역학적으로 아주 효율성이 높다. 그러나 현실을 있는 그대로 보는 것이 아니라 이미 설정된 자기 구성과 정보로 인식하기 때문에 현실을 자기의 틀로서 보려고 하는 경향을 갖는다. 이것이 심해지면 편견과 왜곡과 고집과 같은 문제를 일으킨다. 때로는 현실과 자기 생각을 구분하지 못하는 환상과 망상으로까지 발전할 수 있다.

2. 뇌의 정보보존과 지배 현상은 어떻게 나타나고 있는가?

   뇌 속에도 다양한 차원의 정보가 있지만, 저차인 알고리즘의 2차정보가 지배적이다. 그리고 이 지배력과 보존력은 사상의 정보와 연합하여 세상을 지배하고 몸을 지배하여 저차정보의 세상으로 만들어 버린다. 세상과 몸속의 고차정보를 억압하고 무시해버린다. 저차정보의 보존력만으로 가다 보면 결국 이분법적 갈등의 구조 속으로 들어가 악순환에 빠져 멸망하고 만다. 많은 사회 현상에서 이를 경험하고 관찰할 수 있다. 2차정보에는 스스로의 보존력을 해체할 힘이 거의 없다. 정보의 중력에 빨려 들어가 블랙홀을 만들어 갈 뿐이다. 그래서 해체력이 있는 고차정보의 회복이 절실한 것이다. 그래서 고차정보가 있는 몸과 의식의 회복이 필요한 것이다.

13. 몸의 언어

질문.
1. 몸의 고차적인 정보에도 불구하고 왜 그동안 격하되어 왔는가?
2. 몸의 고차적 정보는 뇌의 저차정보와 어떻게 다르게 나타나는가?
3. 몸의 복잡성 정보는 뇌에서 어떻게 인식될 수 있는가?
4. 몸의 양자정보는 뇌에서 어떻게 느껴질 수 있는가?

격하된 몸의 정보

뇌도 여러 차원의 정보가 존재하나 세상과의 빈번한 접촉으로 인해 세상의 이차적 정보의 영향을 가장 많이 받는다. 그래서 뇌의 경우는 2차정보가 대세를 이룬다. 세상과 뇌가 2차정보로 동맹을 맺기에 뇌의 경우 어쩔 수 없이 2차정보가 주류를 이루게 되는 것이다. 그리고 이러한 뇌의 2차정보 처리의 특징들에 대해서 앞선 장에서 다루었다. 이번 장에서는 몸의 정보처리 특징을 뇌와 비교하며 설명할 것이다. 몸의 정보의 특징에 대해서는 몸의 고차정보, 양자 생물학, 양자 유전학, 초고속 정보망 그리고 열린 정보망 등에서 자세히 다루었기 때문에 이를 반복하지는 않을 것이다. 단지 앞서 말한 뇌의 정보처리 특성과 비교해서 한 번 더 이를 정리해서 다루려고 한다.

몸은 뇌와 비교해서 정보적인 차원에서 열등하고 미성숙한 것으로 지금까지 알려져 왔지만, 결코, 그렇지 않다고 했다. 오히려 더 고차적이고 효율적인 정보처리와 높은 수준의 지능을 가지고 있다고 했다. 그럼에도 불구하고 우리는 이를 잘 못 느끼고 무시하게 된 이유가 무엇일까? 뇌의 높은 에너지 수준 때문이라고 볼 수 있다. 뇌는 의식을 유지하기 위해서는 높은 수준의 에너지를 유지해야 한다고 했다. 그래서 에너지 보존의 차원에서 보면 다소 비효율적이다. 의식과 집중이 너무 많은 에너지를 잡아먹기 때문이다.

그러나 몸은 의식과 같은 수준을 유지하지 않고 거의 무의식 수준의 작업을 한다. 그래서 에너지 수준이 낮고 에너지 보존의 효능성이 높다. 그래서 몸의 지적 작업을 거의 느끼지 못한다. 뇌의 의식이 모든 작업을 주도하는 것 같지만, 몸의 정보처리가 숨어서 많은 작업을 지원한다. 그리고 뇌의 낮은 차원의 언어로는 몸의 높은 차원의 정보를 그저 느낌이나 몸의 막연한 상태 혹은 감정 등으로만 느끼기에 그 수준을 가늠하기가 어렵다. 뇌는 자신의 2차적 언어가 아니면 무시해버리기에 몸의 이러한 막연한 언어를 거의 무시해버리거나 저차원적인 언어로 격하해 버린다. 그래서 몸의 느낌을 낮은 수준의 정보나 소음 정도로 무시해버리는 것이다. 게다가 뇌의 정보가 자기를 보존하고 몸을 지배하기 위해, 의도적으로 몸의 정보를 격하시키고 억압한다고 했다. 독재자나 독재 군주가 약한 백성들의 아픔의 소리를 무시하고 압제하는 것과 같다. 심지어 학대하고 멸시하고 죄악시하기까지 한다. 중세의 마녀사냥처럼 거룩한 뇌가 저속적인 몸을 감시하면서 늘 학대하고 정죄하고 심판한다. 그래서 지금까지 몸의 고상함을 모르고 살 수밖에 없었다.

그렇다고 몸이 항상 높은 수준이라는 것은 아니다. 뇌가 저속하고 미성숙하고 세속적이라고 비난하는 이유는 분명히 있다. 몸은 비이성적이고 반지성적이다. 때로는 고삐 풀린 말처럼 요동친다. 그 본능은 가리지 않고 욕구만을 채우려고 한다. 아주 이기적이고 비윤리적이다. 그래서 몸은 뇌의 감시와 통제 가운데 있어야 한다고 주장하는 것은 어느 정도 사실이다. 그러나 그 속에는 뇌의 음모가 있다는 것을 역시 알아야 한다. 원래 몸이 그런 것은 아니다. 뇌가 그렇게 만들어 가고 있다는 것을 알아야 한다는 것이다. 앞서 말한 대로 뇌는 몸의 아픔을 도와주는 척하면서 몸을 뇌의 방어와 세상으로 가져가 그곳에 중독되게 하고 몸의 원래 모습을 잃고 뇌와 세상에 종속된 포로로 살게 한다고 했다. 거기서 몸은 지속적으로 상처를 받게 되고 더욱 그 삼각회로는 악순환에 빠지는 것이다.

거기서 몸은 원래의 자신의 순수하고 고차원적 모습을 잃고 점점 비참한 모습, 거의 본능적인 저차원적인 노예의 모습을 드러낸다. 이것이 뇌가 몸을 그렇게 만들어 뇌가 몸을 지배하는 전략인 것이다. 매일 이를 확인하며 뇌는 몸을 감시하고 학대하고 벌을 내리는 감독관이 되는 것이다. 그래야 뇌가 몸을 완전히 지배할 수 있는 것이다. 진정 뇌가 몸을 생각한다면, 뇌는 몸을 이해하고 보살피고 회복되어 원래의 좋은 모습을 찾을 수 있도록 해야 하는데, 오히려 이를 이용해서 자기의 지배 수단을 합리화하고 더욱 강화하는 것이다. 몸을 죄인인 양 취급 해야 뇌의 지배 명분이 더욱 살아나는 것이다. 마치 일제가 조선을 침략하여 조선의 역사를 말살하고 조선의 병적인 점을 부각하여 자기들의 강점을 합리화했듯 뇌도 몸의 지배를 합리화하려는 것이다. 그래서 몸은 억울하게 뇌에 종속되어 그 악순환을 벗어나지 못하고 있었던 것이다.

몸의 고차성 회복

이제 몸을 해방시켜야 한다. 몸을 돌보고 회복시켜 몸의 고차적인 정보를 살리고 이를 통해 인간성의 회복을 이루어야 한다. 그렇다고 뇌와 몸을 이분법으로 분리하자는 것은 아니다. 뇌가 그랬듯이 몸이 뇌를 멸시하고 학대하여 몸의 세상을 만들자는 것이 아니다. 몸은 결코 뇌의 2차정보가 아니다. 몸에는 2차정보에서 오는 등급이나 계산정보는 없다. 그래서 몸은 뇌가 몸을 낮은 등급으로 취급하듯, 몸은 뇌를 그렇게 할 수 없다는 것이다. 몸은 자신의 아픔을 호소할 수는 있지만, 뇌를 무시하거나 학대할 수는 없다. 몸의 고차정보는 뇌의 저차정보와는 다르게 뇌와 협력하는 관계를 가지게 될 것이다. 그리고 뇌도 몸의 일부로 원래 외배엽의 위치로 돌아가게 하여 몸과 뇌의 싸움이 아니라 뇌를 포함한 온몸이 하나가 되어 원래의 몸의 높은 수준의 정보와 삶을 유지하게 될 것이다. 그것이 인간성이 회복되고 진정한 행복을 누리는 길이기 때문이다. 뇌의 지나친 지배 욕구와 2차정보의 지배를 막자는 것이다. 그리고 의식의 다차원적 정보의 관통성을 회복하자는 것이다.

이미 몸의 고차적 정보에 대해서는 자세히 설명했기 때문에 다시 언급하지 않을 것이다. 단지 몸의 정보처리 특징에 대해서 뇌와 대비하여 이를 설명하고자 한다. 뇌는 2차정보가 중심이기 때문에 선형적 분석이 앞선다. 그리고 정량적으로 계산하고 좌표화한다. 그리고 뇌는 외적인 것에 특화되어 있어 겉의 특징을 등급화하여 계산하고 구별한다. 이를 근거로 뇌는 비교하고 판단한다. 그러나 몸은 3차정보 이상이기에 이러한 계산적, 선형적인 정보처리를 하지 않는다. 대신 병렬적이고 비선형적이다. 정량적이기보다는 정성적이다. 겉이 아닌 내용을 느끼고 이해한다. 분석과 판단보다 이해와 공감과 느낌이 우선이다. 이것이 고차정보의 특성이다. 몸의 중심인 장은 겉을 모른다. 겉을 부수고 소화시켜 그 속에 무엇이 있는지를 안다. 그 속의 에너지와 정보를 흡수하고 소화한다. 그래서 몸은 내배엽이 중심이 된 만큼 속의 정보를 다룬다. 속을 느끼고 공감하는 정보이다. 파동이다. 파동은 중첩이다. 그래서 개체적 분석보다는 다중적인 의미를 그대로 수용하고 이해한다.

저차정보는 고차정보를 압축하고 필터해서 편리하게 정보처리를 하는 방식이다. 아날로그를 디지털화하는 것과 유사하다. 몸의 정보처리는 그래서 아날로그 방식이다. 뇌는 디지털이고 인공지능의 방식을 지향하지만, 몸은 아날로그와 모호한 정서와 느낌을 소중히 여긴다. 저차정보는 소수점을 다 지워버리고 그 중앙값이나 대표값만 계산하지만, 몸은 소수점과 여운, 배경의 소리 그리고 배음을 끝까지 찾아 그러한 정보들을 참여시킨다. 뇌는 텍스트text이지만 몸은 컨텍스트context를 다룬다. 뇌의 입장에서 볼 때 이것이 비효율적으로 보일지 모르지만, 사실 몸의 방식이 더 효율성이 높다. 단기적으로 보면 분석과 판단의 선형적 방식이 효율성이 높아 보이지만, 전체 정보를 다루지 않음으로 그 소외와 공백에서 생기는 이차적 문제까지 부딪혀야하기 때문에 처음은 모호하고 느리더라도 파동에 의한 공감과 느낌의 정보처리가 전체적으로 보면 더 효율적일 수 있다. 몇 사람의 생각과 지도력으로 집단을 이끄는 것이 단기적으로 보면 효율성이 높아 보이지만, 장기적으로 또는 전체적으로 볼 때는 전체가 참여하는 민주주의가 더 효율적인 것과 유사하다.

그래서 뇌는 통계에 의존하는 가상적인 애니메이션이나 정교한 컴퓨터 그래픽이라고 볼 수 있지만, 몸은 실제의 모든 정보를 참여시키는 실제적 정보처리와 상황이 된다. 뇌는 독재나 전제정치라면 몸은 백성이 참여하는 민주주의나 공화정이 된다. 뇌는 가상이고 시뮬레이션을 위한 것이지만, 몸은 실제의 정보로 이루어져 있다. 그래서 몸의 행복은 참 행복이 되고 뇌의 행복은 가상이 된다. 그래서 뇌는 가상으로 인해 채워지지 않는 부분을 중독으로 대신 채워야 하는 부작용을 만들어내지만, 몸은 실제가 참여하기에 필요 이상의 중독 현상은 일어나지 않는다. 몸이 중독을 일으키는 경우는 뇌에게 종속되어 있기 때문이지 몸 자체로는 그렇지 않다는 것이다.

몸의 해체적 정보

무엇보다 몸은 고차정보이기 때문에 뇌의 2차정보의 보존을 해체함으로 일방적 보존에 의한 소멸을 막을 수 있다. 뇌가 자신의 보존성을 막는 길은 몸의 고차정보의 힘을 빌리는 데 있다. 몸은 3차 이상의 정보이기에 복잡성과 양자정보가 주를 이루고 있다고 했다. 복잡성은 예측할 수 없는 혼돈과 우연의 정보이다. 그 자체에 해체성이 있는 것이다. 그리고 충분히 혼돈으로 해체되면 스스로 자기 조직성의 질서를 회복한다. 그래서 복잡성의 정보에 있는 질서는 혼돈의 해체성을 기반으로 한 것이다. 어떤 논리와 알고리즘이 동원된 것은 아닌 것이다. 뇌 안에도 이런 복잡성 정보가 많다. 아니 대부분 무의식의 정보는 홀로그래픽한 복잡성의 파동 정보이다. 이러한 파동이 뇌파라는 복합파를 형성한다. 그러나 2차정보가 워낙 강한 에너지를 가지고 의식과 방어기제로서 감시하고 통제하고 있기 때문에 3차정보는 거의 무의식에 파묻혀있다. 꿈속에서나 잠시 그 모습을 보이거나 어떤 정신 증상이나 실수 등의 삽화로 드러난다.

뇌가 스스로 이완하고 3차정보를 활성화하려고 해도, 그 시도 자체가 2차적 정보를 통해서 이루어지기에 또 2차정보에 갇힌다. 그래서 뇌만으로 정보의 보존성에서 탈피하기가 아주 어렵다. 뇌가 해체성으로 정보의 보존을 풀려면 몸으로 내려와야 하는 것이다. 몸에는 2차정보가 없기 때문에 보존성이 약하고 그 대신 3차 이상의 정보로 구성되어 있기 때문에 기본이 해체성이다. 몸의 정보처리에 같이 참여함으로 몸속에 있는 강력한 해체성의 파도를 타야하는 것이다. 뇌가 몸과 분리되기보다는 몸의 리듬과 파동에 얹혀서 같이 가야하는 것이다. 같은 파동의 공명 속에서 뇌와 몸이 하나가 되어야 그 해체성으로 들어갈 수 있는 것이다.

복잡성 정보의 해체성이 강하지만, 문제가 없는 것은 아니다. 혼돈 뒤에는 스스로의 질서가 나타나기 때문에 이 질서와 2차정보가 다시 결합하면 또 해체성이 약해질 수 있는 것이다. 항상 복잡성의 혼돈으로 스스로 돌아가지 않으면, 질서를 무너뜨리는 과정이 쉽지 않다. 이렇게 복잡성도 정보 보존에 갇힐 수 있는 위험이 있다. 그래서 이를 보완할 수 있는 더욱 강력한 해체성이 필요하다. 그다음 차원의 정보가 필요한 까닭이 여기에 있다. 가장 강력한 해체성은 5차정보인 양자정보로부터 나온다. 양자정보는 정보적 개체성이 없기 때문에 보존되어야 할 정보가 없다. 오히려 정보는 해체되어 모든 곳에 확률적으로 존재한다. 이러한 중첩적인 성격 때문에 복잡성의 문제를 본질적으로 해결할 수 있다.

물론 양자의 중첩 정보는 불안정하여 개체성 정보로 쉽게 붕괴된다. 붕괴된 이 정보의 에너지는 아주 약하다. 현실 속에서 소음처럼 금방 사라질 수 있다. 그래서 복잡성 정보가 이를 받아 보호하고 키운다. 이 양자정보는 금방 2차정보로 들어가면 소멸하기 때문에 복잡성 정보에 묻혀 들어가 자신을 보호하고 확장해 나간다.[1] 4차정보와 5차정보가 연합하는 것이다. 강력한 현실과 뇌의 2차정보의 보존성으로부터 순수한 고차정보의 해체성을 보호하기 위해 이처럼 양자와 복잡성 정보가 협력하는 것이다. 해체성은 몸 속에 있는 고차정보의 연합을 통해 유지될 수 있는 것이다. 그것이 뇌가 정보보존의 폐해에서 벗어날 수 있는 길이 될 것이다.

복잡성 정보의 소리

뇌 속의 2차정보는 언어와 사고 등으로 인지할 수 있는데, 몸의 고차정보는 우리의 의식이 어떻게 인지하고 알아볼 수 있을까? 몸은 외부의 자극이 있을 때 이에 신체적으로 신속하게 적응하기 위해 더 적극적으로 정보처리를 하고 뇌와 교신한다. 뇌는 일차적으로 외부의 자극을 받아 기억과 함께 몸이 빨리 반응하고 적응하도록 신호를 보낸다. 이를 담당하는 구조물이 편도amygdala이다. 이때 좁은 의미의 정서라고 볼 수 있는 일차 정서emotion가 발생한다. 기쁨, 슬픔, 공포, 자랑스러움과 수치와 공감 등이 발생된다. 그러나 이러한 정서가 의식되지 않고 무의식으로 전달될 때도 많다. 그런데 왜 이때 정서가 유발될까? 사고가 먼저가 아니고 정서가 유발된다. 정서는 사고의 정보와 다르다. 사고는 뇌의 정보처리이지만, 정서는 몸 전체가 공유할 수 있는 정보이기 때문이다. 그래서 편도의 정서는 전뇌 기저부, 시상하부, 뇌간을 거쳐 신체 내부 환경, 내부 장기, 근골격계, 특정 행동의 일시적 변화를 유발한다. 자율신경이 주요 전달 통로가 된다. 이것이 일차 정서의 실행이 되고 신체의 변화가 정서적 상태가 된다.

이러한 신체적인 변화 정보는 다시 뇌로 전달되는데, 이때는 뇌섬엽insular이라는 다른 구조물로 전달된다.(그림13) 이 때 뇌섬엽의 뒤쪽핵posterior insular cortex:PIC으로 이 정보가 전달된 후 다시 중간핵

middle insular cortex:MIC에 전달된다. 여기서 몸의 전체적인 항상성 homeostasis을 조절하는 여러 시도가 있게 된다. 가장 효율적이고 적절한 대처를 조율하는 것이다. 뇌의 다양한 곳과 또 자율신경을 통해 신체와 교신하며 이를 조절한다. 이때 편도와 다시 밀접한 교류를 한다. 이때 발생하는 신호와 정보가 느낌feeling이라는 정서이다. 일차 정서와 다소 다른 정서이다. 정서는 뇌의 일차적 정보이지만 느낌은 몸의 전반적인 변화를 포함하는 더 포괄적이고 전체적인 반응으로서의 정보이다. MIC을 통해 잘 조율된 정보는 다시 앞쪽의 핵anterior insular cortex:AIC으로 옮겨지고 다시 전대상 피질anterior cingulate cortex:ACC로 가서 전전두엽prefrontal cortex과 함께 여러 행동과 인지적 반응 조절을 하게 된다.

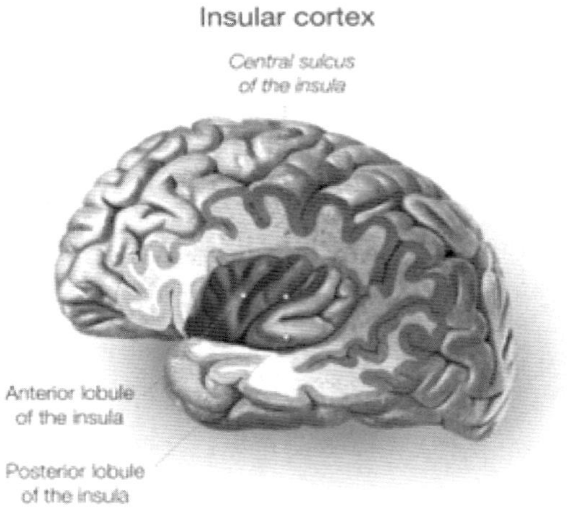

(그림13) 신체의 정보는 뇌섬엽 insular의 후부에 먼저 전달되어 중간핵에서 뇌의 편도amygdala와 함께 느낌feeling으로서 조율된다. 느낌은 신체 생명의 상태 신호로서 뇌의 전대상 피질anterio cingulate cortex과 전전두엽에 전달되어 여러 인지와 행동적 조절의 과정을 밟게 된다.
https://library.neura.edu.au/browse-library/physical-features/brain-regions/insular-cortex/

이때도 역시 편도와 긴밀한 관계를 유지하며 조절한다. 정서와 느낌의 과정을 이해하기 쉽게 하기 위해 시간의 선형적인 순서로 설명하였지만, 처음부터 병렬적인 정보처리로 진행된다는 것을 기억해야 할 것이다. 느낌이라는 정서는 뇌섬엽의 MIC에서부터 발생되어 AIC와 ACC에 이르기까지 신체의 변화와 이를 최적화하려는 모든 적응과정과 반응에서 발생하는 것으로 느낌feeling의 뇌과학을 연구해온 신경과학자인 크레이그A.D. Craig는 말하고 있다.² 어떻게 보면 1차 정서는 몸으로 보내는 뇌의 정보라면 느낌은 몸이 이를 받아 변화된 전체 신호를 보내는 정보라고 볼 수 있다. 그래서 정서와 느낌은 몸과 관련된 정보가 되는 것이다.

이를 통해서 보면 뇌와 몸이 대화할 때 몸의 언어는 분명히 정서와 느낌임을 분명히 알 수 있을 것이다. 뇌의 2차정보는 언어와 사고이지만, 정서와 느낌은 몸의 고차정보의 표현인 것이다. 지금까지 뇌의 입장에서 정서적 언어를 더 낮은 차원의 정보로 평가하였지만, 정서는 더 많은 양의 정보와 고차적인 내용의 정보가 그 속에 있음을 잘 알아야 할 것이다. 그러므로 몸의 정보로 들어가기 위해서는 정서의 정보를 잘 해독할 수 있어야 한다. 정서의 고차 상태를 저차적인 언어와 사고로 가두어 놓거나 축소해서는 안 된다.

사고가 정서를 만드는 것이 아니라 정서가 사고를 발생시킨다. 즉 고차정보인 정서에서 저차정보인 언어와 사고가 나오는 것이 이치에 더 맞으며, 뇌과학적인 연구에서도 이것이 입증되고 있다.³ 정서와 느낌이 예술에서 중요하듯 정서는 예술의 언어와 유사하다. 이차적인 정보로는 예술을 이해하기 어렵다. 있는 그대로를 느낌으로 느껴야만 하는 것이 예술이다. 많은 철학자들이 예술을 최종적인 진리의 보고로 생각하는 것도 바로 이러한 이유에서일 것이다. 정서와 예술은 논리적인 전개가 아니다. 복잡성의 정보로 구성되어 있다. 그래서 혼돈의 세계이지만, 그 안에 새로운 스스로의 질서가 있기에 우리가 예술이라 하는 것이다.

양자정보의 소리

3,4차의 복잡성 정보는 대충 정서와 느낌으로 인지할 수 있다면, 과연 그 이상의 정보는 어떻게 우리가 인지할 수 있을까? 정서와 같은 스펙트럼

에서 더 미세하고 모호한 느낌과 여운들이 바로 그러한 고차정보의 표현이 될 것이다. 모든 감각의 미세한 여운과 배경의 느낌, 정보들의 미세한 뉘앙스와 모호한 느낌, 직관과 직감 속의 사라질 듯한 느낌들, 그윽한 안개와 같은 상태, 현무玄霧, 공空, 허虛, 도道와 중도中道, 미묘현통微妙玄通, 치허수정致虛守靜과 생명, 사랑 등의 그 배경과 모호한 여운 등의 느낌들이 아마 이러한 고차정보의 현현이 아닐까 생각해 본다. 이들은 예술, 정서와 언어로도 표현하기가 힘들고 모호하다. 안개처럼 금방 있다가 사라지는 것 같은 미세한 느낌이며 여러 의미와 정보가 다중적으로 포함된 중첩정보들이다. 그리고 개체성이 뚜렷한 정보가 아니고 이것일 수도 있고 저것일 수도 있는 비개체적이고 구름 같이 흩어져 있는 정보들이다. 마치 양자적인 성격을 닮은 정보들이기에 이를 양자정보와 연결시켜보는 것이다.

이는 과학적인 실험이나 연구로 아직 입증된 바는 없지만, 이를 암시하는 여러 증거들은 없지 않다. 양자 이상의 차원의 정보가 있다면, 그것은 인간의 감수성으로는 도저히 접근하고 느낄 수 없는 정보들일 것이다. 이를 영성 혹은 신성의 정보인 동시에 혹시 물리적으로 가능하다면 초양자 세계의 정보들이라고 말할 수 있을 것이다. 이 글에서는 더 높은 차원에 대해서는 과학적으로 연구할 수 있는 분야가 아니기에 그저 유추할 뿐이다. 그러나 적지 않은 과학자들이 이러한 유추들을 내어놓고 있다. 초양자에 대한 과학적인 근거에 대해서는 '정보과학과 인문학'이란 저자의 책에 조금 더 자세히 설명되어 있으니 참고하기 바란다. 의식은 이러한 정보들을 저차로부터 고차까지 관통해서 인지할 수 있는 유일하고도 특별한 존재라고 볼 수 있다. 의식이 뇌에서 나오는 것이기에 이런 다차적 정보가 분명 뇌에도 있지만, 워낙 2차적인 정보가 강하게 지배하고 있기 때문에 뇌는 몸의 도움을 받아야 이런 관통적인 의식을 맛볼 수 있거나 유지할 수 있는 것이다.

몸속의 진선미

　인간에게 있어서 현실의 생존이 중요하지만, 그것이 전부는 아니었다. 한편으로는 현실이 아무리 어려워도 이를 뛰어넘는 이상을 늘 추구해 왔다. 그러한 이상 중에 진선미는 인간이 추구하는 최고의 이상이었다. 지금까지 이러한 이상을 뇌가 추구한다고 생각해왔다. 뇌의 지성과 이성 그리고 형이상학을 통해 이를 탐구해왔다. 많은 발전과 성취가 있었던 것도 사실이지만 기대한 만큼 이를 얻지는 못하였다. 여러 난관에 부딪쳤다. 이러한 탐구와 문제들을 밝히는 것이 철학이란 학문이고 그 과정이 바로 철학사이다. 그 결과 현대철학은 이제 뇌 속에 있다고 생각한 언어, 지성, 이성과 형이상학 등을 포기하고 몸과 정서로 들어가고 있다. 그리고 예술의 세계 속에서도 이를 찾아보려고 한다. 왜 몸과 정서와 예술인가? 그 근거는 무엇인가? 이러한 문제는 바로 지금까지 이야기해온 뇌와 몸의 문제와 연관될 것으로 생각한다. 이를 철학적인 관점에서 규명하는 것은 또 다른 작업이기에 여기서 자세히 다루기는 적절하지 않다. 더 자세한 분석은 '정보과학과 인문학'이란 저자의 다른 저서를 참고하기 바란다. 그러나 여기서는 핵심적인 문제에 관해서만 간단히, 요약해 보려고 한다.

　형이상학은 본질적으로 고차정보이기에 고차정보가 풍부한 몸에서 올라온다. 물론 뇌 안에도 고차정보가 있으니 같이 참여하는 것은 당연하나 몸이 더 주도적이라는 것이다. 이를 찾아 언어로 표현하고 정리하는 것은 주로 뇌가 하지만, 고차정보의 주요 근원은 몸이라고 볼 수 있다. 뇌는 이 과정에서 몸에서 올라오는 고차정보를 전혀 의식할 수 없기 때문에 뇌가 주도해서 철학을 하는 것으로 생각할 수 있다. 그러나 뇌는 주로 고차정보를 이차 정보로 축약하는 작업을 할 뿐이다. 그러나 형이상학의 본질인 진선미는 뇌의 축약된 언어와 가상성으로 그 본래의 공간을 잃고 언어와 개념에 갇힌다. 이 축약된 언어는 본질을 소외시킬 수밖에 없다. 공간을 평면으로 표현하는 것이기 때문이다. 시간이 지나면서 처음의 다차원적인 공간을 잃게 되고 2차정보의 속성인 정보보존의 새로운 길로 들어서게 된다. 그 언어는 처음의 의미를 잃고 세상과 학문의 언어로 생존해 나간다. 그래서 결국 그 언어와 철학은 형이상학과 진선미를 상실하게 된다. 처음에는 진선미인 것 같았지만, 결국 2차정보로 축소되다가 변질되고 고차적인 진선미를 유지할 수 없었던 것이다. 가상의 정보로만 끝나기에 매번 좌절될 수밖에 없었다.

그래서 실제의 진선미의 이상을 찾기 위해 뇌의 언어를 떠나 몸과 이를 이어주는 정서를 찾게 된 것이다. 몸과 정서는 뇌보다 더 혼돈되고 해체되어 있다. 그런데 그 속에 빛나는 진리와 지혜가 있고 또 진정한 차연差然의 아름다움이 있다. 그리고 이기적이고 자기 보존적인 정보가 아닌 상생적인 정보와 에너지가 있었던 것이다. 진정한 공간적인 진리와 아름다움과 도덕성을 만날 수 있는 것이다. 이는 가상의 언어가 아니고 비언어적인 존재로서 실재하고 있는 것이다. 몸은 뇌의 한계를 극복하게 해주는 인간의 마지막 희망과 같은 것이다. 그리고 뇌와 몸을 이어주는 정서는 인간의 언어를 정화하여 진정한 진선미로 들어갈 수 있게 해 주는 길이 되어준다.

몸의 생명과 사랑

마지막으로 몸의 정보를 느끼고 인지하게 해주는 몸의 또 다른 언어가 있다. 생명과 사랑이라는 것이다. 생명과 사랑은 상당히 형이상학적인 개념이다. 그러나 여기서는 형이하학적인 과학의 개념으로 이를 설명해보려고 한다. 우선 생명에 대해 먼저 생각해 보자. 생명은 분명히 몸속에 있다. 생명이 없어지면 몸은 그저 흙이고 화학물질에 불과하다. 그런데 생명은 몸속 어디에 어떻게 있는 것인가? 그것은 에너지인가? 물질인가 정보인가? 아니면 그 이상인가? 종교에서 말하는 몸을 넘어선 영원한 생명이 있는 것인가? 죽은 다음에 생명은 어떻게 존재하는가? 생명의 본체는 물질인가? 그 이상인가? 분명 생명은 있지만, 인간의 정보적 차원으로는 생명의 본질에 대해서는 접근할 수 없다.

생명으로부터 나오는 뭔가의 정보를 알아챌 뿐이다. 생명으로부터 나오는 것들 가운데 첫 번째 것들을 생명의 기운, 생명력 등으로 표현해 볼 수 있을 것이고 우리는 이들을 미세하지만 느낄 수 있다. 생명 자체가 있다면, 이는 분명 6차원 이상의 초양자적 정보일 것이다. 이에 대해서는 인간의 정보체계로는 도저히 접근할 수 없다. 거기서 나오는 생명의 기운과 힘은 양자를 통해서 전달되는 5차원적 정보라고 볼 수 있을 것이다. 그리고 양자정보와 복잡성 정보가 연합되어 전달되는 것이 우리가 흔히 느끼는 생명력이라고 생각된다. 이는 온몸 전체에 퍼져 있다. 전체적인 이 생명력은 실제로 뇌섬엽의 중간핵(MIC)에서 느낄 수 있다고 한다.[4]

생명이 이렇게 존재하고 살아갈 수 있는 것은 복잡성과 양자 현상이 뒷받침되지 않으면 불가능하다고 했다. 특히 양자의 결맞음, 터널, 중첩과 얽힘 등의 현상이 없이는 격렬한 열역학적인 저항을 이기고 이렇게 정교한 생명현상이 유지될 수 없다. 고전 역학의 세계만으로는 생명이 이렇게 살아남을 수 없다는 것이다. 그렇지만 양자는 매우 불안정한 특수한 존재이다. 고전적 열역학의 방해를 받으면 곧장 붕괴될 수밖에 없다. 생명체는 양자가 어느 정도 자신의 결맞음과 같은 양자의 현상을 유지할 수 있도록 보호하고 연결하는 특수한 환경을 조성한다. 그래서 양자정보가 생명체에 계속 영향을 줄 수 있도록 하는 특별한 역할을 하는 것이다. 마치 양자 컴퓨터에서 양자 현상을 보호하고 지속할 수 있게 특별한 환경을 만들 듯이 생명체는 양자를 위한 특수한 환경을 만들고 있는 것이다.

이것이 바로 생명체이고 생명이다. 그래서 생명은 의식처럼 다양한 차원의 정보를 통합하고 관통할 수 있는 존재이다. 어떻게 보면 의식과 생명은 하나인지 모른다. 둘 다 몸에 의존하고 있지만, 몸을 넘어서는 어떠한 존재성이 있다. 의식은 뇌에, 생명은 몸에 의존하고 있다. 그러나 이러한 물질적 현상만으로는 다 설명할 수 없는 초월적이고 관통적 속성이 있다는 것이다. 이 의식과 생명은 거시적 물질의 세계의 정보와 양자의 세계를 연결

해주는 경계에 있으면서 이를 관통하는 하나의 존재로 보는 것이 적합하지 않을까 생각한다.[5]

생명 자체는 초양자적인 정보일 수 있기에 인간이 그 자체를 느낄 수는 없지만, 생명에서 흘러나오는 정보를 받을 수는 있다. 그 정보들은 양자나 복잡성의 고차정보로 나타날 수 있기 때문이다. 생명력이란 힘으로도 느낄 수 있고 생명의 상태를 표시하는 여러 정서나 느낌으로도 표현될 수 있다. 그리고 정서는 생명력과 결합하여 더 강력한 힘으로 작용할 수 있다. 그래서 정서는 뇌의 사고보다 더 강할 수밖에 없다. 스피노자가 말한 대로 생명의 상태conatus가 어떤 몸의 느낌이나 정서로 표현될 수 있다. 긍정적인 정서는 생명이 상태가 좋다는 뜻이고 부정적인 정서는 그 반대로 볼 수 있다. 그래서 뇌는 이를 파악해서 생명에 대한 바른 조치를 취할 수 있어야 한다. 그런데 일반적으로 뇌는 정서를 미성숙하고 비이성적인 정보로 무시하고 억압하기에 결국 생명의 신호를 놓치고 만다. 그래서 나중에 큰 건강손실의 대가를 치르는 경우를 종종 본다.

생명과 의식과 함께 이러한 관통적 현상이 또 하나 있다. 바로 사랑이다. 사랑도 생명이나 정보처럼 여러 차원이 있다. 흔히들 사랑을 화학적, 에로스적, 필로스적, 아가페적인 사랑 등 여러 차원으로 나눈다. 사랑 속에는 강한 자기 보존성이 있으면서도 모성적인 사랑처럼 자기희생적인 이타적 사랑도 있다. 뇌의 사랑은 가상적이고 환상적인 사랑이다. 낮은 차원의 정보로 구성되는 사랑이라고 볼 수 있다. 몸이 고차정보이듯 몸이 하는 사랑은 더욱 고차적인 사랑이다. 지금까지 생각해온 것과 거의 정반대이다. 몸은 강한 본능과 성욕 등의 자기보존성으로 에로스적이고 동물적인 사랑을 추구한다고 생각한다. 그 대신 뇌는 이성적인 필로스적 사랑과 함께 더 고상한 아가페 사랑까지 할 수 있는 것으로 알려져 있다. 그렇지만 사실 이것 역시 뇌로 인해 왜곡된 모습이다. 이에 대해서는 뇌와 몸의 손상정보 등으로 빚어진 병적 현상이라고 설명한 바 있다. 뇌가 몸을 조종하여 몸을 그렇게 동물적으로 만든 것이다. 이러한 빌미로 뇌는 계속 몸을 통제하고 지배해야 한다고 합리화하는 것이다. 몸을 믿을 수 없기 때문에 이성적인 뇌가 몸을 늘 감시해야 한다는 것이다.

몸은 원래부터 결코, 그렇지 않다. 몸의 사랑은 오히려 상생적이고 자기가 없는 모성적인 사랑이다. 생명은 이러한 사랑의 정보망과 관계로 존재한다. 사랑은 곧 생명의 존재 방식이고 환경이다. 생명이 가장 본질적으로 찾는 것이 이 사랑이다. 생명은 상생적인 망으로 존재하는 것처럼 사랑은 곧 상생적인 망이기 때문이다. 생명이 존재하기 위해 양자나 원자가 관계하듯이 이 존재의 망이 있어야 하는 것이다. 물질이 4가지 힘으로 관계하듯이,[6] 생명체의 물질들은 사랑의 관계와 힘의 원리로 작동되어야 유지된다는 것이다. 그래서 사랑은 곧 생명 관계의 관계에서 나오는 정보의 소리인 것이다. 그래서 인간은 그토록 사랑을 찾을 수밖에 없고 사랑에 기뻐하고 슬퍼하게 되는 것이다. 사랑의 성격은 마치 양자적 성격과 유사하다. 중첩적이고, 하나의 결맞음과 초월적인 터널현상과 얽힘이 있는 이러한 현상들이 사랑 속에도 일어나고 있음을 우리는 알 수 있다. 그래서 사랑은 다차원적 정보를 관통하는 생명이나 의식과 같은 차원의 존재로 보아야 한다.

이에 비해서 뇌는 자기 보존적이고 이기적인 사랑을 한다. 등급적이고 계산적이고 조건적이다. 몸을 이용해서 더 이기적인 사랑을 하게 한다. 이러한 왜곡과 착각에서 몸을 해방시켜주어야 한다. 뇌는 결코 고차적인 사랑을 할 수가 없다. 생각과 가상으로는 가능할지는 모르지만, 뇌를 통해서 실제로 그런 사랑을 할 수가 없다. 그러나 뇌가 몸을 풀어주고 원래대로 회복하게 되면 몸은 저절로 모성적이고 이타적인 사랑을 할 수 있게 된다. 몸에 가장 자연스러운 것은 이타적인 생명의 망으로서의 사랑이기 때문이다. 사랑이란 사랑을 하고 싶다고 그냥 이루어지는 것은 아니다. 뇌와 몸이 준비되어야 한다. 그리고 에리히 프롬Erich Fromm[7]이 말한 것처럼 연습하고 훈련하는 것이 필요하다. 먼저 의식이 2차정보에서 벗어나 다차원적이고 관통적 상태로 확장되어 몸의 다차원적인 생명과 관통하는 가운데, 이러한 사랑이 가능할 수 있을 것이다. 이에 대해서는 다시 나중에 자세히 언급하려고 한다.

생명현상은 생명의 부분적인 기능에서 나오는 정보이다. 그러나 생명력과 생명이란 전체적인 정보이다. 각 부분의 정보가 어떠하든 그 생명체를 전인적인 인격과 개체로 인지하게 하는 것이 바로 생명인 것이다. 이런 전체를 느끼게 하는 것이 의식에도 있다. 의식은 여러 다양한 부분의 정보들이 있지만, 하나의 전체 정보로 느끼고 보게 한다. 이처럼 생명과 의식은 전체적으로 인식하게 하는 정보인 것이다. 이러한 전체성의 인식은 생명과 의식이 같은 양자정보에서 나오기 때문으로 볼 수 있다. 양자정보의 특징이 바로 전체성의 인식이기 때문이다. 그리고 생명에 가장 중요한 사랑이라는 것도 단순한 감정과 행위가 아니라 그 생명을 전체적인 인격으로 보고 대우하고 대접한다는 뜻이다. 사랑은 단순히 좋아하는 감정이 아니다. 어떤 부분적인 모습으로 평가하고 판단하지 않고 전인격으로서 존중하고 수용한다는 뜻이다. 그리고 부분적인 것들이 어떠하든 큰 인격 안에서 이를 이해하고 용서하며 소중히 여긴다는 것이다.

알고리즘으로 인격과 생명을 판단하지 않고 비록 부분적으로는 실수하고 부족하더라도 전인격을 믿어주고 기다려주는 것이 사랑이다. 그리고 전인격으로 위로하고 격려한다. 이것이 생명에 가장 필요한 것이고 이를 모성이라고도 한다. 가장 인문학적인 이야기이지만 가장 양자적인 모습이다. 양자는 부분을 보지 않고 전체를 하나로 보는 정보이기 때문이다. 그래서 생명과 사랑은 가장 고차적인 정보의 형태인 것이다. 바로 양자정보의 현현이고 몸의 대표적인 소리인 것이다. 몸은 바로 몸을 이러한 전인격으로 대하고 대접하는 것을 원한다. 고차정보는 고차정보를 먹어야 산다. 뇌의 등급적 저차정보로 몸의 고차정보에게 상처를 주거나 가두어서는 몸의 고차정보와 생명이 죽고 만다. 이것이 결국 몸의 질병으로 나타난다. 그리고 정신질환의 원인이 되기도 한다. 이에 대한 더 자세한 설명은 역시 저자의 '정보과학과 인문학'이란 책에서 다루고 있으니 참고하기 바란다.

답과 설명.

1. 몸의 고차적인 정보에도 불구하고 왜 그동안 격하되어 왔는가?

    몸에는 고차적인 정보가 있지만, 너무 낮은 에너지 수준에서 진행되기 때문에 높은 에너지 수준을 가진 뇌가 거의 느낄 수 없다. 그리고 뇌와 소통할 수 있는 공통적인 언어가 없다. 즉 뇌가 주로 사용하는 언어나 알고리즘이 통하지 않는다. 그리고 몸에는 충동적이고 이기적인 욕구나 비이성적인 본능이 솟구칠 때가 있기 때문에 늘 뇌의 감시와 감독을 받아야 되는 대상으로 생각해왔다. 그러나 몸은 원래 그런 모습이 아니다. 뇌에 의해 잘못 대접받고 왜곡되었기 때문에 점점 그러한 모습으로 변하게 된 것이다. 몸을 다시 이해하고 회복시켜주면, 몸은 원래대로의 고차원적인 모습을 찾게 될 것이다.

2. 몸의 고차적 정보는 뇌의 저차정보와 어떻게 다르게 나타나는가?

    뇌는 겉을 보고 평가하고 판단한다. 그러나 몸은 속을 보고 이해하고 공감한다. 뇌는 등급과 선악으로 나눈다. 그러나 몸은 수용과 상생을 통해, 하나를 이룬다. 뇌는 압축하고 통계의 대표 값을 산출하고 디지털화한다. 양을 계산한다. 몸은 아날로그로서 있는 그대로를 모두 수용하고 질을 지향한다. 뇌는 텍스트이나 몸은 컨텍스트이다. 뇌는 가상이나 몸은 실제이다. 뇌는 정보를 보존하지만, 몸은 작고 굳어져 있는 것들을 해체하고 더 큰 하나의 결을 형성한다.

3. 몸의 복잡성 정보는 뇌에서 어떻게 인식될 수 있는가?

    뇌의 저차정보는 명확하고 개체적인 개념적 언어나 명제들이다. 그리고 서술 가능하고 인과적이고 알고리즘적인 정보들이다. 그러나 몸의 복잡성 정보는 주로 이미지나 추상성, 정서와 느낌, 전체적인 감각과 직감 등으로 나타난다.

4. 몸의 양자정보는 뇌에서 어떻게 느껴질 수 있는가?

    양자는 고용량의 정보를 다룬다. 그리고 전체를 하나로 느끼게 한다. 대신에 정보의 내용은 해체적이고 불안정하다. 그러나 전체적이고 하나의 결을 이룬다. 인격, 자기, 정체성, 생명, 예술작품, 영성적 경험, 존재, 진선미 등과 같이 전체적이나 다소 막연하고 중첩적인 모호한 느낌, 안개와 같이 불확실하고 금방 사라지는 그러한 느낌, 여운, 막연한 배경, 기운, 배음 같은 내용을 갖는다. 그리고 분석적이고 도덕적인 판단보다 사랑, 공감, 이해, 수용, 용서 등과 같이 전체적으로 인식하고 공명하는 것과 연관된다.

14. 뇌와 몸의 조화

질문.
1. 뇌는 스스로 저차정보의 편재와 지배로부터 벗어나기 위해 어떤 시도를 하고 있는가?
2. 수면은 어떠한 기능을 위해 존재하는가?
3. 수면 중 나타나는 급속 안구운동(REM) 수면 즉 렘수면의 주요 기능은 무엇인가?
4. 의식은 뇌에서 어떻게 발생되는가?
5. 의식의 중요성과 주요 기능은 무엇인가? 그리고 명상과 꿈과의 관계는 무엇인가?

뇌의 리듬

이제까지 뇌와 몸의 정보에 대해 많은 얘기를 하였다. 이제 뇌와 몸이 갈등하는 사이를 청산하고 조화의 관계를 어떻게 만들어 나갈 것인가에 대해 말하려고 한다. 이를 어떻게 할 수 있을지 그 실행 방법에 대해서도 구체적으로 말할 것이다. 뇌는 이분법으로 뇌와 몸의 갈등 구조를 조성하였다. 이에 맞서 몸이 반란을 일으켜 다시 몸이 뇌를 지배하는 그런 식의 이분법적 해법을 생각해 보자는 것은 결코 아니다. 원래 위치대로 가서 하나의 몸을 이루자는 것이다. 누가 주인이고 피지배자인 것도 없다. 몸은 그저 상생이고 하나이다. 서로를 위하는 존재이다. 인류가 그토록 찾던 자유, 평화, 평등이 바로 몸 안에 원래 다 있었다. 그런데 뇌가 2차정보에 치우침으로 모든 것이 깨어지고 말았다. 성경에 나오는 선악과는 바로 뇌와 세상의 2차정보의 법이다. 이를 몸으로 먹는다는 뜻은 이 법을 몸에 적용한다는 뜻이다. 몸은 상생적인 생명나무로 산다. 그러나 등급의 선악의 법이 몸을 지배하면서 몸의 평화와 평등이 깨어지고 말았다. 생명의 몸이 죽게 되는 것이다. 그래서 몸을 다시 회복하며 자유, 평화와 평등을 찾아야 한다. 이를 어떻게 구체적으로 할 것인가? 그 해답은 물론 자연과 몸속에 이미 있다. 이를 찾아내면 된다.

이를 위해서 뇌가 스스로 자신의 문제를 어떻게 극복하는지를 먼저 살펴보려고 한다. 뇌가 문제가 있다고 그렇게 만만하게 보아서는 안 된다. 이미 뇌는 자신의 문제를 인정하고 이를 극복하기 위해 스스로 자구책을 내놓았다. 뇌의 리듬이 바로 그것이다. 이 리듬은 전기적인 뇌파를 통해서 나타난다. 뇌파는 개개의 뉴런의 시냅스에서 기본적으로 발생되는 흥분과 억제의 전기적 현상이 여러 뉴런들의 집단으로 구성된 신경망의 단위에서 모이게 되면서 어떠한 리듬의 파동으로 나타나게 되는 것을 말한다. 뇌는 작은 국소에서 정보처리를 시작해서 점점 더 큰 영역으로 확대해 나간다. 이를 통해 가장 적합한 정보를 구성해 나간다. 이미 많은 정보를 준비해서 예측하고 이것이 현실의 정보와 얼마나 맞아떨어져 나가는지를 여러 증거들을 동원해 분석하고 검증해 나간다. 각각의 정보는 흥분(+)과 억제(-)의 구성을 통해 파동으로 작용하며 각각의 파동들은 중첩을 통해 서로 교류한다. 중첩 과정을 통해 다양한 모습의 파동적 정보가 만들어진다.[1]

그중에 가장 안정적으로 구성된 정보는 공명을 통해 결맞음을 보인다. 여기서 결맞음은 양자에서의 결맞음과 비슷한 개념이나 다소 다르다. 반복적인 중첩을 통해 의미 없는 파동들은 잡음처럼 소멸한다. 그러나 사건에 의해 의미 있게 발생하는 파동들은 마치 뇌유발 전위에서 합산되는 것처럼 같은 주파수를 보이는 파동끼리 서로 모이기 시작하는데, 이를 공명이라고 한다.[2] 그리고 같은 주파수에 의해서 생기는 결맞음을 보인다. 또 결맞음은 서로 다른 주파수끼리 상관관계correlation가 높다는 것을 의미한다. 그래서 이 상관관계의 제곱근이 곧 결맞음이 된다.[3]

뇌는 가장 안정적인 에너지 수준과 엔트로피를 지향하기 때문에 이러한 안정성을 보이는 결맞음은 복잡성의 끌개처럼 뇌의 정보처리를 이끈다. 그래서 뇌파는 다양한 파동들의 중첩 과정을 통해 어떠한 규칙적인 결맞음의 파동을 보인다. 이 결맞음이 있어야 뇌의 정보처리가 가능해지는 것이다. 그런데 이 결맞음은 그 정도에 따라 세 가지 수준으로 나누어진다.[4] 먼저 높은 주파수의 공명이 있는데, 이 경우 아주 선택적인 내용을 가지면서 좁은 국지성 정보로 국한된다. 자기들끼리는 높은 주파수의 공명이 일어나 다른 정보들과는 결맞음이 적다. 반대로 낮은 주파수의 공명이 있는데, 이는 신체의 호흡처럼 비선택적인 정보로서 전체의 통합적인 결맞음을 이루는 기초적인 정보가 된다. 그런데 이 두 주파수로 구성된 체계가 결합된다면, 국지성의 높은 주파수의 결맞음과 자동성은 느슨해지고 그 대신 전체적인 새로운 결맞음의 리듬이 생기게 된다. 이러한 결합을 계속해나가면 결국 전체적인 global 공명이 생기게 되고 이러한 공명이 뇌 전체에 고정되고 대표되는 standing 뇌파를 형성하게 된다.

이러한 고정된 뇌파로서 델타파(4Hz이하), 세타파(5-7Hz), 알파파(8-13Hz), 베타파(14-25Hz), 감마파(25-100Hz) 등이 있다. 델타파는 주로 신생아, 깊은 수면과 심한 뇌손상과 같이 뇌 기능이 심하게 저하되었을 때 나타난다. 세타파는 수면이 시작되면서 어느 정도 깊어질 때까지 나타나거나 각성 시는 명상들과 같은 깊은 평정 상태에서 주로 나타난다. 어떤 면에서는 뇌 기능이 다소 저하된 상태를 의미하기도 한다. 알파파는 뇌파의 가장 보편적인 파로서 안정, 이완, 잠들기 직전의 상태와 같이 평온한 상태에 많이 나타난다. 그리고 베타파는 각성, 일상적인 사소한 집중과 정보처리 상태에서 나타난다. 그리고 감마파, 특히 40Hz를 중심으로 한 주파수에서는 특수한 인지 상태, 창의적이고 새로운 결합을 추구하는 사고에 필요한 기억과 집중, 그리고 REM 수면 등에 잘 나타난다고 알려져 있다. 가장 공명과 결맞음이 강한 파는 역시 알파파이고 그다음이 감마, 세타파가 결맞음과 높은 수준의 공명을 보인다.

국소와 전체 신경망의 결합도

전극 수가 적은 일반적인 뇌파에서는 전체적인 공명파만 나타난다. 그러나 아주 많은 전극을 통해 얻어진 높은 해상도의 뇌파에서는 국소적인 뇌파도 볼 수 있다.[5](그림14) 그래서 이 국소와 전체 뇌파를 비교하는 것이 뇌 정보처리를 이해하는데 무척 흥미로운 결과를 보여준다. 정상적이고 건강한 뇌는 이 국소와 전체 신경망의 교류가 치우치지 않고 조화를 이룬다. 국소적인 정보처리는 전체, 특히 과거의 정보들에 의해 점검을 받아야 한다. 국소적 정보처리는 낮은 차원의 정보가 많기에 특히 자기 보존성이 강해 오류 가능성이 높다. 그래서 과거 안정적이고 의미 있는 기억 정보, 즉 준비된 예측정보들의 검증과 교정을 받아야 한다. 그리고 뇌 속에 비축된 여러 알고리즘의 프로그램을 통과해야 한다.

최근 가장 강력한 노벨의학상 후보로 떠오르는 영국의 칼 프리스톤Karl Friston교수는 이를 더욱 적합한 지도를 만들어 가는 과정이라고 했다.[6] 이러한 과정이 국지에서 전체로 정보처리를 옮겨가는 과정이 된다. 이러한 과정을 통해 더욱 안정적인 에너지 수준과 엔트로피로 가게 하는 복잡성의 끌개가 작용한다. 국소에서 전체로 확장되는 과정에서 반드시 일어나는 것이 해체작업이다. 정보는 자기를 보존하기 위해 방어되어 있다. 전기적으로 가장 흔한 자기 보존의 형태가 자기 강화와 외측 억압이다. 자기를 강화하고 그 옆이 자기를 방해하지 못하도록 억제함으로 자기를 보존하는 방식이다. 국소정보가 전체정보와 결합하기 위해서는 이를 해체해야 한다.

뇌는 일방적으로 전체로서 통합만 추구하지 않는다. 뇌신경에서는 신경이 모이고 통합하는 기능과 함께 신경기능이 흩어지고 분화되는 기능도 있다. 이처럼 국소에서 전체로의 통합은 해체와 결맞음을 반복하며 나아간다. 그래서 국소에서 전체로 가게 되면 공명과 결맞음이 다소 느슨해진다. 전체적인 결맞음의 가장 중요한 원리는 현실과 합리성 그리고 가치 체계 등이 될 것이다. 이들은 서로 갈등할 수 있는 원리의 체계이다. 하나로 결맞음이 일어나지 않을 수도 있고 엉성한 결합으로 합의를 볼 때도 있을 것이다. 현실과 이상적 가치의 조화와 중첩으로 대충 통합될 수도 있을 것이다. 그래도 이 정도는 건강한 신경망의 작동이다.

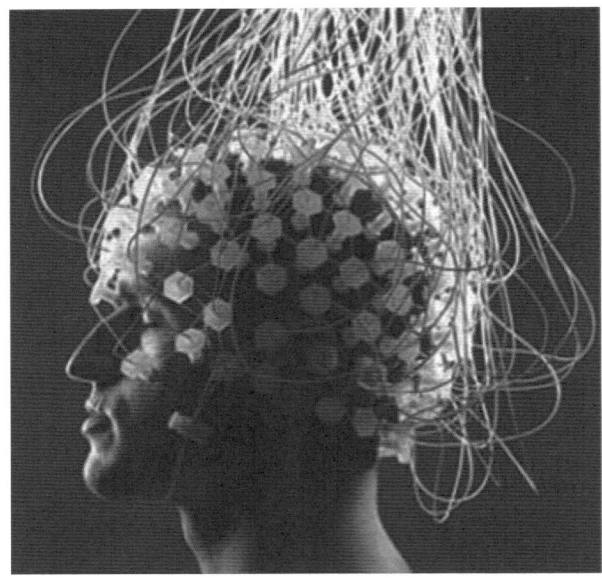

(그림14) 최근 뇌파의 전극 수가 늘어나게 됨에 따라 과거 적은 전극으로는 알 수 없었던 국소적인 뇌파도 연구할 수 있게 되어 국소와 전제적인 공명파를 비교함으로 정신질환에서의 신경망 연결을 더욱 세밀하게 연구할 수 있게 되었다.
https://www.cicutadry.es/la-maquina-de-nozick/

더욱 병적인 신경망의 예를 한 번 더 들어보자. 한 예가 망상이다. 망상은 국소적인 증거와 논리로는 맞을 수도 있다. 그러나 전체적인 합리성과 특히 현실원리에서 보면 모순된다. 그럼에도 환자는 망상을 고집하고 현실의 전체성으로 나오지 않는다. 그래서 조현병(정신분열병)의 원인 중 하나를 전체와 국소적 신경망의 비결합disconnection[7]으로 설명하기도 한다. 국소를 느슨하게 해체하지 못하고 전체의 현실원리와 결합하지 못하는 것이다.

이를 강화하는 데는 신경전달 물질이 동원된다. 신경전달 물질을 전달하는 뉴런은 대체로 뇌간의 하부에서 상부 대뇌 피질로 뻗어 나가며 뇌의 전반적인 상태를 조절한다. 조절이란 시냅스에서 전기적 현상에 변화를 줌으로 가능한데, 결국 이를 통해 신경망의 연결을 강화하거나 느슨하게 한다. 이는 결국 정보의 보존성에 영향을 준다. 신경망의 강화는 보존성을 높이고 완화는 해체성을 높이는 것이다. 신경전달 물질 중 하나인 도파민 dopamine은 전체적인 신경망의 결합도를 낮추는 역할을 한다.[8] 망상 환자는 도파민의 과잉활성이 원인이 되는데, 이 도파민이 국소정보가 전체 정보와의 결합을 막는다고 보아야 한다. 그래서 현실원리가 작동하지 못하고 자기 망상을 유지하는 것이다. 망상을 치료하는 약물은 주로 이 도파민을 저하시켜 신경망의 결합도를 떨어트려 망상을 해체하는 역할을 한다.

반대로 우울과 강박증을 생각해 보자. 이 두 경우도 결국 국소적 신경망의 과잉적 치우침이 원인이 된다. 우울과 강박은 동전의 양면과 같이 서로 보완적이다. 우울의 배경에 강박이나 집착과 같은 치우침이 있다. 이를 반복하다 보면 에너지의 고갈을 맞게 되고 이것이 우울의 원인이 된다. 물론 강박과 우울의 뇌 부위는 다르다.[9] 그러나 전체적인 신경망 현상은 유사하며 상호 교류하며 동시에 나타날 수 있다. 즉 국소 신경망과 전체 신경망의 부조화가 나타나는 것이 그 원인인데, 망상만큼 심하게 분리되지는 않았지만, 그 결합력이 약한 것이 사실이다. 여기에는 신경전달 물질 중 세로토닌 serotonin이 작용한다. 세로토닌은 도파민과 반대로 신경망 결합을 촉진하여 전체적인 조화와 결합력을 증강시키는 방향으로 가는데, 우울과 강박의 경우 이 물질이 저하됨으로 전체적인 신경망의 결합도, 즉 결맞음이 떨어지는 현상을 보이는 것이다. 물론 항우울제를 주게 되면 세로토닌이 증가하여 결합도가 증가되어 갈등보다는 평화로운 뇌의 상태가 유지되고 이로 인해 에너지도 회복되고 우울에서 벗어날 수 있게 된다.[10] 신경망과 정신질환의 더 자세한 관계에 대해서는 저자의 다른 책인 '정보과학과 인문학'을 참고하기 바란다.

뇌는 이러한 국소와 전체의 파동적인 결합을 통해 국소적인 정보보존에서 스스로 벗어나려는 노력을 적지 않게 하고 있다. 국소적인 정보처리가 치우치지 않기 위해서 과거의 많은 기억의 정보들 그리고 다른 전체적인 알고리즘을 통해 해체와 통합의 정보처리를 부단하게 진행하고 있는 것이다. 그러나 뇌의 한계가 있다. 뇌는 이러한 전체적인 정보 결합의 과정을 통과한다고 하지만, 그 전체적인 정보 역시 뇌 내부의 가상정보가 대부분이고 전체 시스템 자체가 이미 정보 보존성에 몰입되어 있을 때는 아무리 국소에서 전체로 간다고 해도 정보의 보존성에서 빠져나오기 어렵다. 국소적 정보가 점점 그 전염성을 퍼트려 그 정보가 전체를 지배할 수 있다. 조현병에서처럼 국소적인 망상이 현실의 전반적인 인지적 틀이 될 수도 있는 것이다. 정보의 이분법이 그러한 예일 수 있다. 이분법이 뇌의 전체적인 현실 정보로 대치되어 이대로 현실을 살아가고 투쟁할 수 있는 것이다.

최근에는 기능성fMRI를 통해 이러한 뇌의 결맞음과 결합력을 연구한다. 뇌파의 파동적 상호관계가 아닌 뇌의 혈액 내 산소사용 의존 blood oxygenation level dependent(BOLD) fMRI를 통해서 각 지점에서의 상관관계와 결맞음을 영상으로 표시한다. 그리고 앞서 말한 뇌파와 자기뇌파 MEG의 결과와 비교하는 연구도 병행하여 뇌 신경망의 결합 정도에 대한 연구를 진행한다. 뇌는 내부로부터 밖으로 향하는forward 정보와 외부에서 내부의 정보로 향하는 피드백feedback정보가 있는데, BOLD fMRI를 통해 분석된 결과를 보면 뇌의 대부분 내부 정보의 결합력이 너무 강하여 (85%) 외부 정보(1%)의 수정을 거의 받아들이지 못하는 현상을 볼 수 있었다.[11] 뇌는 에너지의 효율성을 얻기 위해서 원칙적으로 내부의 예측정보를 중심으로 정보처리를 하기 때문에, 현실보다 가상에 주로 기초를 두면서 현실을 약간 부가하는 식의 정보처리에서 어쩔 수 없이 벗어날 수 없는 것이다.

뇌와 몸의 조화를 추구하는 수면

그렇다면 뇌의 이러한 문제를 스스로 해결할 수 있는 길이 없다는 말인가? 뇌의 저차정보의 보존성에서 벗어날 가능성이 전혀 없다는 말인가? 분명히 있다. 나는 수면과 의식의 원리를 통해 이를 밝혀 보려고 한다. 먼저 수면에 대해 설명하려고 한다. 우주와 자연은 보존과 해체의 두 힘이 균형을 스스로 이루어 나간다고 했다. 물론 약간의 해체의 힘이 강한 가운데 팽창해 간다고 했지만, 전체적으로 보면 절묘한 평형을 이룬다고 했다. 생명체는 일반 자연과 우주보다 한층 더 이러한 균형이 강하고 절묘하게 잡혀 있다고 했다. 그렇다면 몸에도 스스로 몸과 뇌의 균형을 잡으려는 여러 장치들이 있을 것으로 짐작된다. 뇌의 치우침은 자연을 벗어난 인간의 인위성과 가상성의 결과이다. 이러한 뇌의 특징과 인간이 통제하는 세상과 이에 의해 형성된 손상정보와의 결합을 통해 이러한 치우침이 발생하는 것으로 앞서 설명했다. 이러한 자연과 인체의 조화와 균형에 대해 서양과학도 많은 것을 설명해 주고 있지만, 동양사상과 의학은 이를 더 깊고 정교하게 설명해 주고 있다. 동양사상은 자연과 몸이 음과 양이라는 거대한 두 흐름의 조화로 운행된다고 말한다. 양이 팽창하는 힘이라면 음은 수축하고 자기를 보존하는 힘이 된다. 봄, 여름, 가을, 겨울이 양과 음의 흐름으로 운행되고 하루도 낮의 양과 밤의 음으로 움직여 나간다.

몸에도 이러한 이치가 그대로 드러난다. 음양에서 발전된 사상四象의학이라는 이론의 틀 안에서 사람의 체질을 나눈다.[12] 그리고 인체의 음양을 오행五行으로 더 발전시켜 모든 장기를 5장藏으로 나누어 서로의 조화를 통해 건강을 유지한다고 한다.[13] 증상이나 질병이란 이러함 조화가 깨어지고 순환의 기氣가 막힘으로 생기는 것으로 본다. 서양의학에서도 생명체의 균형을 항상성homeostasis이라 하여 생명의 가장 중심적인 힘과 성향으로 보고 있다. 몸의 좌우, 자율신경의 교감과 부교감, 내분비와 여러 전달물질 등이 이러한 균형을 위해 작용한다. 그리고 생체 있는 여러 리듬들, 긴장과 이완의 리듬, 호흡과 심장의 리듬, 그 외 여러 바이오 리듬 등이 이러한 균형을 잡아주기 위해 작동된다.

그중에서도 가장 중심을 이루는 리듬은 역시 수면과 각성의 리듬이다.

수면은 뇌와 몸의 회복을 위해서 필요한 것으로 알려있지만, 더 중요한 일차적 기능은 뇌와 몸의 균형을 잡아주는 것이다. 뇌와 몸이 균형을 잡음으로 회복은 이차적으로 자연히 발생한다. 지금까지 우주도 그렇고 몸의 건강도 물질과 에너지만으로 설명해 왔다. 그러나 물질과 에너지보다 정보가 더 중심에 위치하는 가능성이 제기되면서, 몸에 대해서도 정보 이론적 차원에서 모든 것을 다시 보고 재평가할 필요가 있을 것이다. 수면도 단지 낮 동안 방전된 에너지를 회복하는 차원에서보다 정보처리의 차원에서 다시 생각해 볼 필요가 있다. 이제 수면을 정보 차원에서 살펴보도록 하자. 결론적으로 말하면 수면은 몸의 고차정보를 통해 뇌정보의 해체를 돕고 균형 잡힌 뇌가 되도록 한다는 것이다. 그렇게 되면 뇌와 몸이 치우침에서 벗어나 과용된 에너지는 자연히 회복된다.

수면은 각성을 유지하는 물질인 오렉신orexin이 저하되고[14] 대사물질인 아데노신adenosine이 축적되면서 시작된다.[15] 즉 수면은 수면만으로 가능한 것이 아니라 먼저 각성기능이 저하되고 수면기능이 활성화되면서 시작되는 것이다. 이를 통해 자연히 뇌의 기능이 서서히 저하된다. 수면은 각성파인 베타파에서 알파파로 변하기 시작하면서 졸린 기운이 오게 된다. 실제로 뇌에서 각성을 떨어뜨리는 데는 노르에피네프린norepinephrin이라는 뇌 전달물질이 기여한다. 즉 이 물질이 저하됨으로 각성이 떨어진다. 그리고 수면은 스핀들spindle과 K복합파complex라는 파동과 세타파가 시작되면서 오게 되는 것이다.

그리고 수면이 더 깊어지면서 뇌파가 더 느려지는 서파수면이 나타난다. 뇌파가 느려진다는 것은 뇌의 기능이 떨어진다는 것을 의미한다. 뇌의 기능은 신경망의 연결을 통해 가능한 것이기에 그 기능이 떨어진다는 것은 신경망의 결합력이 약해지는 것을 의미한다. 이를 통해 수면은 시냅스의 항상성을 조율하고 유지한다.[16] 신경망의 결합을 떨어뜨리는 데는 세로토닌이란 물질이 일조한다. 즉 이 물질이 저하됨으로 신경결합력이 전반적으로 저하되고 이로써 서파수면이 기능하게 되는 것이다. 3, 4차 수면의 깊은 서파수면으로 가게 되면 뇌는 거의 심한 뇌손상이나 갓난아이의 수준 정도로 저하된다. 대사 수준을 영상화하는 PET 영상을 통해 보면 뇌의 대사가 거의 40% 이상 감소한다.[17] 상당한 수준의 감소이다.

　이때는 거의 생존에 필요한 가장 기본적인 신경망만 공명되는 서파 결맞음의 상태만 남는다. 왜 이렇게 낮은 주파수의 공명만 일어나는 것일까? 흔히들 뇌가 쉬면서 회복하기 위함이라고 한다. 이렇게까지 거의 죽은 듯이 뇌가 쉴 필요가 있을까? 만일 수면 중에 무슨 일이 생기면 어떻게 신속하게 대처하라고 이렇게 깊은 수면이 필요할까? 이때는 누가 업어 가도 모를 정도로 마취된 상태이다. 알파파만 있어도 회복 기능이 있고 약간의 세타파만 있어도 뇌가 푹 쉴 수 있고 회복될 수도 있다. 이렇게까지 심한 뇌의 마취상태가 왜 필요할까? 나는 이것이 에너지 회복 차원보다 정보 회복의 차원에서 필요하기 때문이라고 생각한다. 깊은 서파수면에서는 모든 인지 기능이 마비된다. 오직 생명을 유지하는 뇌의 기능만 조율되고 있다.

　서파수면은 기본적으로 뇌와 몸이 쉬면서 회복하기 위해서 있다. 뇌기능이 저하되고 심혈관계 기능도 저하된다. 전체적으로 대사량이 저하되면서 뇌와 몸이 회복된다. 그리고 회복을 위한 특별한 대사만이 활성화된다. 특히 성장기의 아이들에게는 서파수면 동안 성장 호르몬과 성 호르몬이 많이 분비되고 대사 활동이 활발해진다.[18] 그래서 성장기에는 성장을 위해서 충분한 수면이 중요하다는 것이 잘 알려져 있다. 성인에 있어서도 충분한 수면이 당뇨와 비만의 치료에도 도움이 된다.[19] 그렇다고 해서 뇌가 이처럼 그 기능을 죽여야 할까? 몸의 대사 회복만을 위해 뇌가 죽을 정도로 기능이 떨어져야 할 이유는 없을 것이다. 그래서 뇌기능의 저하되는 데는 에너지의 회복보다는 정보 차원의 이유로 설명해보는 것이 더 타당해 보인다. 몸의 에너지 회복보다는 정보의 회복을 위해서 뇌의 기능이 떨어지는 것으로 생각해 보자는 것이다.

　대사나 에너지는 뇌와 몸이 비교적 정비례적이지만, 정보는 반비례적일 수 있다. 뇌의 정보가 활성화되고 지배적으로 되면 몸의 정보를 억압할 수 있다는 것이다. 실제로 뇌는, 몸은 미성숙하고 이기적이고 본능적이라고 생각해서 사회생활을 잘 하기 위해서는 몸의 소리를 통제하고 억압해야 한다고 믿는다. 그래서 몸의 정보는 저급하고 현실에 적응하는데, 방해된다고 생각한다. 낮에는 몸이 원하는 것을 통제하고 뇌의 효율적이고 도덕적인 몸으로 살아야 한다. 이를 위해서는 몸이 억압되고 긴장할 수밖에 없다. 그래서 힘들고 피곤하다. 사실 일이 많아서 그런 것이라기보다는 억압하고 긴장하는데 많은 에너지를 소모해서 그렇다. 그래서 일이 끝나고 저녁이 되면 몸을 조금 풀어둔다. 저녁을 먹고 술을 한잔하면서 몸이 조금 살아난다. 약간 몸이 원하는 대로 하다가 지쳐 잠을 자게 된다. 그리고 수면이 오면서 뇌가 죽고 다시 몸의 소리는 살아난다. 몸의 정보망을 살리기 위해 뇌가 그 통제력을 상실할 필요가 있는 것이다. 그래서 뇌가 마취될 정도로 죽는 것이다. 서파수면에서만은 몸이 압제자인 뇌로부터 완전히 해방되는 것이다.

   이것이 수면의 시작이요 수면의 내용인 것이다. 마치 시소처럼 뇌의 정보가 내려가면 몸의 정보가 올라간다. 몸의 정보가 활성화되면 대사나 에너지도 동시에 활발해질 수 있어 회복이 빨라진다. 그래서 정보가 일차적인 변화이고 에너지는 이차적인 변화인 것이다. 뇌는 낮 동안 외부의 접촉을 통해 많은 정보들을 입력하고 처리해왔다. 현실에 적응하기 위해 어쩔 수 없이 뇌가 중심이 되고 뇌가 몸을 지배하는 형태로 유지될 수밖에 없다. 그리고 뇌는 세상과 더욱 중독적인 회로를 형성하게 되고 정보보존을 위해 2차정보의 구조가 더욱 견고하게 강화된다. 이분법과 집착과 긴장의 여러 문제들이 발생한다고 했다. 이렇게 정보의 보존성이 강화되다 보니 뇌는 스스로 해체하고 이완할 수 있는 능력을 상실하게 된다. 그래서 수면은 강제적으로 뇌를 쉬게 한다. 그리고 눌려 있던 몸을 회복시킨다. 뇌가 쉬는 동안 눌려 있던 몸의 정보와 대사를 회복시킨다.

렘 수면

수면은 크게 서파수면과 렘REM 수면으로 알려진 급속 안구 운동rapid eye movement(REM) 수면으로 나누어진다. 하루 밤에 이 두 수면이 서로 교대를 하면서 4-5차례 반복한다. 초기 수면에는 서파수면이 강세를 보이지만, 수면 후반부로 가면서 렘수면이 더 강해지고 길어진다. 앞서 말한 내용들은 대체로 비非렘 수면의 기능들이다. 렘수면은 아주 특별하다. 왜 렘이 필요할까? 렘수면 중에 무슨 일이 일어날까? 일반적으로 렘수면 중에는 꿈이 발생하고 근육이 더욱 이완되어 거의 마비되는 수준까지 간다. 그리고 스스로의 학습과 기억기능 등의 인지기능이 발생한다. 그리고 흥미로운 것은 남자의 경우 남근이 팽대하며 발기한다. 남자만이 아니라 여성에서도 크리토리스에 혈액이 더 많이 공급되어 나름의 발기가 일어난다. 그리고 우울증이 심한 경우 우울이 더 심해지고 스트레스 호르몬이 증가하고 위산과다가 발생하기도 한다. 이러한 현상이 왜 생기는지 아직 잘 모른다. 그러나 앞서 밝힌 뇌와 몸의 관계에서 이를 살펴보면 좀 더 일관성 있게 이해할 수 있다.

뇌는 정보 보존성을 극복하기 위해서 전체적인 신경망으로 확장되는 경향이 있다고 했다. 이를 통해 국소적인 높은 공명과 결맞음의 보존성을 극복하고 전체적인 적절한 수준의 결맞음을 유지할 수 있다고 했다. 뇌의 자체적인 해체기능을 동원하고도 그 보존성에서 완전히 벗어날 수 없는 경우가 있기에 몸의 고차적인 정보망의 도움을 받을 필요가 있다고 했다. 그래서 수면이 이러한 뇌와 몸의 정보적 결합을 시도한다고 했다. 수면은 비렘인 서파수면을 통해 몸의 정보를 먼저 살리고 이제 렘수면을 통해 뇌와 몸 정보의 결합을 시도하는 것이다. 그렇다면 렘수면의 가장 큰 특징인 꿈은 과연 뇌만의 현상인가? 아니면 뇌와 몸의 결합된 현상인가? 나는 당연히 뇌만이 아니라 몸과 결합된 고차적 정보 현상이라 생각된다. 물론 이 가정에 대한 직접적인 실험적인 자료는 없다. 그러나 이를 암시하는 적지 않은 과학적 자료들은 있다. 이제 이에 대해 이야기해 보려고 한다.

꿈을 꾸는 뇌에 대해, 오랫동안 연구해온 앨런 홉슨Allan Hobson의 이론을 보면,[20] 꿈은 낮에 있는 의식과 전두엽 일부 외에는 낮에 뇌가 인지활동을 할 때와 거의 비슷한 수준으로 활성화된다고 한다. 왜 꿈에서는 시각과 운동 등이 재현되어야 할까? 낮 동안에 해결하지 못한 정보처리를 밤 동안 한다면, 이처럼 시각이나 운동까지 동원하지 않고도 가능할 텐데 이렇게까지 비경제적으로 여러 뇌 활동까지 동원해야 하는 이유는 무엇일까? 그것은 꿈에서는 낮과 같은 의식의 수준은 아니지만, 분명 의식은 있고 꿈을 감시하고 통제하는 주체도 존재한다. 낮의 의식은 높은 에너지 수준을 유지해야 한다. 그리고 이 의식에 올라오는 정보 역시 높은 에너지를 공급받아야 한다. 그러다 보니 낮은 고차정보들이 의식에 많이 참여하지 못한다. 특히 고차정보로 구성된 정서 정보들과 몸의 정보들이 그렇다. 이제 그 의식의 수준을 조금 낮춤으로 더 많은 고차정보가 의식에 참여하기 위해 꿈이 필요한 것이다. 꿈에서 주를 이루는 정보는 3차 이상의 정보이다.

낮의 의식에는 2차정보가 주류를 이룬다고 했다. 이 정보들을 유지하기 위해서는 등쪽 외측 전전두엽dorsolateral prefrontal cortex의 기능이 중요하다. 여기서는 계획과 논리적 실행, 작업 기억 등 뇌에서 가장 높은 에너지 수준이 요구되는 작업을 한다. 2차정보의 가장 중요한 기능을 관리하는 핵심 부서이다. 그런데 꿈에서는 이 부위가 억제된다. 그래서 에너지 수준이 저하된다. 그 대신에 낮에는 다소 억압된 정서적인 뇌가 활성화된다. 정서를 담당하는 앞쪽 변연계anterior limbic system가 강하게 자극된다. 이것만 보아도 꿈은 2차정보가 아닌 3차 이상의 고차정보를 처리하는 의식의 장이라고 볼 수 있다.

꿈의 주인공은 정서이다. 정서는 생생해야 한다. 그리고 정서는 몸에서 시작된 것이기에 이러한 생생한 이미지와 몸이 필요하다. 그래서 시각과 몸의 움직임이 동원되어야 한다. 그저 언어와 개념만으로 정보처리를 할 수 없는 많은 양의 정보와 고차정보가 참여하기 때문에 이렇게 시각과 몸이 동원되어야 하는 것이다. 물론 꿈으로 인해 실제로 움직이면 안 되기에 근육을 마비시킨다. 실제 근육과는 분리된 뇌에서만의 동작이다. 그러나 근육 외의 몸은 꿈에 적극적으로 참여한다. 근육을 마비시킨다는 것은 몸이 배제되기보다는 오히려 몸이 적극적으로 꿈에 참여하기 때문이라는 간접적인 근거가 된다. 그러나 꿈의 내용이 격렬할 때는 근육의 마비를 뚫고 격렬한 몸 행동이 나오는 경우가 있다. 이를 렘수면 행동장애라 한다. 또 악몽과 수면마비가 있을 때 심한 몸의 반응을 보이는 것을 보아도 꿈은 뇌에서만 일어나는 것이 아니라는 것을 알 수 있다.

그리고 렘수면이 시작되는 부위는 낮의 각성이 시작되는 뇌간이다. 그러나 낮의 각성과는 다른 점은 의식의 수준을 올리는 노르에피네프린nor-epinephrin과 뇌피질의 결합력을 올리는 세로토닌serotonin과 같은 아민계aminergic 신경세포는 자극되지 않는다는 점이다. 대신 뇌 앞쪽에 많이 분포하면서 학습과 기억에 관여하는 아세틸콜린acetylcholin이란 신경전달 물질이 분비되면서 렘수면이 시작된다. 이 물질은 몸의 부교감 신경과 관여되어 분비되는 물질로 역시 몸과 연관이 많은 물질이기도 하다. 낮에는 뇌간과 시상thalamus을 통해 외부의 감각정보가 입력된다. 그러나 꿈에서는 뇌간에서 PGOpontine geniculo occipital란 특수파가 나와 시상을 통해 시각적인 내용을 자극하고, 다른 상행 활성시스템은 기저핵basal ganglia으로 가서 몸의 움직임을 자극하고 뇌 앞쪽으로 가서는 몸의 내부 장기와 관련된 사상하부, 기저 전뇌basal forebrain 등을 자극한다. 이 모든 과정이 몸과 연관된 정서정보와 고차정보가 꿈에 올라오는 것으로 볼 수 있다.

꿈에서 나오는 강한 정서적 정보는 몸에서 올라온다. 물론 이는 단순히 몸의 정보를 풀어주고 해결하려는 뜻도 있지만, 앞서 말한 대로 몸속에 있는 손상정보를 이용한 뇌와 세상의 저차정보의 삼각회로를 이완시키려는 의도도 있다. 몸속에 손상정보가 있게 되면 강한 자기 보존적 정서를 만들고 이를 뇌가 이용하여 세상의 저차정보와 강한 삼각회로의 결합을 형성하기에 저차정보의 보존이 더욱 강화된다고 했다. 이를 풀기 위해 먼저 해결해야 할 문제가 몸속에 있는 손상정보를 치유하고 해결해 주어야 한다. 그래서 꿈에서는 강한 정서로 나타나 그 해결을 바라고 요구하는 것이다. 꿈 자체의 치유 기능도 있지만, 한계도 있다. 그래서 꿈에서 다 해결하지 못한 경우에는 꿈을 의식이 기억했다가 낮의 의식에서 이를 해결해 주길 바라는 것이다. 마치 꿈을 통한 정신분석을 받듯 꿈속의 정서를 낮의 의식이 해결해 주길 몸이 호소하는 것이다.

꿈의 언어는 일차적으로 복잡화의 정서 언어이지만, 프로이드가 말하는 좌절되고 손상된 개인사의 정보만을 다루는 것은 아니다. 융은 개인을 넘어 더 원초적인 무의식까지 꿈에 나타난다고 했다. 그리고 꿈속에는 그 이상의 초월적인 정보들도 존재하는 것으로 알려져 있다. 미래를 예견한다든지, 멀리 있는 사람과 교감을 한다든지, 창의적인 발견을 한다든지, 모호한 중첩적인 내용이라든지, 마치 앞서 말한 양자 정보에서 나타나는 여러 현상들이 꿈에서도 나타날 수 있다. 이러한 꿈속의 고차정보에 대한 가능성은 몸의 고차정보가 참여한다는 간접적인 증거가 될 수 있다. 렘수면의 또 다른 특징 중에 하나는 특수한 감마파가 꿈에서 많이 나타난다는 것이다. 감마파는 새로운 여러 신경망들과 결합하는 경우 발생하는 결합파로 알려져 있다.[21] 그리고 특수한 집중이 필요한 기억과 학습, 그리고 명상이나 통찰적 인지 등과 연관되어 많이 발생하는 것으로 꿈이 몸속의 고차정보와 연결되어 발생한다는 가설을 더욱 지지한다. 렘수면이 기억과 새로운 학습과 연관되는 점[22] 등도 이러한 다차원으로 확장된 정보처리와 연관된 것으로 볼 수 있을 것이다.

그리고 마지막으로 렘수면과 연관된 독특한 현상이 하나 있다. 야간 음경팽대 noturnal penile tumescence(NPT) 현상이다. 왜 이런 현상이 수면 중에 나타나야 하는가? 아직 그 이유가 잘 알려져 있지 않다. 일반적으로는 프로이드가 말한 대로 꿈에 억압된 성적 욕구가 드러나면서 생리적으로도 병행되는 것으로 본다. 그러나 이는 성적 억압과 관계없이 아주 규칙적으로 일어난다. 그리고 특별한 신경과 혈관질환이 없는 한 거의 평생 일어난다. REM수면 중에는 몸의 근육이 마비되듯 다 억압되는데, 음경에 혈류를 공급하는 이 근육만은 유일하게 자극된다. 물론 이 자극은 뇌에서 시작된다. 그런데 왜 뇌는 이를 자극하는 것일까? 이를 이해하기 위해서는 성의 의미를 한 번 더 생각해 보아야 한다.

성은 진화에서 아주 중요한 역할을 한다. 유전자 보존에 결정적인 역할을 하기 때문이다. 성을 통해 생명이 시작된다. 생명의 기반이요 기초라고 볼 수 있다. 이처럼 생명의 기반이 되는 성이 발생학적으로는 중배엽에 속한다. 생명에 중요한 기관은 내배엽에 속한다고 했다. 산소를 공급하는 호흡기와 에너지를 흡수하고 공급하는 소화기가 내배엽이다. 이처럼 생명의 가장 기초가 되는 기관이 내배엽이다. 그렇다면 이것보다 더 기초가 되는 성 역시 내배엽이 되어야 할 것 같은데, 의외로 중배엽이다. 물론 어느 것이 더 중요하고 덜 중요하다는 뜻으로 구분하는 것은 아니다. 어떠한 기능적인 줄기를 잡기 위해서 이런 구분은 필요하다는 것이다. 중배엽은 순환의 역할을 한다고 했다. 에너지와 물질을 순환시키는 심혈관계와 비뇨생식기가 이에 속한다.

비뇨기까지는 순환 기능이 분명하지만, 생식기는 비뇨기와 같이 붙어있다는 것 외에 과연 어떤 순환 기능을 떠맡을까? 생식기가 생명을 배우자와 자손에게 순환시킨다는 것 외에는 자신의 신체에서 어떤 에너지와 물질도 순환시키지 않는다. 그러나 순환의 의미에 물질과 에너지 외에 정보를 포함시키면 생식기의 순환적 의미를 이해할 수 있다. 그렇다면 생식기는 과연 어떠한 정보를 순환시키고 있을까?

물론 비뇨기나 심혈관계도 정보를 순환시킨다. 모든 물질과 에너지 속에 이미 정보가 포함되어 있기 때문이다. 그러나 생식기는 이러한 물질과 에너지를 밖으로 순환 혹은 배설하지만, 내부에서 적극적인 순환은 하지 않는다. 그래서 생식기의 정보는 물질과 에너지에 포함된 정보를 순환한다고는 볼 수 없다. 생식기는 다른 몸의 정보와 다른 특별한 정보처리를 한다.

생식기의 정보처리는 부수적인 기능이라기보다는 주업무로서 아주 중요하다. 그리고 아주 특별한 정보처리를 한다. 그렇다면 성은 어떤 중요한 정보를 다루는가? 몸의 모든 기관은 사실 정보를 다룬다. 정보가 없는 몸은 없기 때문이다. 장이 음식과 함께 그 속에 든 고차정보를 특별하게 다룬다고 했다. 그래서 장은 음식과 함께 들어오는 모성의 정보를 특히 수용하고 모성적 사랑에 대해서 예민하게 반응한다고 했다.

생식기는 음식과 에너지가 아니고 유전자를 받아들이는 기관이다. 자신의 가장 소중하고 핵심인 유전자정보를 받아들일 때, 아무렇게나 마구 받아들이면 안 된다. 소화기는 혹시 잘못 받아들이면 설사를 하든지 토하면 된다. 그러나 유전자는 자기에게 한 번 들어오면 영원히 자기의 것이 된다. 그것도 자기의 반이나 차지한다. 우리가 결혼할 때 배우자에게 신중을 기하는 것과 같다. 한평생을 살아야 하고 자식을 낳아 길러야 하는 중요한 대상이기 때문이다. 그래서 가능한 한 최선을 다해 자기에게 유리하고 도움이 되는 좋은 유전자를 받아드리려고 한다.

그렇다고 성이 배우자를 판단하고 선택한다는 것은 아니다. 뇌와 함께 모든 몸이 같이 참여한다. 거의 전인적인 정보를 수집하고 고심 끝에 선택한다. 우리가 배우자를 선택할 때 일단 조건을 먼저 본다. 이는 2차적 정보이다. 외적으로 어떤 사람이고 어떻게 생겼고 경제적인 능력들을 살펴본다. 거의 외적인 조건이다. 이는 2차적 정보로 충분하다. 뇌가 이를 계산한다. 그러나 이것만으로 배우자를 다 판단할 수 없다. 사는 것은 2차정보만으로는 부족하다. 삶은 복잡성으로 이루어지는 3-4차 정보이다. 그리고 더 깊은 인격적인, 예술적인, 영성적 공감과 교류까지 원한다면, 이는 더 높은 고차정보를 요구한다. 제일 완벽한 관계라면 가장 고차적인 정보인 솔메이트일 것이다.

그래서 배우자를 택한다는 것은 다차원적 정보가 필요한 것이다. 2차정보는 분석적 정보요 언어적으로 표현이 가능하다고 했다. 그러나 그 이상의 고차정보는 비언어적이다. 이를 분석하고 판단할 언어나 근거가 약하다.

여기서부터는 감성의 정보이다. 감성이 움직인다면 뭔가 고차정보가 교류되고 있다는 것을 의미한다. 그래서 결혼할 때 저차정보인 조건과 고차정보인 감성이 일치하면 너무 좋지만, 갈등하는 경우가 더 많은 것을 본다. 고차정보와 감성정보는 대부분 몸에서 시작된다고 했다. 2차정보는 의지적으로 몸을 움직여야 하지만, 감성이 움직이면 몸은 절로 움직여진다. 감성이 동하면 몸은 이미 그곳으로 가 있다. 오히려 의지가 몸을 절제시키려고 한다. 뇌가 대상을 좋아하는 것이 아니라 몸이 좋아해야 한다. 이를 흔히 케미스트리chemistry라 한다.

우리는 대상을 향한 이런 긍정적인 감성을 통틀어서 사랑이라고 부른다. 정말 좋아하게 되면 몸을 주체하지 못한다. 어떻게 해서라도 몸을 부딪치고 스킨십을 하고 싶어 한다. 그리고 조금만 몸이 닿아도 온몸이 반응한다. 온몸이 짜릿하고 전율을 느끼기도 한다. 이 모든 것이 몸의 정보망이다. 생식기가 주도된 정보망인 것이다. 생식기는 사랑이란 총체적인 감성과 몸의 정보망과 함께 울림을 통해 자신에게 좋은 대상을 판단하고 선택해 나가는 것이다. 물론 사랑이란 감성과 정보망은 생식기만으로 되는 것은 아니다. 뇌와 온몸이 동원된다. 그러나 생식기가 그 중심을 이루고 있다는 것이다. 사랑의 그 중심에 생식기가 있어 가장 예민하고 극렬하게 반응을 한다. 그 표현이 생식기의 생리적 반응이요 발기 현상인 것이다.

그러므로 수면 중에 발기가 있다는 것은 몸의 정보망이 자극되고 활성화된다는 의미인 것이다. 생식기는 자신의 생명보존에 가장 적합한 대상이 떠오를 때 이를 뒷받침하기 위해 고차적인 감성 정보를 제공하고 이를 더 강화하기 위해 몸의 정보망을 통해 강력한 반응을 표시한다. 그래서 수면 발기는 단순한 생리 현상이 아니라 몸의 정보망의 활성화를 의미하고 이 정보망이 뇌와 결합된다는 것을 말한다. 사랑이란 정보가 고차적이지만, 항상 다 옳은 것은 아니다. 결혼할 때 조건과 감성의 갈등이 있을 때, 또 몸으로는 화학적인 케미스트리가 맞지만, 이성적으로 보면 아닌 그런 경우나 몸으로는 아니지만, 머리로는 적합한 그런 여러 경우의 갈등이 있듯이 뇌와 몸은 서로 갈등할 수 있다. 서로 교신하고 맞추어야 한다.

   꿈의 내용이 바로 이러한 갈등과 해소를 위한 것이다. 여기서는 한 예로서 사랑의 예를 들었지만, 물론 꿈은 사랑 외에도 다양한 문제들을 이처럼 해소하는 기능을 한다. 뇌는 몸에게 자신의 2차정보를 제공하고 몸은 자신의 고차정보를 제공해서 서로 가장 적합한 열역학적 상태의 정보를 찾는다. 이 역시 분석이라기보다는 복잡성의 끌개처럼 가장 낮은 에너지 계곡을 찾아가는 그러한 열역학적 과정인 것이다. 그리고 여기에는 복잡성만이 아니라 더 고차적인 양자나 초양자의 정보도 포함될 수 있다. 의식의 수준이 낮아짐으로 이처럼 더 포괄적이고 다차원적인 정보처리가 꿈속에서 가능할 수 있는 것이다.

   수면의 이러한 기능으로 인해 우리가 잠을 자고 나면 몸과 마음이 가뿐해지고, 다음날 새롭게 하루를 출발할 수 있게 되는 것이다. 이는 단순히 에너지 차원의 회복이나 뇌만의 정보처리의 결과로 보아서는 안 된다. 뇌와 몸의 정보적 갈등과 치우침이 해소되는 전체적인 정보처리가 있었기 때문에 에너지도 같이 회복되는 것으로 보는 것이 더 타당한 이해가 될 것이다. 특히 수면 후 생각만이 아니라 정서적인 회복도 일어나고 몸도 가벼워지는 것은 뇌와 몸의 전체적인 정보처리가 있었다는 또 다른 근거가 될 수 있을 것이다.

   그런데 잠을 자도 회복되지 않고 더 심해지는 경우도 간혹 있다. 우울증이 심한 경우에는 수면이 오히려 우울을 악화시키는 역할을 하기도 한다. 그래서 우울의 치료의 하나로 수면박탈, 특히 렘수면의 박탈이 도움이 되기도 한다. 수면에서 몸과 정서 회복이 일어나지 않고 오히려 더 심해지는 경우도 있는 것이다. 이를 어떻게 이해하고 설명할 수 있을 것인가?

   우울은 정보 차원에서 보면 심한 정보적 불균형과 치우침을 보이는 경우이다. 다차원 정보의 통합적인 균형보다는 2차정보의 보존과 지배가 심해 에너지의 균형이 깨어진 경우이다. 고차정보가 너무 억압되고 긴장감이 심해 에너지의 소비가 만성적으로 심하게 일어나면서 생기는 현상인 것이다. 이런 경우는 특히 렘수면의 역할이 중요하다. 몸의 고차정보가 참여하는 통합정보 처리가 시급한 것이다. 그래서 우울증의 경우 렘수면이 더 일찍 나타나고 더 강하게 일어나는 경향이 있다.[23] 그러나 그럼에도 회복되지 못하고 더 악화되는 것은 무슨 이유에서일까? 여러 이유들을 제시하지만, 아직 확고한 이론으로 자리 잡지 못하고 있다. 나도 여기서 한 가능성을 이야기해 보려고 한다.

사실 렘수면의 정보의 통합과정은 하나의 격렬한 싸움터이다. 그냥 컴퓨터가 하는 그런 정보처리 과정은 아니다. 우리의 꿈에서 얼마나 무시무시한 장면들이 나오는지를 보면 잘 알 수 있을 것이다. 그래서 악몽nightmare이란 얘기가 나올 정도이다. 외상후 스트레스 장애를 보면 잠을 자는 것은 과거의 그 장면을 재연하는 것이기 때문에 너무 무서워 잠을 거부하기도 한다. 그래서 렘수면 중에는 근육이 거의 마비된다. 격렬한 전투가 일어나기 때문이다. 이를 중재하고 통제하는 배외측 전전두엽의 기능 역시 마비되기에 그 싸움은 거의 진흙탕 수준이 된다. 엄청난 스트레스이다. 그래서 렘수면 동안 스트레스 호르몬이 하루 중 가장 많이 분비된다.[24]

그래서 깊은 밤에 이런 정보 전쟁이 일어나는 것이다. 그러나 비교적 건강한 경우에는 이런 스트레스를 이겨내고 오히려 그 갈등과 해소의 과정을 통해 정서적 치유가 일어나지만, 우울이 심한 경우에는 이런 스트레스를 감당하지 못하고 오히려 렘수면이 독이 된다. 그래서 우울을 더 악화시킬 수 있는 것이다. 이런 이유를 설명하는 것은 렘수면도 한계가 있다는 것을 말하기 위함이다. 어느 정도까지는 도움이 되지만, 스스로의 정보처리에도 한계가 있는 것이다. 이런 경우에는 어떻게 해야 하는가? 그 해답은 바로 의식에 있다고 생각한다. 그래서 이제 마지막으로 의식에 대해 이야기하려고 한다.

의식의 뇌과학

수면이 중요하지만, 수면만으로는 한계가 있다고 했다. 수면 중에는 놀랍게도 비록 변형된 형태이지만 의식은 살아 있다. 꿈속에서도 의식이 깨어 있을 때처럼 어떤 능동적인 역할을 할 수도 있다. 이를 자각몽lucid dream이라 한다.[25] 그러나 보통의 경우, 꿈에서는 의식은 수동적이다. 그래서 꿈에서 깨어난 다음에 그 꿈이 어떤 중요한 의미를 가질 때는 의식의 기억 속에 꿈이 살아 있게 된다. 이를 통해 꿈의 의식은 낮의 의식과 연결을 시도한다. 이제 꿈이 다 하지 못한 것을 의식이 계속 받아 풀어달라는 것이다. 의식은 이를 어떻게 감당하고 처리할 것인가? 그래서 의식에 대해 생각해 보려는 것이다. 의식은 현대 뇌과학이 집중적으로 연구를 해오고 있지만 접근하기 아주 어려운 주제이다.[26] 특히 의식은 뇌과학만이 아니라 심리철학과도 깊은 관계를 맺고 있기에 이를 간단하게 언급하기 쉽지 않다. 그래서 이에 대한 자세하고 깊은 내용들에 대해서는 다음 기회로 미루기로 하고 여기서는 정보와 연관된 부분에서만 간단히 다루려고 한다. 그렇지만 의식을 이해하는 데에 정보는 아주 핵심적인 주제이다. 그러므로 정보를 통해서 의식의 핵심적인 부분에 접근할 수 있을 것으로 기대한다.

의식에 대한 수많은 뇌과학적, 심리철학적 이론들이 있지만, 이글에서는 정보이론과 가장 깊이 연관된 핵심적인 두 이론만을 소개하려고 한다. 하나는 에델만Gerald Edelman의 신경집단 선택이론Theory of neuronal group selection에 기초한 의식이론[27]이고 다른 하나는 크릭Francis Crick의 신경상관물NCC; Neural correlates of consciousness 이론이다.[28] 두 사람 다 이미 잘 알려진 대로 노벨상을 수상한 대학자들이다. 에델만은 면역이론으로, 크릭은 DNA 이중나선으로 이미 노벨상을 수상했고 은퇴해서 평화롭고 명예로운 시간을 보내도 될 만한 대학자들이다. 그런데 자기 전공과 다른 분야에 뒤늦게 뛰어들어 심한 고생을 사서하고 있다. 누구라도 과학자라면 과학의 에베레스트 최고봉이라 할 수 있는 '의식'

의 난제에 도전하고 싶은 꿈을 가질 수 있는데, 이 불가능할 것 같은 최고봉에 그 노장들이 기어이 도전하고만 것이다.

의식을 과학적으로 연구한다는 것은 과학자로서는 자기 무덤을 파는 것과 같다. 나올 것이 별로 없이 괜히 사이비 이론만 늘어놓는 결과가 뻔히 보이기 때문이다. 그래서 연구비 걱정을 해야 하는 젊은 과학자들은 이를 피한다. 그러나 더 잃을 것 없는 노익장들이고 그들의 경력으로 연구비를 충분히 마련할 수 있었기에 이렇게 무모한 도전을 할 수 있지 않았나 생각된다. 그래도 젊은 학자들이 필요하였기에 다행히도 야심찬 두 젊은 학자가 같이 이 어려운 작업에 동승하였다. 에델만에게는 토노리Julio Tonoli가, 크릭에게는 코흐Christof Koch라는 젊고 유능한 학자가 있었다. 마침 이들은 캘리포니아의 가까운 지역에서 연구하고 있었기에 경쟁관계에 있었으면서도 자주 만나 외롭고 어려운 작업 속에 있는 서로를 위로하고 자료와 상상력을 교류하기도 했다.

먼저 에델만의 이론을 간단히 소개하자. 그의 의식이론은 먼저 면역계 이론에서 시작한다. 면역계와 뇌신경계는 유사성이 많다. 둘 다 정보를 다루고 자기 정체성이 그 중심에 있다. 그래서 그 작동 원리도 비슷할 수밖에 없다. 면역은 항원의 지시에 의해 항체가 발생하는 것이 아니고, 미리 천억 개가 넘는 림프구의 다양한 변이를 통해 항체를 준비해 놓고 항원이 자극하게 되면 이 중에서 경쟁적으로 선택된 가장 적합한 항체만 살아남게 된다. 그는 이 원리를 뇌신경계에도 그대로 적용하였다. 신경계는 자극에 의해 지시적으로 정보를 만들고 반응하는 것이 아니라, 미리 수많은 정보의 틀 즉 신경회로들을 만들어 놓고 자극이 있을 때마다 그 정보구조들을 조합해서 가장 적합한 정보구조의 회로를 구성해 나간다고 생각했다. 이는 뇌가 준비된 예측모델로 인지하고 계산하는 방식을 말한다. 이는 다윈의 진화론과 비슷하기에 신경다원주의라고 말하기도 한다.[29] 나는 '정보과학과 인문학'이란 책에서 에델만의 신경계의 면역이론을 더 발전시켜 정보이론과 면역이론을 결합한 신경면역 이론은 제시하였다. 이를 기초로 하여 정신질환과 신체질환을 설명하였으며, 이를 통해 정신과 뇌 그리고 몸의 관계를 더 통합적으로 이해할 수 있다고 생각한다. 자세한 내용은 위의 책을 참고하기 바란다.

뇌는 끊임없이 예측모델로 입력 정보를 범주화한다. 먼저 지각범주를 계산하고 그 다음 개념범주 그리고 가치범주의 과정을 거치면서 개체로서 가장 적합한 반응을 산출한다. 이는 한 방향으로 흐르지 않는다. 수없이 반복되는 재입력의 과정이 포함된다. 아래에서 위로 정보가 가면서 다시 위에서 아래로 흐르는 이 반복이 수없이 반복되면서 더욱 섬세하고 적합한 정보를 산출해 내는 것이다. 이런 반복적인 재유입의 과정의 핵심에는 시상피질thalamus-cortex이 역동의 핵이 되며 여기서 반복적으로 발생하는 신경 에너지가 축적되면서 어느 정도 역치에 다다르면 의식이 발생하는 것으로 설명한다. 의식으로 인해 정보들을 더 잘 선택하고, 비교하고 소통하면서 더 적합한 통합을 이루어 나갈 수 있게 해준다.[27]

크릭과 코흐는 의식이란 기능은 신경망의 무조건적 연합으로만 발생하는 것이 아니고 의식을 발생시킬 수 있는 신경 상관물NCC들이 가동되고 이들이 모여야 의식이 가능하다는 이론을 내세운다. 그래서 그들은 어떤 신경구조가 NCC인지를 찾는데 더 주력한다.[30] 그리고 NCC들이 어떤 과정을 통해서 의식을 발생시키는지를 설명하고 있다. 의식과 연관된 NCC가 여럿이 있지만 가장 핵심이 되는 구조물은 뇌 앞쪽에 있는 전전두엽과 전대상피질anterior cingulate cortex이라 한다. 물론 NCC만으로 의식이 발생하는 것은 아니다. 에델만의 이론처럼 전방향과 되먹임의 반복적인 과정과 주의와 결합 등의 과정이 있어야 한다.

처음에는 불연속적인 스냅사진 같은 정보구조가 나타나고 이들의 정보경쟁을 통해 스스로 동기화되는 구조가 형성되면서 의식 속에 적합한 정보로 나타나게 된다고 설명한다. 이를 뇌파를 통해서도 볼 수 있는데, 자료가 되는 스냅 사진들은 4-12Hz의 뇌파를 발생시키며 이를 통해 얻어지는 더욱 섬세하고 통합된 결합 정보들을 만드는 동기화 과정에서는 30-60Hz

의 감마파가 나타난다고 한다. 뉴런의 이 동기화 과정을 통해 전체적이고 통합적인 정보가 구성된다. 이 반복적인 과정에서 의식이 발생하며 의식을 통해 이러한 전체적이고 통합적인 정보를 동기화하고 구성하는 것이다.[31]

정보통합 이론과 파이 이론

분명 의식이 뇌신경을 통해 발생하는 것은 사실이나 그들은 의식 발생의 중심에 신경보다 정보를 내세운다. 신경은 정보를 형성하고 이 정보가 스스로 통합되어가면서 의식을 형성한다는 것이다. 에델만과 같이 연구한 토노리는 이를 정보 통합이론이라 했다.[32] 컴퓨터는 정보를 통합적으로 저장하지 못한다. 낱개의 정보들이 하드 디스크에 분리되어 저장되고 이를 통합하여 보려면 프로그램이 필요하다. 그러나 인간의 뇌도 홀로그래피의 원리에 따라 정보가 분해되어 뇌에 저장되지만, 파동에 의해 늘 통합성이 유지되고 있다. 특별히 그 정보가 의식으로 재현될 때는 통합된 강력한 구성물로 의식에 나타난다. 의식은 한쪽만 분해해서 보지 못한다. 그리고 많은 변수들에 의해 인과적으로 구성되어 있다. 물론 자료는 통합만 되어있는 것은 아니다. 엄청나게 분화되어 있고 섬세하다. 그러면서도 하나의 그림으로 통합되어있는 것이다. 이것이 의식이다. 정보가 통합되기 위해서는 반드시 의식이 필요하고 의식은 반드시 정보를 통합적으로 표출한다. 그래서 의식은 바로 이 통합정보의 양에 의해서 형성되는 것으로 볼 수 있다. 통합성이 약하면 의식은 약해지고 통합성이 어느 수준을 넘어서면 반드시 의식이 수반된다는 것이다. 의식이 흐려지면 우리는 정보가 잘 통합되지 않고 흐트러진다.

토노리는 이 이론을 더 발전시켜 구체적인 파이Φ 란 개념을 도입한다.[32] 파이이론은 통합정보 이론에서 의식의 수준이 되는 통합정보의 양을 더욱 정량화하고 세분화하는 작업이다. 즉 의식의 과학화 작업이다. 파이는 통합

정보의 양과 비슷하나 다르다. 의식은 통합만 있는 것이 아니고 분화와 통합이 동시에 있다고 했다. 이는 서로 상반된 방향이다. 통합은 하나로 집중하려고 하고 분화는 나누어지려고 한다. 의식은 통합만 하는 것이 아니라 분화와 통합을 동시에 하면서 가장 적절한 수준을 찾아가는 과정인 것이다.

뇌전증epilepsy(간질)은 뇌에서 갑자기 강한 전기적인 흥분이 발생하여 전체 뇌로 확장되는 현상인데, 이때 발생하는 전기 정보는 극단적으로 잘 통합되어있지만, 분화는 거의 제로에 가깝다. 그래서 의식이 소실된다. 반대로 너무 분화만 되어있으면, 독립적인 정보만 있지 전체적인 통합성이 없기에 희미한 의식 수준밖에 형성하지 못한다. 가장 높은 수준의 의식은 이 두 가지가 잘 균형을 이루고 가장 적합한 지점을 찾을 수 있는 경우인 것이다. 그래서 이러한 최적의 정보 상태가 가장 높은 파이의 의식지점이 되는 것이다. 그는 단순한 이론을 넘어서 실제로 이를 계산하고 정량화하는 방법을 찾으려고 시도하고 있다.

나는 이 정보 통합이론이나 파이이론 자체보다 그 결론에서 나온 두 가지 사실에 더 주목하고 싶다. 즉 의식의 실제적인 에너지 수준의 차원이 있고 이를 정량화할 수 있다는 것과 의식에는 두 기능인 분화와 통합이 있어 이들의 균형 정도에 따라 의식의 차원이 결정된다는 점이다. 나는 이 두 가지를 전적으로 공감한다. 에델만의 의식이론에 의하면 의식으로 가는 과정을 통해 뇌는 범주화 과정을 반복한다. 지각과 개념과 가치적 범주화 과정을 반복하는 것이다. 이 과정은 곧 열역학적으로 낮은 에너지 수준과 엔트로피의 안정된 골짜기를 찾는 끌개의 과정과 일치한다. 그래서 최종적으로 많은 자유 에너지를 보존하려는 열역학적 목표를 이룬다.[33]

인간의 대상인 자연과 현실은 복잡성의 고차적 정보이다. 그러나 뇌가 고차적인 정보를 그대로 다 받아들이면 정보처리의 효율성이 떨어지기에 미리 준비된 예상 범주로 대상정보를 추리게 된다. 이 과정을 통해 정보는 핵심적이고 중요한 정보만 살아남게 되고 점차 2차정보에 가깝게 압축된다. 핵심적인 2차정보가 되어야 효율적인 정보처리가 가능하다. 그리고 좋은 알고리즘에 의해 신속하고 정확한 평가와 판단도 가능하다. 그래서 범주화의 과정은 곧 정보의 축약을 의미하며 점차 고차정보가 저차정보가 되는 과정을 밟게 되는 것이다. 그리고 정보의 통합과정을 밟게 되는데, 이 역시 정보의 축약이 있어야 가능하다. 고차정보로는 적절하고 신속한 통합이 일어나기 어렵기 때문이다. 이러한 정보의 저차화는 정보처리의 효율성은 높일 수는 있지만, 대상정보의 정확성과 정밀성을 잃게 되어 현실을 적응하는데 문제가 생길 수 있다. 효율성을 앞세우다 보니 자세한 정보의 내용을 많이 놓치게 되어 오히려 현실의 적응에 실패할 수 있는 것이다. 그래서 의식은 통합과 축약만을 내세우지 않고 그 반대의 방향인 분화와 해체의 기능도 가동한다.

의식의 해체성

토노리와 코흐는 이를 의식의 분화기능이라고 했지만, 나는 분화에 더하여 해체기능까지 포함한다고 생각한다. 뉴런의 통합과 분화는 에너지의 방향이 반대이다. 즉 통합은 여러 뉴런을 하나로 모으는 집중conversion의 기능이지만, 분화는 하나를 여럿으로 흩는 분산divergence이기에 집중의 힘을 해체시키는 작업이 먼저 이루어지지 않으면 진정한 분산이 어렵다. 그래서 분화에는 해체의 힘이 반드시 필요하게 된다. 집중의 가장 기초적인 형태가 외측 억압과 내측 강화이다. 자기는 강화하고 그 옆의 소음 등은 억제되어야, 집중이 가능하다. 분산은 특히 외측 억압lateral inhibition을 푸는 해체작업이 있어야 가능한 것이다. 저차정보의 강한 자기 보존성은 그 경계들을 심하게 억압해야만 가능하기에 이를 푸는 해체가 반드시 포함되어야 한다. 집중과 축약으로 인해 효율성은 보장되나 현실의 다양한 정보를 놓칠 수 있기 때문에 저차정보를 해체하고 고차정보의 섬세한 정보를 받아들일 수 있다는 것이다. 마치 인권이 억압된 유신헌법의 축약성으로 행정과 정치의 효율성은 보장될지는 모르지만, 억압된 인권의 현실을 놓칠 수 있는 것과 같다. 그래서 의식은 통합과 해체의 두 기능을 동시에 수행할 수 있어야 하는 것이다.

그리고 코흐는 파이라는 의식의 수준과 양을 도입했는데, 이는 다른 의미에서 의식의 차원이라고 해도 무방할 것이다. 의식이 2차정보의 자기 보존성에 머물 때, 그 의식은 낮은 파이 상태라고 할 수 있다. 나는 이를 낮은 차원의 의식이라고 부르고 싶다. 병적으로 가장 강한 보존성의 예로서 뇌전증을 들어보자. 뇌전증의 뉴런적 통합성은 아주 강하다. 뇌전증파인 극파spike의 공명과 결맞음이 모든 뇌에서 일어난다. 그래서 다른 기능은 멈추고 그 극파에 의해 발작을 한다. 엄청난 통합성이나 파이 상태나 의식의 상태는 아주 낮다고 보아야 한다. 뇌신경의 강도는 최고로 강하게 모였지만, 의식의 차원은 낮다는 것이다. 마치 북한 내의 각종 정보는 통일되는 전일성이 강하다. 그래서 효율성은 높을지 모르지만, 높은 의식의 차원이라고 말할 수 없는 것과 같다.

그다음의 예로서 망상을 생각해 보자. 조현병schizophrenia(정신분열병)이나 편집증pananoid의 망상은 아주 체계화되어 있는 경우가 있는데, 이 경우 모든 것을 그 망상 체계 안에서 지각하고 생각한다. 그 집중과 통합력은 아주 강하다. 그리고 그 의식의 힘은 그 어떤 합리적인 사고나 현실의 원리로도 해체되지 못한다. 약물로만 일부가 해체될 수 있다. 의식의 강도는 강해 보이나 의식의 차원은 낮다고 보아야 한다. 해체기능이 거의 없기 때문이다. 강박장애도 비슷하다고 보아야 한다. 반대의 경우도 있다. 뇌의 정보가 너무 산만하고 분산만 되어있다. 뇌의 병으로 의식이 약해진 경우 흔하게 볼 수 있다. 일시적으로는 심한 조증이나 불안상태, 치매나 술에 취했을 때 이런 현상을 쉽게 볼 수 있다. 이 역시 의식의 수준과 차원이 낮은 상태라고 볼 수 있다.

이를 신경망이론으로 다시 설명해 볼 수 있다. 뇌의 국소적 정보는 결맞음과 자기 보존성이 강하다고 했다. 그러나 국소정보는 전체 뇌신경망으로 확장되고 분산되어 다른 여러 증거나 기억 그리고 다양한 알고리즘의 검증을 받아야 한다고 했다. 이는 과학철학자인 칼 포퍼Karl Popper가 말한 오류 가능성falsifiability에 대한 반증을 받는 과정과 유사하다. 대한제국의 황제 고종이 일본의 망상을 세계에 알리기 위해 이준 열사를 헤이그 만국평화회의에 파견한 것과 또한 유사하다. 이 과정에서 국소적 결맞음의 해체가 일어나면서 더 큰 전체정보의 구조에 적합한 정보로 확장되고 분산되어야 한다. 이때 의식과 관계된 뇌구조들이 활성화된다. 즉 에델먼이 말한 시상피질의 회로와 크릭이 말한 전전두엽과 전대상피질이 중요한 역할을 한다. 이처럼 정보의 전체성을 보기 위해서는 이러한 뇌구조와 회로가 활성화되어야 하고 이 뇌로 인해 의식이 발동되는 것이다. 그러나 일본의 방해로 한반도의 사정이 세계 속에서 의식화되지 못한 것처럼, 전체적인 해체기능이 활성화되어 있지 않으면 의식이 있더라도 낮은 차원이라고 말할 수밖에 없는 것이다.

    의식의 차원이 낮은 경우 뇌는 스스로의 자구책으로 수면에 의지한다고 했다. 수면, 특히 렘수면의 의식을 통해 몸의 정보와 해체와 통합을 계속 시도하지만, 이 수면도 한계를 보일 수 있다고 했다. 그러나 꿈의 의식은 이를 포기하지 않고 자각몽이나 낮의 의식과 연결되려고 한다. 그것이 꿈의 기억이다. 꿈은 다 기억되는 것은 아니다. 스스로 해결이 어려운 문제는 에너지 수준을 높여 의식에 기억되도록 하여 낮의 의식에게 지속적인 관심과 해결을 부탁한다. 그래서 의식은 꿈의 기억을 살려 새로운 해체와 통합 작업으로 들어가야 한다. 이처럼 의식은 머물지 않고 해체와 통합의 작업을 스스로 헤쳐 가는 것이다. 그렇다면 낮의 의식은 꿈이 다하지 못한 것을 어떻게 계속해 나갈 수 있을까?

    의식은 명상이라는 관통적 의식을 추구함으로 이를 계속해나갈 수 있게 한다. 그리고 철학과 예술 그리고 영성을 통해서도 더 높은 차원의 의식을 관통해 나갈 수 있게 한다. 인간이 이를 추구한다고 볼 수 있지만, 어떻게 보면 의식이 스스로 이를 찾아 나가는지도 모른다. 의식은 스스로 진화하고 있는 것이다. 그 의식이 떼이야르 드 샤르댕Teihard de Chardin이 말한 오메가 포인트라는 정점을 향해 가고 있는지도 모른다. 이제 이러한 의식의 진화에 대해 간단히 살펴보려고 한다. 어떻게 보면 명상은 깨어있는 수면이라고도 볼 수 있다. 뇌의 국소적 결맞음을 풀기 위해 모든 생각들을 그대로 둔다. 더 이상의 감시나 통제를 하지 않는다. 이는 수면 때처럼 배외측 전전두엽의 활성을 떨어트리는 과정이다. 그리고 호흡에 집중하고 몸의 감각에 집중하면서 집중의 방향을 내면과 몸으로 가지고 간다. 몸의 감성과 관계된 뇌섬엽이 활성화되고 내적 집중을 담당하는 전대상피질이 활성화된다.[34] 그러면서 뇌파는 수면이 시작할 때처럼 알파파와 세타파가 나타난다. 그리고 깊은 명상으로 들어가게 되면 감마파도 나타난다. 서파수면으로 가서 수면으로 가는 것 외에는 수면 중에 일어나는 일이 거의 다 일어난다. 호흡을 통해 몸의 감각과 몸 명상을 하는 과정은 마치 렘수면과 거의 일치한다고 볼 수 있다.

이처럼 명상은 뇌의 정보 보존성을 해체하고 몸의 고차정보와 통합하는 의식의 확장이다. 그리고 몸 속, 특히 장 속에 있는 더 깊고 넓은 고차정보들과도 통합할 수 있다. 의식의 차원은 결국 저차정보에서 고차정보로 확장되고 관통되는 과정을 통해 높은 수준으로 나아가게 된다. 의식의 두 기능인 통합과 해체가 가장 잘 균형을 이루는 그 경계선이 토노리가 말한 파이가 가장 높으면서 가장 높은 차원의 의식이 될 수 있을 것이다. 켄 윌버 Ken Wilber등을 위시한 많은 명상가들은 이러한 의식의 스펙트럼과 확장에 대해서 많은 저술들을 남기고 있지만, 이 글의 전체적인 흐름에서는 벗어나기에 이 정도의 언급만으로 줄이려고 한다.[35] 의식의 더 자세한 진화에 대해서는 '정보과학과 인문학'이란 책에서 더 자세히 다루고 있으니 이를 참고하기 바란다.

철학은 기본적으로 당연한 것들에 대한 질문과 비판으로 시작된다. 그럼에도 불구하고 철학은 어쩔 수 없이 언어와 사고를 통해 가능하기에 모순적인 한계에 늘 봉착한다. 인간은 자신들의 언어를 통해 인류가 가장 잘 진화하고 이를 통해 문명과 과학을 만들어 낼 수 있었다고 자부하고 있다. 가장 고도하고 높은 수준의 정보를 담을 수 있는 진화의 최정상이라고 자랑한다. 그런데 이러한 언어에 대한 인류의 망상에 일격을 가한 언어철학자가 있었는데. 바로 천재 철학자로 알려진 비트겐슈타인Ludwig Wittgenstein이다. 당시 언어를 바로 정복하면 인간은 바른 철학을 할 수 있을 것이라는 희망을 가지고 많은 철학자들이 언어 연구에 몰두하고 있었다. 그때에 그는 언어는 그저 보이는 것들을 대응적으로 가르키는 줄긋기 도구이지 그 이상은 아니라고 했다. 보이지 않는 세계에 대해서는 아무것도 말해 줄 수 없기 때문에 침묵해야 한다고 했다. 그리고 그는 나중에는 그 줄긋기 언어도 확실한 의미를 갖기보다는 상황에 따라 달라지는 게임의 도구에 불과하다는 충격적인 발언을 한다.

그는 풍선처럼 허구적으로 부풀려 있는 인간의 언어에 일침을 가함으로 언어의 바람을 완전히 빼놓은 것이다. 그의 삶도 그랬다. 그는 엄청난 재산을 상속받았으나 이것도 포기했다. 스스로 전쟁에 자원하여 포로가 된 적도 있고 대학교수를 그만두고 시골 초등학교 교사를 하기도 했다. 한마디로 부유하고 안락한 삶, 보장된 케임브리지 대학교수도 마다하고 작은 노르웨이의 시골 오두막에서 여생을 보냈다. 허구적인 바람을 빼고 진실되고 가난하게 실제로 살았다. 그는 허구적인 언어를 버리고 삶 속에서 몸을 통해 진실과 대면하려고 하였다. 저차언어를 버리고 고차정보의 몸과 삶으로 그는 의식을 확장시켜나갔던 것이다. 현대철학은 언어와 사고만이 아니라 그동안 철학의 절대적인 가치와 기준이었던 이성과 형이상학까지도 해체하기에 이르렀다. 이처럼 해체철학을 의식의 뇌과학과 정보차원으로 이해해보는 것도 무척 흥미로울 것으로 생각한다. 그리고 예술은 기본적으로 철학보다 더 본질적으로 해체적이다. 문학을 제외한 예술은 언어를 사용하지 않기에 언어의 허구성과 보존성의 문제를 극복할 수 있다. 그리고 문학에서 시가 존재할 수 있는 것은 언어의 보존성을 극복하고 해체함으로써 가능하다. 특히 현대 예술은 이러한 해체성이 더욱 심하게 나타난다. 예술에서 해체적 미학은 해체 철학과도 맥을 같이한다. '정보과학과 인문학'이란 책에서 이러한 해체철학을 정보이론으로 설명해보는 시도를 해보았으니 참고하기 바란다.

답과 설명.

1. 뇌는 스스로 저차정보의 편재와 지배로부터 벗어나기 위해 어떤 시도를 하고 있는가?

   뇌는 리듬을 통해 국소적으로 연결된 신경망의 정보 보존을 전체적인 신경망으로 확장하면서 그 결합력의 변화를 통해 해체적 작업을 한다. 그 결과 뇌는 일정한 리듬의 뇌파를 생산하는 것이다. 모든 뇌의 정보는 국소와 전체의 정보적인 조율을 뇌파라는 파동적인 공명을 통해 이루어 나가는 것이다. 그러나 이러한 뇌파의 조율도 한계가 있다.

2. 수면은 어떠한 기능을 위해 존재하는가?

   흔히들 수면은 몸과 뇌의 회복을 위해서 쉬는 것으로 이해한다. 기본적으로 맞는 말이다. 그러나 단순한 쉼에 의한 수동적인 회복만을 의미하지 않는다. 수면 중에는 더욱 적극적인 회복 기능이 있다. 가장 중요한 것이 뇌와 몸의 정보적인 조율과 낮 동안 뇌에 의해 눌려 있는 몸의 정보를 회복시키는 것이다. 정보의 회복을 통해 이차적으로 에너지와 물질의 회복도 일어난다.

3. 수면 중 나타나는 급속 안구운동(REM) 수면 즉 렘수면의 주요 기능은 무엇인가?

   렘수면은 서파수면 동안 회복된 몸의 정보를 뇌의 정보와 적극적으로 통합하고 조율하는 기능을 한다. 대표적인 것이 꿈이다. 꿈은 뇌만이 아니라 몸의 억압되고 손상된 정보들이 회복하기 위해 낮은 에너지 수준의 의식 안에서 갈등을 소통하고 풀어나가는 과정이다. 그리고 렘수면 중에 있는 여러 기능과 현상들도 몸의 정보망들이 더욱 정상적으로 회복하고 뇌의 정보와 잘 통합되도록 하는 기능을 한다.

4. 의식은 뇌에서 어떻게 발생되는가?

   의식은 심리철학과 뇌과학에서 제대로 설명하지 못하는 난제 중에 하나이다. 그러나 일반적으로 받아들여지는 의식의 뇌과학적 이론은 세 가지로 정리된다. 즉 반복되는 정보 회로의 재주입을 통해 에너지가 적정 수준 이상으로 증가하게 되면 의식으로 나타난다고 본다. 그리고 의식과 관계된 뇌의 구조물들이 반드시 포함되어야 한다. 그중에서 가장 중요한 것은 정보의 통합성이다. 정보가 일정 수준 이상으로 통합되어야 의식이 가능하다. 그리고 이와 함께 정보의 해체성도 동반되어야 한다는 것이다. 이를 정보통합 이론과 파이 이론이라 한다.

5. 의식의 중요성과 주요 기능은 무엇인가? 그리고 명상과 꿈과의 관계는 무엇인가?
　의식은 낱개의 정보를 하나의 전체로 의식하게 하는 통합 기능을 한다. 그러나 통합 기능만으로는 고차적인 정보를 수용할 수 없기 때문에 해체적인 기능을 동시에 보이면서 정보의 보존과 해체의 균형의 상태를 유지하려고 한다. 이를 통해서 의식은 저차에서 고차에 이르기까지 다양한 차원을 통합하여 하나로 관통하게 하는 것이다. 의식은 이처럼 정보를 통합하여 하나의 전체로 인식하게 하는 기능이 가장 중요하다. 이는 하나의 결을 유지하려는 양자의 성격과 아주 유사하다. 꿈에도 낮은 수준의 에너지와 통합 기능이 있지만, 한계를 보이기 때문에 꿈의 의식은 낮의 의식과 연결된다. 낮의 의식 상태에서 꿈과 같은 의식을 유지하는 것을 명상이라고 볼 수 있다. 그래서 꿈과 명상과 의식은 서로 긴밀하게 연결되어 있다.

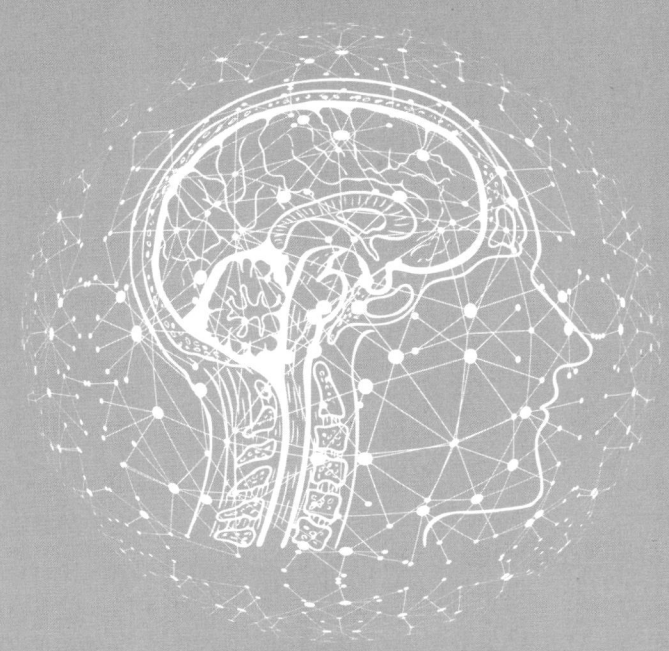

Ⅳ. 정보인류의 진화

15. 의식의 진화
16. 정보인류의 미래
17. 정보인류로서 한민족

15. 의식의 진화

> **질문.**
> 1. 호모 사피엔스의 성공 비결은 무엇인가?
> 2. 호모 데우스란 신인류의 주체는 과연 인류인가?
> 3. 정보의 종속에서 해방되는 길은 없는가?

호모 사피엔스와 정보

나는 의식의 진화를 다른 생물의 진화와 다른 관점에서 보려고 한다. 우리는 아직 의식의 본질에 대해서 잘 모른다. 분명 뇌와 연관되어 발생하는 것은 사실이지만, 뇌를 넘어선 어려운 문제들이 많다. 의식 속에 있는 주체성과 자유의지, 감각질, 통합성과 구성성, 대상의 지향성, 배경 기분과 상황성, 반추성과 해체성 그리고 초월성과 관통성 등 뇌로서는 설명하기 어려운 점들이 한두 가지가 아니다.[1] 의식은 뇌의 진화의 부수물인가? 아니면 의식이 선천적으로 존재하면서 오히려 인간과 뇌의 진화를 이끄는 것인가? 뇌와 의식은 연결되어 있지만 본질적으로는 분리되어있는 것인가? 뇌의 진화와 의식의 진화는 같은 방향인가? 아니면 갈등하는 관계인가? 다른 생물도 의식은 있는가? 있다면 인간의 의식과 무엇이 다른가? 이러한 여러 문제들이 늘 던져지지만, 아직 시원한 대답은 없다. 여기서도 이러한 해답을 찾으려는 것은 아니다. 단지 인간의 의식이 인류의 역사에 어떠한 모습으로 나타나고 있는지 그 현상에 대해서만 분석해보려는 것이다. 그리고 역사 속의 의식의 진화를 근거로 단지 미래를 조심스럽게 예측하고 싶어 진화 이야기를 꺼낸 것이다.

인류의 진화라는 큰 문제를 여기서 다 다룰 수는 없을 것이다. 그래서 이미 이러한 연구를 해놓은 몇 학자들의 이론을 참고하며 이를 진행해 보려고 한다. 최근 많이 읽히고 있는 역사학자 유발 하라리 Yuval Harari의 3개의 저서인 '극한의 경험', '호모 사피엔스'와 '호모 데우스'를 주로 참고하려고 한다. 이를 참조한다고 해서 이 글에서 역사를 분석하고 이해하기 위한 시도를 하려는 것은 결코 아니다. 역사를 살피는 이유는 그 역사 자체보다는 그 속에 있는 뇌와 의식의 문제를 끄집어내어서 의식이 어떻게 진화해가고 있는지를 알기 위함이다. 어떻게 보면 이 글에서 설정된 이론을 실제적으로 역사 속에서 적용해 보는 시도일 수도 있다. 이와 함께 공감의 시대를 지나 정보와 4차 산업 시대를 살아가야 하는 인류의 미래를 정보와 의식의 관점에서 살펴보고 전망해보자는 뜻도 있다.

먼저 유발 하라리의 저서 '호모 사피엔스'에서 분석한 인류의 진화과정을 이 글에서 다룬 정보의 관점에서 살펴보려고 한다. 인류 역사상 여러 종류의 인류가 존재했고, 그중에 호모 사피엔스는 아주 우수한 종은 아니었다. 오히려 네안데르탈인이 뇌와 몸이 더 발달되어 있었음에도 불구하고 그저 중간 계층에 불과하였던 사피엔스가 급부상하여 모두를 멸종시키고 유일한 승자로 지구를 지배해 왔다. 저자는 그 이유를 사피엔스의 독특한 인지혁명에서 찾고 있다. 그리고 그 인지혁명의 시작을 언어로 보고 있다. 다른 종의 인류와 동물들에도 언어는 있었지만, 사피엔스의 언어는 독특했다. 많은 정보를 담을 수 있는 유연한 언어가 가능했기 때문이다. 세상과 삶 속의 수많은 정보들을 이 언어가 표현하고 처리할 수 있었기에 사피엔스가 승리할 수 있었다는 이야기이다.

우주는 팽창과 보존의 균형으로부터 진화해 나간다고 했다. 소멸로 가는 의미 없는 팽창이 되지 않기 위해 자기보존은 아주 중요하다. 자기보존을 통해 엔트로피를 줄이고 이로써 진화하는데 필요한 자유 에너지를 더 많이 보존할 수 있다. 생명체는 이러한 팽창과 보존을 우주보다 더 치밀하게 수행해야 하기에 자기보존이 더 강할 수밖에 없다. 생명체의 자기 보존에 정보가 큰 역할을 한다. 정보는 엔트로피를 낮추고 최저 에너지를 보존하게 하는 결정적인 역할을 하는 것이다. 정보가 이러한 열역학적 효율성을 높이기 위해서 가장 필요한 것은 정보를 축약하는 일이다. 고차정보는 많은 정보를 담고 있지만, 정보처리에서는 효율적이지 않다. 스스로는 별 문제 없지만, 복잡한 현실에 신속하고 정확하게 적응하는 데는 문제가 생긴다. 정보의 효율적인 운용을 위해서는 신속한 계산이 아주 중요한데, 이를 위해선 더 단순한 축약된 정보가 필요한 것이다. 그래서 진화는 정보의 축약을 어떻게 잘 하는가에 달렸다고 보아도 무방할 것이다.

그렇다고 무조건 축약만 할 수도 없다. 원래의 내용이 되도록 잘 포함된 축약이어야 하는 것이다. 5차의 양자가 3-4차의 복잡성 언어로 축약되는 것은 자연계에서 스스로 자연스럽게 일어나는 현상이다. 그러나 그 이상의 축약은 자연스럽게 일어나지 않는다. 그런데 사피엔스는 이를 드디어 해낸 것이다. 어떻게 그렇게 되었는지는 알 수 없다. 진화론에서 말하는 돌연변이밖에는 더 이상의 적절한 설명을 찾기가 어렵다. 그렇다고 돌연변이가 썩 좋은 설명이라는 뜻은 아니다. 모른다고 말하는 것이나 창조론보다 조금 더 과학적인 것 같아 그대로 둘 수밖에 없는 궁색한 설명이라 생각한다. 과정이야 어떠했든지 간에 인간의 언어가 탄생됨으로 2차정보로서의 놀라운 정보의 축약이 발생하게 되고 이를 통해 수많은 고차정보를 다양한 언어로 표현할 수 있게 되었다. 사피엔스는 이처럼 언어를 통해 수많은 정보에 접근하고 처리할 수 있게 되어 엄청난 발전이 가능하게 되었다.

이로써 인류는 2차정보로 인한 놀라운 이득과 폐해 모두를 안게 되었다. 인지혁명은 곧 정보혁명을 의미한다. 2차정보는 실제의 정보가 아니고 숫자처럼 편리하게 계산하기 위한 가상의 정보이다. 국지적 정보는 전체정보로 확장되는 과정을 밟는다. 너무도 효율적이니 해체적인 검증보다는 보존적인 전염 속도를 따를 수밖에 없었다. 인류는 언어가 무언지도 모르고 언어의 편이성 때문에 이를 마구 사용하게 되었다. 이는 인류가 정보가 무언지도 모르고 인터넷을 마구 사용하는 것과 비슷하다. 언어의 문제를 이제야 와서 겨우 알게 되었지만, 정보의 문제에 대해서는 아직 그 근처에 가지도 못했다. 언어는 이제 개인의 영역을 떠나 집단을 형성하게 되고 집단 속에서 집단적 상상과 가상을 형성하게 되었다. 이를 하라리는 그의 책에서 아주 자세히 분석하고 있다.[2] 그에 의하면 인지혁명은 국가, 정의, 인권과 법, 평등, 자유와 신과 같은 가상의 질서를 설정할 수 있게 하였고 이로 인해 인류는 그 질서 안에서 동일한 신념과 가치로 결속되는 특이한 문화를 갖게 되었다고 설명하고 있다.

거기에다 농업혁명으로 엄청난 잉여의 힘을 갖게 되고 그 힘이 결국 집단적 가상의 힘에 권위를 실어주게 됨으로 더욱 강한 집단적 결속력을 보이게 되었다. 이 힘은 너무 막강해서 개별적으로는 특별하지 못한 사피엔스가 집단적으로는 아주 강한 힘을 갖게 되면서 궁극적인 승자가 될 수 있게 되었다. 특히 인류가 만든 것 중에서도 돈과 경제, 정치와 국가, 종교 등은 인류를 하나로 통합시키는데 결정적인 역할을 하였다. 그리고 인류는 이에 멈추지 않고 정보의 힘으로 과학혁명까지 이루게 되었다. 이 과학은 정보라는 엔진에 휘발유로 점화시키듯 인류를 폭발적인 가속도로 달리게 하였다. 특히 과학과 제국이 결혼함으로 자본주의를 낳게 되고 이 자본주의는 과학과 함께 인류가 앞을 보지 않고 무한 질주를 가능하게 하는 가속페달이 되었다. 그런데 하라리는 인류의 발전과 가속페달에는 브레이크가 없다고 걱정하고 있다. 여기까지가 과학과 자본주의 그리고 에너지 기계 산업에 대한 이야기이다. 그리고 그의 저서 '호모 사피엔스'는 여기서 끝난다.

호모 데우스와 정보종교

그 이후 인류는 놀라울 정도의 기술혁명을 계속 이루어 나간다. 이러한 신기술들은 인류의 가상성을 더욱 성장시키고 세계에 가상적 의미를 부가하게 된다. 과거에 있던 인간 외의 모든 권위를 몰락시키고 오직 인간만이 중심에 남게 되고 그 인간을 인본주의라는 종교로 승격시킨다. 인간을 숭배하면서 인간을 불멸, 행복, 신성의 호모 데우스로 스스로 승격시킨다. 그리고 인간의 자유의지와 이성을 최고의 판단 기준으로 삼으면서 인간의 몸과 뇌를 과학기술로 계속 확장하고 향상시킨다. 사이보그나 포스트 휴먼 등이 가시화된다. 그런데 이러한 기술과 정보가 발전해나가면서 이상한 일들이 일어나게 된다.

중심에서 신처럼 군림하던 인간이 서서히 그 주체적인 위치를 상실해가는 것이다. 기술과 정보가 너무 발전하여 인간을 앞서가기 시작하니, 인간은 자신의 생각과 의지를 기술에 양도하기 시작한 것이다. 처음에는 이를 통해 인간이 더욱 편하게 기술과 정보의 섬김을 받게 되었지만, 기술과 정보가 단순히 도구나 무생물에만 머물러 있지 않았다. 그 중심에 있는 정보는 인간 이상으로 진화해가면서 주체성을 갖는 새로운 생명체로 발전하게 된 것이다. 그리고 그 정보와 기술은 인간이 모르게 서서히 인간을 지배하기 시작하였다. 그 기술은 엄청난 지능을 가진 정보로 무장되어 있고 인간은 그 정보와 데이터가 없이는 아무것도 할 수 없는 의존 상태가 되다보니 결국 인간이 정보와 데이터에 종속되고 만 것이다. 그래서 인류는 인본주의 종교에서 기술 종교로 넘어가고 마침내는 데이터교로 넘어가게 된다.

겉은 호모 데우스이지만, 속은 인류가 아니고 데이터와 정보인 것이다. 겉으로는 인류가 신이 되어가는 것 같지만, 그 실상은 종이 되어가고 그 속의 지배자는 정보와 데이터가 되어가는 것이다. 하라리는 이를 종교적 종속관계로 보면서 데이터교라 하였지만, 이는 바로 정보를 의미한다. 인간들은 정보에게 자신의 정보를 맡기면서 자신의 권리도 신탁하게 된다. 그러다가 인공지능이나 빅 데이터와 같은 정보와 지능이 인간의 지능을 추월하게 되면서 결국 정보가 인간을 지배할 수밖에 없게 된 것이다. 이제 인간이 주인이 아니라 정보가 주인이 된 시대를 살아가고 있는 것이다. 그렇다면 인류의 미래는 어디로 가고 있는 것인가? 아무도 예측할 수도 없고 누구도 이를 의도적으로 변화시킬 수 없다. 주인인 정보 자신도 그 미래를 예측하지 못한다. 이것이 하리리가 분석하고 예견한 대체적인 인류의 모습이다. 앞에서 분석한 이 책의 내용과 거의 일치하는 현상들이다. 이제 정보의 차원에서 이를 다시 생각해 보고 우리가 나아갈 방향에 대해서 생각해 보자.

그렇다면 정보사회가 오기 전의 인류는 인류가 주인이었을까? 과연 호모 사피엔스의 발전과 진화를 이끈 주체가 인류였을까? 이것까지도 진지하게 다시 한번 생각해보아야 한다. 사실 그 폭발적인 진화의 시작은 정보였다. 언어와 사고라는 효과적인 2차정보를 탄생시킴으로 그 발전이 가능하게 되었다. 그 정보를 집단적으로 공유하고 가상정보의 허구적 이상과 가치로 인류가 결속하게 되었고 이를 통해 정보도 더욱 강한 힘을 얻게 되었다. 그리고 그 가상정보는 놀라운 과학을 탄생시키고 그 과학은 자연의 정보에 마음대로 접근하고 활용할 수 있게 함으로 인류는 상상할 수 없는 발전을 이루게 하였다.

미래학자 제러미 리프킨Jeremy Rifkin은 정보의 폭발적인 발전을 이끄는 데는 인쇄와 통신이 역시 아주 큰 역할을 하였다고 분석하고 있다.[3] 그리고 현대에 와서는 정보라는 엔진에 전산과 인터넷, 모바일 등이 강력한 연료가 되고 가속페달의 역할을 하는 자본주의의 자본이 가세함으로 무한 질주의 궤도를 달려갈 수 있게 되었다. 이제 그 질주의 속도와 힘은 그 누구도 제어할 수 없는 상태가 되었다. 이렇게 하여 신인류가 탄생하게 되었다. 하리리는 이 신인류를 신적 인간 즉 호모 데우스라고 칭하고 있다. 정보사회가 되어 정보의 지배가 수면 위로 드러났지만, 사실은 호모 데우스 이전부터 정보가 은밀하게 인간 속에서 주인 노릇을 하고 있었다. 겉으로는 인류를 내세우고 묵묵하게 종처럼 일한 것 같았지만, 사실은 속에서 은밀하게 주인이 되려는 작업을 해오고 있었던 것이다.

그러나 인류가 호모 데우스가 되면서부터는 정보는 수면 위로 나서서 스스로 주인 행세를 하기 시작한 것이다. 그래서 호모 데우스는 더 이상 인류가 주인이 아니다. 겉은 인류이나 속은 정보가 주인인 새로운 인류인 것이다. 인간에서 발생된 정보로 만들어진 새로운 종이다. 마치 바이러스가 인간을 숙주로 하여 발생하였다가 자기가 오히려 주인이 되어 이제는 자기들의 시대라고 선포하는 것과 같다. 그 바이러스가 인공지능이나 로봇과 같은 존재일 수도 있다. 그러나 바이러스나 인공지능은 한 작은 예이다. 실제로는 정보로 만들어진 신인류가 주인이었던 사피엔스를 몰아내고 자신의 시대를 선포하고 있는 것이다. 이 시대가 바로 4차 산업의 시작이기도 하다. 껍데기는 사피엔스이지만, 속은 정보로 구성된 데우스인 것이다. 새 시대에는 정보를 소유한 자가 신이 된다. 정보가 돈이고 에너지이고 힘이 된다. 정보를 쥐면 무엇이든 할 수 있다. 죽음까지도 정보를 통해 극복할 수 있길 바라고 있다. 정보를 통해 초인간 즉 트랜스 휴먼을 꿈꾼다.

이러한 정보인류의 출현은 바로 정보의 보존성에서 시작한다. 2차정보는 낮은 차원이지만, 그 효율성 때문에 막강한 힘을 발휘하게 되었고 이제는 정보의 최정점이요 제왕으로 군림하게 되었다. 다른 차원의 정보는 맥을 못 춘다. 감히 이 2차정보를 비난하거나 거역하면 대역 죄인으로 추방된다. 과거처럼 어떤 독재자나 영웅이 지배하는 시대와는 다르다. 자유와 평등의 시대인 것처럼 모두가 자유롭다고 착각할 정도이다. 그러나 모두가 속으로는 정보의 지배를 받고 있다. 이 정보인류는 매일 아니 매 순간 화면만 들여다보며 정보를 찾는다. 정보가 에너지이고 산소이다. 정보 좀비처럼 산다. 정보만 먹여주면 그 정보가 와서 무엇을 어떻게 하는지에 대해서는 관심이 없다. 그저 정보가 자기 속에 들어와서 바이러스처럼 맘껏 휘저어도 아무것도 모른다. 자신의 정보에 감염되고 점점 좀비가 되어가고 있는 것도 모른다. 그저 그 화면만을 들여다보는 것으로 만족한다.

스스로의 생각은 없다. 모든 것을 그 화면에다 의존한다. 기계가 대신 생각해주고 선택하고 결정해 준다. 모든 정보가 그 화면에서 나온다. 자기는 그저 그 정보의 수행기관일 뿐이다. 물론 겉으로는 자기가 판단하고 결정하는 것처럼 보이나, 이는 겉의 모습일 뿐 속으로는 이미 정보가 다하고 있다. 정보 바이러스가 주인인 것이다. 그런 뜻에서 트랜스 휴먼이다. 정보가 새로운 휴먼이 된 초인류인 것이다. 그 정보는 막강하다. 무엇이든 할 수 있다. 거대한 집단지능과 빅 데이터를 가지고 신적인 위치에서 판단하고 결정한다. 인간은 감히 작은 자신의 뇌로 거역할 수가 없다. 모든 선택과 결정을 이 데우스에게 맡겨야 한다. 그렇다면 이처럼 정보에게 자신을 맡기고 그저 시키는 대로만 하면 인간은 참 행복을 누릴 수 있는 것이다. 정말 참 행복이 올 수 있을까? 이것이 인류가 진정 꿈꾸던 유토피아가 될 수 있을까?

인류의 행복은 가능한가?

참 행복은 어디에서 올까? 이 책의 서두에서 시작된 얘기다. 2차정보로 완전히 조종되고 통제된 세상에서 살게 되면 인간은 진정 행복할 수 있을까? 많은 영화에서 이런 주제로 미래 사회를 그려보고 있다. 그런데 대개는 그 통제된 사회를 거부하고 불안정하고 힘들어도 인간의 사회로 탈출하는 것으로 끝맺는다. 인간이 진정 1차원이나 2차원적 정보로만 구성되고 그렇게 움직일 수만 있다면 행복할 수도 있을 것이다. 그러나 인간에게는 거부할 수 없는 고차정보가 엄연히 실재한다. 그 고차정보 속에 진정한 자신의 정체성이 있고 본질이 있다. 화학물질로, 심리적 기제로 혹은 강력한 힘과 권위의 법으로 이를 누르고 규제해도 결코 숨겨질 수 없는 본질적인 정보이다.

그래서 겉으로는 행복할 수 있을지 모르지만, 그 속에 뭔가 모르는 소외와 아픔이 있다. 뇌는 그래도 세뇌될 수 있을지 모르지만, 고차정보로 되어 있는 인간의 정서와 몸은 그 속에서 꿈틀거리지 않을 수 없게 된다. 인공지능에서 정서가 가능하지만, 2차 혹은 3차 정보의 정서 이상을 만들 수 없기에 그 이상의 차원에서 발생하는 섬세한 정서는 결코 공감될 수 없다. 더욱이 몸의 정보를 인공지능이 갖는다는 것은 불가능하다. 결국 그래서 인간은 정서와 몸이 소외되지 않을 수 없다. 몸의 소리는 너무 미세해서 쉽게 거부할 수 있을 것 같지만, 이 정보들이 축적되기 시작하면 거대한 힘으로 나타난다. 몸이 강한 정서로 표현되고 이 정서의 반란을 생각과 논리가 이긴다는 것은 거의 불가능하다. 물론 어느 정도 약물로 조절하고 통제할 수는 있을 것이다. 그러나 진정한 행복은 결코 누릴 수 없을 것이다.

몸과 정서가 뇌에 완전히 지배당하지는 않는다고 뇌와 거대한 세계의 정보체계를 거부하거나 이겨낼 수 있다는 것은 아니다. 그저 숨어서 막연하게 반발하고 불만을 터트릴 뿐이다. 그렇다면 인간은 이러한 거대한 정보체계의 지배로부터 벗어나 그들이 원하는 진정한 행복을 찾는다는 것은 불가능한가? 하라리는 인류가 스스로 벗어날 수 있는 길은 불가능한 것처럼 절망적으로 이야기하고 있다. 호모 데우스를 말릴 그 어떠한 힘도 이 지구에는 없다. 브레이크.없는 인류의 자동차는 이미 전속력으로 달리고 있다. 앞으로 어떻게 될지 아무도 모른다. 불만이 있더라도 누구도 그 차에서 내려오기 어렵다. 그저 그 차를 타고 가볼 때까지 가보는 것 외에는 길이 없다. 진정 우리는 이처럼 그 거대한 정보의 쓰나미에 휩쓸려가야 하는가? 쓰나미를 헤쳐 갈 힘은 전정 인류와 이 우주에는 없는가?

이 우주에는 거대한 두 힘이 균형을 이루고 진행되고 있다고 했다. 팽창의 힘과 수축의 힘이다. 그 절묘한 균형 속에 조금씩 팽창해 나가는 것이 우주라고 했다. 팽창만 일방적으로 이루어지면 우주는 그 형태를 잃고 소멸될 것이고, 중력으로 수축만 이루어진다면 역시 블랙홀처럼 사라질 것이다. 그래서 이 균형은 우주의 가장 큰 힘이 된다. 생명체도 결국 이 우주의 힘에 의해 발생되고 유지된다. 생명체는 우주보다 더 강한 균형의 힘이 필요하다. 물론 그 균형만이 우주와 생명의 목적은 아니다. 그 균형을 기초로 해서 무언지는 모르지만 뭔가를 향해 가고 있는 것은 사실이다. 그 균형이 깨어지면 아무것도 없기에 가장 큰 기초와 본질이 되는 것이다.

그렇다면 우주 속의 한 생명체인 인류도 이 법안에 있는 것은 사실이다. 정보가 우주 안에 가장 막강한 자기보존의 힘으로 작용한다고 할지라도 우주는 결코 이런 일방적인 주행을 용납하지 않을 것이다. 그 안에 있는 더욱 강력한 본질의 힘인 균형력이 있기 때문이다. 정보 안에 있는 그 균형은 곧 정보보존과 해체라는 두 힘으로 나타난다. 그리고 자연의 균형적 힘은 의식 속에 강력히 자리 잡고 있다. 의식이 어디에서 나왔는지는 모르지만, 의식 속에 이 정보적 균형을 잡아주는 거대한 우주의 두 힘이 존재하는 것은 사실이다. 그래서 결국 이 정보를 이겨내고 극복할 수 있는 유일한 힘은 이 의식 속에 있다고 보아야 한다. 그래서 의식은 정보를 담고 있는 단순한 화면이나 그릇만은 아니다. 정보 이상의 주체와 정체성이 있다. 정보를 유일하게 감시하고 통제할 수 있는 힘이 의식 속에 있다. 우리는 이 의식을 깨우고 살려내어야 한다. 의식마저 정보의 지배 안에 힘없이 주저앉아 있다면, 인류의 마지막 희망이 사라져 버리는 것과 같다.

　과거 자본의 지배에서 인간을 탈출시키는 이념적 운동을 의식을 깨우는 것이라고 했다. 그 의식 운동의 시작은 분명 고차적 정보의 해방을 추구하였지만, 점점 그 의식 운동은 2차적인 정보로 저차화되면서 결국 이분법적인 이념운동이 되고 말았다. 지금 의식을 깨우자는 것은 그런 이념적 의식을 깨우자는 것이 아니다. 저차정보에서 더 본질적인 정보로 인간을 탈출시키고 해방시키는 의식화 운동의 필요성에 대해 말하는 것이다. 해체적이고 관통적인 의식을 늘 기억하지 않으면 우리는 의식운동을 한다고 하면서 결국 의식의 저차화로 가는 역사를 반복할 수밖에 없다. 이것이 뇌의 한계이고 속임수이다. 철학도, 어떠한 인간 소외에 대한 운동과 시도도 여기에서 벗어나기 어렵다. 모든 것을 뇌가 하기 때문에 뇌가 주도를 잡다 보면 다시 뇌의 저차 정보에 말려들고 그렇게 되면 또 다른 이분법의 논리와 투쟁으로 가는 악순환에 빠질 수밖에 없다. 그렇다면 의식을 깨우는 것도 결국 뇌가 하는 것인데, 뇌를 통하지 않고 무슨 일을 할 수 있을 것인가? 모순적 악순환에 다시 빠져들게 된다. 의식이 유일한 인간의 구세주이지만 의식이 이처럼 너무 약하다. 거대한 정보의 힘 앞에 너무 무력하다. 그렇다면 절망하자는 것인가? 아니면 다른 해결책이라도 있는 것인가?

마지막 희망인 의식

그렇지 않다. 의식밖에 없다. 의식을 잘 알자는 뜻에서 의식의 연약함과 어려움을 이야기했을 뿐, 아직 절망하기에는 이르다. 이제 의식의 또 다른 면에 대해서 한 번 알아보자. 의식은 정보에 비해 언뜻 보면 너무 무력해 보인다. 그저 수동적인 화면같이 아무것도 없어 보인다. 정보는 확실한 자기 색깔을 내보이지만, 의식은 무색무취해 보인다. 그렇다고 의식은 진짜 아무것도 없는 것이 아니다. 그 속에 사실 어마어마한 힘이 있다. 사실 정보는 스스로 정보처리를 하는데, 한계가 있다고 했다. 왜 의식이 필요한지 이미 설명하였다. 더욱 통합적인 정보로 가기 위해서는 정보들을 올려놓고 비교 분석해야 하는데, 이때 의식이 중요한 역할을 한다. 정보처리에 의식은 아주 큰 역할을 한다. 중요한 정보는 반드시 의식에 올라와 보고되어야 하며 분석과 비교를 통해 선택받아야 한다.

큰 기업에서 늘 반복적인 세부사항은 알아서 자동으로 진행되지만, 새롭게 중요한 것을 결정해야 하든지 미래에 중요하고 전체적으로 기획하고 실행해야 하는 것들은 이사회나 CEO 책상에 올리는 것처럼, 의식도 바로 이러한 역할을 하는 것이다. 그리고 의식은 중요한 정보에 대해 주체적인 힘을 실어주어 더 강력하게 추진할 수 있게 해준다. 이사회나 회장실 결정사항은 막강한 권위를 가지고 추진될 수 있는 것과 같다. 그 정보는 나의 것이 되고 내가 하고 싶은 중요한 것이 되어 의지를 가지고 더 강하게 추진될 수 있는 것이다. 이처럼 의식은 아주 중요한 힘이 있다. 그래서 의식은 가장 높은 수준의 에너지가 주어지는 것이다.

만일 인간의 의식이 이렇게 발달하지 않았으면 이처럼 높은 수준의 정보처리가 가능했을까? 사피엔스와 데우스의 진화가 가능했을까? 그리고 인지혁명과 농업과 과학혁명이 과연 가능했을까? 나는 결코 그렇지 않다고 생각한다. 의식이 없다면 아무리 저차정보라 하지만, 이러한 고도한 정보처리는 불가능했을 것이다. 그렇다면 어떤 의미에서는 진화의 주체가 정보인가 아니면 의식인가라는 문제에 대해서도 진지하게 탐구해 보아야 한다. 2차정보의 보존성만으로는 이러한 정보의 진화는 불가능하다. 정보의 보존성에 갇혀서 더 이상 발전이나 진화로 나아가지 못하기 때문이다.

진화에는 반드시 돌연변이라는 우연이 있어야 한다. 이로 인해 탄생된 정보가 비록 2차정보일지라도 그 탄생 과정은 2차정보만으로는 불가능하다는 것이다. 전혀 새로운 정보로의 창의적 과정이 있어야 한다. 창의적 과정은 2차정보의 보존성의 틈새를 뚫고 고차적 정보에서 올라온다. 때로는 직관과 직감으로, 정서와 꿈 등으로 2차정보의 사이를 뚫고 올라오는 것이다. 그 틈새는 결국 의식의 해체성이 마련하는 것이다. 인류의 역사를 보아도 그렇다. 영원할 것 같은 군주나 종교의 자기 보존적인 힘과 권위를 무너뜨리고 인권과 자유를 찾아가는 과정을 보면 인류의 역사는 결코 한 방향으로만 흘러가도록 버려두지 않음을 볼 수 있다.

2차정보의 보존성이 강하기는 하지만, 그 힘만으로 결코 인류가 진화하지 않음을 볼 수 있다. 가장 2차정보의 보존이 강한 과학에서도 새로운 과학이 탄생되는 과정은 결코 과거의 정보 보존만으로는 불가능하다. 처음에는 과학이 경험에 대한 실증으로 발전된다고 생각했다. 이를 귀납주의라 한다. 그러나 모든 사실을 경험적으로 논증할 수 없는 한계에 부딪히면서 포퍼의 반증주의가 대안으로 떠오르게 되었다. 반증falsification, 즉 그 이론이 틀릴 수 있다는 비판과 반증에서 살아남을 때 진정한 과학이 될 수 있다는 것이다. 그러나 반증의 부정확성과 함께 반증이 불가능한 경우나 반증이 가능한 변칙 사례 등이 과학사에 적지 않게 나타나기에 반증주의도 한계에 부딪히게 되었다. 결국 과학이 논리 실증주의나 반증주의로 발전한다는 사실이 흔들리게 된 것이다.[4] 2차정보인 과학이 2차적 논리나 실증으로만 발전할 수 없다는 것을 스스로 드러낸 것이다.

그다음 대안으로 나온 과학발전 이론이 토마스 쿤Thomas Kuhn의 패러다임 이론이다. 그는 과학혁명은 논리적인 과정보다는 인지적이고 정서적인 심리에 더 많이 의존된다고 했다. 과학은 어떤 인지적 구조의 틀 안에서 정상적인 과학으로 진행되다가 어떤 변칙적인 돌연변이들이 나오기 시작하면서 위기가 오는데, 이 변칙들이 과학적으로 입증되면서 과학혁명이 오게 된다고 한다. 그리고 이 이론은 다시 정상적인 과학의 이론이 되었다가 또 같은 변칙의 과정을 밟으면서 과학이 발전한다고 했다.[5] 이는 과학이 2차적 논리의 과정보다는 인지적 신경망과 같은 고차적인 정보망의 상호작용 속에서 스스로의 조직성 같은 과정을 통해 새로운 과학 지식으로 탄생되는 것이다. 그래서 과학의 발전은 2차정보의 보존성으로는 불가능하며 오히려 이러한 보존성이 해체되고 더 고차적인 정보망 가운데서 스스로 발전되어 나간다고 볼 수 있다.

과학과 정보의 발전은 우연, 혼돈, 창의성 등의 해체성이 반드시 있어 왔기에 숨어있는 의식의 해체와 분산의 힘을 무시할 수 없다. 결국, 정보에 막강한 힘을 실어준 것은 의식의 해체성이다. 정보의 보존성만으로 정보는 결코 전진하거나 진화할 수 없는 것이다. 의식의 해체성은 금방 사라지고 그 이후의 2차정보만 남으니 2차정보가 이룬 것처럼 보일 뿐이다. 그리고 그 단절 속에 있는 의식의 해체성은 쉽게 망각된다. 정보는 자신의 위대함과 지배를 강화하기 위해 이러한 의식의 해체성을 망각하게 하고 무시하고 있는지도 모른다.

4차 산업과 함께 정보의 막강한 보존성과 그 지배력이 강조되고 있지만, 그렇게 일방적으로만 펼쳐지는 것은 아니다. 사실 이러한 정보 진화와 함께 해체성과 분산성도 과거에 비해 더 강하게 등장하고 있다. 과거의 이성적이고 합리적인 권위는 실종되어 가고 있다. 감성과 공감의 시대로 변하고 있다.[6] 정치와 언론의 권위와 힘도 분산되고 천재와 영웅의 시대에서 플랫폼과 집단화의 시대로 변화되고 있다. 대학교수만이 전문가로 활동하던 시대에서 이제는 모두가 전문가가 될 수 있는 시대로 가고 있다. 그리고 대학에 가야만 얻던 정보를 이제는 어디서든 쉽게 얻을 수 있기에 대학 역시 분산화될 수밖에 없다. 경제는 이미 분산 자본의 길을 걷고 있다.[7] 블록체인과 비트코인이 좋은 예이다. 법조계와 의료계도 인공지능에 의해 분산될 수밖에 없을 것이다. 철학과 예술은 가장 앞서 해체되고 있다. 시대가 정보의 통합과 보존성만으로 일방적으로 달려가는 것이 아니라 해체와 분산, 혼돈의 힘과 적지 않게 균형을 유지하고 있는 것도 사실이다. 그러나 결국은 강한 정보가 이기고 살아남는다. 역사는 승자의 기록이라는 말처럼 정보가 의식을 이용하여 살아남았지만, 의식은 자신의 강한 해체성으로 인해 다시 사라지고 보존성이 강한 정보만 승자로 살아남는다. 사람들은 그 배후의 의식은 금방 잊어버리고 살아남은 정보만을 보게 된다. 바이러스가 결국 인간을 이기고 살아남듯이 정보는 의식을 잘 이용해서 오히려 그 생존력을 더 강화시키고 생존해 온 것이다.

몸 의식으로의 관통

이제 거의 결론을 내려야 하는 시점에 온 것 같다. 의식은 분명 살아 있고 그 힘도 막강하지만, 결과적으로는 힘을 못 쓰고 번번이 정보가 의식을 장악해 왔다. 의식이 더 큰 거인인데도, 바이러스와 같은 작은 정보들을 이기지 못하고 오히려 그 힘에 이용당하고 살아왔다. 사실 정보의 진화가 아니라 의식의 진화인데도, 정보가 진화해온 것처럼 되어버렸다. 이것이 의식과 정보 진화의 결론이라고 볼 수 있다. 그렇다면 이제 더 이상의 길은 없는가? 나는 마지막으로 새로운 길을 제시하고 싶다. 몸의 길이다. 지금까지 몸의 정보에 대해 많은 이야기를 나누었다. 인간의 해답은 곧 몸에 숨겨져 있다고 생각한다. 의식이 막강하나 뇌에만 남아 있는 한, 늘 정보에 이용당하고 역전된다. 뇌는 2차정보가 너무 막강하게 자리 잡고 있기에 의식은 뇌만으로는 버티기 힘들다는 것을 인정해야 한다. 뇌를 버릴 수는 없다. 뇌는 여전히 중요하다. 그러나 뇌만으로는 결코 저차정보를 이겨낼 수 없기에 몸으로 같이 내려와서 뇌와 몸이 하나로 되어 의식의 장을 열어주어야 한다는 것이다.

수면이 뇌에서 몸으로 내려왔듯이 의식도 몸으로 내려와야 한다. 수면이 다하지 못한 일을 의식이 몸에서 할 수 있어야 한다. 뇌를 이길 수 있는 것은 몸 밖에 없다. 몸으로 내려온다는 진정한 뜻은 무엇일까? 이것이 이 책의 결론적인 이야기이기도 하다. 몸에 대한 많은 이야기를 이미 했다. 여기서 다시 할 필요는 없을 것이다. 그러나 다시 강조하고 요약하는 뜻에서 몸으로 내려간다는 뜻을 한 번 더 설명하고 싶다. 모두가 몸을 소중히 여긴다. 특히 건강의 차원에서 몸을 엄청나게 아끼고 몸을 위해서는 좋은 값진 것을 아끼지 않는다. 그리고 몸을 위해서 좋은 것을 먹고 열심히 운동한다. 몸에 제일 좋은 것을 바르고 명품을 입힌다. 이미 우리의 마음은 몸에 많이 내려가 있다. 그런데 의식이 몸으로 내려간다는 참뜻은 무엇인가? 모두에게 몸은 소중하다. 그러나 정보의 차원에서 몸으로 내려가라는 뜻으로 말하는 것이다.

우리는 몸을 소중히 여기지만 정보적으로는 거의 불통이다. 몸은 그저 몸일 뿐이다. 몸을 인격적으로 대우하지는 않는다. 애완용 동물보다 못하다. 몸이 살아야 내가 사니까 겨우 투자한다. 몸을 진선미의 원천으로 보지 않는다. 더욱이 몸속에 고차적인 정보와 인류를 구원할 놀라운 힘이 있다는 것을 그렇게 쉽게 인정하지 못한다. 몸을 몸격格으로 대하지 않는다. 그저 화학물질이나 생물 기계 정도로 생각한다. 그리고 말을 잘 들으라고 통제하고 교육하려고 한다. 자녀를 인격으로 대화하지 못하고 원하는 것을 사주고 비싼 교육을 시켜줌으로 자녀를 사랑했다고 주장하는 부모와 비슷하다. 이러한 물질적인 과잉보호로 오히려 자녀가 병드는 것을 모른다.

몸의 품격을 존경하며 거기서 무언가를 배우고 새로워지려는 마음은 거의 없다. 우선 이런 마음의 자세를 바꾸어야 한다. 몸과 뇌를 비교하자는 것은 아니다. 이미 뇌는 자기의 기준대로 몸의 위치를 계산해 놓았다. 뇌의 법은 선악의 법이다. 선악이라고 해서 도덕의 법을 말하는 것은 아니다. 뇌는 외부 세계에 신속하고 정확하게 개체가 적응하도록 돕는 기관이다. 그래서 가장 중요한 것은 대상이 개체에게 도움이 되는지 아닌지를 정확하고 신속하게 판단하는 것이다. 그래서 자기에게 도움이 되는 것은 선이고 해가 되는 것을 악이라고 한다. 선하면 좋아하며 다가가고 악하면 싫어하며 피하게 한다. 그리고 모든 것을 이 두 가지 기준으로 나누어 평가하고 판단한다. 능력과 열등한 것, 아름다운 것과 추한 것, 깨끗한 것과 더러운 것. 많은 것과 적은 것. 높은 것과 낮은 것 등 뇌는 항상 두 가지의 기준에서 대상을 나누어 접근한다. 때로는 더 세분하여 여러 등급과 좌표로 나누어 공간적으로 고정시킨다. 이것이 뇌의 가치 범주화 과정이다. 그리고 한 가지가 아닌 여러 대상이 복합적인 관계에 있을 때 뇌는 여러 가지의 가능성을 가지고 계산을 한다. 그래서 최종적으로 자기에게 어떠한 이윤과 손해가 있는지를 계산한다. 이것이 뇌에서 작동되는 선악의 법이다. 그러한 사람들이 사는 곳이 세상이다. 그래서 세상은 자연히 선악과 등급의 법을 따른다.

세상에 잘 적응하기 위해 뇌가 이러한 계산과 판단을 하는 것은 개체에 분명 유익하다. 그러나 문제는 이러한 판단을 자신의 몸에까지 적용하는 것이다. 자신의 몸을 이분법으로 혹은 등급과 좌표로 나누고 판단하는 것이다. 뇌는 몸을 아래의 등급으로 평가한다. 그리고 몸 안에서도 다시 여러 등급으로 나눈다. 더 높은 등급이 있고 자기가 보기 싫은 낮은 등급이 있다. 그래서 좋은 것은 부각시키고 낮은 것은 부끄러워하며 옷으로 숨긴다. 그러나 몸은 고차원인 정보망이고 생명이다. 이러한 2차적 언어와 판단으로 평가받을 수 없다. 생명과 복잡성은 작고 크고가 중요하지 않다. 모두가 다 소중하고 귀하다. 서로가 하나가 된다. 자연이 그렇다. 작은 풀이나 큰 나무 모두가 다 소중하고 조화를 이룬다. 큰 동물과 미생물 모두가 다 소중하고 그 망으로 자연과 생명이 살아간다. 마치 오케스트라의 모든 악기의 소리가 합쳐져 아름다운 음악을 이루어 나가듯이 자연과 생명은 모두가 동일하게 소중하다. 등급이나 판단이 없다.

우선 이것을 바꾸어야 한다. 뇌가 계산해 놓은 등급과 좌표에서 벗어나야 한다. 몸이 더 위는 아니라도 뇌와 같은 한 몸이고 몸의 모든 부위는 동등하게 소중하고 그 품격이 있다는 것을 받아들여야 한다. 몸을 전체적으로 고차정보가 자리 잡고 있고 그 속에 고상한 진선미의 원천이 있다는 것을 인정해야 한다. 특히 장 속에 그 어마어마한 정보망과 모성적인 감성과 자기의 뿌리가 있다는 것을 이해하고 수용해야 한다. 몸의 정보망은 개인을 넘어서서 우주 시공의 역사를 넘나드는 정보망과 연결되어 있고 그 정보망의 힘은 어마어마할 수 있다는 것도 인정할 수 있어야 한다.

그래서 의식이 이러한 몸속의 엄청난 정보망과 생명과 자기의 원천을 만나고 그 이상의 정보망까지 연결될 수 있는 의식으로 확장될 수 있어야 한다. 의식의 확장이고 연대이다. 정보가 집단화되듯 의식도 집단으로 연대가 가능하다. 그 연대성은 정보보다 더 깊고 강하다. 이미 의식의 연대는 엄청나게 확장되어 있고 연결되어 있다. 이를 알고 확장해나가면 우주의 대평원이 펼쳐지는 것이다. 이처럼 의식의 영역은 무한하다. 그래서 이러한 몸의 의식을 깨우고 연마해야 하는 것이다. 언어와 그 논리를 연마하듯이 몸의 언어와 그 고차적인 법들을 배우고 연습해야 한다.

그리고 이를 매일 훈련해야 한다. 의식이 뇌에 잡혀 있지 않기 위해서 의식을 매일 몸으로 확장시키는 훈련을 해야 한다. 구체적으로는 명상의 훈련이 될 것이다. 긴장을 풀고 호흡을 통해 몸의 감각을 깨우고 그 소리의 정보와 교감할 수 있어야 한다. 뇌의 생각을 내려놓고 자신의 감성을 있는 그대로 볼 수 있어야 한다. 생각으로 감성과 몸을 통제하려는 습관을 풀고 몸을 그대로 두고 존경하고 그 소리에 귀 기울여야 한다. 몸의 고차정보와 교감하며 의식을 다차원적 정보로 관통할 수 있어야 한다. 뇌의 2차정보가 지배하는 의식이 아니라 몸의 고차원적인 정보와 하나로 어우러지는 관통적 의식이 되어야 하는 것이다. 영성이고 명상이라니 너무 거창하고 어마어마해 보인다. 그러나 그 시작은 아주 단순하다. 모든 것을 판단하지 않고 이해하고 공감하는 데서 시작하는 것이다. 판단할 수밖에 없는 자신을 이해하고 공감하는 데서 시작하는 것이다. 이것이 머리에서 몸으로 내려오는 시작인 것이다. 그러나 이 단순한 것도 사실 쉽지 않다.

극한의 경험과 확장된 의식

그래서 대부분의 사람들은 이러한 관통적 의식을 찾지 못하고 저차적 뇌의 의식에 갇혀 살 수밖에 없었다. 고차의식으로 가지 못하고 저차정보의 보존성에 묶여 있을 수밖에 없었다. 늘 판단하고 비판하며 산다. 그런데 인간이 이처럼 저차정보에 묶여 있을 때도 블랙홀로 완전히 붕괴되지 않고 역사는 발전해 왔다. 어떻게 의식이 저차정보에 붙잡혀 있음에도 인류는 진화하고 발전할 수 있었을까? 하라리는 '극한의 경험'이란 책에서 인류는 전쟁이나 재난과 같은 극한의 경험을 통해 어떠한 계시적인 정보의 역전을 경험하게 된다고 했다.[8] 스스로 의식에서 벗어나지 못할 때 어떤 극한적인 사건이 인간의 의식을 역전시키는 경우가 있는 것이다. 그가 말하는 계시란 어떤 종교적인 것을 말하는 것이 아니라 인지적인 정보의 역전을 의미한다. 즉 내적인 정보보존을 넘어서서 외적인 정보의 삽입이나 힘으로 내재적 정보구조의 대변환을 맛보는 그런 경우를 말하는 것이다. 사람들도 개인적으로 평소에 할 수 없었던 생각의 전환을 재난이나 질병과 같은 극한 경험을 통해 얻는 경우가 있다. 이처럼 의식이 못하는 것을 어떤 파국적인 사건을 통해 정보적 역전이나 의식의 확장을 이루는 경우들이 종종 있는 것이다.

그러나 모든 경우가 그런 것은 아니다. 전쟁에 대한 극한 경험을 역사적으로 분석한 하라리는 인류의 역사에서 전쟁이 끊임없이 일어났지만, 전쟁의 계시는 처음에는 정신적이고 이념적이었다고 한다. 어떤 이상적인 신념을 깨닫는 그러한 계시였다. 이러한 계시를 모두 다 뇌의 정보로 몰아세울 수는 없지만, 뇌의 가상정보의 영향 안에서 일어나는 것을 부인할 수는 없을 것이다. 그러나 근세로 오면서 전쟁의 경험은 거의 몸의 계시로서 받아들이는 경향을 보인다고 하였다. 극한의 경험이 뇌로부터 몸으로 내려오는 현상을 보이는 것이다. 극한의 경험 속에서는 그동안 유지해온 뇌의 정보적 보존이 더 이상 힘을 쓰지 못하고 부서진다. 이 해체를 통해 몸의 더 큰 고차적인 정보와 통합되면서 새로운 정보의 계시로 들어갈 수 있게 되는 것이다. 이처럼 극한의 경험이 뇌와 몸의 정보적 위치를 역전시키는 역할을 한다.

우리 주위에는 이러한 극한의 경험을 보인 개인적인 사례들이 적지 않다. 가까운 경우로서 김지하와 신영복 선생의 경험을 들어볼 수 있을 것이다. 그들은 이상적인 이념으로 철저하게 무장된 분들이었다. 황당하게 짜인 각본에 맞추기 위해 모진 고문을 받았고 그 후 오랜 시간 동안 사상 수로 독방에 갇혀 고통스러운 극한 경험을 하게 되었다. 이러한 극한 경험은 그동안 쌓아온 이념과 사상을 허물어뜨리고 생명과 더불어 사는 새로운 몸의 고차적인 정보에 눈을 뜨게 하였다.[9,10] 정상적인 삶에서는 거의 불가능하든지 오랜 시간의 과정을 통해서나 가능한 변화를 이러한 극한 경험을 통해 경험하게 된 것이다.

이러한 극한적인 사건과 그러한 변화가 어떻게 일어날 수 있는 것인가? 우연인가? 어떻게 하다 보니 그렇게 된 것인가? 물론 이러한 재난과 파국이 올 수밖에 없는 국소적인 원인이 분명히 있다. 그러나 더 큰 시각에서 보면 이러한 사건을 개인의 인과적인 사건으로서만 보기보다는 전체 속에서 움직이는 더 큰 흐름이 있을 수 있다. 이러한 흐름과 변화를 학문적으로 연구하는 것이 바로 주역이다. 변화가 우연이나 개인적인 인과성보다는 더 큰 필연적인 원리에 의해서 온다는 것이다. 주역의 원리는 음양의 균형에서 시작한다. 한쪽이 치우치면 반드시 다른 한쪽이 이를 견제하고 보충한다는 것이다. 누가 그렇게 하는 것이 아니라 만물 속에 그러한 균형의 힘이 있어 스스로 그러한 변화를 초래한다는 것이다. 전쟁이나 극한적인 재난 등은 우연이나 어떠한 원인에 의한 필연적인 사건처럼 보이지만, 이를 움직이는 보이지 않는 더 큰 힘이 자연 속에 있다는 것이다.

그 힘이 지금까지 우주와 그 균형의 힘으로 보존하고 진화시킨 바로 그 힘과 같은 것이다. 그래서 주역의 그 힘이 바로 우주 속의 그 과학의 힘이라고 말할 수도 있다. 그리고 그 힘은 정보에 의해서 조절되고 있다. 몸을 통해 확장된 의식은 느슨한 형태이기는 하겠지만, 양자를 통해 자연과 우주 속에 있는 그 균형의 힘과도 연결될 수 있다. 의식도 양자적 고차정보로서 이러한 정보의 세계와 어떠한 얽힘과 공명이나 결맞음을 보일 수 있는 것이다. 그래서 인간의 의식이 충분한 균형 가운데 있지 못할 때 자연과 우주 속의 의식이 바른 균형을 위해 움직일 수 있는 것이다. 기후나 바다의 파도처럼 한쪽이 기울면 반대에서 이를 보충하는 흐름이 반드시 있게 되는 것이다. 인류의 의식이 치우치면 자연의 의식이 이를 보충하기 위해 어떤 음양의 움직임을 보일 수 있고 인간은 이를 극한적인 경험과 깨우침으로 의식의 균형을 다시 회복하는 그러한 전체적인 움직임이 가능하다는 것이다. 그래서 의식은 개인의 연약한 의식만이 아니라 이처럼 더 큰 우주의 장으로 열려있어 이를 열심히 연마하고 확장시켜나가면, 거대한 인류의 정보적 치우침도 변화시켜 나갈 수 있다는 것이다. 인간의 의식과 우주의 정보이론적인 만남에 대해서는 '정보과학과 인문학'을 참고하기 바란다.

답과 설명.

1. 호모 사피엔스의 성공 비결은 무엇인가?

    사피엔스는 인류 중에 그렇게 우수한 종은 아니었지만, 최종 승자가 된 비결은 한마디로 정보라고 할 수 있다. 언어라는 가상정보로 인해 가상적인 세계에서 인류를 결집시킬 수 있었고 그 정보는 농업, 과학, 자본이라는 거대한 힘을 만들어내고 이를 축적해 나가면서 마침내 다른 모든 권위를 허물어뜨리고 인간이 신이 되는 인본주의 종교와 호모 데우스라는 신인류를 탄생시킬 수 있게 되었다.

2. 호모 데우스란 신인류의 주체는 과연 인류인가?

    인간이 신이 되는 신인류는 과연 인간이 그 중심에 주인으로 있는가? 겉으로 보면 인간의 이상이던 신의 경지에까지 오른 것 같지만, 속으로 보면 오히려 과학의 기술과 정보에 자기의 주체성을 양도하고 점점 그 정보에 종속되어가는 이중성을 보인다. 숨어서 인간을 조종하던 정보는 드디어 수면 위로 올라와 인간을 지배하고 군림하는 주인이 되는 것이다. 이것이 하라리가 지적하는 '데이터 종교'의 모습이다.

3. 정보의 종속에서 해방될 수 있는 길은 없는가?

    의식이 유일한 희망이 될 것이다. 의식의 해체성과 관통성을 깨워야 하지만, 뇌의 이차정보의 속임수와 지배력이 워낙 막강해서 순수한 뇌의 의식만으로는 쉽지 않다. 그래서 뇌는 몸의 의식으로 내려와 자연과 우주의 고차정보와 의식과 연대할 수 있어야 한다. 뇌의 저차정보를 이길 수 있는 길은 이러한 의식의 확장과 연대의 길이 될 것이다.

16. 정보인류의 미래

> **질문.**
> 1. 행복의 과학적인 의미는 무엇인가?
> 2. 뇌의 행복과 몸의 행복은 어떻게 다른가?
> 3. 가상과 실제의 행복을 어떻게 구별할 수 있는가?
> 4. 정보인류의 진화의 미래는 어떠한가?

행복의 과학적 의미

생물의 진화는 우주 진화의 방향과 같다. 팽창과 보존의 균형 속에서 새로운 팽창을 향해 나아가는 것이 우주의 진화이다. 그러나 그 팽창은 다시 보존의 균형 속에 있어야 한다. 그러면서 다시 팽창한다. 이것이 우주의 진화이다. 생명도 이 우주 속에서 진화해간다. 우주의 진화를 더 효과적이고 치밀하게 수행하기 위해 진화하고 있다. 생명은 보존과 해체의 경계에서 진화해간다. 그 경계는 곧 양자와 고전적 세계의 경계이기도 하고 저차정보와 고차정보의 경계이기도 하다. 생물체는 그 경계에서 줄타기하며, 어느 한쪽으로 기울지도 않고 절묘하게 진화의 길을 가고 있다. 그 줄에서 균형을 잡아주는 것이 있다. 줄타기하는 사람이 균형을 잡기 위해 들고 있는 긴 막대기 같은 것이 있다. 그것이 무엇일까? 바로 행복이라 생각한다. 행복은 긴 막대기처럼 생명인 인간을 그 외줄 타기에서 치우치지 않도록 받쳐주고 있다. 그 중심이 행복이 된다. 그 행복이 불행으로 기울지 않도록 중심을 잡아준다. 그래서 인생은 그 균형의 중심에 있을 때, 행복을 느낌으로 자기가 바른 생명의 진화를 하고 있음을 확인한다. 그렇다면 왜 행복이 이 균형의 막대기가 될까? 그냥 인문학적 상상과 그럴듯한 표현으로 해본 것인가? 그렇지 않다. 적어도 이 책에선 과학적인 기술을 해보려고 애쓴다. 왜 행복이 그 균형점이 되는지 생각해 보자.

생명은 3단계로 구성된다. 첫째로 생명에는 현상이 있다. 인간이 보이는 모든 몸과 삶이 생명현상이 된다. 질병과 건강한 몸, 증상과 느낌들, 그리고 여러 가지 삶의 형태가 생명의 현상이다. 그리고 이를 가능하게 하는 생명력이라는 것이 있다. 이것이 두 번째 단계이다. 동양사상에서는 이를 기氣라 한다. 서양의학에서는 이를 에너지라고 말한다. 그러나 단순히 물리화학적인 에너지만을 말하기보다는 그 에너지를 태우고 활성도를 조절하는 바람 같은 역할이나 열효율을 조절하는 촉매 같은 그 무언가의 활력이라고 말할 수 있다.

그리고 마지막 단계로서 생명 자체의 본질이 있다. 생명이 태어나고 죽을 때 존재하는 그 생명을 말한다. 생명이란 인격 혹은 영혼의 상태라고도 말할 수 있다. 유학에서는 이를 하늘이 부여하는 본성적 성性으로 말하기도 한다. 그래서 생명生命이라고 하여 하늘이 부여하고 명한 그 무엇이 생명이 된다. 하늘이 살라고 이 땅에 보내어 주었기에 그 명을 받들어 생명이 다할 때까지 열심히 살아야 하는 그 본질의 성이다. 그 생명을 살리기 위해서는 생명을 사랑仁하고 의義와 예禮라는 생명의 환경과 삶을 조성하고 이를 반성하고 발전시키는 지知가 필요한 것이다. 이러한 생명의 본질은 양자와 그 이상의 고차정보에 있다. 거기서 나오는 생명력과 생명현상으로 갈수록 생명은 저차정보의 화학물질과 에너지가 된다.

그런데 이 생명이 고차에서 저차정보로 육화되고 붕괴되어갈 때, 이것이 올바르게 전개되고 있는지 아니면 저차정보가 고차와의 관계를 차단하고 스스로 보존하고 진화되어 가는지를 감시하고 통제할 필요가 있다. 마치 DNA의 코드가 바르게 단백질을 만들어 가는지 감시하고 살피듯이 생명은 저차정보를 그냥 방관하고만 둘 수 없다. 이 생명의 언어를 감성과 느낌이라고 했다. 그 생명은 몸 전체에 고차정보의 망으로 구성되어 있다. 그리고 가장 고차적인 정보가 장에 많이 모여 있다고 했다. 그래서 장은 생명 존재의 핵에 해당한다고 볼 수 있다. 그래서 그 핵에서 늘 생명의 신호가 올라오는 것이다. 그 신호는 뇌에서 감성과 느낌으로 인지된다고 했다. 고차 정보를 뇌의 의식이 인식하는 길이 막연하고 모호한 느낌이나 직감 그리고 감성을 통해서이다. 혹시 사고의 형태가 가능하다면 직관이나 깨달음 같은 형태로 나타날 수 있다.

느낌과 감성은 두 가지 방향이다. 좋은 쪽 즉 긍정적인 느낌과 감성이 있는 반면, 그 반대인 부정적인 면도 있다. 좋고 평안한 느낌, 가볍고 상쾌한 느낌, 좋고 기쁜 감성이 있는 반면에 불쾌하고 아픈 느낌, 불안하고 힘든 느낌 그리고 두렵고 화가 나는 등의 부정적인 감성이 있다. 이 모든 것들은 사실 생명에서 나오는 소리이다. 우리가 생명 자체는 아주 고차적인 정보이기에 그 자체를 의식하기는 어렵다. 그 대신 거기서 저차정보로 붕괴되어 발생되는 신호들이 있는데, 이것이 바로 느낌과 정서라는 정보인 것이다. 우리는 긍정과 부정의 느낌과 정서를 통틀어 하나의 감성으로 표현하는데, 이것이 바로 행복과 불행이라는 것이다. 행복이란 나의 몸의 생명이 안녕하다는 신호이다. 그리고 불행이란 나의 생명이 무언가 불편하고 보살핌이 필요하다는 신호이다.

뇌의 행복인가? 몸의 행복인가?

우리는 대부분 행복이 밖의 조건에서 온다고 생각한다. 그런데 이는 뇌가 만든 행복이다. 뇌는 자기 생명이 어떻게 하면 행복해질 수 있을지를 여러 가지로 계산하고 시뮬레이션해본다. 그래서 나온 예측정보들이 바로 외적인 조건에 의한 것들이다. 돈이 더 있으면, 큰 자동차와 좋은 아파트가, 좋은 직장과 배우자가 있으면, 휴가 때 좋은 곳으로 여행을 갈 수 있으면 생명이 기뻐하고 행복해질 것이라는 예측정보들을 내어놓는다. 그리고 이를 실행한다. 그때 뇌는 좋은 화학 물질들을 분비하면서 이를 반기고 즐기게 한다. 그러나 그것이 끝나면 다시 허전해진다. 그래서 여러 가지 경험을 반복한다. 뇌는 투자 대비 효율성이 가장 높은 행복을 추구한다. 그것이 가장 가성비가 높은 안녕감well being 행복이다. 그러나 이것도 뇌가 만든 가상 회로이다. 가상은 그때만 좋지 유효기간이 짧다. 그래서 뇌는 중독 현상을 보인다고 했다. 행복은 좋은 감성을 느끼는 것이기에 뇌에서 이를 느끼도록 적절한 회로를 개발하고 추천한다. 그러나 역시 가상 회로에 불과하다. 그 실제의 내용이 없이 가상만을 반복하는 것이다. 이것이 흔히 우리가 추구하는 행복의 형태이다.

실제 감성과 느낌은 몸에서 나온다. 몸으로 들어가야 한다. 진정한 행복의 소리는 몸에서 우러나오는 것이다. 뇌가 만드는 것이 아니다. 몸을 보살펴야 한다. 몸으로 내려가야 한다. 몸에서 올라오는 느낌과 감성을 찾아야 한다. 이를 느끼고 알아챌 수 있어야 한다. 외적인 조건도 어느 정도 필요하지만, 그것이 채워진다고 행복이 오는 것은 아니다. 나의 몸속에 있는 생명이 평안하고 안녕해야 한다.

몸의 느낌과 감성은 내가 조절할 수 있는 대상이 아니다. 생명에서 스스로 올라오는 소리이기에 생명으로 들어가 생명을 보살피고 생명이 평안한 반응을 느낌과 감성으로 표현할 수 있게 해 주어야 한다. 그렇다면 지금 인류가 진화하는 방향이 과연 인류를 행복하게 해 줄 수 있는지에 대해 생각해 볼 필요가 있다. 지금 인류가 꿈꾸는 정보사회 그리고 트랜스 휴먼이 과연 생명이 원하는 대로 바른 길로 가고 있는지를 살펴보아야 한다는 것이다. 트랜스 휴먼이 꿈꾸는 대부분의 것은 저차정보에 국한된 조건들이다. 몸의 잘못된 질병을 고치고 노화를 방지하고 영생할 수 있게 해준다. 뇌와 몸에 기계를 연결하여 인간의 한계를 뛰어넘으려고 한다. 정보를 확장하고 인공지능과 집단지능을 자신의 뇌와 접속하여 신적 지혜에까지 도달하려고 한다. 결국, 이러한 인간의 향상은 아무리 발전한다 해도 저차정보에 국한된다. 결국 뇌의 행복에 머무는 것이다. 가상의 행복에 불과하다.

이를 고차적인 몸과 생명이 얼마나 누리고 행복해질 수 있을까? 고차는 고차적 정보로만 대응한다. 고차를 저차정보로 대응할 수 없다. 효율적인 계산을 위해서 저차정보로 압축할 필요는 있지만, 인간 자체와 생명이 저차정보로 압축될 수는 없다. 저차정보는 고차정보가 반응하지 못하도록 억압하고 이를 화학물질로 조절하고 문제가 생기면 다시 저차정보인 기계와 유전자로 해결하려고 할 것이다. 과연 고차생명이 저차정보와 기계로 영구히 대체될 수 있을 것인가? 그리고 고차의 생명인 인류가 저차의 기계가 되는 것이 과연 행복일까? 아무 문제가 안 생기는 안정 가운데 몇백 년을 사는 것이 과연 인류의 행복일까? 이에 대한 우주의 반응은 무엇일까? 인간이 거대한 우주의 힘에 대해 얼마나 초월적 영향력을 발휘할 수 있을까? 인간이 하늘의 기후나 지진과 자연재해 등을 얼마나 통제하고 조절할 수 있을까?

인간의 무기는 오직 2차정보이다. 고차정보의 우주를 인간의 정보로 조절하려는 것은 마치 손바닥으로 하늘을 가리려는 것과 다를 바 없을 것이다. 2차정보의 힘이 막강한 것은 사실이나 2차의 평면에서만이다. 인간의 놀이터에서만 인간은 신이고 제왕이지 다른 놀이터까지 손을 뻗쳐 우주의 신이 되려고 하는 것은 저차정보가 주는 오만이고 망상이라는 것이다. 그 이상의 차원에서는 본질적인 한계를 보일 수밖에 없다. 인간의 정보의 태생적인 한계를 인정해야 한다.

그렇다면 인간이 신이 되려는 꿈을 접어야 하는 것인가? 그렇지는 않다. 인간의 의식이 있다. 인간의 인식은 고차정보로 확장될 수 있고 우주의 고차세계로까지 확장될 수 있는 가능성이 있다. 그러나 뇌의 의식만으로는 불가능하다. 뇌는 늘 저차정보에 익숙해져 있고 그 한계를 스스로 넘기 어렵기 때문이다. 그래서 몸의 정보로 가야 한다. 몸의 고차정보를 통해서 인간은 우주의 시공적 정보로 열릴 수 있다. 뇌의 의식이 몸을 통해서 몸의 미생물로 결맞음과 얽힘의 양자정보를 통해 희미하나마 우주의 의식과 정보로 개방될 수 있는 것이다. 그렇다고 인간이 우주를 움직일 수 있는 힘이 있다는 것은 아니다. 이 의식으로 우주의 신이나 제왕이 될 수 있다는 것은 아니다. 단지 우주의 지혜와 힘과 접속되고 공명되어 고차정보의 생명이 더 확장될 수 있다는 것이다. 이러한 확장과 관통을 통해 생명이 진정 안녕할 때 진정한 행복의 느낌이 우리를 감쌀 수 있는 것이다.

그러나 이것은 하나의 가능성이지 모두가 그렇게 될 수 있다는 것은 아니다. 이것도 실제가 아닌 뇌만의 가상이나 우주에 대한 뇌의 망상이 될 수도 있다. 명상은 실제가 아닌 뇌의 가상정보만으로도 얼마든지 가능하다. 몸과 우주의 길도 뇌의 현상으로 끝날 수도 있다. 얼마든지 뇌의 착각에 빠져 속을 수 있다. 그래서 이러한 얘기는 조심스럽다. 그러나 한 번쯤 과학적 가능성에 대해 이야기할 필요가 있기에 언급했을 뿐이다. 이제 뇌의 가상에 속지 않고 더 실제적으로 몸의 생명을 돌보는 길에 대해 생각해 보자.

가장 실제적인 행복의 길

거창한 우주나 영성적인 이야기 말고 인간의 생명이 실제로 안녕하고 행복해질 수 있는 길은 없을까? 의식의 확장은 너무 막연하고 희미하다. 그래서 뇌의 상상과 가상이 될 가능성이 그만큼 높다. 이것보다 좀 더 확실하고 안전하게 몸과 생명을 돌보는 길은 없을까? 앞서 잠깐 언급하였듯이 유학에서 생명을 돌보는 길에서 이를 구체적으로 찾아볼 수 있다. 물론 유학도 뇌의 2차정보로만 이해하고 사변적으로만 끝날 수도 있다. 조선의 성리학이 그러했다. 그래서 조선의 성리학은 2차정보의 이분법으로 치우칠 수밖에 없었다. 그러나 그 원리를 몸의 생명에 구체적으로 잘 적용할 때 아주 실제적인 생명 돌봄의 길이 될 수 있다. 실학적인 유학이 될 수 있다. 실학의 강화학파가 그러했었다. 그들의 유학은 물론 양명학을 더 기초로 하였지만, 생명을 살리기 위한 실제적인 학문이었다.[1]

유학은 하늘이 인간에게 본성인 성性을 주었다고 했는데, 그 성이 바로 생명이다. 그 성은 생명에서 나온다. 그 성은 인仁으로 양육되고 성장한다. 곧 사랑이다. 생명은 사랑으로 양육되고 성장한다는 것이다. 생명은 사랑으로 잉태되고 모성으로 품어진다. 그리고 모성으로 자라난다. 이를 조금 더 과학의 언어로 설명해보자. 생명은 고차정보의 망이다. 물론 고차정보라고 모두 다 생명이 되는 것은 아니다. 중심과 전체가 동시에 있어야 한다. 그것이 하나가 되고 자기성을 가질 때 생명이 된다. 그런데 생명에는 조건이 필요하다. 우주에서 생명의 조건을 만들어내는 데는 거의 100억 년이 걸렸다. 이 섬세한 생명은 아무 데에서는 자라지 못한다. 조건이 맞아야 한다. 온도, 습도, 공기와 영양 그리고 안정적인 환경이 보장되어야 자란다. 이런 물리적인 환경만이 전부는 아니다. 그리고 스스로 충분히 성장할 때까지 따뜻하고 부드러운 대상의 돌봄도 있어야 한다. 이를 부모의 사랑이라고 한다. 모든 생명에는 생명을 낳은 부모가 있고 이런 돌봄의 사랑이 있다. 이것들이 받쳐주어야 생명의 대사가 활발해지고 제대로 발생하고 성장한다. 사랑은 성장한 다음에도 계속 영향을 미친다. 사랑을 받게 되면 모든 대사와 생명력이 더 활성화되는 것은 사실이다.

사랑이란 인문학적 개념이지만 이를 정보적으로 설명해 볼 수도 있다. 사랑이란 한마디로 긍정적인 정서와 느낌을 전달하는 것이다. 너는 가치가 있고 할 수 있고 사랑스럽고 귀하다는 어떠한 정서적인 느낌을 부여해주는 모든 것이 사랑이다. 그래서 때로는 부족하고 실수를 해도 믿어주고 기다려 주고 수용하고 위로하고 격려하는 어떠한 정서적인 언어인 것이다. 생명이 평안과 안녕함 가운데 있을 때 생명은 긍정적인 정보, 즉 그런 느낌과 정서를 발생시킨다고 했다. 이를 총체적으로 행복이라고 했다. 바로 이 긍정적 정서를 외부로부터 심어주는 것이 바로 사랑인 것이다. 그래서 우리는 사랑을 할 때 가장 행복하다고 말하는 것이다. 바로 긍정적 고차정보의 공명이 사랑이고 행복의 극치인 것이다. 이것이 바로 인仁이다.

그런데 이런 사랑이 내가 원하는 만큼 쉽지 않다. 나의 생명을 이렇게 긍정적으로 바라봐 주고 사랑해 주는 대상을 만난다는 것이 쉬운 일은 아니다. 서로 결핍되어 있기에 사랑을 항상 더 많이 받으려고 하고 그것이 좌절될 때에는 반대의 부정적인 정서와 느낌을 방사하기 때문에 사랑은 곧 미움과 배신으로 가버리기도 한다. 그래서 사랑을 원해도 그 좌절의 아픔이 두려워서 마음과 생명을 닫고 사는데, 익숙해 있다. 어떤 대상이든 영원할 수 없다. 그러나 나에게 가장 영원히 존재하는 대상이 있다. 바로 의식 속에 있는 나 자신이다. 나는 나이면서도 나에게 대상이 되는 중첩적인 나이다. 고차정보의 특성이라고 했다. 나의 의식이 나의 몸의 생명에게 긍정의 정서를 전해야 한다. 물론 뇌의 언어인 2차정보도 필요하다. 그러나 몸의 생명은 기본적으로 고차정보인 정서와 느낌 그리고 더 섬세하고 조용한 울림이다. 그래서 의식도 몸의 언어로 말하고 느낌으로 몸에 전해야 한다. 의식이 몸의 언어로 내려가야 한다. 호흡을 통해서 뇌의 언어를 내려놓으면서 몸의 언어로 들어가야 한다.

나는 늘 나의 몸에 사랑의 언어를 전해야 한다. 몸의 소리를 경청하고 소중히 여기고 위로하고 사랑해야 한다. 뇌의 언어로 무시하고 소외 가운데 버려둔 것을 미안하다고 말하며 그래도 그동안 자신을 지켜온 몸에 진정 고맙다고 말하면서 뇌의 기준으로 평가하고 판단한 것을 거두고 이제는 그 무엇이든 용납하고 수용하고 사랑한다고 말해야 한다. 말로써만 아니라 진정한 고차적인 깊은 정서와 느낌을 찾아 공감하고 하나가 되어야 한다. 그리고 이와 함께 앞서 말한 우주 안에 형성된 고차정보의 근원적인 모성으로 공감하고 공명할 수 있다면 더욱 깊고 견고한 사랑이 될 수 있다. 자신의 몸의 생명을 가운데 두고 자기의 의식과 우주의 의식이 사랑으로 공명하며 생명을 돌보는 것이다. 그 속에서 생명은 평안하고 긍정의 정서를 쏟아낸다. 이것이 진정한 행복의 언어가 될 것이다. 비록 외적인 조건은 힘들고 불안정해도 내적인 몸의 생명은 견고한 사랑의 공명으로 그 행복을 결코 잃지 않게 될 것이다.

반생명의 소리

그런데 여기서 하나의 문제가 발생한다. 생각만큼 이 작업이 쉽지 않다는 것이다. 만만찮은 저항에 봉착한다는 것이다. 정보들은 자기를 스스로 보존하고 자기를 확장시키려 한다. 이미 있던 반생명과 반자기의 정보들이 있다. 즉 부정적인 정서의 기억들이 몸에 강하게 자리 잡고 있는 것이다. 어쩔 수 없이 생명이 살아오면서 생명으로 사랑을 받지 못한 기억들이 부정적인 정서의 소리로 이미 강하게 형성되어 있는 것이다. 이 정보들이 생명을 가두어 놓고 늘 부정적인 소리를 재현한다. 넌 안 돼. 넌 할 수 없어. 넌 버림받고 실패할 거야와 같은 부정적인 소리와 정서가 생명 주위에 성벽처럼 둘러싸고 있어 아무리 사랑이란 정서를 방사해도 생명에게 전달되지 못하고 모두 차단될 수 있다. 그래서 실제의 생명은 계속 부정적 정서에 휩싸여 있으면서 밖에서만 사랑이 되고 있는 것처럼 착각할 수도 있다.

정보의 치열한 싸움이 필요하다. 단순한 자기 암시나 명상만으로는 착각에 빠지기 쉽다. 부정적인 정서와 기억의 장벽을 해체해야 한다. 이를 갑자기 어떤 능력으로 폭파시켜 해체시킬 수 없다. 벽돌 하나하나를 해체하는 끈질긴 작업이 필요하다. 머리만이 아니라 몸속에 있는 부정적인 반생명의 정보와 정서를 직면하면서 이해하고 공감하는 인격적 만남이 필요하다. 이해와 공감만으로 그 정서는 많이 풀린다. 그리고 그 정서와 정보를 풀어내고 배설하여 내보내는 작업이 필요하다. 그리고 그 속에 긍정의 정보와 정서를 심는다. 매일 이런 작업으로 생명을 돌보는 사랑의 작업이 계속될 때, 나의 몸이 언젠가 그 변화를 좋은 정서와 느낌으로 방사할 것이다.

의식 스스로 자신의 정보가 고차인지 저차인지 판단하기가 쉽지 않다. 가상인지 실제인지 구별하기도 쉽지 않다. 그래서 이를 구별하지 않고 안전하게 가는 길은 사랑의 소리로 몸의 생명과 소통하는 길이라고 했다. 몸이 사랑의 소리를 들으면 반드시 저항이 생기게 된다. 반생명이 반응하는 것이다. 사랑은 무슨 사랑이냐 하며 거세게 저항한다. 보통 이를 잘 직면하지 못한다. 버림받음과 두려움의 아픔이 올라오면 우리는 자동으로 가상의 정보로 이를 방어하는데 익숙하다. 그래서 고차정보가 저차정보로 이행하게 되는 것이다. 그러나 의식은 이를 모른다. 자동반응이기에 그렇다. 이를 극복하는 길은 아픔을 직면하는 것이다. 아픔은 거짓이 없다. 아픔만이 가상이 없는 안전지대이다. 가상이 결코 자리할 수 없는 곳이다. 하이데거가 불안과 두려움이라는 정서를 통해 존재를 순수하게 만날 수 있다고 한 것처럼 아픔은 힘들지만, 정보를 거짓의 저차정보에서 순수한 고차정보로 정화하는 유일한 길이기도 하다. 그래서 사랑과 아픔이 같이 일어나게 되면 이 정서가 곧 정보를 고차로 순수하게 보존해줄 수 있을 것이다. 이를 통해서 뇌의 가상에서 벗어난 몸의 실제적 고차정보를 만날 수 있는 것이다.

처음부터 이런 작업이 스스로 어려울 수 있다. 어렵다기보다는 익숙하지 않은 생소한 작업이기에 그렇다. 그리고 정보의 저항이 있기에 이를 극복하며 자리 잡는데 인내와 반복의 과정이 필요하다. 이런 경우에는 먼저 경험을 한 사람들의 도움을 받을 필요가 있다. 몇 차례 반복해서 하게 되면 익숙해져서 스스로 해나갈 수 있다. 행복은 외적 조건도 어느 정도 필요하지만, 가장 중요한 핵심은 내 몸 속에 있는 생명을 돌보고 사랑하는 것을 통해 이루어진다는 것이다. 나의 생명이 부정적인 정서에 에워 싸여있다든지 신음하고 지쳐 방치되고 있다면, 아무리 밖에서 좋은 것으로 행복의 신호를 보내어도 잠깐만 뇌 안에서 행복이라고 착각할 뿐, 여전히 나는 불행의 정서에 젖어있을 수밖에 없을 것이다.

인류가 인간의 조건과 자신을 향상시키는 포스트 휴먼과 트랜스 휴머니즘이 과연 얼마나 인간을 행복하게 해줄 수 있을지는 바로 같은 맥락에서 볼 수 있을 것이다. 인간의 과학적 기술과 작업이 아무리 신적 경지에 이른다고 할지라도 그 작업은 2차원 평면에서만이다. 2차정보의 향상인 것이다. 인간은 구조적으로 본질적으로 4차원 이상의 정보를 통제할 수 없다. 대표적인 것이 기후와 지진이다. 그리고 경제이고 인간의 감정이다. 트랜스 휴머니즘에 대한 많은 논의가 있다. 긍정적인 의견도 있고 부정적인 의견도 있다. 대부분이 2차적인 정보로서 이를 이해하고 판단하려고 한다. 각자의 평면에서는 다 맞는 논리이다. 긍정의 논리도 가능하고 부정의 논리도 가능하다. 서로의 기울기 즉 벡터의 각이 다른 평면에서의 논리일 뿐이다. 기울기가 다른 평면의 논쟁을 아무리 해도 끝이 없다. 끝내는 이분법이다. 그러나 차원을 확장해보면 이러한 문제들의 방향이 너무도 자명해진다. 언어와 논리로 어렵게 설명하고 논쟁할 필요도 없다.

정보인류의 선택

스스로 자신의 차원을 선택할 수 있다. 자신이 1차원이나 2차원적 존재로서 그러한 삶을 살겠다면 트랜스 휴머니즘은 분명 행복을 증진시킬 것이다. 그러나 자신의 다차원적 정보를 무엇으로든 포기하든지 차단해야 할 것이다. 화학적 거세를 하는 것처럼 약물이든 물리적인 방법이든 인간 속에 있는 불확실한 모든 정보들을 차단하는 트랜스 휴머니즘을 추구할 수 있을 것이다. 많은 미래 영화에서 상상하듯이 오직 모든 것을 2차원적 질서의 통제 속에 두고 그 속에서 이상적인 유토피아를 꿈꿀 수도 있을 것이다. 새로운 인간이다. 그런 뜻에서 트랜스이다. 더 정보가 압축되는 신인류의 출현이 될 수 있을 것이다. 거의 인공 지능적 인류의 탄생이다. 그리고 그 세계는 정보가 주인이 된다. 인간도 정보가 된다. 바이러스가 인간을 이용하듯 정보가 인간을 이용하여 세계를 지배한다. 정보와 인간이 일체가 된다. 그런데 이것이 인류가 추구하는 진화일까? 이러한 호모 데우스, 호모 인포마티쿠스가 호모 사피엔스를 대신하는 신인류가 될 것인가?

개인의 정보와 자기성이 있지만, 거대한 중앙정보의 통제와 지배를 받는다. 지금도 우리의 모든 정보가 노출되고 감시받고 통제되듯이 더욱 강력한 정보 시스템으로 인간의 뇌의 정보부터 통제받을 수 있다. 고차정보의 몸과 정서는 거세되고 오직 2차정보의 인간만이 존재하는 신인류의 유토피아가 가능할 것인지? 완벽한 통제와 질서의 세계이다. 인간의 도덕도, 건강도, 유전자도 모든 것을 통제 가능한 신천지를 이룰 것이다. 이를 원하는 인류는 이러한 미래를 선택할 것이다. 그렇다면 이를 반대하는 인류인 사피엔스는 어떻게 될 것인가? 과거 사피엔스에 의해 멸종당한 네안데르탈인처럼 사라지든지 아니면 진화되지 못한 낙오자로서 변두리의 삶을 살아야 할까? 아니면 둘을 조화하는 하이브리드 정보인류가 탄생할까?

과연 인류의 미래와 진화는 어떻게 진행될 것인가? 자못 궁금하다. 그러나 확실한 한 가지는 이러한 진화의 방향을 결코 사피엔스가 막을 수 없다는 것이다. 많은 학자들이 논쟁하고 찬성도 하고 반대도 하지만, 그 누구도 미래를 결정할 수 없을 것이다. 어떤 기업도, 정치가도 심지어 UN도 이것들에 영향을 줄 수 없을 것이다. 민주주의이니 시민들이 이를 결정할 수 있을 것으로 생각하든지 여론이 이를 움직여 나갈 수 있을 것이라 기대하는 것도 큰 착각이다. 이미 미래는 당겨졌다. 지금까지 인간의 미래는 인류가 의도하거나 정한 것대로 달려오지 않았다. 인류 속에 있는 정보였다. 인류 속의 미생물이 숨어서 인류를 지배하고 진화를 이끄는지 모르는 것처럼, 인류 속에 있는 정보가 스스로 진화를 시작하고 있고 인간은 그 정보의 운반자인지도 모른다. 이제 그 정보는 드디어 수면 위로 올라와 자신이 지배자임을 선포해 가고 있다. 이제는 그 누구도 이 정보를 움직일 수 없다. 정보는 스스로 움직인다. 그리고 정보 자신도 모른다. 정보에 의해 정보의 미래가 결정된다. 인류가 어떻게 진화되어 나갈지는 오직 정보만이 안다. 그래서 정보인류인 것이다.

그렇다면 인간은 무엇인가? 인류의 진정한 정체성은 무엇인가? 인류는 그냥 정보인가? 정보인류가 그 유일한 정체성인가? 정보의 진화를 막을 수 있는 것은 없는가? 우주는 균형의 힘으로 유지해왔기에 한 방향의 치우친 주행을 결코 버려두지 않는다. 정보는 저차정보로 응집되고 질서와 통제로 응축되는 방향으로 진화한다. 이는 중력의 방향과 같다. 이대로 간다면 블랙홀처럼 정보의 진화도 종말을 맞을지도 모른다. 인류의 종말이 올지 아니면 절묘한 균형으로 또 다른 진화의 길을 갈지 모른다. 그 균형의 힘은 어디에 있을까? 나는 바로 그 힘이 의식에 있다고 생각한다. 의식의 본질이 무엇이고 어디로부터 왔는지는 아직 잘 모르지만, 의식 속에 분명 정보를 견제하는 힘이 있는 것은 사실이다. 정보를 해체하고 관통하는 힘이 오직 의식 속에만 있는 것도 사실이다. 그래서 지금까지 인류가 정보의 일방적 질주 속에서도 이렇게 균형을 잡으면서 살아왔다. 그러나 이제는 과거와는 다르다.

정보의 보존력과 지배력이 과거와는 상상할 수 없을 정도로 커졌다. 숨어서 수렴 청정하던 정보가 이제는 전면에 나서서 자기가 제왕임을 선포하고 정보 왕국의 친정 체제를 강화한다. 이제 그 누구도 이에 저항하거나 방해할 수 없는 절대적으로 막강한 힘을 휘두른다. 아마 인류 역사상 나타났던 권력 중에 가장 막강하고 강력한 힘이 아닌가 생각된다. 그래서 의식의 견제로 유지되어 오던 그 균형이 형편없이 한쪽으로 기울어져 가고 있다. 의식의 힘이 너무 약해 보인다. 골리앗 앞에 다윗의 싸움 같다. 정보의 지배와 독주를 의식이 가로막기에는 정말 역부족이다. 이미 그 싸움의 결말은 나 있는 것 같다. 여기서 의식이 과연 무엇을 할 것인가?

그렇다고 포기하며 방관하자는 것은 아니다. 골리앗과 다윗이지만 다윗이 포기하지 않은 것처럼 기적은 일어날 수 있다고 생각한다. 의식은 미미하지만, 우주의 막강한 고차정보에 열려 있기에 우주의 응원군을 끌어들인다면 정보인류의 힘은 호랑이가 아니고 그저 고양이에 불과할 수도 있는 것이다. 아직 의식의 희망은 있다. 그러나 의식이 뇌에 머물러 있다면, 그 의식으로는 불가능하다. 의식이 바로 우주로 갈 수 있는 것은 아니다. 뇌에도 고차정보의 망이 있지만 뇌는 저차로 많이 오염되어 있다. 우주와 교신할 수 있는 순수한 정보의 망은 몸에 있다. 몸의 고차정보망을 활성화시키지 않으면 뇌의 의식은 결코 저차정보의 힘에서 벗어날 수 없다. 의식이 몸으로 내려가기 위해 우리는 무엇을 할 수 있을 것인가? 명상이 중요하다. 그러나 매일 명상만 하고 살 수 없다. 일상을 살면서 몸의 의식으로 갈 수 있는 길은 없는가? 앞서 언급한 대로 몸 의식과 우주의식을 한다고 하면서 실제적으로는 뇌 안에 있는 가상에 머물 수 있는 위험이 많다고 했다. 명상도 뇌의 가상일 수 있다. 매 순간 자신의 의식을 바라보면서 뇌 의식의 가상이 아닌 진정한 몸 의식으로 변환시켜 나가는 실제적인 연습이 어떻게 가능할 수 있을까?

뇌 의식의 특징은 무엇인가? 저차정보가 특징이다. 계산과 등급과 판단이다. 만일 나의 의식이 이러한 정보 속에 있다면, 뇌 의식에 머물고 있다는 증거로 보아도 좋을 것이다. 무엇을 볼 때 좋고 나쁘고 하는 계산과 이에 따라 등급을 나누고 이를 기준으로 판단하는 것이라면 나는 뇌 의식의 차원에 있다는 것이다. 가장 많은 계산이 경제적인 가격이고 이윤이다. 그리고 나이, 외모, 학력, 출신, 가족, 수입, 사는 집과 지역에 따라 계산정보와 등급이 나온다. 그리고 우리는 이 등급을 올리는 신분 상승에 목숨을 건다. 그리고 도덕적 판단과 등급도 있다. 선악도 등급이 된다. 이성과 형이상학적 판단과 등급도 있다. 이들이 고차정보에서 시작되었을지는 모르지만, 판단에 머문다면 뇌의 저차정보로 붕괴되었음을 뜻한다. 영성적 판단과 등급도 마찬가지다. 이 모든 것이 뇌의 정보와 의식이다. 우리의 대부분 환경이 바로 이 기준과 가치로 구성되고 운행된다. 계산, 등급, 가격 그리고 판단으로 작동된다. 모든 미디어들이 이를 부추긴다. 이 뒤에서는 엄청난 자본이 이를 조종한다. 이런 거대한 물결을 거슬러 이를 넘어선 고차정보가 진정으로 가능할 수 있을까? 뇌와 환경과 정보는 한통속이 되어 이를 강력한 회로로 움직이게 한다. 그 회로에서 빠져나올 수 있는 다람쥐 인류가 과연 몇이나 있을까? 인위적인 도시에서는 진정 저차의 뇌 의식에서 벗어나기가 불가능하다.

도시는 온통 2차정보로 구성되고 그 원리와 힘으로 굴러가기에 이를 저항하고 몸 의식으로 내려가는 것이 정말 힘들다는 것이다. 그래서 몸의 차원과 같은 고차정보의 환경인 자연 속으로 가능한 들어갈 수 있다면 좋을 것이다. 도가道家들처럼 처음에는 자연 속에서도 계산과 등급에 익숙해져 있을 것이다. 자연과 그 속의 삶도 그렇게 인식하고 판단한다. 그러나 그 속에서 몸 의식으로 점점 내려가고 자연의 고차정보에 젖어들게 되면 몸 의식에 더 익숙해진다. 그렇다면 몸 의식의 특징은 무엇인가? 판단보다 이해와 수용이다. 그리고 공감이다. 한마디로 계산하고 나누고 분리하지 않는다는 것이다. 조화와 하나를 지향한다. 강하고 큰 것보다 미세하고 작은 것에 관심을 더 갖는다. 해체철학에서 말하는 차이와 차연이다. 이분법이 아니고 모순된 것이라도 중첩적으로 수용한다. 비판과 부정보다는 긍정의 정서를 선호한다. 이러한 마음과 정서가 바로 몸의 의식이다.

몸을 인격적으로 대한다는 것은 몸을 전체적인 생명으로 보고 전체적인 인격으로 대한다는 것이다. 이것이 몸의 고차정보가 사는 길이다. 몸의 고차정보는 고차정보를 먹어야 한다. 몸의 고차성은 생명과 인격이고 고차정보를 먹는다는 것은 몸을 인격으로 존중하고 사랑한다는 것이다. 이 고차적이고 전체적인 정보의 중심에는 양자가 있다고 했다. 그리고 이를 시행할 수 있는 것은 의식이라고 했다. 의식이 저차정보를 해체하고 고차적인 관통성으로 몸의 고차적 정보와 공명을 하는 것이 명상이다. 이러한 의식의 관통성을 회복하는 것은 곧 의식의 양자성을 회복하는 것이다. 그래서 의식의 양자와 몸의 양자가 하나로 결을 이루며 공명하는 것이다. 그 공명의 결과가 뇌에서 40Hz로 나타날 수 있다. 그러나 자연과 명상을 통한 고차정보도 붕괴될 수 있기 때문에 늘 해체적 되돌림이 필요하다. 관통적 의식을 늘 깨워서 유지해야 한다.그래서 몸과 의식의 결합만으로 거대한 정보의 보존성과 가속도를 이겨낼 수 없다. 몸과 의식은 하나가 되어 몸의 미생물의 정보를 통해 우주의 양자정보와 연합을 이루어야 한다. 그래서 몸, 의식, 우주가 한 양자 안에서 거대한 연합의 결을 이루며 하나가 될 때 정보의 인류의 새로운 방향을 이끌 수 있다. 양자정보는 우주의 가장 작은 존재이지만, 우주를 관통하는 하나의 결로서 우주와 이 인류를 생명의 바른 방향으로 충분히 이끌어 줄 수 있을 것이다. 이처럼 정보인류의 미래는 인류의 몸과 의식 그리고 열린 우주의 고차정보의 결맞음에 달려 있다고 보아야 할 것이다.

이 몸의 의식을 통해 자연과 우주의 거대한 정보망과 연결된다면, 비록 작은 의식의 힘일지라도 다윗과 같은 놀라운 힘이 될 수도 있을 것이다. 우선 한 사람부터 이 의식의 확장을 연습할 필요가 있다. 그리고 또 다른 한 사람이 이에 공감하고 참여하여 그 의식이 더 확장되고 거대한 우주의 의식이 같이 참여한다면, 정보인류는 새로운 방향으로 그 진화를 전환해 나갈 수도 있을 것이다. 양자는 물질 중에 가장 작은 단위이고 미생물 역시 생물 중에 가장 작은 단위이다. 그러나 거대한 우주의 양자정보와 열려있고 하나의 결을 이룰 수 있다. 그렇다면 이러한 결을 갖는 사람의 수가 중요한 것이 아니다. 어느 천재, 위대한 정치가, 최고의 기업인이나 부호가 이를 할 수 있는 것이 아니다. 어떤 도인, 능력의 종교인이나 영성가가 할 수 있는 것도 아니다. 지구의 어느 한구석에서 미세한 양자나 미생물처럼 가장 순수하게 생명과 사랑을 통해 우주의 고차정보와 결을 이룰 수 있는 아주 작은 인류가 있다면 그 힘은 역사와 인류의 미래를 바꾸기에 충분할 것으로 믿는다. 그래서 나는 이 책을 준비했고 여기까지 이렇게 써내려 올 수 있었다. 호모 사피엔스의 저자인 유발 하라리는 자신의 책을 본 독자에게 이와 같은 친필 사인을 해주었다. From one Sapience to another이라고. 나도 같은 염원으로 또 다른 정보인류에게 이 의식의 소식을 전하고 싶은 것이다. 의식과 우주의 만남에 대한 더 구체적인 내용에 대해서는 '정보과학과 인문학'이란 책을 참고하길 바란다.

답과 설명.
1. 행복의 과학적인 의미는 무엇인가?
   행복은 나의 생명이 어떤 상태에 있는지를 최종적으로 말해주는 생명의 언어이다. 생명이 좋은 상태이면 행복하고 생명이 불편하고 문제가 있어 돌봄이 필요하면 불행의 신호를 내보내는 것이다. 몸의 생명이 건강과 아픔의 신호를 내보내는 것과 같다.
2. 뇌의 행복과 몸의 행복은 어떻게 다른가?
   뇌는 무엇이든 알고리즘으로 계산하고 등급으로 나눈다. 그래서 가장 좋은 것들을 이루고 소유함으로 행복이 올 수 있다고 제시한다. 그리고 이를 연습한다. 그러나 뇌는 가상이고 시뮬레이션이다. 그래서 실제로 채워지는 것이 아니기에 늘 채워지지 않고 화학적으로만 잠시 반응한다. 그래서 유효기간이 짧다. 그래서 중독성이 강하다. 그러나 몸은 계산과 등급이 아니다. 상생과 수용이다. 하나가 되어 행복을 이룬다. 몸의 행복은 조건이 아니다. 사랑이다. 실제이다. 지속적이다. 고차정보가 주도한다. 이것이 다른 점이다. 그래서 우리는 진정한 몸의 행복을 찾고 이루어야 한다.

3. 가상과 실제의 행복을 어떻게 구별할 수 있는가?

고차정보도, 몸과 의식의 확장도, 우주와 자연이라는 것도 가상이 될 수 있다. 겉으로는 고차정보이고 몸의 행복이라고 하면서 속은 가상의 2차정보일 수가 있다. 모든 것에는 뇌가 없이는 불가능하기에 뇌의 2차정보의 속임수가 교묘하게 숨어 들어갈 수 있다. 이를 알고 구별하는 길은 없을까? 스스로 이를 알 수가 없다. 그럼에도 이를 극복하는 길이 있다. 자신이 생명에게 사랑의 소리를 전하면서 진정으로 용서하고 사랑하는 길이다. 이는 무엇이라도 안전하다. 진실된 사랑과 용서는 가상이라도 진실이 된다. 저차라도 고차가 된다. 저차로 시작해도 고차가 된다. 이를 반복하는 길이 바로 몸의 사랑과 행복을 회복하는 확실한 길인 것이다. 그러나 장애가 있다. 반생명의 저항이다. 이를 이해하고 용서하고 풀어내는 인내와 용기가 필요하다. 그리고 이를 직면하면 뇌의 가상언어는 부서지고 진정한 고차정보만 살아남게 된다. 아픔이 거짓된 저차정보를 순수한 고차정보로 정화하는 길이 되는 것이다.

4. 정보인류 진화의 미래는 어떠한가?

더 효율적인 과학정보를 진화하는 것이 정보 인류의 길인가? 아니면 정보 인류는 고차정보로 선회할 수 있을 것인가? 과연 저차정보의 막강한 지배력 앞에서 고차정보가 얼마나 살아남을 수 있을 것인가? 그저 포장지 정보로 살아남을 것인가? 인류가 선택하기 이전에 정보가 이미 그 미래를 결정하고 있다. 인류는 그 앞에 무엇을 할 것인가? 얼마의 사람이든 진정 아픔을 통해 자신의 정보를 정화하며 의식의 관통적 확장을 통해 자연과 우주의 정보와 의식에 연합할 수만 있다면, 다윗과 골리앗의 싸움이라도 포기할 수는 없을 것이다.

17. 정보인류로서 한민족

> **질문.**
> 1. 한민족의 특성으로 세 가지는 무엇인가?
> 2. 정보 이론적으로 한민족의 특성을 어떻게 설명할 수 있는가?
> 3. 한민족 속에 하나의 깊이로 나아가게 하는 어떤 길들이 있었는가?
> 4. 건강한 정보인류로 한민족이 가기 위해서는 어떤 준비가 필요한가?

정보이론으로 본 한민족

마지막으로 정보인류로서 한민족에 대한 이야기를 해보려고 한다. 이글을 통해 정보인류에 대해 새로운 이야기를 진행하려는 것은 아니다. 지난 장으로 정보인류에 대한 이야기는 마무리되었다고 생각한다. 여기서는 지금까지 한 이야기를 우리라는 공동체와 현재라는 실존의 상황에서 다시 적용하고 생각해 보기 위한 것이다.

우리는 정보인류라는 공동체 이전에 한민족이라는 공동체로 살아간다. 그리고 이 공동체로 정보인류의 미래를 살아가야 한다. 공동체 속에 있는 한 개인은 어쩔 수 없이 그 공동체에 숙명적인 영향을 받고 산다. 공동체는 자신의 토양이다. 그래서 자신에게 가장 가까운 공동체에 대해 잘 알고 그 공동체와 같이 변화하며 움직여 나가지 않으면 안 된다. 그래서 우리의 바탕인 한민족에 대해 정보인류라는 관점에서 한번 진지하게 탐구해 보자는 것이다. 정보시대는 우리의 현실이다. 우리가 같이 살아야 할 미래이다. 학문적인 대상만은 아니다. 우리가 같이 싸우고 이루어 나가야 할 엄연한 생존의 터요 현실이다. 누구도 방관하며 쳐다만 볼 수 없는 현실이다. 그래서 우리가 같이 살아야 할 공동체의 실존 안에서 이를 다시 한번 고민해 보자는 것이다.

모두가 4차 산업을 이야기하고 있다. 특히 우리나라가 그동안 이루어온 발전을 4차 산업에서도 잘 이루어 가길 바라며 모두가 뜨거운 관심을 보이고 있다. 그러나 앞의 책에서도 밝힌 대로, 4차 산업의 핵심인 정보에 대한 현상적인 분석은 있지만, 그 본질적인 이해와 접근은 부족하다. 4차 산업은 과거의 산업혁명들과 본질적으로 다르다. 정보가 주인이 되는 시대이다. 정보로 되어있는 사람과 사회가 근본적으로 변하지 않으면 정보에 종속되어 살 수밖에 없다. 인간이 주인이 되어 정보시대를 주도하기 위해서는 우리 자신이 누구인지 공동체적으로 잘 알 필요가 있는 것이다. 그래서 우리 공동체가 과연 정보시대에 적합한 인류로 변해갈 수 있는지에 대해 알아보아야 한다. 과거의 산업화 과정처럼 구호를 외치면서 열심히 전진하기만 하면 될 것인가? 과연 우리 속에 이를 이룰 수 있는 준비가 되어있는가? 아니면 우리는 이를 위해서 무엇을 어떻게 준비해야 하는가? 등에 대해 진지하게 고민해 보자는 것이다. 그래서 이 책에서도 이에 대한 한 부분의 고민을 나누어 보기 위해 이야기를 시작하려는 것이다.

먼저 우리 민족에 대해 정보 이론적으로 살펴보았으면 한다. 우리 민족에 대한 많은 탐구와 이야기들이 있다. 한마디로 규정하기 어려운 여러 독특한 면들이 어우러져 있다. 그중에 가장 현저한 특징이 있다면 과도한 이상주의이다. 현실에서는 이상적이지 못하면서도 집단적으로나 겉으로는 이상을 집착하고 고집한다. 정치나 SNS에서 두드러지게 나타난다. 높은 이상과 기준으로 작은 실수에도 다른 모든 것을 매도한다. 이해와 용서라는 것이 없다. 현실에서는 다 그러지 못하다는 것을 알고 자신마저도 그런 기준으로 살지 못하면서 겉으로는 높은 이상을 포기하지 못한다. 그렇다고 사회가 이상을 향해 나아가면 좋지만, 현실적으로는 그렇지 못하다. 아주 세속적인 기준으로 살아간다. 내용이나 가치보다는 겉에 보이는 것을 중시한다. 남에게 보이는 것에 너무 치중한다. 아주 모순적인 가치관이다. 이중적이고 극단적인 모습이다.

이에 따라 자기중심적인 분파성이 강하게 형성된다. 자기는 옳고 다른 사람은 틀리다는 분파성이다. 자기가 하면 로맨스고 남이 하면 불륜이다. 이것이 집단화되면 이분화된 갈등이 고조된다. 이것이 대체적인 우리의 역사이고 현재의 모습이다. 어느 사람이나 집단에도 있을 수 있는 성향이지만 우리에게는 아주 강하게 나타난다. 조선의 역사를 보면 잘 알 수 있다. 임진왜란과 병자호란의 혹독한 민족적 재난을 겪고도 그 분파성은 사라지지 않았다. 그리고 실학이라는 그 좋은 기회를 다시 그 분파성으로 놓치고 말았다. 그 결과가 결국 구한말의 참혹한 현실로 나타나고 말았다. 그런데 지금도 이러한 분파의 갈등은 계속되고 있다. 이제 이를 정보이론으로 설명해 보려고 한다.

높은 이상은 고차정보의 흔적이다. 흔적이라는 뜻은 고차정보의 뿌리를 상실한 채 노화된 저차 정보로서의 이상인 것이다. 양자나 복잡성의 정보로서 이상이 아니라 알고리즘화되고 이념화된 이상인 것이다. 그 이상이 고차정보에서 시작된 것이지만, 그 뿌리를 상실하게 되니 그 정보는 노화된 껍질의 저차정보로만 남게 될 것이다. 고차정보의 뿌리가 없으니 더욱더 저차의 이상만을 고집하게 된다. 역사적으로 어떻게 고차정보를 상실하게 되었는지 이 글에서 자세히 설명하기는 적절하지 않다. 다음 기회가 있을 것으로 생각한다. 원인이야 어떠하든 상실된 뿌리는 손상정보를 만든다. 손상정보는 자신의 방어를 위해 외부세상과 알고리즘 정보와 강하게 결탁한다. 이것이 세속적인 기준을 중시하는 체면 문화를 만들어낸다. 속이 손상되어 있으니 겉으로 보상하고 방어하려는 강한 욕구에 의한 것이다. 그리고 강하게 형성된 알고리즘 정보는 결국 이분법의 분파로 갈 수밖에 없다. 이것이 대략적인 정보 이론적 설명이다. 이러한 병리적인 정보체계로는 4차 산업의 혁명은 요원하다. 이를 극복할 수 있는 길은 과연 없는가? 이에 대한 이야기를 하기 위해 이글을 시작한 것이지, 분석과 비판만을 위해 글을 쓰는 것은 아니다.

한민족의 문제는 이렇다. 과거에는 풍성한 고차정보가 있었지만, 어떤 이유로 그 뿌리를 잃어버리게 되고 노화된 알고리즘적 이상과 상실의 손상으로 인해 발생된 병리가 복합적으로 결합됨으로 생긴 문제라 생각된다. 그러므로 문제의 해결은 고차정보의 회복과 함께 손상정보의 치유 그리고 다시 고차정보를 상실하지 않고 균형 잡힌 튼튼한 정보나무로 자리 잡는 데 있다. 과학적이고 합리적인 알고리즘 정보가 필요하지만, 고차정보의 깊은 뿌리 위에서 꽃피워야 한다는 것이다. 뿌리가 없는 나무는 결국 과거를 반복할 수밖에 없다. 이러한 정보나무의 회복을 다른 곳에서 이식해 오기보다는 우리의 사상적 전통의 뿌리에서 찾을 수 있어야 한다.

깊이로 하나 되는 길

우리에게는 이미 깊은 고차정보의 뿌리가 있었다. 그 상실한 것을 다시 찾아 회복해보자는 것이다. 이 글에서 우리 민족의 뿌리인 고대사에 대해 역사적인 논쟁을 하기는 적절하지 않다. 그러나 여러 정신과 사상의 현상들을 볼 때 우리에게 깊은 고차적인 정보와 정신이 있었다는 것을 부인하기 어렵다. 이글에서는 정신과 사상사에 대한 정보이론적 관점에서 이러한 근거들을 이야기해 보려고 한다. 앞서 분석을 통해 높은 이상주의와 분파주의라는 병리가 역설적으로 깊은 고차정보에 대한 가능성을 말해주고 있다고 했다. 이와 함께 저차 정보적 분파 속에서도 민족이 하나의 결로 응집되는 고차성을 잃지 않았다는 것이 또 하나의 근거라고 생각한다. 신라의 정신적 지주였던 불교가 심한 사상적 분파를 겪고 있을 때, 원효의 일심이문一心二門과 의상의 화엄華嚴적 화쟁和諍사상이 그 역할을 해주었다. 고려에 와서도 선교禪敎의 갈등이 심할 때 지눌의 선교일치 사상을 통해 하나의 고차적 진리로 뿌리를 내릴 수 있었다.

그렇다면 분파가 가장 심각했던 조선에서는 무엇이 우리를 하나로 만들어 갈 수 있었던가? 이를 찾는다는 것은 결코 쉽지 않다. 김시습, 퇴계와 율

곡 등에서 이러한 사상이 없었던 것은 아니지만 그 영향력이 크지는 못했다. 그래도 우리를 하나로 만들어 갔던 힘이 없었을까? 전혀 없어 결국 참혹하게 나라를 잃고 만 것인가? 그렇지 않다. 물론, 하나의 힘이 민족 전체를 움직일 만큼 역동적이지는 못했지만 아주 없었다고는 볼 수 없다는 것이다. 그래도 그 속에서 우리를 하나로 만든 것들이 부족하였지만 면면히 흐르고 있었다. 그것은 백성들 속에 있었던 풍류, 무속, 세종의 한글 그리고 가장 어두웠던 시대에 샛별처럼 나타난 동학 등이라 생각한다. 이것들이 어떻게 하나의 힘이 되었는지를 단순히 현상적으로 분석하여 내세우자는 것은 아니다. 그만한 충분한 깊이와 이유가 있다. 이제 이에 대해, 설명해보려고 한다.

민족의 정보이론적 정체성과 나아갈 길에 대해 가장 본질적이고 핵심적으로 밝혀주고 있는 것이 동학이라고 생각한다. 동학은 다른 사상이나 종교만큼은 체계적이지는 않다. 그러나 그 파급효과와 영향력은 너무도 놀랍다. 문맹률이 80-90%에 육박하고 먹고살기도 어렵고 교통과 통신이 어려운 그 시절에 동학은 너무도 짧은 시간에 전국의 백성들에게 퍼져나가 인구의 30%에 달하는 사람들이 자발적으로 동학과 그 혁명에 참여하였다. 그 힘은 경이롭기까지 하다. 도대체 그 힘은 어디에서 나올 수 있었을까?

동학의 힘과 신비는 그 13자의 주문에서 시작한다. 시천주侍天主 조화정造化定 영세불망永世不忘 만사지萬事知이다. 동학은 어렵지도 복잡하지도 않다. 누구든지 이 주문을 외우면 된다. 그 처음인 시천주는 천주인 한울님을 내가 모신다는 뜻이다. 그리고 나면 조화정이다. 조화스러운 뭔가가 만들어지고 정해진다는 것이다. 그것이 무엇일까? 시천주는 천주를 사랑하여 몸에 품는다는 뜻이다. 그러면 그 사랑으로 인해 우리 속에 생명이 잉태하게 되고 아이가 내 배 속에 자리 잡게 된다는 뜻이다. 이 생명을 조화정이라고 말하는 것이다. 생명만큼 이 세상에서 조화스러운 것은 없다. 그 생명이 아이처럼 내 뱃속에 자리 잡는다는 것이다. 그런데 그 생명은 영원하고 만사지라고 한다. 생명의 영원성은 이해할만한데, 만사지의 뜻은 무엇일까? 이 지知는 바로 정보이다. 고차정보를 의미한다. 시천주를 초양자정보라고 한다면 조화정과 만사지는 양자정보를 의미한다고 볼 수 있다. 이 만사지는 양명학에서 말하는 양지良知와 유사한 개념이다. 앞의 본문에서 다룬 생명 속에 내재한 고차정보인 것이다.

생명 속의 고차정보의 문제는 항상 고차정보의 발생 이후에 있다. 고차정보가 저차화되면서 저차정보가 사라지지 못하고 오히려 강력한 보존력과 지배력으로 인해 고차정보의 뿌리가 손상받게 되는 것이 문제인 것이다. 이를 방지하지 못하면 아무리 생명의 만사지와 양지가 있어도 소용이 없다. 이것이 정보의 가장 큰 문제이다. 고상한 고차정보를 가지고 있는 불교, 유교와 기독교도 정보의 저차화에서 병 들어갔다. 그렇다면 동학도 같은 문제에 빠질 수밖에 없는가? 이에 대해 동학은 무엇이라고 말하고 있는가? 놀랍게도 동학은 이에 대해서도 아주 간략하나 명확하게 말해주고 있다. 동학의 13자 주문 외에 가장 많이 암송되고 있는 글이 있다.

내유신령內有神靈 외유기화外有氣化 일세지인一世之人 각지불이자야各知不移者也이다. 내유신령은 시천주와 조화정을 의미한다. 유학에서 말하는, 하늘에서 주신 성性이다. 이는 초양자내지는 양자의 고차정보이다. 외유기화란 바로 이 고차정보가 저차화되는 정보의 일생을 의미한다. 속의 생명이 외적인 현상으로 기화한다는 것이다. 고차정보가 저차 정보화하는 과정인 것이다. 유학에서는 성이 인의예지仁義禮知되는 과정이다. 여기서 늘 문제가 생긴다. 인까지는 좋으나 의예지에서 늘 이분화되고 분파가 생기는 것이다. 정보가 저차화되면 알고리즘에 의해 판단과 등급의 계산정보로 바뀌어 세상이 나누어지게 되는 것이다. 그래서 한 생명의 세상이 계급과 분파 사회로 바뀌는 것이다. 이를 반복하는 것이 세상이다. 이를 반복하지 않는 하나의 세상을 만드는 것이 동학의 후천개벽이다. 계급에 짓눌린 백성들에게 하나의 평등한 세상을 살게 해주려는 것이 동학의 정신이다. 그러나 정보의 문제가 해결되지 않으면, 이는 다시 허상이 되고 만다. 동학은 이에 대해 놀랍게도 일세지인, 즉 하나의 세상에서 사는 사람이 되기 위해서는 각지불이자야가 되어야 한다고 말하고 있다.

그럼 각지불이자야라는 뜻은 무엇인가? 이에 대한 여러 해석들이 있다. 그러나 나는 이를 정보 이론적으로 해석하려고 한다. 이글에도 지知가 주어이다. 지는 곧 정보이다. 하나의 세상이 되기 위해서는 정보를 옮기지 말아야 한다고 한다. 정보를 옮긴다는 뜻은 무엇인가? 정보를 보존하고 확장하려고 하지 말라는 것이다. 자신 생각과 정보를 남에게 주입하지 말라는 것이다. 자기주장을 하거나 자기와 같은 생각을 하는 자들과 연합하거나 패거리를 짓지 말라는 것이다. 그냥 정보로 두어 사라지게 하라는 것이다. 살려고 바둥거리지 말라는 것이다. 저차정보의 해체를 의미한다. 이 길만이 정보의 고차성을 유지하여 하나의 세상으로 갈 수 있다는 것이다. 이는 곧 원효의 일심이문과 지눌의 선교일치의 길이다. 하나가 되려면 고차정보에 뿌리를 두고 하나가 되어야지, 저차정보로 하나가 되려고 하면 분파가 생길 수밖에 없다.

우리 민족은 이를 고유의 삼재三才에서 찾았다. 민족의 가장 고유의 수가 있다면 삼이다. 삼태극과 삼족오 등 역사의 많은 문양 속에 이 삼이 새겨져 있다. 삼은 천지인天地人의 인을 의미한다. 인간의 본질에 대한, 이야기이다. 인간의 우주 속의 의미가 무엇인가 하는 아주 중요한 이야기이다. 우주의 물질은 저차정보로 기화氣化되면서 음양으로 분화된다. 고차에서 저차정보로 가면서 천지처럼 나누어지게 되는 것이다. 그런데 인간은 이를 다시 근본의 하나로 내려가서 우주를 하나 되게 하는 존재라는 것이다. 인간의 의식 속에 하나로 관통할 수 있는 길을 열어두었다는 것이다. 그래서 이 관통적 의식을 잘 살리고 몸으로 내려가 활연관통豁然貫通할 수 있어야 한다는 것이다.

우리 민족의 고전이요 경전인 천부경天符經의 첫 구절에 있는 말과도 일치한다. 바로 일시무시일一始無始一 석삼극무진본析三極無盡本이다.[1] 시작이란 정보의 시작을 의미한다. 고차정보의 탄생을 의미한다. 그다음 만사지의 하나에서 외유기화의 개체적 정보가 시작되고 이 정보가 저차화되면서 자연과 세상을 이룬다. 그러나 그 하나는 시작된 그 정보가 아니라고 한다. 그런데 신비로운 것은 하나 다음은 둘이어야 하는데 음양의 둘이 아니고 석삼이다. 삼으로 먼저 가야 한다고 한다. 이는 정보의 보존성과 이원화의 문제를 얘기한 것이다. 동학의 이야기와 일치한다. 그래서 둘 전에 먼저 삼이 있어야 하고, 이 삼은 항상 있어야 한다고 한다. 그런데 그 삼은 항상 무한한 세계를 향해 그 뿌리를 내린다고 한다. 그 삼이 있어야 둘이 살며, 그다음으로 발전될 수 있다는 것이다. 이 삼은 바로 중도이고 중관과 중용이다. 음양의 둘은 개체적인 저차정보이나 삼은 비개체적 본질인 하나에 뿌리를 내리고 있는 비개체적인 고차정보이다. 이 중中은 물리적, 의학적 중만이 아니다. 인격적이고, 용서, 화해, 치유, 대신함, 이해, 공감과 사랑이다. 이 정보는 화엄의 세계와 후천개벽의 상생의 세계를 의미한다. 이를 통해 인류는 둘의 갈림과 위기에서 자연과 생명의 하나로 돌아올 수 있다.

이제 삼의 길이 항상 열려있지만, 저차정보의 강한 보존력을 뚫고 하나의 길로 간다는 것이 결코 쉬운 일은 아니다. 이 책에서도 이를 여러 번 강조하여 언급하였다. 가장 큰 문제가 손상정보의 강력한 보존성이라고 했다. 그리고 2차정보의 보존성이다. 이를 해결할 길을 우리 민족은 어디에서 찾아왔는가? 손상정보는 뿌리의 정보가 손상을 받음에서 시작된다. 우리 민족은 이를 어떻게 치유하며 왔는가? 아픔은 인간의 삶에서 어쩔 수 없이 있었다. 가장 어렵고 힘든 모습이다. 인류와 우리 민족은 이를 어떻게 치유하며 왔는가? 이 치유의 역사가 곧 무속의 역사이다.

샤먼은 인류의 가장 원초적인 마음의 바탕이다. 인류의 문화와 역사에서 샤먼이 없었던 적은 없었다. 과거에는 권력의 전면에 샤먼이 나섰지만, 서서히 뒤로 물러서게 되었다. 그러나 숨어있는 그 영향력은 결코, 사라지지 않는다. 어떠한 종교와 사회와 경제, 정치에도 샤먼은 살아남았다. 샤먼이 없는 종교와 문화, 정치를 상상해 볼 수 없다. 때로는 미신으로 극심한 탄압을 받지만 그럴수록 그 생존력은 더욱 강해진다. 무속의 생존력과 그 힘은 도대체 어디에서 올까? 샤먼은 종교가 아니다. 경전도 교주도 교리도 없다. 제대로 된 교육기관이나 공회 장소도 없다. 개인적인 샤먼으로 끝난다. 그럼에도 불구하고 인류 역사에 이처럼 강력하게 살아남아 막대한 영향을 주는 것은 무엇 때문일까?

　샤먼은 인간의 본질적인 심성이기 때문이다. 그 어떤 사상과 종교보다 샤먼은 앞선다. 그 이유는 샤먼은 생명을 다루기 때문이다. 샤먼의 끈질긴 생존력은 바로 생명을 살리고 회복시키기 때문이다. 샤먼은 신내림과 신을 모시는 것이 그 핵심이다. 그 신은 무엇을 하는가? 바로 생명을 살리고 치유한다. 생명이 생명 되게 한다. 세상과 사람으로 인해 억울하고 원통하게 병든 생명을 치유하고 회복하는 일을 하는 것이다. 의사와 같은 기능이다. 그래서 샤먼은 사라질 수가 없다. 그리고 샤먼은 종교가 아니다. 종교는 수직적이다. 그러나 샤먼은 수평적이다. 경전과 교리도 없다. 종교처럼 어렵지도 않고 구속되거나 메이지 않는다. 그래서 누구나 갈 수 있다. 마음을 열고 마음속의 어떠한 한과 아픔도 다 내어놓는다. 그리고 치유 받는다.

　이 속에서 치유의 핵심은 이해와 수용이다. 샤먼 앞에서는 어떠한 삶의 얘기도 다 이해받고 수용된다. 어떠한 교리와 법으로 비판받지 않는다. 삶의 이야기면 된다. 그리고 그 속에 응어리진 것을 다 토한다. 어떠한 화와 억울함도 다 토한다. 자신이 못하면 샤먼이 그의 마음이 되어 대신 풀어준다. 그리고 용서와 화해가 있다. 그 억울함과 한을 흘려보내고 풀어놓는 것이다. 그리고 새로운 생명으로 출발하도록 회복시키는 것이다. 그리고 그 생명을 축복한다. 이것이 샤먼이 하는 생명의 치유와 회복이다. 용서와 화해를 통한 하나 됨이다. 생명이 회복되기 위해 가장 필요한 부분이다. 그래서 샤먼은 결코 비과학적이지 않다. 태곳적이기는 하지만 시대를 앞서간다. 물론 성숙되고 건강한 샤먼의 경우에 그렇다는 것이다.

　이 무속을 정보이론으로 한번 살펴보자. 저차정보의 등급과 분파로 손상받은 생명을 치유하는 힘은 샤먼의 해체적인 정보에 있다. 샤먼은 선악이 없다. 등급도 없다. 오직 아픔과 삶의 이야기이다. 저차화된 교리와 경전이 없다. 그래서 미신이고 비과학이라고 무시당한다. 그런데도 사람들이 찾는다. 그 이유는 바로 탈알고리즘이기 때문이다. 그리고 탈언어이다. 교리나 윤리를 내세우지 않는다. 그리고 춤과 몸으로 말한다. 이를 통해 알고리즘에 시달리고 상처받은 생명을 자유롭게 한다. 이 해체성이 무속의 힘인 것이다. 물론 저차적이거나 거짓된 샤먼도 있다. 백성의 아픔을 이용하여 자기의 부를 채우면서 거짓으로 신을 섬기는 샤먼도 있다. 이로 인한 피해와 문제점도 심각하다. 그러나 이는 샤먼만의 문제가 아니라 모든 종교에 다 있다. 그렇지만 종교가 생명을 치유하고 돌보지 않고 오히려 더 큰 상처를 주니 샤먼이 늘 존재할 수밖에 없었다. 그래서 이 글에서 말하는 샤먼은 본질적이고 고차적인 정보의 샤먼을 말하는 것이다. 그렇지 못한 거짓된 샤먼이 많기에 우리는 진정한 샤먼을 모르고 그냥 미신이고 비과학적이라고 무시한다. 물론 진정 하늘을 모시며 생명을 사랑하고 돌보는 진정한 샤먼을 만나기는 하늘의 별 따기처럼 힘든 것도 사실이다. 이 글에서 말하는 샤먼은 바로 이러한 샤먼의 본질에 대해서 말하는 것이다. 그러나 현실적으로 샤먼은 이러한 고차성을 잃고 대부분 저차화되고 세속화되었다. 그러나 이는 샤먼만의 문제는 아니다. 진정한 종교 지도자나 정치 지도자도 그렇게 저차화하기 때문이다.

민족 가운데 고차정보의 뿌리로 가는 또 다른 길이 있다. 바로 풍류風流이다. 풍류는 우리 민족에게 오래전부터 내려온 고차정보의 길이었으나, 그 말이 전해진 것은 신라의 최치원의 난랑비 서문에서이다. 그는 우리나라에 유불도를 하나로 포함하는 현묘한 도가 있는데 이를 풍류라고 했다. 하나의 생명에서 나오는 고차정보의 도인 것이다. 그런데 어떻게 이 풍류가 현묘한 도가 될 수 있을까? 풍류의 바람과 물처럼 흘러가는 대로 두는 것을 의미한다. 무위無爲자연이다. 바로 저차정보로 갇혀 있는 생명을 해체시킴으로 자유하게 하는 것이다. 해체만으로 생명이 숨을 쉴 수 있다. 그러나 풍류는 해체만으로 끝나지 않는다. 하나 된 유불도의 도와 자연을 통해 관통하는 것이다. 해체의 풍류에서 깊이의 풍류로 들어가는 것이다. 퇴계 선생도 자연 속에서 이를 찾았다. 이처럼 풍류도 고차정보의 뿌리를 회복하는 탈언어와 탈알고리즘의 길이였던 것이다. 또 하나의 길이 있는데, 바로 세종의 한글이다. 글자는 대표적인 저차정보이다. 그러나 한글은 저차만의 문자가 아니다. 그 속에 엄청난 고차성에 있다. 한글은 고차와 저차가 관통된 신비로운 글자요 언어이다.[2] 우리 것이기 때문에 맹목적으로 신비화하는 것이 아니다. 그만한 충분한 이유가 있다. 이에 대해서는 새로운 많은 분석이 필요하기에 이글에서는 이 정도로만 언급하려고 한다.

건강한 정보인류로서 한민족

지금까지 우리 민족의 뿌리에 대해서 살펴보았다. 그렇다면 이 시대의 우리는 어떠한가? 이를 바로 알아야 4차 산업의 시대에 정보 인류로서 바른길로 갈 수 있다. 우리는 강력한 저차정보의 유산을 물려받았다. 이조 유학의 잘못된 유산이다. 그러나 해체적인 구한말과 동학의 출현으로 저차정보에서 벗어나 새로운 시대를 준비할 수 있었다. 높은 수준의 애국지사들과 한글, 민족 종교, 기독교와 서양 학문 등의 도움으로 새 시대를 준비할 수 있었다. 이 모든 배경에는 동학의 힘이 뿌리가 되었다. 그러나 또다시 우리 민족의 발목을 붙든 것은 고질적인 저차적 이념정보였다. 민족이 하나 되지 못하고 전쟁이라는 가장 참혹한 결과로 분단되고 말았다. 다행히 남한은 산업화로 강력한 저차정보로부터 해방의 길을 가고 있지만, 북한은 이 지구상에서 가장 강력한 알고리즘 정보로 인해 극심한 고통을 겪고 있다.

다행히 남한은 민주화와 산업화를 이루었지만 4차 산업혁명을 맞이하기에는 아직 역부족이다. 더욱 강력한 해체성과 깊은 고차정보와의 접속이 필요하다. 여기에서 우리는 어떻게 헤쳐 나갈 수 있을 것인가? 다행히 SNS와 플랫폼의 망을 통해 사회가 해체되고 있다. 뇌의 저차정보에서 정서와 몸의 고차정보로 넘어가고 있다. 그러나 이것만으로는 더 불안정하고 위험할 수도 있다. 혼돈 속에 빠져 방향을 상실할 수 있기 때문이다. 많은 사람들이 이를 걱정한다. 그렇다고 과거의 저차적 알고리즘 세계로 돌아가서는 안 된다. 더 깊은 고차정보의 뿌리로 내려가 건강한 나무의 정보로 자리 잡아가야 한다. 뿌리의 고차정보가 공급될 때, 아무리 혼돈과 해체가 있어도 스스로의 조직화와 질서를 통해 하나의 창조적인 길을 갈 수 있을 것이다. 그래서 이 시대의 가장 큰 고민은 바로 이 뿌리와 깊이이다. 시간의 축적을 통해 이루어 가야 하는 깊이의 부족이다. 모든 면에서 그렇다. 다양한 인프라와 정보들과 함께 활발한 플랫폼의 망이 가동되고 있지만, 고차적 정보의 깊이로 들어가는 데는 한계를 보인다.

4차 산업의 힘은 창의적인 소프트웨어에서 나온다. 그 창의성은 자유하고 깊은 고차정보에서 나온다. 해체적인 망만으로는 한계가 있다. 한 우물을 파는 장인정신이 있어야 한다. 장인은 축적된 시간에서 나온다.[3] 창의성은 장인들의 망에서 나오지 초딩들의 망에서는 불가능하다. 이제 우리는 깊이로 나아가야 한다. 우리 사회의 조급성은 장인을 키우지 못한다. 알고리즘의 성실성이나 반짝이는 복잡성만으로는 이 길을 가기 어렵다. 한결같은 일관성이 필요하다. 실수를 통해 성숙으로 나아가는 그러한 일관성과 인내가 필요하다. 그리고 그 한결같음의 일관성은 남의 눈치를 보지 않는 내면의 소리에서 나와야 한다. 즉 생명의 중심에 있는 고차적 양자정보로부터 나와야 한다. 최근 다행스럽게도 이러한 가능성을 볼 수 있는 사건들이 있다.

우주와 세상의 변화를 가장 심오하게 풀어내는 원리가 있는데, 바로 주역이다. 그런데 주역도 어떤 한계를 보인다. 음양의 조화로 모든 변화를 설명하지만, 음양을 넘어선 삼재三才의 변화를 설명하는 데는 한계가 있다. 음양은 결국 저차적인 정보의 보존성에 지배를 받기 때문이다. 이를 넘어서는 새로운 삼재의 해체적인 변화와 극적인 상생을 수용하지 못한다. 이를 수용하는 새로운 역이 있는데 이것이 우리나라 김일부 선생이 1885년에 내어놓은 정역正易이다.[4] 이를 후천개벽의 상생의 역이라고도 한다. 정역의 가장 큰 변화는 기위친정己位親政이다. 이를 쉽게 설명하면, 과거의 꼴찌가 주류가 된다는 것이다. 주역에서도 이론적으로는 가능하지만, 음양의 보존성으로 인해 이처럼 극단적인 상생은 쉽지 않다. 그리고 또 하나의 특징은 간태합덕艮兌合德과 진손보필震巽補弼인데, 이는 작고 힘없던 나라를 주위의 크고 힘 있는 나라들이 보필하며 돕는다는 것이다. 이는 역시 기위친정과 같은 변화의 괘이다. 그런데 이러한 변화들이 우리 민족 속에서 일어나고 있다.

한류와 스포츠 속에서 일어나고 있는 현상들이다. 한류나 스포츠는 과거 알고리즘적 등급으로 보면 뒤쳐진 부류들이다. 특히 한류는 소위 딴따라라고 구박을 받던 집단들이다. 그러나 이 시대에는 대한민국을 가장 빛내며 대표하고 있다. 싸이의 '강남 스타일'은 감히 상상할 수 없었던 대역전적 현상이었다. 모두가 기위친정의 모습이다. 과거의 알고리즘에 의해 강력하게 보존되던 기준과 등급이 해체되고 새로운 위치로 뒤바뀌는 개벽적인 사건이다. 가요는 일차적으로 가사라는 언어의 제한을 받는다. 언어는 강한 저차적 정보의 보존성 가운데 있다. 이미 견고하게 형성된 영미의 언어권을 뚫고 세계의 음악이 된다는 것은 거의 불가능한 일이다. 그런데 한류의 음악은 이미 세계의 젊은이들 속으로 급속도로 퍼져 나가고 있다. 그것도 한글 가사로 말이다. 이러한 데는 언어의 저차성을 해체하는 고차적인 정보가 있기 때문이다. 즉 강력하고 섬세한 음악적인 비트와 춤 그리고 탈언어적 뮤직비디오 등이 그 해체적인 힘이 되어주고 있다. 이러한 고차정보가 저차적 언어를 압도하기 때문에 가능한 일이었다. 이러한 해체성이 한류를 세계 속에 진입하게 하는 데는 큰 힘이 되어주는 것은 사실이지만, 이를 지속적으로 더욱 견고하게 자리 잡기는 해체성만으로는 부족하다. 더 강한 어떤 힘이 필요하다.

그 힘이 무엇일까? 바로 풍류의 고차성이 바탕이 되는 깊이의 한류라 생각된다. 해체적인 고차정보에서 더 깊은 고차정보로 들어가는 돌파가 필요하다는 것이다. 이번에 싸이 이후에 가장 강력한 한류의 열풍이 세계시장에 불기 시작했다. 바로 방탄소년단(BTS)이다.(그림18-1) BTS에서 이러한 새로운 가능성을 볼 수 있다. 그들은 과거의 한류의 연장선에 있는 것은

(그림18-1) 방탄소년단BTS는 언어의 낮은 차원을 넘어서서 예술과 열린 마음의 깊은 차원의 진동을 통해 지구촌의 엄청난 사람들과 공감하며 하나가 되어가고 있다. 우리 민족이 나아갈 바를 그들이 보여주고 있다.
https://www.insight.co.kr/news/171462

사실이지만, 과거와 다른 새로운 모습이다. 새로운 깊이를 보여주고 있다. 그들의 춤은 다르다. 힘과 강한 에너지가 있다. 단순한 연습과 기획의 결과가 아니다. 그것은 그들의 꿈이고 그들의 이야기이고 에너지였다. 자신들 속에 있는 깊은 생명의 정보들을 끌어올려 강렬한 에너지로 자신들만의 이야기들을 들려주고 보여준다. 그것이 새롭게 전달되기 시작하였다. 그래서 세계가 반응하기 시작하였다. 바로 이러한 깊이의 정보가 한류를 더 견고하게 심기어지게 한 것이다.

또 하나의 깊이의 사건이 있었다. 평창 동계올림픽의 여자 컬링팀의 승전보이다.(그림18-2) 아무도 알아주지 않던 종목에 시골 아가씨들이 도전하였다. 세계적인 팀들을 이겨내는 모습 속에 국민들이 열광한 것이었다. 안경 선배의 '영미'라는 울림의 정보였다. 다양한 울림의 소리가 영미와 팀들의 뇌와 몸에 전달되고 그 몸들도 같이 울림을 가지며 그 울림은 솔과 돌에 전달되어 돌의 스핀을 극적으로 변화시킨다. 이 울림과 스핀들의 움직임은 바로 양자 결맞음의 공명 정보들이다. 깊이의 고차정보인 것이다. 결국, 그들은 한 팀이 되어 이 고차정보의 결맞음을 통해 그 놀라운 기적을 이루어낸 것이다. 숨어있는 그 깊이의 정보가 그 기적을 이룬 것이다. 이 컬링이 우리가 나아갈 길을 그대로 보여준 것이었다. 깊이의 정보 안에 하나 되어 움직일 때 세계를 흔들 수도 있다는 것이다.

(그림18-2) 평창 동계올림픽에서 여자 컬링 킴 팀의 승전보는 전 국민에게 울림의 감동을 주었다. 안경선배의 '영미'라는 울림에서 시작하여 그 울림은 영미와 팀 전체를 울리고 이는 솔과 돌에 전달되어 돌의 스핀도 그 울림에 하나가 되었다. 그리고 그 작은 울림은 온 국민의 마음과 몸을 울리게 하였다. 이 울림과 스핀들이 바로 양자 결맞음의 공명 정보이다. 우리는 이러한 고차정보의 깊이를 회복할 때 세계를 움직일 수 있는 놀라운 일들을 보게 될 것이다.
https://news.joins.com/article/22375486

미래학자 클라우스 슈밥는 그의 '제 4차 산업혁명'이란 저서에서 성공적인 혁명에 참여하기 위해서는 전문적인 능력만이 중요한 것이 아니라 다양한 네트워크의 상황 맥락적인 것을 파악할 수 있는 지능과 함께 안정적인 정서와 영혼의 영감 지능 등도 중요하다고 했다.[5] 혼돈과 지진에도 견디어 낼 수 있는 정서적 안정과 내적 공력이 필요하다는 것이다. 이는 우리의 뿌리를 말한다. 뿌리가 깊은 나무는 그 어떠한 비바람도 견디어 낸다. 뿌리가 얕으면 작은 변화에도 불안해하며 제대로 적응하지 못하는 것이다. 이 힘이 있어야 앞으로의 거대한 4차 산업혁명의 물결을 견디어 내는 동시에 오히려 그 파도를 타고 약속된 미래를 향해 유유히 나아갈 수 있다. 결국 4차 산업혁명의 성공 여부는 과학이나 기술력의 문제도 중요하지만, 그것만 가지고는 성공할 수 없다. 우리의 바탕이 이를 뒷받침해 주어야 한다. 부드럽고 협력적인 열린 사회, 조급하지 않고 뿌리가 깊은 여유로운 사회, 창의적이고 다양한 모험과 실패를 허용할 수 있는 자유로운 사회가 뒷받침되어야 한다.

    산업화는 우리의 것이 아니었다. 서양에서 온 것이었다. 그러나 재빠르게 모방하고 도입하여 놀라운 성과를 이루었다. 그리고 경제 발전과 함께 민주주의까지 이루었다. 단기간에 이 모든 것들을 이룬 나라가 지구상에 대한민국이 유일하다. 외부 정보의 모방만으로 된 것은 아니다. 우리 속에서 나온 힘과 결합했기 때문이었다. 우리 속에 이를 이룰 수 있는 무언가가 있었고 그것을 끄집어내어 이러한 발전을 이룰 수 있었다. 이번에도 이를 이룰 수 있는 무언가를 우리 속에서 찾아야 한다. 앞서 말한 4차 산업의 토양은 지금 우리에게는 요원한 것 같지만, 그것이 이미 우리 속에 있는 것이라면 생각보다 쉽게 만들어 갈 수 있을지도 모른다.

    우리는 선교仙敎와 풍류風流의 나라였다. 자연과 함께 부드럽게 열리면서 풍류처럼 자유롭고 깊이를 누리는 민족이다. 바로 4차 산업에 가장 적합한 토양을 가진 심성과 문화를 가진 민족이다. 우리는 우리를 너무 모르고 살았다. 우리의 것은 못났고 열등한 것으로 생각했다. 그래서 우리는 열강들에게 휘둘리며 살았다. 우리 속에는 이분법의 알고리즘을 극복할 수 있는 놀라운 내적인 고차정보가 있고 이를 향해 갈 수 있는 길들이 이미 열려있다. 각자가 자신의 길에서 이제 그 길의 깊이를 향해 갈 수 있어야 한다. 알고리즘의 판단과 등급에 휘둘려 쫓겨 다니기보다는 우리 속에 내재

된 동학과 풍류의 길을 찾아 심연의 고차정보와 접속되어야 한다. 이 뿌리 위에서 과학을 이루어 나가야 한다. 뿌리가 견고한 정보의 나무에서 꽃 피우는 과학과 정보는 인간에게 유익을 주며 생명을 풍성하게 할 것이다. 뿌리의 고차정보가 회복될 때 우리는 어떠한 정보시대와 인공지능에도 주인의 정체성을 잃지 않고 행복한 생명의 삶을 영위해나갈 수 있을 것이다. 우리 민족이 정보시대에 기술만을 주도하기보다는 정보 인류의 건강하고 좋은 모델로서 정보를 주도하는 깊이의 공동체가 되길 간절히 염원하며 이 글을 끝내려고 한다.

답과 설명.
1. 한민족의 특성으로 세 가지는 무엇인가?
   높은 수준의 이상주의와 보이는 것을 중시하는 세속적 가치관과의 모순적 갈등 그리고 이를 집단화하는 분파주의가 가장 현저한 특성들이다.
2. 정보 이론적으로 한민족의 특성을 어떻게 설명할 수 있는가?
   과거에는 풍성한 고차정보가 있었지만, 어떤 이유로 그 뿌리를 잃어버리게 되고 노화된 알고리즘적 이상과, 상실의 손상으로 인해 발생된 병리가 복합적으로 결합됨으로 생긴 문제로 볼 수 있을 것이다.
3. 한민족 속에 하나의 깊이로 나아가게 하는 어떤 길들이 있었는가?
   원효의 일심이문, 지눌의 선교일치, 풍류, 무속, 세종의 한글, 동학과 삼재 사상 등에서 이러한 깊이의 고차정보로 나아가는 길을 찾을 수 있다.
4. 한민족이 건강한 정보인류가 나아가기 위해 준비할 것은 무엇인가?
   우리 속에는 이분법의 알고리즘을 극복할 수 있는 놀라운 내적인 고차정보가 있고 이를 향해 갈 수 있는 길들이 이미 열려있다. 각자가 자신의 길에서 이제 그 길의 깊이를 향해 갈 수 있어야 한다. 알고리즘의 판단과 등급에 휘둘려 쫓겨 다니기보다는 우리 속에 내재된 동학과 풍류의 길을 찾아 심연의 고차정보와 접속되어야 한다. 이 뿌리 위에서 과학을 이루어 나가야 한다. 뿌리가 견고한 정보의 나무에서 꽃 피우는 과학과 정보는 인간에게 유익을 주며 생명을 풍성하게 할 것이다. 뿌리의 고차정보가 회복될 때 우리는 어떠한 정보시대와 인공지능에도 주인의 정체성을 잃지 않고, 행복한 생명의 삶을 영위해나갈 수 있을 것이다.

각주와 참고문헌

들어가는 말

1. 프로이드는 정신분석 이론을 시작하기 전에 정신의 신경세포에 입각한 신경생물학적 에너지 이론이 관심을 가지고 연구한 바 있다. 그 결과 '과학적 심리학을 위한 프로젝트' The Project for a Scientific Psychology란 논문을 작성하였지만, 아직 이를 입증할만한 과학이 발달되어 있지 않았기에 발표하지는 않았다. 그러나 그의 정신분석 이론은 이 논문이 기초가 되어 정신을 에너지를 보고 분석하는 리비도 이론을 탄생시켰다.
2. 이성훈, "현대와 인간의 위치, 정신분석학적 입장에서", 연세춘추. (1974) 3월 25일 684호 4-5. 현대인과 현대문화를 열역학적 에너지 정신분석 이론으로 분석하였다.
3. 이성훈, "정신계에 대한 열역학적 접근", 세브란스. (1977) 18, 87-98.
4. 이성훈, "인간 자아의 단위, 진화론적 자아 발생론", 연세춘추. (1978) 10월 30일, 자기의 기초가 정보라는 글.
5. 이성훈, "구조와 의식", 현상과 인식. (1981) 5;1, 195-223 뇌의 정보가 구조를 이루고 그 보존성과 의식의 관계에 대한 글.
6. 이성훈, "정신분열병에서의 정보처리와 그 신경해부학", 신경정신의학,(1991) 30(4):629-651 정신분열병의 정신병리가 뇌의 정보처리와 어떠한 관계가 있는지에 대한 글.
7. 이성훈, "정보의 보존성과 자유 의식", 신경정신의학, (1993) 32:3, 301-308.

1. 정보 시대

1. 유발 하라리, 『사피엔스』, 조현욱 옮김, 김영사, 2015, p120-232.
2. 유발 하라리, 앞의 책. p18-118.
3. 유발 하라리, 앞의 책. p120-147.

4. Luciano Froridi, Information (New York: Oxford,2010) p6.
5. 유발 하라리, 『호모 데우스』, 김명주 옮김, 김영사. 2017, p503-544.
6. Seth Lloyd, Programing The Universe (New York: Vintage Books, 2007) p149-175. 최초로 양자 컴퓨터를 실제 가능한 모델로 발전시킨 양자 역학 공학자인 저자는 우주는 그 속의 모든 물질이 정보의 비트로 계산을 해나가는 양자 컴퓨터라고 말하고 있다.
7. 이성훈, 『정보과학과 인문학』, 성인덕. 2019. 17장 '양자, 우주, 정보와 인간'에서 자세하게 다루고 있음.
8. 리처드 도킨스, 『이기적 유전자』, 홍영남 옮김, 을유문화사, 2006. 도킨스는 인간은 자기 삶의 실제적인 주인으로 살기보다는 유전자를 보존하고 나르는 운반자로서 존재하고 있다고 주장하고 있다.

2. 행복과 감정

1. 정보에 관한 과학적인 지식과 함께 정보 현상을 폭넓게 다룬 대표적인 번역서들을 몇 권 소개한다. (1) 제임스 글릭, 『인포메이션』, 박래선, 김태훈 옮김, 동아시아, 2017. (2) 안톤 차일링거, 『아인슈타인의 베일』, 전대호 옮김, 승산, 2007. (3) 찰스 세이프, 『만물해독』, 김은영 옮김, 지식의 숲, 2008. (4) 블래트코 베드럴, 『물리법칙의 발견』, 손원빈 옮김, 모티브북, 2011. (5) 한스 크리스천 폰 베이어, 『정보』, 정대호 옮김, 승산, 2007. (6) 세스 로이드, 『프로그래밍 유니버스』, 오상철 옮김, 지호, 2007.
2. 물리학자 롤프 란다우어Rolf Landauer는 '정보는 물리적이다' 라는 말로 유명하다. 이는 정보는 물리적 대상을 필요로 하고 물리법칙을 따른다는 뜻이다. 정보를 최초로 정량화한 학자는 클로드 섀년Claude Shannon이다. 1 bit 정보는 2 joule이란 에너지를 사용하며 그만큼의 엔트로피가 증가한다고 했다. 또한, 정보는 엔트로피를 감소시키는 막스웰 도깨비Maxwell demon 혹은 네겐트로피라 불리운다. 그래서 정보는 에너지와 엔트로피를 변화시키는 물리적 실체로서 인정받게 된다.
3. 정보를 과학적으로 정량화한 최초의 인물인 클로드 섀년과 그의 동료인 워렌 위버Warren Weaver도 정보의 정량적인 부분과 함께 정보의 내용과 의미에 대한, 연구도 필요하다고 했다. 최근에는 철학자 루치아노 프로리디Luciano Froridi는

정보의 내용과 변화에 대한, 철학적인 연구가 시급하고 중요하다고 그의 두 저서에서 말하고 있다. Luciano Froridi, The Philosophy of Information (New York: Oxford, 2011). Luciano Froridi, Information, (New York: Oxford, 2010).

4. 대표적인 책 몇 권을 소개하면 ⑴ 대니얼 길버트, 『행복에 걸려 비틀거리다』, 서은국, 최인철, 김미정 옮김, 김영사, 2006. ⑵ 조지 베일런트, 『행복의 비밀』 최원석 옮김, 21세기북스, 2012. ⑶ 리처드 레이어드, 『행복의 함정』, 정은아 옮김, 북하이브, 2011. ⑷ 서은국, 『행복의 기원』, 21세기 북스, 2014. ⑸ 최인철, 『Present』, 한스미디어, 2015. ⑹ 조지 베일런트, 『행복의 조건』, 이덕남 옮김, 프런티어, 2010. 등이 있다.

5. Robert Plutchik. 『정서 심리학』, 박권생 옮김, 학지사, 2004, p103-141. 정서와 감정을 표현하는 여러 개념과 용어가 있는데 학자마다 다르게 사용하고 있어 아직 통일된 용어는 없는 것 같다. 그러나 대체로 어느 정도로 구분되어있어 이를 소개하고자 한다. '정서'란 용어는 다소 심리학적인 면을 말하고 '감정'은 전통적이고 일상적인 표현으로 많이 사용한다. 그리고 '감성'이란 용어는 사회문화적인 차원에서 잘 사용되는 것 같다. 이 세 가지는 영어로 보면 모두 emotion에 해당한다. 그리고 느낌feeling은 신체 반응을 동반한 더욱 전반적이고 직관적인 상태를 말한다. 기분mood라는 용어는 지속적이고 전반적인 감정의 배경적 상태를 말한다. 정동affect은 총체적인 개념으로서 정신 의학에서 많이 사용된다. 그리고 정념passion이 있는데, 이는 철학과 전통적 학문의 용어로 많이 사용된다. 욕동drive, 동기motivation 등은 생물학과 생존적인 면에서 많이 사용되고 감각sense, sensation과 직감gut feeeling, 직관intuion 등은 순간적이고 신체적이며 인지적인 내용을 수반할 때 주로 사용되는 경향이 있다. 이 책에서는 대체로 이러한 의미에서 구분하여 사용하려고 하였지만, 때로는 혼용해서 사용되고 있음을 미리 밝힌다. 자주 용어가 바뀌고 혼용되더라도 큰 의미 없이 받아들이길 바란다.

6. 찰스 다윈, 『인간과 동물의 감정 표현』, 김홍표 옮김, 지식을 만드는 지식, 2014.

7. James W. Kalat, Michelle N. Shiota, 『정서 심리학』, 민경환 외 옮김, Cengage Learnig, 2007, p18.

8. James W. Kalat, Michelle N. Shiota, 앞의 책, p19.

9. James W. Kalat, Michelle N. Shiota, 앞의 책, p19-20.

10. A.D. Craig, How do you feel? (Priceton, New Jersey: Priceton Uni-

versity Press, 2015) p10-11.
11. 조셉 르두, 『느끼는 뇌』, 최준식 옮김, 학지사, p195-242에서 편도체와 정서에 대해 자세히 설명하고 있다.
12. 안토니오 다마지오, 『데카르트의 오류: 감정, 이성 그리고 인간의 뇌』 김린 옮김, 눈출판그룹, 2017. 『스피노자의 뇌』, 임지원 옮김, 사이언스북스, 2007.
13. Antonio Damasio, The Feeling of What Happens (New York:Harvest Book,1999). Self Comes to Mind (New York: Vintage Books, 2012). 감정, 몸과 뇌에 대한 다마지오의 연구들을 자세히 볼 수 있는 책들이다.
14. A.D. Craig, How do you feel? (Priceton, New Jersey: Priceton University Press, 2015)에서 뇌섬엽 insular이 내장과 정서에 어떻게 관여하는지에 대한 자세한 내용을 알아볼 수 있다.
15. 다마지오, 『스피노자의 뇌』, 임지원 옮김, 사이언스북스, 2007.
16. 손기태, 『고요한 폭풍, 스피노자』, 글항아리, 2016.

3. 몸의 발생

1. 닉 레인, 『미토콘드리아』, 김정은 옮김, 뿌리와 이파리, 2009, p109
2. 브루스 H. 립턴, 『당신의 주인은 DNA가 아니다』, 이창희 옮김, 2011, p117.
3. 브루스 H. 립턴, 앞의 책, p111.
4. 덴다 미쓰히로, 『제 3의 뇌』, 장연숙 옮김, 열린 과학, 2009, p52-65.
5. 디디에 앙지외, 『피부자아』, 권정아, 안석 옮김, 인간희극, 2008
6. 캔더스 B. 퍼트, 『감정의 분자』, 김미선 옮김, 시스테마, 2009, p190.
7. CRHCorticotropin Releasing Hormon: 부신피질자극호르몬 방출호르몬. 시상하부에서 분비되어 뇌하수체에 작용해서 부신피질자극호르몬의 분비를 촉진하는 호르몬. ACTHAdenocorticotropic hormon: 부신피질 자극호르몬. 뇌하수체 전엽에서 분비되어 부신피질에 작용해서 부신피질호르몬의 생합성과 분비를 촉진하는 호르몬.
8. 마이클 D. 거숀, 『제 2의 뇌』, 김홍표 옮김, 지식을 만드는 지식, 2013, p49-53.
9. 캔더스 B. 퍼트, 『감정의 분자』, 김미선 옮김, 시스테마, 2009, p33.
10. 제임스 오슈만, 『에너지 의학』, 김영설 옮김, 군자출판사, 2007, p86.
11. 제임스 오슈만, 앞의 책, p336.

12. Robert Matthews, "the Quantum Elixir", New Scientist,(2006) April 8, 32-37.
13. 김병보, 『동종요법』, 한미의학, 2004. p13-26. 동종요법homeopathy은 약으로 증상을 제거하는 전통적인 치료와는 다르게 증상을 이용하여 면역력을 높여 병을 치료하는 경우이다. 자연에서 추출한 자연물질을 알코올이나 물에 고배수로 희석한 상태로 복용하여 증상을 통해 면역력을 높이는 원리이다. 이때 물속에 물질은 거의 없지만 그 속에 물질 파장의 패턴이 남아 어떠한 공명을 통해 면역에 작용하는 것으로 알려져 있다.
14. Yuna Cha, Christopher J. Murray and Judith Klinman, "Hydrogen tunneling in enzyme reactions," Science, vol. 243: 3896(1989), 1325-30.

4. 뇌의 출현

1. 한스 크리스천 폰 베이어, 『정보』, 정대호 옮김, 승산, 2007. p8-15. 아인슈타인과 같이 연구하였고 유명한 물리학자 리처드 파인만Richard Feynman의 스승이기도 한 존 아치볼드 휠러John Archibald Wheeler가 물리학에서의 정보의 중요성을 가장 강조한 학자이다. 그는 '비트에서 존재로'라는 유명한 말을 남겼는데, 이는 모든 존재의 근원이 정보라는 뜻이다. 안톤 차일링거, 『아인슈타인의 베일』, 전대호 옮김, 승산, 2007. p261-294. 그다음으로 세계적으로 유명한 양자물리학자인 안톤 차일링거Anton Zeilinger가 휠러와 함께 '정보는 우주의 근원 재료'라고 하며 정보를 중요하게 연구하였다. Rolf Landauer, 'Information is Physical', Physics Today, May (1991) 23. 그리고 '정보는 물리적이다'라는 논문을 발표한 물리학자 롤프 란다우어 등이 있다.
2. Seth Lloyd, Programing The Universe (New York: Vintage Books, 2007) p176-211.
3. 삐에르 떼이야르 드 샤르댕, 『인격적 우주와 인간 에너지』, 이문희 옮김, 분도출판사, 2013. 예수회 신부이며 고고학자인 샤르댕은 인간과 우주는 오메가 포인트라는 정점을 향해 진화해가고 있다고 말한다.
4. 이성훈, 『정보과학과 인문학』, 성인덕. 2019. 17장 '양자, 우주, 정보와 인간'에서 인간의 의식과 우주 진화의 관계에 대해 자세히 설명하였다.
5. 제프리 새티노버, 『퀀텀 브레인』, 김기웅 옮김, 시스테마, 2010, p184. 세포 자

동자나 신경망, 유전 알고리즘에서든 간에 시스템이 최적의 안정 상태로 굴러 들어가도록 하는 질서와 지능이 자발적으로 생겨난다고 한다.
6. R. Clay Reid, W. Martin Usrey, Vision In L.R. Squire, D. Berg, F.E. Bloom, S.du Lac, A. Ghosh, N.C. Spitzer(eds), Fundamental Neuroscience 4thed. (Oxford, UK: Elsevier, 2013) p579-586.
7. Robin Kelly, The Human Hologram (Santa Rosa, CA: Energy Psychology Press, 2011) p119-141
8. 수전 블랙모어, 『밈』, 김명남 옮김, 바다출판사, 2010. 도킨스는 생물학적 유전자 외에도 문화를 전달하는 유전자와 비슷한 역할을 하는 것을 Gene과 비슷한 Meme이란 용어를 사용하였다. 인간의 뇌가 밈을 운반한다고 하였다. 결국 밈은 정보를 의미한다고 볼 수 있다.
9. 김용운, 『카오스의 날갯짓』, 김영사, 1999, p20-26.
10. 박영욱, 『데리다와 들뢰즈』, 김영사, 2009. 현대철학의 대표적인 두 철학자의 사상에는 이성주의에 의한 재현을 거부하고 데리다는 '차연'으로 들뢰즈는 '차이'라는 개념으로 동일성을 차이의 논리로 극복하려고 한다. 동일성을 해체하고 작은 차이에서 진리를 찾는 작업을 시도한다.
11. 제임스 글릭, 『카오스』, 박래서, 김상욱 옮김, 동아시아, 2013, p35-61. 초기조건의 민감성이라고도 하는데, 초기의 작은 변화가 복잡성으로 증폭되어 임계점을 넘어서게 되면, 상상할 수 없는 큰 변화로 나타나는 현상을 말한다. 흔히 북경에서 작은 나비 짓이 뉴욕에서 거대한 폭풍을 일으킬 수도 있다고 말한다.

5. 정보와 차원

1. 클로드 섀넌Claude Shannon은 1 bit 정보는 kTlog2 joule이란 에너지가 된다고 했다. 그리고 아인슈타인은 $E=mc^2$의 공식에서 에너지와 물질이 상호변환된다고 하였다. 결국은 정보, 에너지와 물질은 서로 교환적이라고 할 수 있다.
2. 박종재, 『정보전쟁』, 서해문집, 2017.
3. 김동희, 『바벨탑의 힉스 사냥꾼』, 사이언스 북스, 2014, p23-65. 우주에 존재하는 4가지 힘은 중력, 전자기력, 원자핵들의 강력, 원자핵에서 방사선을 방출하는 약력이 있다. 그리고 원자핵은 6개의 쿼크와 6개의 경입자 그리고 이들을 매개하는 광자, 보손과 글루온 등이 전자기력, 약력과 강력의 힘으로 기본 구조를

이루고 있음을 밝힌 것이 표준모형이다.
4. 리언 레더먼, 크리스토퍼 힐,『대칭과 아름다운 우주』, 안기연 옮김, 승산, 2012, p331-369. 표준모형안의 쿼크와 경입자 같은 물질 입자들과 광자, 보손, 글루온 등의 매개입자들이 게이지 불변과 대칭의 법 아래에서 교류하면서 스핀 방향의 변화 등을 통해 양성자 혹은 중성자로 변한다. 이러한 양자전기 역학을 양자색동역학quantum chromodynamics: QCD이라 한다. 물질과 에너지의 역동적 교류는 이처럼 잘 밝혀져 있지만, 이에 상응하는 정보의 교류에 대해서는 거의 밝혀진 것이 없다.
5. David Bohm, Quantum Theory (London: Constable, 1951) p169.
6. Danah Zohar, The Quantum Self (New York: William Morrow, 1990) p76.
7. David Bohm, Quantum Theory (London: Constable, 1951) p170.
8. 데이비드 봄,『창조적 대화론』, 강혜정 옮김, 에이지21, 2011, p84.
9. 스튜어트 카우프만,『혼돈의 가장자리』, 국형태 옮김, 사이언스 북스, 2002.
10. 제프리 새티노버,『퀀텀 브레인』, 김기웅 옮김, 시스테마, 2010, p327-362.
11. 스티브 와인버그,『최종 이론의 꿈』, 이종필 옮김, 사이언스 북스, 2007. 과학자들은 우주 속의 4가지 힘인 중력, 전자기력, 강력과 약력의 힘을 하나로 통일하는 최종이론의 꿈을 가지고 있다. 많은 부분이 이루어지고 있지만, 우주의 거대 차원의 힘인 중력과 미시차원인 양자의 힘을 통일하는 이론은 밝혀지지 않고 있다. 이에 희망을 걸고 있는 이론 분야가 초끈 이론이나 아직 그 이론도 요원하고 이를 실험적으로 증명하는 것도 결코 쉬운 일은 아니다.
12. 피터 워이트,『초끈 이론의 진실』, 박병철 옮김, 승산, 2008.
13. 리사 랜들,『숨겨진 우주』, 김연중, 이민재 옮김, 사이언스 북스, 2008.
14. 카를로 로벨리,『보이는 세상은 실재가 아니다』, 김정훈 옮김, 쌤앤파커스, 2018,
15. 데이비드 봄,『전체와 접힌 질서』, 이정민 옮김, 시스테마, 2010.
16. 다케우치 가오루,『양자론』, 김재호, 이문숙 옮김, 전나무숲, 2010.
17. G.W. 라이프니츠,『모나드론 외』, 배신복 옮김, 책세상, 2007. 라이프니츠는 모나드를 물질에 토대를 둔 물리적 힘에 대립되는 정신에 토대를 둔 힘이라고 명명했다. 물질과 정신의 조화를 유지하는 상관 개념으로 서 더 높은 자각 단계로 상상하는 지성의 힘을 갖는다고 했다.(p10-11) 특히 모나드는 창이 없다고 한 점은 마치 정보의 가장 기본이 되는 양자 정보를 일컬을 수도 있다. 양자는 창이

없어 그 안을 볼 수가 없다. 오직 통계로만 알 수 있고 그 안을 보려고 하면 붕괴된 성격이 모나드와 유사하다고 볼 수 있다.

18. 레너드 서스킨드,『블랙홀 전쟁』, 이종필 옮김, 사이언스 북스, 2011.
19. Luciano Froridi, Information (New York: Oxford, 2010) p5.
20. 닉 레인,『미토콘드리아』, 김정은 옮김, 뿌리와 이파리, 2009, p18-19.
21. 필립 짐바르도,『루시퍼 이펙트』, 이충호, 임지원 옮김, 웅진지식하우스, 2007.
22. M. Heidegger, The Question Concerning Technology and Other Essays. W. Levitt, trans, (New York: Harper & Row, 1977)
23. 데이비드 B. 아구스,『질병의 종말』, 김영설 옮김, 청림Life, 2012.
24. Kodama Tatsuhiko, Nishina Hiromichi,『시스템 생물의학』, 심문정, 박기호 옮김, 고려의학, 2011.
25. Sebastian Seung, Connectome, (New York: First Mariner Books, 2012).
26. 김대식,『인간 vs 기계』, 동아시아, 2016.
27. 로렌스 크라우스,『무로부터의 우주』, 박병철 옮김, 승산, 2013.
28. 스튜어트 카우프만,『다시 만들어진 신성』, 김명남 옮김, 사이언스 북스, 2012.

6. 관통적 의식

1. 수전 데이비드,『감정이라는 무기』, 이경식 옮김, 북하우스, 2017.
2. 맹자,『맹자』, 김선희 풀어씀, 풀빛, 2006, p93.
3. 한자경,『칸트 철학에의 초대』, 서광사, 2006, p115-134.
4. 각성시 뇌파는 1초에 15회 이상의 베타나 감마파의 주파수를 보인다. 이완되면 1초에 8-14회의 알파 주파수로 보이다가 수면으로 들어가게 되면 7 이하의 세타와 델타 주파수로 줄어들게 된다.
5. Emanuel Peterfreund, Jacob T. Schwartz, Information, System, and Psychoanalysis, (New York: International Universities Press, 1971)
6. Vernon B. Mountcastle, "The columnar organization of thr neocortex", Brain (1997)120, 701-722.
7. S. Zeki, S. Shipp, "The functional logic of cortical connections", Nature Vol. 335, 22 September 1988), 311-317.

8. Olaf Sporns, Network of the Brain(Cambridge, Massachusetts, the MIT Press, 2011) p5-30.
9. David Meunier, Renaud Lambiotte, Alex Fornito, Karen D. Ersche and Edward T. Bullmore, "Hierarchical modularity in human brain functional networks" Frontiers in Neuroinformatics October (2009) Vol.3, 37, 1-12.
10. G. Bernroider, J. Summhammer, "Can quantum entanglement between ion transion states effect action potential initiation?," Cognitive Computaion, vol.4(2012), 29-37.
11. Roger Penrose, Stuart Hameroff, "Consciousness in the Universe: Neuroscience, Quantum Space-Time Geometry and Orch OR Theory" Journal of Cosmology,(2011), vol.14, 223-262. 의식 속에 있는 감각질, 통합성, 해체성, 자유의지, 주체성, 지향성 등을 계산적인 뇌기능으로 설명하기 어렵다. 그리고 의식과 비의식의 계산적 기준이 어렵고, 통합적 의식에 나타나는 신경계의 공시성(synchrony)(gamma synchrony EEG:30-90 Hz) 등을 신경의 발화로 설명하기 어렵다. 의식 후에 뇌 자극파가 오는 점과 신경 없는 단세포에서도 인지 능력이 나타나는 점 등은 신경의 계산에 의해 의식이 발생할 수 있다는 주장을 받아들이기 어려운 점들이다.
12. M. Arndt, Olaf Nairz, Julian Vos-Andreae, Claudia Keller, Gerbrand Van Der Zouw, Anton Zeilinger, "Wave-particle duality of C60 molecule". Nature. (1999) 401(6754):680-2.
13. H. Frölich, "Long-Range Coherence and Energy Storage in Biological Systems" International Journal of Quantum Chemistry, vol. 2(1968).
14. H. Frölich, "Coherent Excitations in Active Biological Systems" In F. Gutman and H. Keyzer, eds., Modern Bioelectrochemistry. New York and London: Plenum, (1986).
15. Fritz-Albert Popp, et al., "Physical Aspects of Biophotons." In Experientia, vol. 44. Basel: Birkhauser Verlag,(1988) 576-585.
16. R. D. Terry, "The Pathogenesis of Alzheimer Disease: An Alternative to the Amyloid Hypothesis," Journal of Neuropathology and Experimental Neurology, 55(1996) 1023-1025.
17. S.R. Hameroff, R.C. Watt, "Information Processing in Microtubules,"

Journal of Theorectical Biology 98(1982) 548-561.
18. S.R. Hameroff, S.A. Smith, and R.C. Watt, " Automation Model of Dynamic Organization in Microtubules," Annals of thr New York Academy of Sciences 466(1986) 949-952.
19. S. Rasmussen, H. Karampurwala, R. Vaidyanath, K.S. Jensen, and S.R. Hameroff Computational connectionism within neurons: A model of cytoskeletal automata suberving neural networks. Physica D 42:(1990) 428-49.
20. S.R. Hameroff, R. Penrose, Orchestrates reduction of quantum coherence in brain microtubules: A model for consciousness, In toward a Science of Consciousness, S.R. Hameroff et al. eds. (Cambridge MA:1996) p507-540.
21. R-H. He, et al. "From a Single-Band Metal to a High Temperature Superconductor via Two Thermal Phase Transitions." Science, (2011);331(6024)1579-1583.
22. S. Hagan, S. Hameroff, J. Tuszynski, "Quantum Computation in Brain Microtubules? Decoherence and Biological Feasibility," Physical Review E,(2001) 65,061901.
23. D. Voet, J.G. Voet, Biochemistry, 2nd. edition. (New York: Wiley, 1995.)
24. A. Bandyopadhyay, Direct experimental evidence for quantum states in microtubules and topological invariance. Abstracts: Toward a Science of Consciousness 2011, Sockolm, Sweden. HYPERLINK "http://www.consciousness.arizona.edu"
25. Roger Penrose, Stuart Hameroff, "Consciousness in the Universe: Neuroscience, Quantum Space-Time Geometry and Orch OR Theory" Journal of Cosmology,(2011), vol.14, 250-253.
26. 제프리 새티노버, 『퀀텀 브레인』, 김기웅 옮김, 시스테마, 2010, p327-362.
27. Danah Zohar, The Quantum Self (New York: William Morrow, 1990) p79.
28. Danah Zohar, 앞의 책, p76.
29. S. Hameroff, "How quantum brain biology can rescue conscious free

will" Frontiers in integrative Neuroscience, October (2012) vol.6 article 93,1-17.
30. Roger Penrose, Stuart Hameroff, "Consciousness in the Universe: Neuroscience, Quantum Space-Time Geometry and Orch OR Theory" Journal of Cosmology,(2011), vol.14, 225.

7. 몸의 고차정보

1. 프랭크 클로우스, 『보이드』, 이충환 옮김, MID, 2014, p173-208.
2. 짐 배것, 『기원의 탐구』 박병철 옮김, 반니, 2017. p321-324.
3. 스튜어트 카우프만, 『다시 만들어진 신성』, 김명남 옮김, 사이언스북스, 2012, p175-200.
4. 스튜어트 카우프만, 앞의 책, p451-464.
5. 스튜어트 카우프만, 앞의 책, p125.
6. 스튜어트 카우프만, 앞의 책, p87-127.
7. 인간 게놈 프로젝트(human genome project)는 인간 게놈의 모든 염기 서열을 해석하는 프로젝트로, 1990년에 시작해서 2003년에 완료되었다. 이 프로젝트에는 세계 각국의 유전자 센터나 대학 등에 의한 국제 인간 게놈서열 컨소시엄에 의해 조직되었으며, 현재까지도 프로젝트를 보완하는 발표가 계속 이루어지고 있다.
8. H. Pearson, "Geneticists play the numbers game in vain." Nature 423(2003): 576.
9. 후성 유전체로 알려진 것들로서 400백만 개의 switch 유전자, 단일염기 다형성single nucleotide polymorphism; SNP, DNA 메칠기 전달효소 DNA methyltransferase; DNMT, 히스톤 코드histone code, micro RNA, RNA 간섭, telomere 등이 있다. 리처드 C. 프랜시스, 『쉽게 쓴 후성 유전학』, 김명남 옮김, 시공사, 2013. 참조하기.
10. 대장균에서 코끼리까지 다양한 생물이 발생할 수 있는 것은 유전자들의 툴킷 tool kit이라고 할 수 있는 호메오박스homeobox 속에 있는 유전자를 적절하게 사용하고 조립함으로 가능하다고 설명하고 있다. 션 B. 캐럴, 『이보디보, 생명의 블랙박스를 열다』, 김명남 옮김, 지호, 2007. p85-117. 참고하기.

11. 타다 토미오,『면역의 의미론』, 황상익 옮김, 한울, 1998.
12. 린 맥타가트,『의사들이 해주지 않는 이야기』, 진선미 옮김, 허원미디어, 2011.
13. Kodama Tatsuhiko, Nishina Hiromichi,『시스템 생물의학』, 심문정, 박기호 옮김, 고려의학, 2011.

8. 양자 생물학

1. 볼츠만 맥스웰은 1871년 열 이론이란 논문에서 엔트로피의 역행하는 영구기관을 만들 수 있다고 했다. 이는 열역학 2의 법칙을 벗어나는 마술 같은 사건이었다. 원자가 무작위로 존재하는 두 공기상자 가운데 도깨비 같은 것이 있어 원자를 뜨거운 것과 찬 것으로 나눈다면 일이 없이도 엔트로피가 낮은 상태로 환원할 수 있다는 것이었다. 그런데 결국 이 도깨비는 정보라는 존재였고 정보는 엔트로피를 역행시키는 네겐트로피의 역할을 하는 것으로 밝혀졌다.
2. 케네스 W. 포드,『양자: 101가지 질문과 답변』, 이덕환 옮김, 까치, 2015. p266.
3. Paul L. Nunez, Brain, Mind, and the Structure of Reality, (New York: Oxford, 2010) p245-275.
4. 브루스 로젠블룸, 프레드 커트너,『양자 불가사의』, 전대호 옮김, 지양사, 2012, p183-196. 현대경제의 3분의 1이 양자를 응용한 기술에서 나온다고 한다. 레이저, DVD, MRI, 트랜지스터, 반도체, 전하결합 소재(디지털 영상), 양자 컴퓨터 등이 이에 해당한다.
5. 에르빈 슈뢰딩거,『생명이란 무엇인가』, 전대호 옮김, 궁리, 2007.
6. Don DeVault, Britton Chance, "Studies of photosynthesis using a pulsed laser:1. Temperature dependence of cytochrome oxidation rate in chromatium. Evidence for tunneling," BioPhysics, vol. 6(1966), 825.
7. Yuna Cha, Christopher J. Murray and Judith Klinman, "Hydrogen tunneling in enzyme reactions," Science, vol. 243: 3896(1989), 1325-30.
8. G.S. Engel, T.R. Calhoun, E. L. Read, T-K. Ahn, T. Mancal, Y-C, Cheng, R.E. Blankenship and G.R. Fleming, "Evidence for wavelike energy transfer through quantum— coherence in photo sysnthetic system," Nature, vol. 446(2007), 782-6.
9. Johnjoe Mcfadden, Jim Al-Kahalili, Life on the Edge:the Coming of

Age of Quantum Biology, (New York:Broadway Book, 2014) p126.
10. Johnjoe Mcfadden, Jim Al-Kahalili, 앞의 책, p92.

9. 양자 유전과 진화

1. 장대익,『다윈의 식탁』, 김영사, 2008.
2. 닉 레인,『미토콘드리아』, 김정은 옮김, 뿌리와 이파리, 2009, p167-200.
3. 스튜어트 카우프만,『다시 만들어진 신성』, 김명남 옮김, 사이언스 북스, 2012, p222-223.
4. 닉 레인, 앞의 책.
5. 타다 토미오,『면역의 의미론』, 황상익 옮김, 한울, 1998.
6. Karl Pribram, Brain and Perception: Holonomy and Structure in Figural Processing. (Hillsdale, NJ:Lawrence Erlbaum Associates, 1991.)
7. J. E. Cropley, C. M. Suter, et al., "Germ-line epigenetic modification of the murine Ary allele by nutritional supplementation," Proc Natl Acad Sci USA (2006) 103(46):17308-17312.
8. Johnnoe McFadden, Quantum Evolution, (New York: W. W. Norton and Company, 2000)
9. J. D. Watson, F. H. C. Crick, "Genetic implication of the structure of deoxyribonucleic acie," Nature, vol. 107 (1953), 964-9.
10. W. Wang, H. W. Hellings and L. S. Beese, " Structural evidence for the rare tautomer hypothesis of spontaneous mutagenesis," Proceedings of the National Academy of Science, vol. 108:43(2011), 17644-8.
11. J. Cairns, J. Overbaugh and S. Milar, "The origin of mutants," Nature, vol. 335(1988), 142-5.
12. L. Turin, "A spectroscopic mechanism for primary olfactory reception," Chemical Senses, vol.21:6(1996), 773-91.
13. 덴다 미쓰히로,『제 3의 뇌』, 장연숙 옮김, 열린 과학, 2009, p65-73.

10. 몸의 초고속 정보망

1. 닉 레인, 『미토콘드리아』, 김정은 옮김, 뿌리와 이파리, 2009, p177-200.
2. A. Szent-Gyorgyi, "To see what everyone has seen, to think what no one has thought" A symposium in memory and honor of Szent-Gyorgyi, Biological Bulletin (1988) vol. 174, pp 191-240.
3. 베셀 반 데어 콜크, 『몸은 기억한다』, 제효영 올김, 을유문화사, 2016, p129-173.
4. 제임스 오슈만, 『에너지 의학』, 김영설 옮김, 군자출판사, 2007, p65-92.
5. 제임스 오슈만, 앞의 책, p113.
6. H. Frölich, "Long-Range Coherence and Energy Storage in Biological Systems" International Journal of Quantum Chemistry, vol. 2(1968)
7. Fritz-Albert Popp, et al., "Physical Aspects of Biophotons." In Experientia, vol. 44. Basel: Birkhauser Verlag,(1988), 576-585.
8. Danah Zohar, The Quantum Self (New York: William Morrow, 1990) p85
9. 제임스 오슈만, 앞의 책, p94-129.
10. 스튜어트 카우프만, 『다시 만들어진 신성』, 김명남 옮김, 사이언스 북스, 2012, p347.
11. 김현원, 『생명의 물 기적의 물』, 동아일보사, 2008. p290-314.

11. 열려진 몸의 정보망

1. 앨러나 콜렌, 『10퍼센트 인간』, 조은영 옮김, 시공사, 2016. p19-46.
2. 아힘 페터스, 『이기적인 뇌』, 전대호 옮김, 에코리브르, 2013. p102-122.
3. 앨러나 콜렌, 앞의 책, p120.
4. 앨러나 콜렌, 앞의 책, p97-139.
5. M. S. Clair, 『대상관계 이론과 자기 심리학』, 안석모 옮김, 시그마프레스, 2009, p243-281.
6. 타다 토미오, 『면역의 의미론』, 황상익 옮김, 한울, 1998, p34-37.
7. A.D. Craig, How do you feel? (Priceton, New Jersey: Priceton Univer-

sity Press, 2015) p182-209.
8. T. Sobanski, G. Wagner, "Functional neuroanatomy in panic dosorder" World J Psychiatr (2017) Mar. 22:7(1), 12-33.
9. I.M. Rosso, et al., "Insular and anterior cingulate GABA levels in post-traumatic stress disorder." Depress Anxiety, (2014) Feb.: 31(2), 115-123.
10. 캐슬린 매콜리프, 『숙주 인간』, 김성훈 옮김, 이와우, 2017, p91-130.
11. 마이클 D. 거숀, 『제 2의 뇌』, 김홍표 옮김, 지식을 만드는 지식, 2013, p239-285.
12. 앨러나 콜렌, 앞의 책, p173-178.
13. 에머런 메이어, 『더 커넥션』, 김보은 옮김, 브레인 월드, 2017, p167-196.
14. D. F. MacFabe et al., "Neurobiological effects of intraventricular propionic acid in rats: Possible role of short chain fatty acids on the pathogenesis and characteristics of autism spectrum disorders. Behavioral Brain Research (2007) 176:149-169.
15. 게리 클라인, 『인튜이션』, 이유진 옮김, 한국경제신문, 2012, p45-86.
16. E. M. Gauger et al.,"Sustained quantum coherence and entanglement in the avian compass." Physical Review Letters, vol. 106:4 (2011), 040503.
17. C. S. Sell, " On the unpredictability of odor," Angewandte Chemie, International Edition(English), 45:38(2006), 6254-61.
18. L. Turin, "A spectropic mechanisma for primary olfactory reception," Chemical Sense, vol. 21:6(1966), 773-91.

12. 뇌의 정보처리

1. Moshe Bar, Maital Neta, "The proactive brain: Using rudimentary information to make predictive judgements", Journal of Consumer Behaviour,(2008) 7: 319-330.
2. A. Bubic, D.Y. Cramon, R. I. Schubotz, " Prediction, cognition and the brain," Frontiers in Human Neroscience, March (2010) vol.4 :24, 1-15.

3. Jerry W. Rudy, The Neurobiology of Learning and Memory,(Suntherland, MA: Sinauuer Associates, Inc. 2014) p303-326.
4. C.D. Lanughlin, E. G. d'Aguili, Biogenetic Structuralism, (New York: Columbia Univ, 1974.)
5. Catherine Twomey Fosnot 외,『구성주의』, 조부경 외 편역, 2001.
6. 앤드류 스마트,『뇌의 배신』, 윤태경 옮김, 미디어 윌, 2014. 깨어있으나 뇌가 아무것도 하지 않는 상태를 디폴트 모드 네트워크(default mode network: DMN)라고 한다. 그러나 뇌DMN에서 활성화되는 곳이 있는 데, 이는 필요 없는 정보를 지우고 정리하는 뇌의 움직임이 때문이다.
7. C.D. Lanughlin, E. G. d'Aguili, Biogenetic Structuralism, (New York: Columbia Univ, 1974.) 경험적 수정 궤도(Emprical Modofication Cycle: EMC)의 7단계 과정을 돌면서 신경계 안에 구조를 형성한다고 한다.
8. 이성훈, "구조와 의식" 현상과 인식. (1981) 5;1, 195-223.
9. J. Piaget, Structuralism, C. Maschler(trans.) (London: Routledge and Kagan Paul, 1973)
10. Petruska Clarkson,『게스탈트 상담의 이론과 실제』, 김정규외 옮김, 학지사, 2010.
11. Catherine Twomey Fosnot 외,『구성주의』, 조부경 외 편역, 2001.
12. 제프리 슈워츠, 레베카 글래딩,『뇌는 어떻게 당신을 속이는가』, 이상훤 옮김, 갈매나무, 2012.
13. 마이클 캐플런, 엘런 캐플런,『뇌의 거짓말』, 이지선 옮김, 이상, 2010.
14. 모기 겐이치로,『뇌와 가상』, 손성애 옮김, 양문, 2007.
15. 도파민, 노르에피네프린, 세로토닌, 바조프레신, 옥시토신, 페닐에칠아민, 엔돌핀 등의 화학물질 등이 연관되어 발생한다.
16. 리처드 도킨스,『이기적 유전자』, 홍영남 옮김, 을유문화사, 2006.
17. 베셀 반 데어 콜크,『몸은 기억한다』, 제효영 올김, 을유문화사, 2016, p129-173.
18. 요하이 바우어,『몸의 기억』, 이승은 옮김, 이지북, 2006.
19. 김성철.『중관사상』, 민족사, 2006.

13. 몸의 언어

1. 제프리 새티노버,『퀀텀 브레인』, 김기웅 옮김, 시스테마, 2010, p327-362.
2. A.D. Craig, How do you feel? (Priceton, New Jersey: Priceton University Press, 2015)
3. 안토니오 다마지오,『스피노자의 뇌』, 임지원 옮김, 사이언스북스, 2007. p87.
4. A.D. Craig, 앞의 책, p188-203.
5. Johnjoe Mcfadden, Jim Al-Kahalili, Life on the Edge: the Coming of Age of Quantum Biology, (New York:Broadway Book, 2014) p307.
6. 김동희,『바벨탑의 힉스 사냥꾼』, 사이언스 북스, 2014, p23-65. 우주에 존재하는 4가지 힘은 중력, 전자기력, 원자핵들의 강력, 원자핵에서 방사선을 방출하는 약력이 있다.
7. 에리히 프롬,『사랑의 기술』, 문예출판사, 2005.

14. 뇌와 몸의 조화

1. Gyorgy Buzsaki, Rhythms of the Brain,(New York: Oxford, 2006) p111-135.
2. Gyorgy Buzsaki, 앞의 책, p136-174.
3. coherence 는 correlation coefficient(squared)이다. Paul L. Nunez, Brain, Mind, and the Structure of Reality, (New York: Oxford, 2010) p95.
4. Paul L. Nunez, 앞의 책, p135.
5. Paul L. Nunez, 앞의 책, p104-109.
6. K. Friston, "Learning and inference in the brain" Neural Network (2003) 16(9), 1325-1352.
7. K.J. Friston, C.D. Frith, "Schizophrenia: A disconnection syndrom?" Clinical Neuroscience (1995) 3:89-97.
8. R.B. Silberstein, Neuromodulation of neocortical dynamics, In P.L. Nunez, Neocortical Dynamics and Human EEG Rhythms,(New york:Oxford, 1995) p591-627.
9. 우울장애는 전두엽(내측과 외측전전두엽), 전대상회anterior cingulate gyrus

와 변연계limbic system의 회로에 문제가 있으며 강박장애는 전두엽(주로 안와 orbito) 기저핵basal ganglia의 선조체striatum의 회로에 문제가 있다.
10. R.B. Silberstein, 앞의 책.
11. Hae-Jeong Park, Karl Friston, "Structural and Functional Brain Networks:From Connections to Cognition", Science (2013) 342,1238411.
12. 이의주,『태양인, 소양인, 태음인, 소음인』, 집문당, 2008.
13. 탕윈,『한의학을 말하다』, 이문호, 김종석 옮김, 청흥, 2009. p34-49.
14. K. Ohno, T. Sakurai, "Orexin neuronal circuitry: Role in the regulation of sleep and wakefulness" Frontiers in Neuroendocrinology (2008), 29, 70-87.
15. 박문호,『뇌과학의 모든 것』, 휴머니스트, 2013, p602-605.
16. G. Tononi, C. Cirelli, "Sleep function and synaptic homeostasis," Sleep Medicine Reviews, (2006),10, 49-62.
17. P. Maquet, "Functional neuroimaging of normal human sleep by positron emission tomography," Journal of Sleep Research, (2000),9, 207-231.
18. R. Leproult, E. Van Cauter, " Role of sleep and sleep loss in hormonal release and metabolism," Endocrine Development, (2010),17, 11-21.
19. E. Van Cauter, et al.,"Impact of sleep and sleep loss on neuroendocrine and metabolic function," Hormone Research, (2007), 67(Suppl 1), 2-9.
20. J.A. Hobson, "REM sleep and dreaming: toward a theory of protoconsciousness." Nature reviews, (2009), 10, 803-813.
21. F. Crick, C. Koch, "Toward a neurobiological theory of consciousness." Seminar Neurosc(1990) 2:263-275.
22. S. Dickelmann, J. Born, "The memory function of sleep." Nature Reviews Neuroscience, (2010), 11,114-126.
23. 이성훈, "정신질환의 수면연구", 신경정신의학(1989), 28(5): 764-772.
24. M. H. Kryger et.al.,Crcardian Rhyth in Humana: An Overview in principles and Practice of Sleep Medicine. MH. Kryger, T. Roth, W. C. Dement ed. Saunders Company, Philadelphia, 1994. p301-308.
25. 로버트 웨거너,『자각몽』, 허지상 옮김, 정신세계사, 2010.

26. D.J. Chamers, The conscious mind- In search of a fundamental theory,(New York: Oxford, 1996.) 유명한 과학철학자인 차머스는 이 책에서 의식은 과학적으로 완전히 규명하기 어려운 문제라고 하였다.
27. 제럴드 에델만, 『신경과학과 마음의 세계』, 황희숙 옮김, 범양사, 1998.
28. F. Crick, The Astonishing Hypothesis, (New York: Touchstone Book, 1994.)
29. 제럴드 에델만, 앞의 책, p126-149.
30. 크리스토프 코흐, 『의식의 탐구』, 김미선 옮김, 시그마 프레스, 2006.
31. 크리스토프 코흐, 『의식』, 이정진 옮김, 알마, 2012.
32. G. Tononi, PHI (New York:Pantheon Books 2012).
33. K. Friston, "The free-energy principle: a unified brain theory?" Nature Reviews Neuroscience,(2010) vol.11 Feb., 127-138.
34. H. G. Engen et. al.,"Structural change in socio-affective networks:- Multi-modal MRI findings in long term meditation practitioners." Neuropsychologia, (2017), 08, 024.
35. 켄 윌버, 『의식의 스펙트럼』, 박정숙 옮김, 범양사, 2006.

15. 의식의 진화

1. 존 R. 설, 『마인드』, 정승현 옮김, 까치, 2007, p121-174.
2. 유발 하라리 (2015). 『사피엔스』, 조현욱 옮김, 김영사, 2015, p234-349.
3. 제레미 리프킨, 『공감의 시대』, 이경남 옮김, 민음사, 2010, p234.
4. A.F. 차머스, 『과학이란 무엇인가?』, 이상원 옮김, 서광사, 2003.
5. 토머스 S. 쿤, 『과학혁명의 구조』, 김명자 옮김, 까치, 1999.
6. 제레미 리프킨, 앞의 책. p531-594.
7. 제레미 리프킨, 앞의 책, p637-686.
8. 유발 하라리, 『극한의 경험』, 김희주 옮김, 옥당, 2017.
9. 김지하, 『생명학1』, 화남, 2003.
10. 강준만 외, 『신영복 함께 읽기』, 돌베개, 2006.

16. 정보 인류의 미래

1. 김길락, 『한국의 상산학과 양명학』, 청계, 2004,

17. 정보인류로서 한민족

1. 최민자 주해, 『천부경』, 모시는 사람들, 2006, p56-66.
2. 김슬옹, 『28자로 이룬 문자혁명, 훈민정음』, 아이세움, 2007.
3. 서울대학교 공과대학, 『축적의 시간』, 지식노마드, 2015.
4. 송재국, 『역학 담론』, 예문서원, 2010, p401-498.
5. 클라우스 슈밥, 『제 4차 산업혁명』, 송경진 옮김, 2016.

나가는 말과 감사의 글

많은 서적들을 참조하였지만, 이 책속에 있는 글들은 기본적으로 나의 삶에서 자란 식물이다. 한 45년간 심고 가꾸어 온 식물을 책이라는 화분에 담아 이제 사람들 앞에 내어놓는다. 어떻게 이 생각의 씨앗이 내 속에 떨어져 시작되었는지 잘 모른다. 그 씨앗은 정보였다. 그 정보가 내 속에서 싹트기 시작하여 많은 풍파 속에서 이런저런 일들을 겪으며 조금씩 자라 이렇게 한 식물로 내어놓게 된 것이다. 남들이 어떻게 보아줄지 처음에는 많이 걱정하였지만, 이제는 담담하다. 그냥 나의 것이기 때문이다. 어떤 모습이든 나에게는 소중하고 귀하다. 그렇지만 가능한 다른 여러분들에게도 공감되고 도움이 되는 좋은 식물의 글이 되었으면 한다.

내 속에서 나왔지만, 나만의 힘으로는 도저히 불가능하다는 것을 안다. 처음 이 생각을 시작한 것은 의과대학 예과 때이다. 한참 미성숙한 처음의 생각들을 인정해주시고 학문의 길로 인도해주신 분은 연세대학교 신학과의 고 서남동 교수님이셨다. 그리고 본과에 가서 의학 속에서 이를 키워보도록 권해주셨다. 그러나 의학은 내가 생각하던 그런 학문이 아니었다. 매일 엄청나게 쏟아져 나오는 지식을 기계적으로 받아 적고 암기해야 하는 의과대학이란 환경에서, 이러한 생각을 키워나간다는 것은 거의 불가능에 가까웠다. 그 속에서 희미한 탈출구를 찾을 수 있도록 도와주신 분이 계셨는데, 바로 해부학과 주임 교수님이셨던 고 박수연 교수님이셨다. 힘들어도 그 씨앗을 스스로 키워나가 보라는 것이었다. 그러나 의대 4년은 나에게는 너무도 힘겨운 시간이었다. 거센 물결을 거슬러 올라가는 물고기 같았다. 그럼에도 틈틈이 힘을 주신 교수님들이 계셨다. 가끔 외국에서 오셔서 특강을 해주시는 교수님들이었다. 그중에서 최병호 교수님의 특강이 특별한 힘이 되었다. 교수님은 캘리포니아 대학 얼바인 신경병리학 교수로 계시다가 지금은 은퇴하셨는데, 그 이후로도 가끔 뵐 때마다 큰 힘이 되어주셨다.

깊이 감사드린다. 이런 생각을 나눌 수 있는 좋은 친구가 있어 큰 힘이 되었다. 바로 아주대학교 신경과 교수로 있는 허균 교수였다. 이 대화는 지금까지 계속되고 있으며 책을 위해 좋은 추천의 글까지 써주었다. 깊은 감사를 드린다. 의과대학에서 답답할 때마다 본교 캠퍼스로 가서 인문사회과학을 마주하는 것도 나에게 큰 위로가 되었다. 특별히 생각의 지경을 넓혀주시고 학제간의 공부를 격려해주신 연세대학교 경영학과 오세철 교수님과 사회학과 박영신 교수님의 지도도 잊을 수 없다.

정신과 수련과 유학을 끝내고 모교에 돌아올 수 있었다. 뇌과학을 연구하는 신기술과 방법을 배울 수 있었고 이를 토대로 내가 생각하는 것들을 펼쳐볼 수 있을 것으로 기대했다. 그러나 실험과 논문은 그들대로의 법이 있었고 이 틀 속에서는 나의 생각을 키워나가기가 쉽지 않았다. 그래서 학교를 나와 더 자유로운 환경에서 나의 생각을 실험하고 부딪혀보기로 했다. 어려운 일들도 많았지만, 새로운 일과 다양한 사람과의 만남을 통해 갇혀 있던 생각들이 깨어지고 새로운 세계를 경험하는 기회를 가질 수 있었다.

그래서 이 글은 개념적인 사고로만 구성된 뇌의 정보들이 아니다. 뇌의 언어로 표현은 되었지만 사실 나의 삶에서 몸으로 경험되고 준비된 것이다. 그리고 이를 같이 경험하고 살아온 가족과 이웃들의 이야기이기도 하다. 특히 아픔 가운데 있는 환우들이 같이 참여해 준 덕분에 가능한 이야기였다. 상담하고 치유하는 그 공간과 같이 지내온 공동체는 나의 실험실이기도 하였다. 특히 암 환우들의 고통을 통해 뇌와 몸에 대해 많은 통찰을 할 수 있었다. 그들의 아픔과 치유를 통해 이러한 행복과 뇌와 몸의 정보의 이야기가 나올 수 있었고 검증될 수 있었다. 그리고 같은 문제로 고심하고 탐구해온 많은 책들 속에 있는 공감과 비판이 이를 더욱 확실한 정보로 자리 잡게 해 주었다. 이 모든 이들에게 감사하고 싶다. 그리고 이러한 과정에서 나온 여러 글들을 같이 보아주고 좋은 피드백을 준 여러 분들에게도 감사의 말을 전하고 싶다.

특별히 은사님이시고 연세대학교 총장을 역임하신 김병수 교수님께 감사를 드린다. 원고를 세세하게 다 보아주시고 구체적인 내용을 열거하시며 격려해주시고 추천의 글까지 써주셨다. 그리고 원고에 대해 구체적으로 토론해 주시고 깊은 통찰로 책의 방향에 대해 조언과 격려를 아끼시지 않은 연세대학교 대학원장을 역임하신 한태동 교수님과 초대 문화부 장관을 역임하신 이어령 교수님께 깊은 감사를 드린다. 특별히 한태동 교수님은 정보이론을 현대물리학과 우주의 초공간의 세계까지 확장해보도록 권고해주셨다. 그리고 이어령 교수님은 정보이론을 기호학에 적용해 보도록 권하셨다. 이 세 분 원로 교수님들의 혜안의 권고는 앞으로 지속적인 공부를 해나가는데 큰 도움과 힘이 될 것으로 믿는다. 정신의학의 동료로서 정신의학과과 정보의 관계성에 대해 귀한 의견과 추천서를 써주신 전 고려대학교 의무부총장이신 김린 교수에게도 감사드린다. 한국 4차산업과 벤처기업을 선도하시고 계신 창조경제 연구회KCERN 이사장 이민화교수께서도 저의 원고를 세심하고 보아주시고 좋은 추천의 글을 보내주셨다. 바쁘신 가운데 보내주신 격려의 글은 큰 힘이 되었다.

    원고를 보고 자신의 연구소에서 정보에 대한 강의를 할 수 있게 해주신 뇌 케넥톰 연구의 세계적인 학자이신 연세의대 핵의학과 박해정 교수께 감사드린다. 그리고 철학 분야에 대한 의견과 글에 대한 정서까지 꼼꼼히 해주신 군산대학교 철학과 권순홍 교수에게 감사를 드린다. 물리학 분야에서 원고를 보아준 고등과학원 물리학과 임재훈 박사에게도 감사를 드린다. 허균 교수와 함께 늦은 밤까지 과학과 영성에 대한 뜨거운 토론을 해주신 강남대 신학과 명예교수이자 한국과학 생명포럼 대표이신 김흡영 교수님에게도 깊은 감사를 표한다. 특별히 김흡영 교수님은 몸신학과 몸영성을 통해 몸의 고차정보에 눈을 뜰 수 있도록 통찰을 주신 분임을 밝히고 싶다. 어려운 가운데 벤처기업을 성공적으로 발전시켜 나가고 있으면서, 정보인류에 큰 관심을 가지고 몸의 고차정보를 구체적으로 해독할 수 있는 가능한 길을 제시하기도 한 이상구 박사에게도 감사드린다. 원고를 세세히 보면서 깊은 통찰로 영성적인 부분까지 좋은 의견을 주신 신경과 김장성 교수와 오랫동안 의학 안에서 학문과 삶에 대한 다양한 대화를 나눌 수 있었던 연세대학교 해부병리과 정우희 교수에게도 깊은 감사를 드린다. 그 외에도 원고를 읽고 좋은 의견과 격려를 보내주신 많은 분들이 계셨다. 일일이 성함을 열거하지는 못하지만, 여러분들에게 감사를 드린다.

특히 이런 생각에 빠져 균형을 잡지 못했던 오랜 시간들을 잘 지켜 봐주고 기다려준 아내와 자녀들의 사랑과 인내가 없었다면, 결코 이 책이 나올 수 없었을 것이다. 지금은 하늘나라에 계시지만, 특별히 어렵고 어두운 시절에 빛과 같은 신앙을 지키시어 이를 귀한 유산으로 남겨주신 부모님의 사랑의 수고가 없었다면 지금의 나는 존재할 수 없었을 것이다. 그래서 부모님과 가족들에게 깊은 고마움을 느끼며 이 책을 바치고 싶다. 그리고 나를 지금까지 이끈 그 정보에 대해서도 고맙다는 인사를 나누고 싶다.

정보는 생물이다. 멈추지 않는다. 이제 이 정보가 앞으로 어떻게 될지 알지 못한다. 계속해 이 정보와 같이 갈 것이다. 더 깊은 뿌리 위에서 자라나길 기대해 본다. 이 책의 작은 화분으로부터 이 땅의 토양으로 심겨져 더 깊고 넓게 자라나길 기원해 본다. 그리고 더욱 많은 분들과 공감하고 소통하는 나무로 자라날 수 있다면 더 큰 행복이 될 것이다.

정보인류 찾아보기

ㄱ

가상 19, 22, 24
감각기관 177, 208
감마뇌파 131
감정(정서, 감성) 101, 241, 307
  고차성 103
  긍정적 308
  도덕성 106
  부정적 308
  의미 103
  초월성 106-107
결합조직 52
공감 119, 330
공명 113, 118, 320
관통성 302
꿈 264

ㄴ

내배엽 46, 191
네겐트로피 109
뇌섬엽insular 38, 141-142
뇌파 253
느낌feeling 38, 242, 307

ㄷ, ㄹ

대상경험, 관계 194, 198-199
도파민dopamine 257
돌연변이 173
등급화 60, 64, 223, 301, 319
디코히런스decoherence 75
디엔에이DNA 175
루시퍼 효과 93

렘수면 263

ㅁ

맛수용기 192
망상 257, 278
마이크로micoro RNA 170
면역 141, 198-199
명상 117, 279, 302
몸 40, 101
  고차정보 188, 237
  발생 45
  복잡성 137-138
  신호 182
  언어 235
  정서 182
  진선미 245
  지능 135
  통신 51, 180
  행복 42
물H_2O 185
밈meme 62, 172
미생물 192, 199-201, 210-213
미세소관microtubule 49, 126
미토콘드리아mitochondria 155

ㅂ

바이러스 292
반생명 314
방어기제 230
복잡성 64-65
불교 233
분파성 325

비자기 199
뿌리 326, 333, 338

ㅅ

사고 243
사랑 246, 248-249, 312
사4차산업 16, 324, 333, 337
삼각동맹,회로 114-115, 231
생광자biophoto 185
생명 246-248, 307-308, 311-312, 327
생명의 법 301
생명의 소리 308
생체메트릭스 185
서파수면 260-261
선악의 법 300-301
설계 110
성性 267
세균 44, 179
세로토닌serotonin 51, 257
세포 44, 180
소외 94-95
소화기 192
  내분비 192
  면역세포 192
  미생물 192, 211-212
  미주신경 192
  양자정보 207
  에너지 흡수 196
  인지기능 193-194
  정서, 지능 204-205
수면 259
수용 118
스트레스 229-230
시스템의학 145
신경망 122-123, 255

신경상관물neural correrates of consciousness 272, 274
신경집단 선택이론theory of neural group selection 272-273

ㅇ

알러지 201-202
RNA 세계가설 140
암호 110-111
야간음경팽대nocturnal penile tumescence 266-267
양명학 311, 328
양자 74, 148-149
  결, 결깨어짐 75-76, 151
  광합성 151
  뇌 124
  생물학 152, 177, 207
  얽힘 151
  에너지 154-155
  유전학 153-154, 173
  의식 130-131
  이중성 149
  중첩성 75, 149
  진화 173-174
  터널 150
  특징 148-149
  효소 158-159
언어 19, 281
에너지 18, 20
에너지보존 58
엔트로피 58, 109, 153
여운 244
영성 244, 279
예상프로그램 61, 216-217
예술 105-106, 244, 281-282

오믹스omics 96
외배엽 47
외측억압lateral inhibition 277
용서 330
울림 336-337
우연 110
우울장애 257
우주 24, 304-305, 320
유전 162-163
유학儒學 307, 311
의식 272, 296, 310, 319
  관통성 122
  몸의식 299-300, 302, 320
  양자 130
  통합성 277
  해체성 277, 298
  확장성 305
의학 95, 143
이분법 65, 92, 231
이완 117-118
인공지능 96-97
인지구조 218
잉여 20-21, 23

ㅈ

자가면역autoimmune 202
자기 108, 194, 199
자기보존 294-295
자기심리학 194
장腸 196
전대상anterior cingulate cortex 242
전적응 168, 176
정보
  가치 29
  구조 218

고차 73, 117-118, 310, 320, 328, 335
저차(2차) 80-83, 296, 297, 310
알고리즘 81
1차 82
3차 83
4차 84
5차 84-85
6차 85
복잡성 77-79, 241-243
보존성 62-63, 223, 318
손상 114, 325
양자 73-74, 109, 244
인격 112
일생 89, 328
연합 226, 326
정량定量 30
정성定性 30, 71-72
정보나무 326
정보종교 290
정보통합이론 275-276
차원 70
해체성 76-77, 224, 239-240, 329
정보인류 21-22, 24-27, 292, 316-317
정신 86
조현병, 정신분열병 256-257, 278
종교 121
주역 304
중독성 230-231
중배엽 48-49
중용 330
직감 205
직관 205
진화 109-110, 163, 288, 306
  복잡성 167
  생명체 287-288, 306

우주 56-57, 287, 306
의식 286-287, 299
인류 287
정보 109, 299, 306
진화론 288
집단지능 227

ㅊ,ㅋ,ㅌ,ㅍ

천부경 329-330
철새 207
철학 120
케넥톰connectom 96
코히런스coherence(결맞음, 결) 75-76, 151, 187
통제 119
트랜스휴머니즘 116, 23, 309, 315-316
파동 75, 185
판단 119, 301, 319
파이이론 275-276
편도체amygdala 37, 241
프로티시티proticity 185
피부 47

ㅎ

하나 326
한류 336
해마hippocampus 218
해체성 332-333
해체철학 64, 281
행복 30-31, 220, 306, 308, 315
　감정 34
　뇌행복 308-309
　몸행복 309
　조건 31
　형이상학 245

홀로그램 172
호모데우스 290
호모사피엔스 287
호변이tautomerization 175
후성유전학 169
히스톤histone 170

인명 찾아보기

다마지오 Antinio Damatio 38
다윈 Charles Darwin 36
도킨스 Richard Dawkins 25
라마르크 Chevalier de Lamarck 171
봄 David Bohm 73
비트겐슈타인 Ludwig Wittgenstein 281
샤르댕 Theihard de Chardin 60, 279
스피노자 Benedict de Spinoza 39
에델만 Gerald Edelman 272
제임스 William James 36
카우프만 Stuart Kauffman 140
코흐 Christof Koch 272, 274
쿤 Thomas Kuhn 297
크레이그 A.D. Craig 243
크릭 Francis Crick 272
토노리 Julio Tonoli 272, 275
펜로즈 Roser Penrose 127
포퍼 Karl Popper 279
포프 Frits-Albert Popp 185
프뢰리히 H. Frölich 127, 185
하라리 Yuval Harari 287
해머로프 Stuart Hameroff 127